国家自然科学基金项目（项目批准号：41373083）

深圳市战略新兴产业发展专项资金项目（项目号：JCYJ20130401154122777）

地下水污染与防治国家精品资源共享课程专项资助

清洁生产实用教程

（第二版）

鲍建国　周发武　编著

中国环境出版社·北京

图书在版编目（CIP）数据

清洁生产实用教程/鲍建国，周发武编著.—2 版.—北京：中国环境出版社，2014.8
（高等院校环境类系列教材）
ISBN 978-7-5111-2033-5

Ⅰ.①清… Ⅱ.①鲍…②周… Ⅲ.①无污染工艺—高等学校—教材 Ⅳ.①X383

中国版本图书馆 CIP 数据核字（2014）第 174162 号

出 版 人　王新程
责任编辑　黄晓燕　李兰兰
责任校对　唐丽虹
封面设计　彭　杉

出版发行　中国环境出版社
　　　　　（100062　北京市东城区广渠门内大街 16 号）
　　　　　网　　　址：http://www.cesp.com.cn
　　　　　电子邮箱：bjgl@cesp.com.cn
　　　　　联系电话：010-67112765（编辑管理部）
　　　　　　　　　　010-67112735（环评与监察图书出版中心）
　　　　　发行热线：010-67125803，010-67113405（传真）
印　　刷　北京市联华印刷厂
经　　销　各地新华书店
版　　次　2014 年 8 月第 1 版
印　　次　2014 年 8 月第 1 次印刷
开　　本　787×960　1/16
印　　张　30
字　　数　570 千字
定　　价　38.00 元

本书编写委员会

前　言

今天的人类，在享受社会发展带来的成果的同时，也承担着自然界对贪婪无度的万物之灵的惩罚。在反思自身发展的行程中，人类不断探索新的技术和方法，以达到人与自然的和谐相处。清洁生产就是一种重要的创新思想，它将整体预防的环境战略持续应用于生产过程、产品和服务中，以提高生态效率，降低对人类及环境的风险，是建设节约型社会和发展循环经济的重要保障和有效方法。因此，清洁生产既是经济可持续发展的一项重要战略，也是一种新型的污染预防战略，它实现了污染控制由末端治理向生产全过程控制的根本转变。

清洁生产是一项新生事物，在我国仍处于起步阶段，但国内外实践已经证明清洁生产不仅环境效益良好，而且经济效益和社会效益显著，它将成为21世纪工业发展的新模式。推行清洁生产既是我国落实环境保护的基本国策，也是实施可持续发展战略，探索经济、社会、环境和资源相互协调的最佳途径。

本书编者自2004年以来，一直从事清洁生产的教学、审核以及验收工作，对清洁生产的内涵有较深刻的认识，积累了较丰富的教学和实践经验。编写本书旨在全面系统地介绍清洁生产的产生和发展，详述其基本理论、基本概念、法律法规、审核方法、典型行业的审核案例，以图使本书从理论到实践自成一个完整的知识体系，以促进清洁生产的推广和应用。

本书共有九章。第一章概述了清洁生产的产生、发展、基本要素及其相关工具和开展意义；第二章通过与末端治理的比较介绍了可持续发展、循环经济、产品生命周期及环境管理体系；第三章介绍了《清洁生产促进法》等相关法规和清洁生产指南等内容；第四章全面描述了清洁生产标准与评价指标体系；第五章和第六章介绍了清洁生产审核的基本原理、过程和方法，分步骤、分阶段介绍了审核的具体过程和要求；第七章简述了清洁生产的相关科学方法；第八章结合具有代表性的案例描述了不同产业的清洁生产审核过程、方法及成效；第九章简要介绍了快速清洁生产审核的意义、方法及基本要求等。

　　本书具有较强的理论性、实践性和可读性，可供初学者和高级管理、技术人员全面学习和理解清洁生产的实质；并可作为从事清洁生产的企业、环境保护管理人员、技术人员和大专院校本科生、研究生的教学、培训参考用书和实用手册。

　　本书在编写过程中，参考引用了大量相关书籍、期刊文献、相关网站的资料，主要部分已经列入了本书的参考文献目录，其他文献由于篇幅所限没能详细列出。编者在此对本书参考引用到的所列和未列出的相关文献目录的作者表示衷心的感谢，对你们的辛勤劳动成果表示敬意！

　　由于编者水平有限，书中的错误和疏漏之处在所难免，敬请专家、学者和广大读者批评指正。作者邮箱：bjianguo888@126.com。

编　者
2010 年 1 月

第二版前言

本书第一版自 2010 年 1 月出版以来，深受读者的广泛欢迎，被许多高等院校环境类各专业选作本科生、研究生教材，相关专业咨询机构的科技人员、进行清洁生产审核的企事业单位员工和管理者以及环境保护主管部门的相关管理者也选用本书作为参考书和培训教材。

近几年来，清洁生产理念在世界范围内更加深入人心，并将清洁生产思想落实于实际环境保护工作中，取得了长足的进展。中华人民共和国第十一届全国人民代表大会常务委员会第二十五次会议于 2012 年 2 月 29 日通过了《全国人民代表大会常务委员会关于修改〈中华人民共和国清洁生产促进法〉的决定》，并于 2012 年 7 月 1 日起施行。这是中国清洁生产发展进程中的一个重要里程碑，标志着源头预防、全过程控制的战略已经融入经济发展综合策略，必将对我国推进清洁生产、促进经济发展方式转变和环境改善产生深远影响。

为了及时地反映清洁生产领域的最新进展，提高在教学和实践中的实用性，本书在第一版的基础上进行了修订。本次修订，重点是更新我国在清洁生产领域的法律、法规、标准、规范，增补替换部分清洁生产审核案例；其次是补充完善国内外的进展及动态。

本书在修订过程中，参考引用了大量相关书籍、期刊文献、相关网站的资料，主要部分已经列入了本书的参考文献目录，其他文献由于篇幅所限没能列出。本书编者在此对本书参考引用到的列出和未列出相关文献的作者表示衷心的感谢，对你们的辛勤劳动成果表示敬意！如果有任何异议，请与本书编者联系并协商解决。

由于编者水平有限，书中的错误和疏漏之处在所难免，敬请专家、学者和广大读者批评指正。编者邮箱：bjianguo888@126.com。

编　者
2014 年 8 月

目　录

第一章
清洁生产概述

第一节　清洁生产的由来

一、工业污染治理所面临的问题

环境问题自古以来一直伴随着人类文明的进程，但近代开始趋于严重。尤其是在 20 世纪，随着科技与生产力水平的提高，人类干预自然的能力大大增强，社会财富迅速膨胀，环境污染日益严重。世界上许多国家因经济高速发展而造成了严重的环境污染和生态破坏，并导致了一系列举世震惊的环境公害事件，如日本的水俣病事件，就对人体健康造成极大危害，并使生态环境受到严重破坏。到了 20 世纪 80 年代后期，环境问题已由局部性、区域性发展成为全球性的生态危机，如酸雨、臭氧层破坏、温室效应（气候变暖）、生物多样性锐减、森林破坏等，已经危及人类的生存。

环境问题逐渐引起各国政府的极大关注，各国陆续采取了相应的环保措施和对策。例如增大环保投资、建设污染控制和处理设施、制定污染物排放标准、实行环境立法等，以控制和改善环境污染问题，并取得了一定的成绩。但是通过十多年的实践人们发现：这种仅着眼于控制排污口（末端），使排放的污染物通过治理达标排放的办法，虽然在一定时期内或在局部地区起到一定的作用，但并未从根本上解决工业污染问题。其原因在于：

第一，随着生产的发展和产品品种的不断增加，以及人们环境意识的提高，对工业生产所排污染物的检测种类越来越多，规定控制的污染物（特别是有毒有害污染物）的排放标准也越来越严格，从而对污染治理与控制的要求也越来越高，为达到排放的要求，企业要花费大量的资金，大大提高了治理费用，即使如此，一些要求还是难以达到。

第二，由于污染治理技术有限，治理污染实质上很难达到彻底消除污染的目的。因为一般末端治理污染的办法是先通过必要的预处理，再进行生化处理后排放。而有些污染物是不能生物降解的污染物，只是稀释排放，不仅污染环境，甚至有的如果治理不当还会造成二次污染；有的治理只是将污染物转移，废气变废水，废水变废渣，废渣堆放填埋，污染土壤和地下水，形成恶性循环，破坏生态环境。

第三，只着眼于末端处理的办法，不仅需要投资，而且使一些可以回收的资源（包含未反应的原料）因得不到有效的回收利用而流失，致使企业原材料消耗和产品成本增加，经济效益下降，从而影响企业治理污染的积极性和主动性。

第四，实践证明：预防优于治理。根据日本环境厅 1991 年的报告，从经济上计算，在污染前采取防治对策比在污染后采取措施治理更为节省。例如就整个日本的硫氧化物所造成的大气污染而言，排放后不采取对策所产生的受害金额是现在预防这种危害所需费用的 10 倍。对水俣病而言，其推算结果则为 100 倍。可见两者之差极为悬殊。

据美国 EPA 统计，美国用于空气、水和土壤等环境介质污染控制的总费用（包括投资和运行费），1972 年为 260 亿美元（占 GNP 的 1%），1987 年猛增至 850 亿美元，20 世纪 80 年代末达到 1 200 亿美元（占 GNP 的 2.8%）。如杜邦公司每磅①废物的处理费用以每年 20%～30% 的速率增加，焚烧一桶危险废物可能要花费 300～1 500 美元。即使如此之高的经济代价仍未能达到预期的污染控制目标，末端处理在经济上已不堪重负。

因此，发达国家通过治理污染的实践，逐步认识到防治工业污染不能只依靠治理排污口（末端）的污染，要从根本上解决工业污染问题，必须"预防为主"，将污染物消除在生产过程之中，实行工业生产全过程控制。20 世纪 70 年代末期以来，不少发达国家的政府和各大企业集团（公司）都纷纷研究开发和采用清洁工艺（少废、无废技术），开辟污染预防的新途径，把推行清洁生产作为经济和环境协调发展的一项战略措施。

20 世纪 80 年代以来，随着改革开放的不断深化，我国经济发展很快，各条战线都取得了显著的成就。1991 年国民生产总值比 1980 年增加 1.24 倍。90 年代以来，中国经济以每年 10% 左右的速度稳定持续增长。经济的高速增长，城市化进程的加快，各种资源的开发和消耗不断增加，给环境带来了很大的影响。根据 1994 年中国环境状况公报（不包括乡镇工业），全国废气排放量 11.4 万亿 m^3，SO_2 排放量达 1 825 万 t。全国普遍存在酸雨的污染问题，某些城市如长沙、赣州和宜宾等地酸雨的出现频率达 90%，部分地区已被列为世界三大酸雨区之一。1994 年，全国废水总排放量 365.3 亿 t，其中工业废水排放量 215.5 亿 t，占废水排放总量的

---

① 1 磅=0.453 6 kg。

58.99%，目前仅有不足 10%的城市废水和 35%的工业废水进行了适当的处理，绝大部分未经处理就直接排放。尤其是乡镇企业的废水直接排入江河，对水系造成严重污染。在全国七大水系和内陆河流水质评价的 110 个重点河流中，属于 4、5 类标准的已占 39%。江河水质污染的类型为有机污染。

工业固体废弃物一年产生 6.2 亿 t，历年堆积量已达 64.6 亿 t，堆存占地 55 697 hm^2。全国草原退化、沙化、盐碱化发展趋势很快，严重退化面积 9 000 多万 hm^2，占可利用草场面积的 1/3 以上。每年由于污染造成的经济损失在 1 000 亿元以上，社会因环境污染而造成的经济损失已达到了难以承受的地步。

从资源承载能力来看，我国是一个人口密度高、人均资源贫乏的国家，按目前水平，我国人均土地和水资源占有量只有世界人均的 1/3 和 1/4，人均矿产资源不足世界平均水平的 1/2。随着人口增长和国民经济的发展，各种资源供给和社会需求的矛盾还将会进一步加剧。

上述情况表明，如果我国仍以传统的高消耗、低产出、高污染的生产方式来维持经济的高速增长，将会使环境状况进一步恶化，也会使有限的资源加速耗竭。环境和资源所承受的压力反过来对社会经济的发展会产生严重的制约作用，使经济增长现象成为短期行为，难以为继。所以转变传统的发展模式，实现经济与环境的协调发展的历史任务，已经摆在我们面前。

二、工业发展与污染历程

自工业革命到 20 世纪 40 年代，人类对自然资源与能源的合理利用缺乏认识，对工业污染控制技术缺乏了解，以粗放型生产方式生产工业产品，造成自然资源与能源的巨大浪费，由此引起的工业废气、废水和废渣主要靠自然环境的自身稀释和自净化能力消化。这种"稀释排放"方式对污染物毒性未加处理，数量也未加控制，引起了较为严重的环境污染。

进入 20 世纪 60 年代，西方工业国家开始关注环境问题，并纷纷采用"废物处理"技术进行大规模的环境治理，即对生产中产生的各类废弃物采取一定的技术方法处理，使之达到一定的排放标准后再排入环境。这种"先污染、后治理"的"末端治理"模式虽然取得了一定的环境效果，但并没有从根本上解决经济高速发展对资源和环境造成的巨大压力，资源短缺、环境污染和生态破坏的局面日益加剧。"末端治理"的环境战略的弊端日益显现：治理代价高，企业缺乏治理污染的主动性和积极性；治理难度大，并存在污染转移的风险；无助于减少生产过程中资源的浪费。

20 世纪 70 年代中后期，西方工业国家开始探索如何在生产工艺过程中减少污染的产生，并逐步形成了废物循环回收利用、废物最小量化、源头削减、采用无废和少废工艺、污染预防等新的污染防治战略。

进入 20 世纪 80 年代，人们回顾了过去几十年工业生产与环境管理实践，深刻认识到"稀释排放""废物处理""循环回收利用"等"先污染、后治理"的污染防治方法不但不能解决日益严重的环境问题，反而继续造成自然资源和能源资源的巨大浪费，加重了环境污染和社会负担。因此，发达国家通过治理污染的实践，逐步认识到防治工业污染不能只依靠治理排污口（末端）的污染，必须"预防为主"，将污染物消除在生产过程之中，实行工业生产全过程控制。1989 年，联合国环境规划署为促进工业可持续发展，在总结工业污染防治正、反两方面经验教训的基础上，首先提出清洁生产的概念，并制订了推行清洁生产的行动计划。1990 年在第一次国际清洁生产高级研讨会上，清洁生产的定义正式提出。1992 年，联合国环境与发展大会通过了《里约宣言》和《21 世纪议程》，会议号召世界各国在促进经济发展的进程中，不仅要关注发展的数量和速度，而且要重视发展的质量和持久性。大会呼吁各国调整生产和消费结构，广泛应用环境无害技术和清洁生产方式，节约资源和能源，减少废物排放，实施可持续发展战略。在这次会议上，清洁生产正式写入《21 世纪议程》，并成为通过预防来实现工业可持续发展的专用术语。从此，清洁生产在全球范围内逐步推行。清洁生产与末端治理的对比见表 1-1。

表 1-1　清洁生产与末端治理的对比

类　别	清洁生产系统	末端治理（不含综合利用）
思考方法	污染物消除在生产过程中	污染物产生后再处理
产生时代	20 世纪 80 年代末期	20 世纪 70—80 年代
控制过程	生产过程控制，产品生命周期全过程控制	污染物达标排放控制
控制效果	比较稳定	产污量影响处理效果
产污量	明显减少	无显著变化
排污量	减少	减少
资源利用率	增加	无显著变化
资源消耗	减少	增加（治理污染消耗）
产品产量	增加	无显著变化
产品成本	降低	增加（治理污染费用）
经济效益	增加	减少（用于治理污染）
治理污染费用	减少	随排放标准的逐渐严格，费用增加
污染转移	无	有可能
目标对象	全社会	企业及周围环境

与过去相比，中国工业污染防治战略目前正在发生重大变化，逐步从末端治理向源头和全过程控制转变，从浓度控制向总量和浓度控制相结合转变，从点源治理向流域和区域综合治理转变，从简单的企业治理向调整产业结构、清洁生产和发展循环经济转变。图 1-1 说明了人类污染防治战略发展的历程。

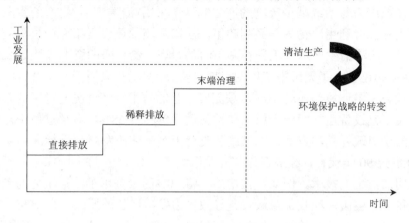

图 1-1　污染防治历程

第二节　清洁生产的发展

一、国际清洁生产进展

清洁生产起源于 1960 年美国化学行业的污染预防审计。而"清洁生产"概念的出现，最早可追溯到 1976 年。当年，欧共体在巴黎举行了"无废工艺和无废生产国际研讨会"，会上提出"消除造成污染的根源"的思想。1979 年 4 月欧共体理事会宣布推行清洁生产政策，并于同年 11 月在日内瓦举行的"在环境领域内进行国际合作的全欧高级会议"上，通过了《关于少废无废工艺和废料利用的宣言》，指出无废工艺是使社会和自然取得和谐关系的战略方向和主要手段。此后，欧共体陆续多次召开国家、地区性或国际性的研讨会，并在 1984 年、1985 年、1987 年由欧共体环境事务委员会三次拨款支持建立清洁生产示范工程，制订了欧共体促进开发"清洁生产"的两个法规，明确对清洁工艺生产工业示范工程提供财政支持。欧共体还建立了信息情报交流网络，其成员国可由该网络得到有关环保技术及市场信息的情报。1989 年 5 月，联合国环境规划署工业与环境规划活动中心（UNEP IE/PAC）根据 UNEP 理事会会议的决议，制订了《清洁生产计划》，在全球范围内推进清洁生产。该计划的主要内容之一为组建两类工作组：一类为制革、造纸、纺织、金属表面加工等行业的清洁生产工作组；另一类则是组建清洁生产政策及战略、数据网络、教育等业务工作组。该计划还强调要面向政界、工业界、学术界人士，提高他们的清洁生产意识，教育公众，推进清洁生产的行动。

法国政府为防治或减少废物的产生制订了采用"清洁工艺"生产的生态产品及回收利用和综合利用废物等一系列政策。法国环境部还设立了专门机构从事这一工作，每年给清洁生产示范工程补贴 10% 的投资，给科研的资助高达 50%。法国从 1980 年起还设立了无污染工厂的奥斯卡奖金，奖励在采用无废工艺方面做出成绩的企业。法国环境部还对 100 多项无废工艺的技术经济情况进行了调查研究，其中无废工艺设备运行费低于原工艺设备运行费的占 68%，对超过原工艺设备运行费的给予财政补贴和资助，以鼓励和支持无废工艺的发展和推行。

20 世纪 90 年代初，经济合作与开发组织（OECD）在许多国家采取不同措施鼓励采用清洁生产技术。例如：在德国，将 70% 的投资用于清洁工艺的工厂可以申请减税。在英国，税收优惠政策是导致风力发电增长的原因。自 1995 年以来，经合组织国家的政府开始把它们的环境战略针对产品而不是工艺，以此为出发点，引进生命周期分析，以确定在产品寿命周期（包括制造、运输、使用和处置）中的哪一个阶段有可能削减或替代原材料投入和最有效并以最低费用消除污染物和废物。这一战略刺激和引导生产商和制造商以及政府政策制定者去寻找更富有想象力的途径来实现清洁生产和产品。

全面推行清洁生产的实践始于美国。1984 年，美国国会通过了《资源保护与回收法——固体及有害废物修正案》。该法案明确规定：废物最小化即"在可行的部位将有害废物尽可能地削减和消除"是美国的一项国策，它要求产生有毒有害废弃物的单位应向环境保护部门申报废物产生量、削减废物的措施、废物的削减数量，并制订本单位废物最少化的规划。其中，基于污染预防的源削减和再循环被认为是废物最小化对策的两个主要途径。

在废物最小化成功实践的基础上，1990 年 10 月美国国会又通过了《污染预防法》，从法律上确认了：污染首先应当削减或消除在其产生之前，污染预防是美国的一项国策。时任总统布什针对这一法律发表讲话时指出："着力于管道末端和烟囱顶端，着力于清除已经造成的损害，这样的环境计划已不再适用。我们需要新的政策、新的工艺、新的过程，以便能预防污染或使污染减至最小，亦即在污染产出之前即加以制止。"

《污染预防法》明确指出："源削减与废物管理和污染控制有原则区别，且更尽如人意。"并全面表明了美国环境污染防治战略的优先顺序是"污染物应在源处尽可能地加以预防和削减；未能防止的污染物应尽可能地以对环境安全的方式进行再循环；未能通过预防和再循环消除的污染物应尽可能地以对环境安全的方式进行处理；处置或排入环境只能作为最后的手段，也应以对环境安全的方式进行"。

与此同时，在欧洲，瑞典、荷兰、丹麦等国相继在学习、借鉴美国废物最小化或污染预防实践经验的基础上，纷纷开展了推行清洁生产的活动。

1990年9月，在英国坎特伯雷举办了首届国际清洁生产高级研讨会，正式推出了清洁生产的定义：清洁生产是指对工艺和产品不断运用综合性的预防战略，以减少其对人体和环境的风险。会上提出了一系列建议，如支持世界不同地区发起和制订国家级的清洁生产计划，支持创办国家的清洁生产中心，进一步与有关国际组织等结成网络等。此后，这一高级国际研讨会每两年召开一次，定期评估清洁生产的进展，并交流经验，发现问题，提出新的目标，以全力推进清洁生产的发展。

1992年6月，联合国巴西里约热内卢环境与发展大会在推行可持续发展战略的《里约环境与发展宣言》中，确认了"地球的整体性和相互依存性"，"环境保护工作应是发展进程中的一个整体组成部分"，"各国应当减少和消除不能持续的生产和消费方式"。为此，清洁生产被作为实施可持续发展战略的关键措施正式写入大会通过的实施可持续发展战略的行动纲领——《21世纪议程》中。自此，在联合国的大力推动下，清洁生产逐渐为各国企业和政府所认可，清洁生产进入了一个快速发展时期。

为响应实施可持续发展与推行清洁生产的号召，各种国际组织积极投入到推行清洁生产的热潮中。联合国工业发展组织和联合国环境规划署（UNIDO/UNEP）率先在9个国家（包括中国）资助建立了国家清洁生产中心。目前，世界上已经出现了40多个清洁生产中心。世界银行（WB）等国际金融组织也积极资助在发展中国家展开清洁生产的培训工作和建立示范工程。国际标准化组织（ISO）制定了以污染预防和持续改善为核心内容的国际环境管理系列标准ISO 14000。

1998年，在韩国汉城（旧称，现为首尔）第五届国际清洁生产高级研讨会上，代表实施清洁生产承诺与行动的《国际清洁生产宣言》出台。包括中国在内的13个国家的部长及其他高级代表与9位公司领导人共64位与会者首批签署了《国际清洁生产宣言》。《国际清洁生产宣言》的主要目的是提高公共部门和私有部门中关键决策者对清洁生产战略的理解及该战略在他们中间的形象，它也将激励对清洁生产咨询服务的更广泛的需求。《国际清洁生产宣言》是对作为一种环境管理战略的清洁生产公开的承诺。清洁生产正在不断获得世界各国政府和工商界的普遍响应。

2000年10月，第六届国际清洁生产高级研讨会在加拿大蒙特利尔市召开，与会代表对清洁生产进行了全面的系统的总结，并将清洁生产形象地概括为技术革新的推动者、改善企业管理的催化剂、工业运动模式的革新者、连接工业化和可持续发展的桥梁。从这层意义上，可以认为清洁生产是可持续发展战略引导下的一场新的工业革命，是 21 世纪工业生产发展的主要方向。

在 2002 年第七届清洁生产国际高级研讨会上，联合国环境规划署建议各国进一步加强政府的政策制定，使清洁生产成为主流，尤其是提高国家清洁生产中心在政策、技术、管理以及网络等方面的能力。此次会议上，联合国环境规划署与环境毒理学与化学学会（SETAC）共同发起了"生命周期行动"，旨在全球推广生命周期的思想。会议还提出，清洁生产和可持续消费密不可分，建议改变生产模式与改变消费模式并举，进一步把可持续生产和消费模式融入商业运作和日常生活，乃至国际多边环境协议的执行中。

美国、澳大利亚、荷兰、丹麦等发达国家在清洁生产立法、组织机构建设、科学研究、信息交换、示范项目和推广等领域已取得明显成就。特别是近年来发达国家清洁生产政策有两个重要的倾向：其一是着眼点从清洁生产技术逐渐转向清洁产品的整个生命周期；其二是从多年前大型企业在获得财政支持和其他种类对工业的支持方面拥有优先权转变为更重视扶持中小企业进行清洁生产，包括提供财政补贴、项目支持、技术服务和信息等措施。

国际推进清洁生产活动，概括起来具有如下特点：

（1）把推行清洁生产和推广国际标准组织 ISO 14000 的环境管理制度（EMS）有机地结合在一起；

（2）通过自愿协议推动清洁生产，自愿协议是政府和工业部门之间通过谈判达成的契约，要求工业部门自己负责在规定的时间内达到契约规定的污染物削减目标；

（3）政府通过优先采购，对清洁生产产生积极推动作用；

（4）把中小型企业作为宣传和推广清洁生产的主要对象；

（5）依赖经济政策推进清洁生产；

（6）要求社会各部门广泛参与清洁生产；

（7）在高等教育中增加清洁生产课程；

（8）科技支持是发达国家推进清洁生产的重要支撑力量。

二、国内清洁生产的进展与现状

（一）进展

我国与清洁生产相关的活动具有较长的历史，早在 20 世纪 70 年代就曾明确提出了"预防为主，防治结合"的方针，强调要通过调整产业布局、产品结构，通过技术改造和"三废"的综合利用等手段防治工业污染。但是由于当时缺乏完整的法规、制度和操作细则，加之计划经济体制对资源分配和产品销售价格的统一管制，企业仅对生产计划负责，因此，这一方针并未得到准确地贯彻和执行。到了 20 世纪 80 年代，随着环境问题的日益严重，我国明确了"预防为主，防治结合"的环境政策，指出要通过技术改造把"三废"排放减少到最低限度。这个时期人们已认识到清洁生产在环境保护中的重要性。但限于当时的技术水平和资金，加之原来不合理产业结构的制约，这一政策的作用并没有完全发挥出来。1983年第二次全国环境保护会议提出：环境问题要尽力在计划过程和生产过程中解决，实现经济效益、社会效益和环境效益统一的指导原则。1985 年我国政府又提出了"持续、稳定、协调发展"的方针，在总结了我国环境保护工作和经济建设中的经验教训后，初步提出了持续发展的思想。

国家经贸委和原国家环保局于 1993 年联合召开了第二次全国工业污染防治工作会议，会议明确提出了工业污染防治必须从单纯的末端治理向生产全过程转变，实行清洁生产。

自 1993 年，我国政府开始逐步推行清洁生产工作。在联合国环境规划署、世界银行的援助和许多外国专家的协助下，中国启动和实施了一系列推进清洁生产的项目，清洁生产从概念、理论到实践在中国都广为传播。目前，全国绝大多数省、自治区、直辖市都先后开展了清洁生产的培训和试点工作，试点项目达 700多个，通过实施清洁生产，普遍取得了良好的经济效益和环境效益。通过对开展清洁生产审核的 219 家企业的统计，推行清洁生产后获得经济效益 5 亿多元，COD排放量平均削减率达 40%以上；废水排放量平均削减率达 40%～60%；工业粉尘回收率达 95%。试点经验表明，实施清洁生产，将污染物消除在生产过程中，可以降低污染治理设施的建设和运行费用，并可有效地解决污染转移问题；可以节约资源，减少污染，降低成本，提高企业综合竞争能力；可以挽救一批因污染严重而濒临关闭的企业，缓解就业压力和社会矛盾。

我国清洁生产的形成和发展可以概括为三个阶段：第一阶段，从 1973 年到 1992年，为清洁生产理念的形成阶段；第二阶段，从 1993 年到 2002 年，为清洁生产的法制化阶段；第三阶段，从 2003 年开始清洁生产进入环境管理制度阶段。

1973 年，我国制定了《关于保护和改善环境的若干规定》。该规定提出要努力改革生产工艺，不生产或少生产废气、废水和废渣，加强管理，消除跑、冒、滴、漏的现象，提出了"预防为主，防治结合"的治污方针。这是我国最早的关于清洁生产的法律规定。但是，由于当时缺乏完整的法规、制度和操作细则，加之计划经济体制对资源分配和产品销售价格的统一管制，企业仅对生产计划负责，因此，这一方针并未得到有效地贯彻和执行。

20 世纪 80 年代，随着环境问题的日益严重，我国又提出消除"三废"的根本途径是技术改造，要通过技术改造把"三废"的数量降到最低。1983 年，国务院颁发了《关于结合技术改造防治工业污染的几项规定》，其中就提到"对现有工业企业进行技术改造时，要把防治工业污染作为重要内容之一，通过采用先进的技术和设备，提高资源、能源的利用率，把污染物消除在生产过程之中"。这个规定中的一些内容已经体现了清洁生产的思想。

1985 年，国务院批转的原国家经委《关于开展资源综合利用若干问题的暂行规定》（国发[1985]117 号），对企业开展资源综合利用规定了一系列的优惠政策和措施，并附有资源综合利用的具体名录。该规定的颁布，标志着我国政府在总结环境保护工作和经济建设中的经验教训后，提出了持续发展的战略思想。

1989 年，联合国环境规划署提出推行清洁生产的行动计划后，清洁生产的理念和方法开始引入我国，我国政府做出了积极回应，有关部门和单位开始研究如何在我国推行清洁生产。

1992 年 5 月，我国举办了第一次国际清洁生产研讨会，推出了"中国清洁生产行动计划（草案）"。同年 8 月，国务院制定了《环境与发展十大对策》，提出："新建、改建、扩建项目时，技术起点要高，尽量采用能耗物耗小、污染物排放量少的清洁生产工艺。"

1993 年 10 月，在上海召开的第二次全国工业污染防治会议上，国务院、国家经贸委及国家环保局的领导提出了清洁生产的重要意义和作用，明确了清洁生产在我国工业污染防治中的地位。

1994 年 3 月，国务院常务会议讨论通过了《中国 21 世纪议程——中国 21 世纪人口、环境与发展白皮书》，专门设立了"开展清洁生产和生产绿色产品"这一优先领域。

1994 年 12 月，国家环保局成立了国家清洁生产中心。

1995 年，国家修改并颁布了《中华人民共和国大气污染防治法（修正）》，条款中规定："企业应当优先采用能源利用率高、污染物排放量少的清洁生产工艺，减少污染物的产生"，并要求淘汰落后的工艺设备。

1996 年 8 月，国务院颁布了《关于环境保护若干问题的决定》，明确规定所有大型、中型、小型新建、扩建、改建和技术改造项目，要提高技术起点，采用能耗物耗小、污染物排放量少的清洁生产工艺。

1997 年 4 月，国家环保局制定并发布了《关于推行清洁生产的若干意见》，要求各级环境保护行政主管部门将清洁生产纳入日常环境管理中，并逐步与各项环境管理制度有机结合起来。为指导企业开展清洁生产工作，国家环保局还同有关工业部门编制了《企业清洁生产审计手册》以及啤酒、造纸、有机化工、电镀、纺织等行业的清洁生产审计指南。

1997 年，召开了"促进中国环境无害化技术发展国际咨询研讨会"。

1998 年 10 月，国家环保总局副局长王心芳代表我国政府在《国际清洁生产宣言》上郑重签字，我国成为《宣言》的第一批签字国之一。

1998 年，朱镕基总理在人大九届二次会议上所作的《政府工作报告》中，明确提出了"鼓励清洁生产"的主张。

1999 年，全国人大环境与资源保护委员会将《清洁生产法》的制定列入立法计划。

1999 年 5 月，国家经贸委发布了《关于实施清洁生产示范试点计划的通知》，选择北京、上海等 10 个试点城市和石化、冶金等 5 个试点行业开展清洁生产示范和试点。与此同时，陕西、辽宁、江苏、山西、沈阳等许多省市也制定和颁布了地方性的清洁生产政策和法规。

2000 年，国家经贸委公布《国家重点行业清洁生产技术导向目录》（第一批），并于 2003 年、2006 年分别公布第二批、第三批。

2002 年 6 月 29 日，第九届全国人大第二十八次会议通过《中华人民共和国清洁生产促进法》。

2003 年 1 月 1 日起《中华人民共和国清洁生产促进法》正式施行。为了落实《清洁生产促进法》，国家环保总局于 2003 年 4 月 4 日发布了《关于贯彻落实〈清洁生产促进法〉的若干意见》。2003 年 12 月 17 日，国务院办公厅转发了由国家发改委、国家环保总局等 11 部门发布的《关于加快推行清洁生产的意见》。

2004 年 8 月，国家发展和改革委员会、国家环境保护总局发布《清洁生产审核暂行办法》（第 16 号令），明确清洁生产审核分为自愿性审核和强制性审核。

2005 年 12 月，国家环境保护总局印发《重点企业清洁生产审核程序的规定》，标志着强制性清洁生产审核已经有章可依、有规可循。

2006 年，国家经贸委公布关于《国家重点行业清洁生产技术导向目录》（第三批）的通知。

至 2007 年年底，国家发展和改革委员会发布了包装、纯碱、电镀、电解、火电、轮胎、铅锌、陶瓷和涂料等行业的《清洁生产评价指标体系（试行）》。

2008 年 7 月 1 日，环境保护部发布了《关于进一步加强重点企业清洁生产审核工作的通知》（环发[2008]60 号）以及《重点企业清洁生产审核评估、验收实施指南（试行）》。

环保部先后发布了 2008 年度、2010 年度和 2012 年度《国家先进污染防治技术示范名录》和《国家鼓励发展的环境保护技术目录》的通知。

2009 年 10 月 31 日，环保部发布了《关于贯彻落实抑制部分行业产能过剩和重复建设引导产业健康发展的通知》（环发[2009]127 号）。

2010 年 4 月，环保部发布了《关于深入推进重点企业清洁生产的通知》（环发[2010]54 号）。

2011 年 5 月 17 日，国家发展改革委办公厅、财政部办公厅印发了《循环经济发展专项资金支持餐厨废弃物资源化利用和无害化处理试点城市建设实施方案的通知》。

2012 年 2 月 29 日，第十一届全国人民代表大会常务委员会第二十五次会议通过了《全国人民代表大会常务委员会关于修改〈中华人民共和国清洁生产促进法〉的决定》，自 2012 年 7 月 1 日起施行。

2012 年 6 月，国家发展改革委发布了《国家鼓励的循环经济技术、工艺和设备名录（第一批）》。该名录涉及减量化、再利用和再制造、资源化、产业共生与链接四个方面、共 42 项重点循环经济技术、工艺和设备。

至 2014 年 5 月，环境保护部已经颁布了 68 个行业的清洁生产标准制定巩固工作。

综上所述，清洁生产对推动我国可持续发展及环境保护发挥了很大的作用。

（二）现状

中国政府与世界银行、亚洲开发银行以及加拿大等国家的政府开展了广泛的双边和多边合作，内容涉及清洁生产立法、政策研究、宣传培训、试点以及建立清洁生产信息系统等。此外，有关部门及部分省、市政府与国际组织或外国政府也开展了清洁生产双边和多边合作。通过广泛开展国际交流与合作，我国培养了一批清洁生产专门人才，积累了企业开展清洁生产的经验，同时也进行了积极的宣传。

近些年来，国家经贸委、环保部、国务院有关部门及有关省市在推行清洁生产方面做了大量工作，如开展清洁生产宣传培训、项目示范、国际交流与合作等。

1. 清洁生产审核试点

自 20 世纪 90 年代以来，我国利用联合国及西方发达国家的援助项目开展了一批清洁生产审核试点。

自 1993 年以来，在环保部门、经济综合部门以及工业行业管理部门的推进下，全国共有 24 个省、自治区、直辖市已经开展或正在启动清洁生产示范项目，涉及的行业包括化学、轻工、建材、冶金、石化、电力、飞机制造、医药、采矿、电子、烟草、机械、纺织印染以及交通等，取得了良好的效果。我国 1993 年年初开展清洁生产工作以来，已经在纺织、印染、造纸、化工、电镀、酒精、建材等十几个行业的上千家企业中进行了企业清洁生产审核。2008 年，各省（区、市）环境保护主管部门公布了应当实施清洁生产审核的 2 789 家重点企业名单；各地有 2 027 家重点企业开展了强制性清洁生产审核。通过清洁生产审核，取得了良好的环境效益，很多清洁生产技术在节能减排和产业结构调整升级过程中发挥了积极作用。据统计，2008 年，通过清洁生产审核提出方案 54 630 个，已经实施 48 831 个；实施清洁生产方案投入资金总计 173.1 亿元；实施清洁生产方案削减化学需氧量 7.3 万 t、二氧化硫 32.2 万 t，节水 15.2 亿 t、节电 43.1 亿 kWh，取得经济效益 102.2 亿元。审核结果表明，通过实施清洁生产审核方案，企业不仅取得了显著的环境效益，而且通过节约原材料、降低能耗物耗、优化生产过程、改进生产工艺及管理，取得了显著的经济效益。

2005—2007 年，国家环保总局将每年选择一批中小企业参加"清洁生产"示范项目。

2009 年，国家环境保护模范城市、创模城市以及生态工业园需按有关要求开展重点企业清洁生产工作。

2．培训

环境保护部（国家环保总局）清洁生产中心自 2001 年开始举办清洁生产审核师培训班，至 2012 年 6 月已办 434 期，培训人员超过 15 000 人；到 2013 年年底，地方性清洁生产培训人员超过 5 万人。

3．机构建设

在组织和机构建设方面，从国家到地方，各级政府，特别是经济贸易部门和环保部门都有相应的机构负责与清洁生产相关的工作，自 2000 年年末以来，全国已建立了 27 个行业或地方的清洁生产中心。它们包括 1 个国家级中心、6 个工业行业中心（包括石化、化工、冶金、轻工、煤炭、北京市电镀协会）和 21 地方中心。

截至 2013 年，全国共有清洁生产咨询服务机构 600 余家。

4．法制建设

在立法方面，将推行清洁生产纳入有关的法律以及有关的部门规划中。我国在先后颁布和修订的《中华人民共和国大气污染防治法》《中华人民共和国水污染防治法》《中华人民共和国固体废物污染防治法》和《淮河流域水污染防治暂行条例》等法律法规中，将实施清洁生产作为重要内容，明确提出通过实施清洁生产防治工业污染。而《清洁生产促进法》的颁布更预示着我国的清洁生产工作已走上法制化的轨道。

此外，各地方、各部门在制订国民经济发展计划时，也把推行清洁生产、防治工业污染作为重要内容予以考虑。

其中，1995 年颁布的《固体废物污染环境防治法》、1995 年和 1996 年修订后颁布的《中华人民共和国大气污染防治法》《中华人民共和国水污染防治法》均明确规定：国家鼓励、支持开展清洁生产，减少污染物的产生量。

1998 年 11 月，《建设项目环境保护管理条例》（国务院令第 235 号）明确规定：工业建设项目应当采用能耗物耗小、污染物排放量少的清洁生产工艺，合理利用自然资源，防止环境污染和生态破坏。

中共中央十五届四中全会《关于国有企业改革若干重大问题的决定》明确指出：鼓励企业采用清洁生产工艺。

1999 年，全国人大环境与资源保护委员会将《清洁生产法》的制定列入立法计划。

2002 年 6 月 29 日，《中华人民共和国清洁生产促进法》经第九届全国人民代表大会常务委员会第 28 次会议通过，中华人民共和国主席令第 72 号发布，并于 2003 年 1 月 1 日起正式施行。

2004 年 8 月 16 日，国家发展和改革委员会、国家环保总局第 16 号令发布了《清洁生产审核暂行办法》，自 2004 年 10 月 1 日起施行，规范了清洁生产审核办法和程序。

2008 年 8 月 29 日，中华人民共和国第十一届全国人民代表大会常务委员会第四次会议通过了《中华人民共和国循环经济促进法》，并于 2009 年 1 月 1 日起施行。

2012 年 2 月 29 日，第十一届全国人民代表大会常务委员会第二十五次会议通过了《关于修改〈中华人民共和国清洁生产促进法〉的决定》，并于 2012 年 7 月 1 日起施行。

第三节　清洁生产理念

清洁生产是将污染预防战略持续地应用于生产过程，通过不断地改善管理和技术进步，提高资源利用率，减少污染物排放，以降低对环境和人类的危害。清洁生产的核心是从源头抓起，预防为主，全过程控制，实现经济效益和环境效益的统一。

一、清洁生产概念

（一）清洁生产的定义

目前国际上对清洁生产并未形成统一的定义，清洁生产在不同的地区和国家存在着许多不同但相近的提法，使用着具有类似含义的多种术语。例如，欧洲国家有时称之为"少废无废工艺""无废生产"；日本多称"无公害工艺"；美国则称之为"废料最少化""污染预防""减废技术"。此外，还有"绿色工艺""生态工艺""环境工艺""过程与环境一体化工艺""再循环工艺""源削减""污染削减""再循环"等。这些不同的提法或术语实际上描述了清洁生产概念的不同方面。

联合国环境规划署与环境规划中心（UNEPIE/PAC）综合各种说法，采用了"清洁生产"这一术语，来表征从原料、生产工艺到产品使用全过程的广义的污染防治途径，并给出了以下定义：

"清洁生产是一种创新思想，该思想将整体预防的环境战略持续运用于生产过程、产品和服务中，以提高生态效率，并减少对人类及环境的风险。对生产过程而言，要求节约原材料和能源，淘汰有毒原材料，减少和降低所有废弃物的数量及毒性；对产品而言，要求减少从原材料获取到产品最终处置的整个生命周期的不利影响；对服务而言，要求将环境因素纳入设计和所提供的服务之中。"

清洁生产不包括末端治理技术，如空气污染控制、废水处理、固体废弃物焚烧或填埋，清洁生产通过应用专门技术、改进工艺技术和改变管理态度来实现。

美国环境保护局对废物最少化技术所做的定义是："在可行的范围内，减少产生的或随之处理、处置的有害废弃物量。它包括在产生源处进行的削减和组织循环两方面的工作。这些工作导致有害废弃物总量与体积的减少，或有害废物毒性的降低，或两者兼有之；并使其与现在和将来对人类健康和环境的威胁最小的目标相一致。"这一定义是针对有废弃物而言的，未涉及资源、能源的合理利用和产品与环境的相容性问题，但提出以"源削减"和"再循环"作为最小化优先考虑的手段，对于一般废料来说，同样也是适用的。这一原则已体现在随后的"污染预防战略"之中。

污染预防和废物最小量化都是美国环保局提出的。废物最小量化是美国污染预防的初期表述，现一般已用污染预防一词所代替。美国对污染预防的定义为："污染预防是在可能的最大限度内减少生产厂地所产生的废物量，它包括通过源削减（在进行再生利用、处理和处置以前，减少流入或释放到环境中的任何有害物质、污染物或污染成分的数量；减少与这些有害物质、污染物或组分相关的对公共健康与环境的危害）、提高能源效率、在生产中重复使用投入的原料以及降低水消耗量来合理利用资源。常用的两种源削减方法是改变产品和改进工艺（包括设备与技术更新、工艺与流程更新、产品的重组与设计更新、原材料的替代以及促进生产的科学管理、维护、培训或仓储控制）。污染预防不包括废物的厂外再生利用、废物处理、废物的浓缩或稀释以及减少其体积或有害性、毒性成分从一种环境介质转移到另一种环境介质中的活动。"

1984 年，联合国欧洲经济委员会在塔什干召开的国际会议上曾对无废工艺作了如下的定义："无废工艺乃是这样一种生产产品的方法（流程、企业、地区-生产综合体），它能使所有的原料和能量在原料—生产—消费—二次原料的循环中得到最合理和综合的利用，同时对环境的任何作用都不致破坏环境的正常功能。"

1996 年，联合国环境规划署将清洁生产概括为：清洁生产是关于产品的生产过程的一种新的、创造性的思维。它意味着对生产过程、产品、服务持续运用整体预防的环境战略，以期增加生态效率和减少人类与环境风险的策略。对于产品，它意味着减少产品从原材料选取到使用后至最终处理处置整个生命周期过程对人体健康和环境构成的影响；对于生产过程，它意味着节约原料和能源，消除有毒物料，在各种废物排出前，尽量减少其毒性和数量；对于服务，则意味着将环境因素纳入设计和所提供的服务中。

1998 年，在第五次国际清洁生产高级研讨会上，清洁生产的定义得到进一步的完善：清洁生产是将综合性预防的环境战略持续地应用于生产过程、产品和服务中，以提高效率，降低对人类和环境的危害。该定义得到与会者的共同认可。

在我国，《中国 21 世纪议程》将清洁生产定义为：清洁生产是指既可满足人们的需要，又可合理地使用自然资源和能源并保护环境的实用生产方法和措施，其实质是一种物料和能耗最少的人类生产活动的规划和管理，将废物减量化、资源化和无害化，或消灭于生产过程之中。

2003 年 1 月 1 日起实施的《中华人民共和国清洁生产促进法》关于清洁生产的定义为：清洁生产是指不断采取改进设计、使用清洁的能源和原料、采用先进的工艺技术与设备、改善管理、综合利用等措施，从源头削减污染，提高资源利用效率，减少或者避免生产、服务和产品使用过程中污染物的产生和排放，以减轻或者消除对人类健康和环境的危害。

（二）清洁生产的内涵

在清洁生产概念中包含了四层含义：① 清洁生产的目标是节省能源、降低原材料消耗、减少污染物的产生量和排放量；② 清洁生产的基本手段是改进工艺技术，强化企业管理，最大限度地提高资源、能源的利用水平和改变产品体系，更新设计观念，争取废物最少排放及将环境因素纳入服务中去；③ 清洁生产的方法是排污审计，即通过审计发现排污部位、排污原因，并筛选消除或减少污染物的措施及进行产品生命周期分析；④ 清洁生产的终极目标是保护人类与环境，提高企业自身的经济效益。

根据清洁生产的定义，清洁生产的核心是实行源头削减和对生产或服务的全过程实施控制。从产生污染物的源头，削减污染物的产生，实际上是使原料更多地转化为产品，是积极的、预防性的战略，具有事半功倍的效果；对整个生产或服务进行全过程的控制，即从原料的选择，工艺、设备的选择，工序的监控，人员素质的提高，科学有效的管理以及废物的循环利用方面进行全过程控制，可以解决末端治理不能解决的问题，从而从根本上解决发展与环境的矛盾。因此，清洁生产的内涵主要体现在以下两个方面：

（1）体现的是"预防为主"的方针。不是"先污染、后治理"，而是强调"源削减"，尽量将污染物消除或减少在生产过程中，减少污染物排放量，且对最终产生的废物进行综合利用。

（2）实现环境效益与经济效益的统一。从改造产品设计、替代有毒有害材料，改革和优化生产工艺和技术装备，物料循环和废物综合利用的多个环节入手，通过不断加强管理工作和技术进步，达到"节能、降耗、减污、增效"的目的，在提高资源利用率的同时，减少了污染物的排放量，实现环境效益与经济效益的最佳结合，调动企业的积极性。

二、清洁生产的主要内容

清洁生产是一种战略，是一种高层次的带有哲学性和广泛适用性的战略。它是一种新的创造性的思想，是一种将整体预防的环境战略持续应用于生产过程、产品和服务中，以增加生态效率和减少人类及环境风险的思想。

（一）清洁生产的内容

对应于广义和狭义清洁生产范畴，可以得出清洁生产的宏观内容和微观内容。

在宏观上，清洁生产是一种总体预防性污染控制新战略，清洁生产的提出和实施使环境因素进入决策，如工业行业的发展规划、工业布局、产业结构调整、技术改造以及管理模式的完善等都要体现污染预防的思想。如我国许多行业、部门都严格限制和禁止能源消耗高、资源浪费大、污染严重的产业、产品发展，对污染重、质量低、消耗高的产品实行关、停、并、转等，都体现了清洁生产战略对宏观调控的重要影响，并体现出工业管理部门对清洁生产日益深刻的认识。

从微观方面，清洁生产是组织采取的各种预防污染措施。通过具体的技术措施达到生产全过程污染预防，如清洁工艺、环境管理体系、产品环境标志、产品生态设计、全生命周期分析等，用清洁的生产工艺技术，生产出清洁的产品。

（二）清洁生产内容的表述

清洁生产内容可以采用如下表述：

对生产过程，要求节约原材料和能源，淘汰有毒原材料，减降所有废弃物的数量和毒性；

对产品，要求减少从原材料提炼到产品最终处置的全生命周期的不利影响；

对服务，要求将环境因素纳入设计和所提供的服务中。

清洁生产内容还可以直接表述为采用清洁的原料和能源、清洁的生产和服务过程、得到清洁的产品。

清洁生产的内容可以概括为"三清一控制"。

（1）清洁的原料与能源。指产品生产中能被充分利用而极少产生废物和污染的原材料和能源，是清洁生产的重要条件。

要求：充分利用；无毒或低毒。

主要措施：常规能源的清洁利用，如采用洁净煤技术，逐步提高液体燃料、天然气的使用比例；加速以节能为重点的技术进步与技术改造，提高能源利用率，如在能耗大的化工行业采用热电联产技术；可再生能源的利用，如加速水能资源开发，优先发展水力发电；积极发展核能发电；新能源的开发，如利用太阳能、风能、地热能、海洋能、生物质能等可再生的新能源；选用高纯、无毒原材料。

（2）清洁的生产过程。指尽量少用、不用有毒、有害的原料；选择无毒、无害的中间产品；减少生产过程的各种危险因素；采用少废、无废的工艺和高效的设备；做到物料的再循环；简便、可靠的操作和控制；完善的管理等。即选用一定的技术工艺，将废物减量化、资源化、无害化直至将废物消灭在生产过程中。

废物减量化：就是要改善生产技术和工艺，采用先进设备，提高原料利用率，使原材料尽可能转化为产品，从而使废物产生达到最小量。

废物资源化：就是将生产环节中的废物综合利用，转化为进一步生产的资源，变废为宝。

废物无害化：就是减少或消除将要离开生产过程的废物的毒性，使之不危害环境和人类。

（3）清洁的产品。指有利于资源的有效利用，在其生产、使用和处置的全过程中不产生有害影响的产品。清洁产品＝绿色产品＝环境友好产品＝可持续产品，清洁产品是清洁生产的基本内容之一。

清洁产品应遵循如下三原则：精简零件，容易拆卸；稍经整修可重复使用；经过改进能够实现创新。以及另外三原则：产品生产周期的环境影响最小，争取实现零排放；产品对生产人员和消费者无害；最终废弃物易于分解成无害物。

（4）贯穿于清洁生产中的全过程控制。指生产原料或物料的转化的全过程控制和生产组织的全过程控制。

① 生产原料或物料的转化的全过程控制。也常称为产品的生命周期的全过程控制。它是指从原材料的加工、提炼到产出产品，产品的使用直到报废处置的各

个环节所采取的必要的污染预防控制措施。

②生产组织的全过程控制。也就是工业生产的全过程控制。它是指从产品的开发、规划、设计、建设到运营管理，所采取的防止污染发生的必要措施。

三、清洁生产的目标

清洁生产的基本目标就是提高资源利用效率，减少和避免污染物的产生，保护和改善环境，保障人体健康，促进经济与社会的可持续发展。

清洁生产谋求达到：

（1）通过资源的综合利用，短缺资源的代用，二次资源的利用及节能、降耗、节水，合理利用自然资源，减缓资源的耗竭。

（2）减少废物和污染物的生成和排放，促进工业产品的生产，使消费过程与环境相容，降低整个工业活动对人类和环境的风险。清洁生产目标的实现将体现工业生产的经济效益、社会效益和环境效益的统一，保证国民经济的持续发展。

对于企业来说，应改善生产过程管理，提高生产效率，减少资源和能源的浪费，限制污染排放，推行原材料和能源的循环利用，替换和更新导致严重污染、落后的生产流程、技术和设备，开发清洁产品，鼓励绿色消费。

引入清洁生产方式应是实现这些目标的关键，但是当末端治理方案构成合理对策的一部分时，也应当加以采用。

从更高的层次来看，应当根据可持续发展的原则来规划、设计和管理生产，包括工业结构、增长率和工业布局等内容。应采用清洁生产理念开展技术创新和攻关，为解决资源有限性与未来日益增长的原材料和能源需求提供解决途径；应建立推行清洁生产的合理管理体系，包括改善有关的实用技术，建立人力培训规划机制，开展国际科技交流合作，建立有关的信息数据库；最终要通过实施清洁生产，提高全民对清洁生产的认识，最终实现可持续发展的目标。

还应当说明，从清洁生产自身的特点看，清洁生产是一个相对的概念，是个持续不断的、创新的过程。根据清洁生产内容的相对性概念，可以给出关于清洁生产目标的另一种表述：清洁生产追求自然资源和能源利用的最合理化、经济效益的最大化、对人类与环境的危害最小量化。

四、清洁生产的特点

（1）战略性。清洁生产是污染预防战略，是实现可持续发展的环境战略。作为战略，它有理论基础、技术内涵、实施工具、实施目标和行动计划。

（2）预防性。传统的"末端治理"与生产过程相脱节，即"先污染、后治理"。清洁生产从源头抓起，实行生产全过程控制，尽最大可能减少乃至消除污染物的产生，其实质是预防污染。

（3）综合性。实施清洁生产的措施是综合性的预防措施，包括结构调整、技术进步和完善管理。

（4）统一性。传统的"末端治理"投入多、治理难度大、运行成本高、经济效益与环境效益不能有机结合；清洁生产最大限度地利用资源，将污染物消除在生产过程之中，不仅环境状况从根本上得到改善，而且能源、原材料和生产成本降低，经济效益提高，竞争力增强，体现了集约型的增长方式，能够实现经济效益与环境效益相统一。

（5）持续性。清洁生产的最大特点是持续不断地改进。清洁生产是一个相对的、动态的概念。所谓清洁的工艺技术、生产过程和清洁产品是与现有的工艺和产品相比较而言的。推行清洁生产，本身就是一个不断完善的过程，随着社会经济的发展和科学技术的进步，需要适时地提出新的目标，争取达到更高的水平。

第四节　清洁生产的作用

清洁生产是将污染预防战略持续地应用于生产过程，通过不断地改善管理和技术进步，提高资源利用率，减少污染物排放，以降低对环境和人类的危害。清洁生产的核心是从源头抓起，预防为主，全过程控制，实现经济效益和环境效益的统一。

一、清洁生产有利于克服企业管理生产与环保分离的问题

企业的管理对企业的生存和发展至关重要。虽然环境管理思想在不断渗透到企业的生产管理中，例如越来越多的工业企业关心其生产过程中的跑、冒、滴、漏问题，但是，企业领导人和从事生产的工程技术人员主要关注的是产品质量、产量和销路，因此更关心的是降低成本、提高企业效益。而企业中从事环境管理的人员则热衷于污染物的治理效果、如何达标排放，企业生产管理和环境保护形成"两股道上跑车"，始终跑不到一起。于是企业把环境保护的责任越来越看成是一种负担，而不是需要。清洁生产完全是一种新思维，它结合两者关心的焦点，通过对产品的整个生产过程持续运用整体预防污染的环境管理思想，改变企业的环境管理和职能，既注重源头削减，又要节约原材料和能源，不用或少用有毒的原材料；实施生产全过程控制，做到在生产过程中，减少各类废物的产生和降低其毒性，达到既降低物耗又减少废物的排放量和毒性的目的。

二、清洁生产丰富和完善了企业生产管理

清洁生产通过一套严格的企业清洁生产审核程序，对生产流程中的单元操作实测投入与产出数据，分析物料流失的主要环节和原因。确定废物的来源、数量、类型和毒性，判定企业生产的"瓶颈"部位和管理不善之处，从而提出一套简单易行的无/低费方案，采取边审计边削减物耗和污染物生产量的做法。例如：山东某造锁总厂电镀分厂通过清洁生产审核，采用 40 个无/低费方案（几乎没有花任何费用）便削减了全分厂废水量的 38.8%，削减铜排放量的 53.1%，镍排放量的 49.7%，铬排放量的 53.3%，节省了大量的原材料和能源，达到年节约经费 12.7 万元。究其原因，就是通过清洁生产，提高了企业的投入与产出比，降低了污染物的产生量，提高了职工的管理素质，从而也丰富和完善了企业的管理。这些方案的实施是通过广大生产技术人员和现场操作工人去实现的，反过来又促使他们更加关心管理，提高了其参与管理的意识。

三、开展清洁生产可大大减轻末端治理的负担

末端治理作为目前国内外控制污染最重要的手段，为保护环境起到了极为重要的作用。然而，随着工业化发展速度的加快，末端治理这一污染控制模式的种种弊端逐渐暴露出来。

第一，末端治理设施投资大、运行费用高，造成企业成本上升，经济效益下降；

第二，末端治理存在污染物转移等问题，不能彻底解决环境污染；

第三，末端治理未涉及资源的有效利用，不能制止自然资源的浪费。据美国环保局统计，1990 年美国用于"三废"处理的费用高达 1 200 亿美元，占 GDP 的 2.8%，成为国家的一个严重负担。我国近几年用于"三废"处理的费用一直仅占 GDP 的 0.6%～0.7%，但已使大部分城市和企业不堪重负。

清洁生产从根本上扬弃了末端治理的弊端，它通过生产全过程控制，减少甚至消除污染物的产生和排放。这样，不仅可以减少末端治理设施的建设投资，也减少了其日常运转费用，大大减轻了工业企业的负担。

四、开展清洁生产，提高企业市场竞争力

清洁生产是一个系统工程，一方面，它提倡通过工艺改造、设备更新、废物回收利用的途径，实现"节能、降耗、减污、增效"，从而降低成本，提高组织的综合效益；另一方面，它强调提高组织的管理水平，提高包括管理人员、工程技术人员等所有员工在经济观、环境意识、参与管理意识、技术水平、职业道德等方面的素质。同时，清洁生产还可以有效地改善操作工人的劳动环境和操作条件，

减轻生产过程对员工健康的影响，为企业树立良好的社会形象，促使公众支持其产品，提高企业的市场竞争力。

五、开展清洁生产可以让管理者更好地掌握企业成本消耗

清洁生产是一个比较科学的管理体系。实施清洁生产审核工作，能使企业的环境管理发生质的改变。清洁生产审核工作包含产品的设计，生产工艺设计，原辅材料的准备，物料的闭路循环利用，产品制造、销售以及辅助生产过程（水、电、汽、气的运行管理和过程控制）等全过程控制，使环境管理贯穿到企业的每个环节。

企业在实施清洁生产的工作中，就必然要对本企业的能源消耗和主要材料消耗进行分析，从而尽可能提高能源利用率和原材料的转化率，减少资源的消耗和浪费，从而保障资源的永久持续利用。实践证明，实施清洁生产在大幅减少污染产生量的同时，可以降低成本，提高竞争能力，实现经济效益与环境效益的统一。

六、清洁生产为企业树立了形象和品牌

20 世纪 90 年代以来，以环境保护为主题的绿色浪潮声势日高，环境因素已成为企业在全世界范围内树立良好形象、增强产品竞争力的重要砝码。企业通过实施清洁生产，采用清洁的、无公害或低害的原料，清洁的生产过程，生产无害或低公害的产品，实现少废或无废排放，甚至零排放，不但可以提高企业的竞争力，而且在社会中可以树立起良好的环保形象，赢得公众对其产品的认可和支持。特别是在国际贸易中，经济全球化使得环境因素的影响日益增强，推行清洁生产可以增加国际市场准入的可能性，减少贸易壁垒。

第五节　开展清洁生产的意义

清洁生产是一种全新的发展战略，它借助于各种相关理论和技术，在产品的整个生命周期的各个环节采取"预防"措施，通过在生产技术、生产过程、经营管理及产品等方面与物流、能量、信息等要素有机结合，并优化运行方式，从而实现最小的环境影响，最少的资源、能源使用，最佳的管理模式以及最优化的经济增长水平。更重要的是，环境作为经济的载体，良好的环境可以更好地支撑经济的发展，并为社会经济活动提供所必需的资源和能源，从而实现经济的可持续发展。开展清洁生产的意义主要体现在下列方面。

一、实现可持续发展战略、发展循环经济的必然选择和基础

1992 年 6 月，在巴西里约热内卢召开的联合国环境与发展大会是世界各国对环境和发展问题的一次联合行动。会议通过了《21 世纪议程》，制定了可持续发展的重大行动计划，可持续发展取得各国的共识。

《21 世纪议程》将清洁生产看做是实现可持续发展的关键因素，号召工业提高能效，开发更清洁的技术，更新、替代对环境有害的产品和原材料，实现对环境、资源的保护和有效管理。

自工业革命以来，工业现代化促进了全球经济的快速发展，创造了空前巨大的物质财富和前所未有的社会文明。但是，这种以过度开发自然资源和无偿利用环境为主要标志的经济增长方式，造成了全球性的生态破坏、资源短缺和环境污染等重大问题。从资源和环境的承载能力来看，我国是一个人口密度高、人均资源贫乏的国家，石油等一些重要能源资源严重不足，对外依存度逐年上升，对国家经济安全极为不利；环境和资源所承受的压力反过来对社会经济的发展会产生严重的制约作用。解决这一问题的根本途径之一就是要大力推行循环经济和生态工业，变革沿袭已久的生产方式和生活方式，提高资源、能源利用效率，预防污染的产生，以达到可持续发展战略的目的。

清洁生产以其先期预防污染，而不是事后处理污染的思想开拓了实施可持续发展的新思路。通过清洁生产达到原材料消耗、能源消耗和废弃物的"减量"，是生态工业和循环经济追求"再利用"和"再循环"的前提，即清洁生产是实现生态工业和循环经济的基础。

二、开展清洁生产是控制环境污染的有效手段

自 1972 年斯德哥尔摩联合国人类环境会议以后，虽然国际社会为保护人类生存的环境作出了很大努力，但环境污染和自然环境恶化的趋势并未能得到有效控制。与此同时，气候变化、臭氧层破坏、有毒有害废物越境转移、海洋污染、生物多样性损失和生态环境恶化等全球性环境问题的加剧，对人类的生存和发展构成了严重的威胁。

造成全球环境问题的原因是多方面的，其重要的一条是几十年来以被动反应为主的环境管理体系存在严重缺陷，无论是发达国家还是发展中国家均走着"先污染、后治理"这一人们为之付出沉重代价的道路。

清洁生产彻底改变了过去被动的、滞后的污染控制手段，强调在污染产生之前就予以削减，即在产品生产过程并在服务中减少污染物的产生和对环境的不利影响。这一主动行动，经近几年国内外的许多实践证明，具有效率高、可带来经

济效益、容易为企业接受等特点，因而实行清洁生产将是控制环境污染的一项有效手段。

三、开展清洁生产是提高企业市场竞争力的最佳途径

实现经济效益、社会效益和环境效益的统一，提高企业的市场竞争力，是企业的根本要求和最终归宿。开展清洁生产的本质在于实行污染预防和全过程控制，它将给企业带来不可估量的经济、社会和环境效益。

第六节　清洁生产的实施

从政府的角度出发，推行清洁生产有以下几个方面的工作要做：

① 制定特殊的政策以鼓励企业推行清洁生产；② 完善现有的环境法律和政策以克服障碍；③ 进行产业和行业结构调整；④ 安排各种活动提高公众的清洁生产意识；⑤ 支持工业示范项目；⑥ 为工业部门提供技术支持；⑦ 把清洁生产纳入各级学校教育之中。

从企业层次上来说，实行清洁生产有以下几个方面的工作要做：

① 进行企业清洁生产审核，这是核心和关键；② 开发长期的企业清洁生产战略计划；③ 对职工进行清洁生产的教育和培训；④ 进行产品全生命周期分析；⑤ 进行产品生态设计；⑥ 研究清洁生产的替代技术。

一、清洁生产实施的基础知识

（一）实施清洁生产的途径和方法

实施清洁生产的主要途径和方法包括合理布局、产品设计、原料选择、工艺改革、节约能源与原材料、资源综合利用、技术进步、加强管理和实施生命周期评估等许多方面，可以归纳如下：

（1）合理布局，调整和优化经济结构和产业产品结构，以解决影响环境的"结构型"污染和资源能源的浪费。同时，在科学区划和地区合理布局方面，进行生产力的科学配置，组织合理的工业生态链，建立优化的产业结构体系，以实现资源、能源和物料的闭合循环，并在区域内削减和消除废物。

（2）在产品设计和原料选择时，优先选择无毒、低毒、少污染的原辅材料替代原有毒性较大的原辅材料，以防止原料及产品对人类和环境的危害。

（3）改革生产工艺，开发新的工艺技术，采用和更新生产设备，淘汰陈旧设

备。采用能够使资源和能源利用率高、原材料转化率高、污染物产生量少的新工艺和设备，代替那些资源浪费大、污染严重的落后工艺设备。优化生产程序，减少生产过程中资源浪费和污染物的产生，尽最大努力实现少废或无废生产。

（4）节约能源和原材料，提高资源利用水平，做到物尽其用。通过资源、原材料的节约和合理利用，使原材料中的所有组分通过生产过程尽可能地转化为产品，消除废物的产生，实现清洁生产。

（5）开展资源综合利用，尽可能多地采用物料循环利用系统，如水的循环利用及重复利用，以达到节约资源、减少排污的目的，使废弃物资源化、减量化和无害化，减少污染物排放。

（6）依靠科技进步，提高企业技术创新能力，开发、示范和推广无废、少废的清洁生产技术装备。加快企业技术改造步伐，提高工艺技术装备水平，通过重点技术进步项目（工程），实施清洁生产方案。

（7）强化科学管理，改进操作。国内外的实践表明，工业污染有相当一部分是由于生产过程管理不善造成的，只要改进操作、改善管理，不需花费很大的经济代价，便可获得明显的削减废物和减少污染的效果。主要方法是：落实岗位和目标责任制，杜绝"跑、冒、滴、漏"，防止生产事故，使人为的资源浪费和污染排放减至最小；加强设备管理，提高设备完好率和运行率；开展物料、能量流程审核；科学安排生产进度，改进操作程序；组织安全文明生产，把绿色文明渗透到企业文化之中等。推行清洁生产的过程也是加强生产管理的过程，它在很大程度上丰富和完善了工业生产管理的内涵。

（8）开发、生产对环境无害、低害的清洁产品。从产品抓起，将环保因素预防性地注入产品设计之中，并考虑其整个生命周期对环境的影响。

这些途径可单独实施，也可互相组合起来加以综合实施。应采用系统工程的思想和方法，以资源利用率高、污染物产生量小为目标，综合推进这些工作，并使推行清洁生产与企业开展的其他工作相互促进、相得益彰。

（二）清洁生产的实施层次

清洁生产开展应分社会、区域和组织不同层次进行。

社会层面的清洁生产主要是结合循环经济，通过实施循环经济，逐渐建设一个资源节约型社会。实现资源、能源的合理利用和再利用。

区域层面的清洁生产主要是结合生态工业、精准农业等的实施而开展，以实现工农业生产的资源、能源消耗最小量化，形成工业生态链，实现资源、能源的循环利用和梯级使用。

组织这个层面的清洁生产主要是结合清洁生产审核，持续改进，做到废弃物产生量最小量化、经济效益最大化和达到良好的环境绩效。

（三）清洁生产的实施原则

实施清洁生产体现了四个方面的原则：

（1）减量化原则。即资源消耗最少、污染物产生和排放最小。

（2）资源化原则。即"三废"最大限度地转化为产品。

（3）再利用原则。即将生产和流通中产生的废弃物，作为再生资源充分回收利用。

（4）无害化原则。尽最大可能减少有害原料的使用以及有害物质的产生和排放。清洁生产体现了集约型的增长方式和发展循环经济的要求。

（四）清洁生产实施的政策法规保障

立法是推进清洁生产的主要手段之一。我国在原有的环境和资源立法的基础上逐步制定了有关推行清洁生产的法律法规和政策规定，如《中华人民共和国清洁生产促进法》于 2003 年 1 月 1 日起施行，2012 年进行了修订，并于 2012 年 7 月 1 日起施行，《清洁生产审核暂行办法》于 2004 年 10 月 1 日起施行等，而且 2009 年 1 月 1 日起实施的《循环经济促进法》也会为更好地、更全面地、更有效地实施清洁生产起到一定作用。各省、市也制定和颁布了一批地方性的清洁生产政策和法规。我国清洁生产立法主要内容包括：我国清洁生产的目的和法律地位；国家制订清洁生产规划，组织清洁生产的研究、开发和推广以及进行清洁生产的宏观经济调控等职责；企业等不同主体制订清洁生产实施规划、逐步实现清洁生产目标等方面的法律义务；我国清洁生产管理体制，以环境保护、经济宏观调控等行政主管部门实施行政监督管理为主，辅之以行业主管、行业协会等部门的协作；以法律制度完善和创新为核心建立，包括禁止、强制、鼓励和倡导性的清洁生产技术，违反清洁生产法律义务的法律责任等。

二、企业清洁生产的实施

为了实现发展生产和保护环境的"双赢"目标，企业要结合自身的实际情况，按照源头削减、过程控制以及综合利用的原则，在实施清洁生产过程中，加强对清洁生产的领导，制订实施清洁生产的规划和行动计划，完善与清洁生产相关的企业管理制度。采取组织保证，转变观念，加强管理等步骤；加强对原料、燃料的管理，提高原料、燃料的品质，减少原料、燃料的流失；进行岗位员工技术培训，提高岗位员工操作技能和操作有效性。对通过清洁生产审核发现有缺陷的设备，结合设备检修进行改造，改善工艺条件；对一些技术落后、设备老化的工艺，结合技术改造，分批分期采取技术更新改造等措施。实施清洁生产的企业均取得了不同程度的经济效益和环境效益。

（一）组织保证

1. 提高领导认识

提高企业领导层的认识是推行清洁生产的关键。目前企业实行的是经理或厂长负责的行政管理体制，他们不仅要负责企业的经营、行政管理，而且还要对企业的未来发展、投资方向及重大事项的决策负责，他们决定着企业的管理模式和清洁生产技术的应用。因此，提高企业领导层对清洁生产的认识是顺利推行清洁生产的决定因素。另外清洁生产的实施涉及企业生产、技术、管理等各个部门。部门的职责不同，在生产中所起的作用也不同，所以必须得到高层领导的支持和参与，并将各层领导的认识统一到"推行清洁生产是企业实施可持续发展战略的保证"的高度，才能领导、组织、计划、协调各部门实施清洁生产。

例如，某化工厂环保处技术人员在参加国家、省环保局及有关单位组织的"清洁生产培训班"以后，及时将信息反馈给化工厂高层领导，引起领导重视，并在主管领导的支持与参与下，编写了"太化集团公司化工厂己二酸和氯化苯产品的清洁生产审核实施方案"，并组织了实施。东北某制药厂领导高度重视和支持清洁生产工作，由主管技术和环保的副厂长及有关部门人员组成了清洁生产领导小组，并由环保处、技术处、质量处、能源处、供应处以及各有关生产部门组成清洁生产审核领导小组来组织实施清洁生产工作。

2. 广泛宣传

利用多种形式对企业领导及员工进行普及性的清洁生产宣传，是推行清洁生产的基础。通过宣传增强员工的清洁生产意识，提高员工参与清洁生产的积极性，使全体员工都能认识到实施清洁生产不仅是环境保护的要求，也是企业降低生产成本、提高经济效益、赢得市场竞争、持续发展的必由之路，同时还关系到每个员工的切身利益。

东北某制药厂自1996年被辽宁省环保局、沈阳市环保局、经贸委确定为沈阳市首批开展清洁生产试点的企业之后，坚持开展多种形式的"清洁生产"宣传教育活动，如利用有线电视台、厂报，以及宣传板报、智力竞赛、演讲、征文、全员答题等形式进行以清洁生产为主要内容的宣传教育活动。提高员工对企业开展清洁生产工作重要性的认识，使清洁生产工作深入人心，成为自觉行动。通过举办清洁生产学习班，聘请省、市环保局领导及清洁生产专家授课，邀请开展清洁生产的成功单位做经验介绍等方式，组织员工进行实例学习。

3. 岗位培训

推行清洁生产是一项知识性、技术性很强的工作，在广泛进行清洁生产重要性宣传的基础上，对企业员工进行教育与培训，是推行清洁生产的重要环节。教育与培训，有利于增强员工的清洁生产意识，提高技术水平和管理水平，适应清洁生产的要求。岗位技术培训是企业实施清洁生产的重要手段之一。在清洁生产实施过程中，需要严格工艺规程，规范现场操作，使清洁生产的实施得以保证。另外，由于工艺改造，对有些工艺技术规范、操作规程进行了调整，需要通过对岗位员工进行培训，提高员工的技术操作水平，使其掌握新的操作技能。

山西太原某化工集团公司化工厂己二酸分厂加强职工的岗位培训，提高分析工的素质和技术技能，规范了操作程序，在己二酸生产过程中，实施了压滤监控，使经过压滤的压滤母液、压滤洗涤水和离心洗涤水的己二酸收率得到提高，己二酸总收率由 83.27%提高到 84.5%，降低了吨产品的原材料环己醇和硝酸的消耗量，按当年产量计算多生产己二酸 4 t，价值 3.92 万元。

采取宣传、教育、培训等措施，不但员工对清洁生产的认识提高了，而且还学习掌握了有关本企业清洁生产的知识和技术，同时也为企业实施清洁生产"审核"工作奠定了基础。

（二）转变传统观念

观念的更新及对实施清洁生产重要性认识的提高是相辅相成的。观念转变促进了企业管理措施的完善，提高了措施的可操作性。在环境保护要求日益严格的情况下，企业要生存就必须做到生产与环境协调发展，尽可能地减少生产过程中的废物产生和排放，提高单位产品或单位产值的能源、资源利用率。

长期以来，有产量就有效益的观念在企业某些领导和员工的头脑中根深蒂固，认为企业就是抓生产，生产搞好了，产量上去了，有了产品就有了效益，把绝大部分精力都集中在生产上，对市场的研究和把握远不如对生产的研究和把握，满足于"产量一超再超"，忽视了市场变化对生产的引导。在市场经济的大潮中，买方市场决定企业发展和企业的经济效益已逐渐成为大气候，加之环境保护的要求日益严格，治理污染成本的不断增加，企业增支减利因素加大，生存空间越来越窄，面临生存的严峻形势。企业在各种压力的驱使下，必须解放思想、转变传统观念以适应市场经济的新形势。按照污染预防、全过程控制的原则，树立"降耗、节能、减污、增效，降低生产成本，提高市场竞争力"的企业发展观。

为了企业的生存发展，只有提高质量、降低生产成本，才能赢得市场竞争。降低产品成本的最佳途径是降低原材料消耗、节约能源，在生产工艺过程中，提高产品的转化率、吸收率，充分利用投入的资源和能源，以最优的质量、最低的成本占领市场。

实施清洁生产企业的实践表明，观念创新开阔了工作新思路，给企业生产发展注入了新的活力，使企业取得了工作主动权。

山东某钢铁集团公司认真总结以往的经验教训，提出了"以节能、降耗、减污求发展""以低成本提高市场竞争力"的新观念，开创新思路，抓技术创新，一年一个工作目标，确保低成本战略的实现：1996 年，提出"四全一喷"，即全熟料（精料）、全连铸、全精炼、全一火成材和喷煤粉新技术，对铁、钢、材生产系统进行了优化和改造；1997 年，提出"四闭路一突破"，即钢渣和含铁尘泥闭路利用，工业用水闭路利用，焦炉煤气、高炉煤气和转炉煤气闭路利用，余热蒸汽闭路利用和专用板的正品率提高，最大限度地把现有资源用精用细，促进资源的合理配置；1998 年，又提出降低原料燃料、材料、设备、备品备件采购成本和基建、技改造价，提高销售利润率和资金利用率的"六降低两提高"目标。三年"三大步"构成了该公司"坚持节能降耗，实现低成本战略"的基本框架。据统计，该公司每年在节能挖潜增效方面创造的效益达 5 亿多元。

（三）完善管理措施

观念的更新及对实施清洁生产重要性认识的提高是相辅相成的，观念转变促进了企业管理措施的完善与可操作性的提高。清洁生产实质上是一种物耗、能耗最少的生产活动的规划和管理。清洁生产与单纯的末端治理不同，需要把环境管理纳入企业生产管理系统中，求得环境与生产的内在融合；需要建立相互联系、自我约束的管理机制，这样才能巩固清洁生产的成果，增强清洁生产后劲。管理措施能否落实到企业中的各个层次、分解到生产过程中的各个环节，是企业推行清洁生产成功与否的关键。

实施清洁生产企业的实例表明，管理措施主要包括：转变传统的环境管理模式，将清洁生产纳入生产管理全过程和实行经济承包责任制。

1. 转变传统的环境管理模式

传统的末端治理污染难以适应日益严格的环境法律、法规、标准和激烈的市场竞争，而实施清洁生产可以降低物耗、节约能源、提高产品质量、减少污染、降低成本、增强市场竞争力，是实现企业生产与环境持续发展的必由之路。环境管理模式转变的做法可概括为：① 在控制污染的方式上，按照污染预防、标本兼治的原则，坚持以治本为主，减少污染源，在生产过程中控制污染物的产生，兼顾末端治理，污染物达标排放，降低末端治理成本；② 在追求目标上，按照经济效益与环境效益相统一的原则，实现经济效益与环境效益的"双赢"目标；③ 采购原料、燃料及确定工艺技术时，选用无污染、少污染的原料、燃料，最大限度地把污染物消除在生产工艺前及生产过程中；④ 对生产工艺过程中难以避免产生的非产品，进行工艺内、外循环利用，减少末端治理负荷；⑤ 生产管理上，把环境管理纳入生产管理之中，把单一行政管理与法律、经济（或市场）手段有机结合起来，提高环境管理工作的有效性。

例如上述钢铁集团对待环境污染问题，过去由于沿袭"先污染、后治理"的老路，进入了"污染—治理—再污染"的恶性循环。这样既增加了治理污染成本，又损害了企业形象。为了转变传统的控制污染模式，这些集团把末端治理与生产工艺过程控制相结合，实施生产过程控制及废物循环再利用的清洁生产。随着"节能、降耗、减污、增效"清洁生产工作的深入，认识到环境污染的本质是由于投入生产中的资源、能源未能物尽其用，转化到气、液、固体中，成为废气、废液、固体废物进入环境，不仅污染空气、水体和土地，而且浪费了宝贵的资源，从中深刻认识到"污染是放错了位置的资源"，是对资源有效利用研究和落实不够的表现，是对能源、资源的浪费。从此，该公司在对待生产与环境的关系上，没有孤立地、片面地强调某一方面，而是按照系统的观念和污染预防、清洁生产的原则，把"节能、降耗、减污、增效"作为整体有机联系起来，系统地实施工艺结构优化和资源能源配置优化，最大限度地利用能源，降低生产成本，减少环境风险，实现生产与环境的持续发展。

2. 将清洁生产纳入生产管理全过程

设立清洁生产常设机构。将清洁生产纳入企业正常工作，企业（公司、厂、车间等）清洁生产审核小组作为常设机构。每年组织一次清洁生产审核，不断筛选出审核重点和解决方法，组织人力、物力、财力，实施持续清洁生产。将清洁生产工作纳入生产管理和环境保护管理制度中，在实施清洁生产过程中，不断完善该制度。其宗旨是从生产工艺中消除和控制污染的发生，保证生产过程中合理利用各种资源和能源，减少能源和原材料的浪费，防治"三废"污染，以实现经济与环境的协调发展。首先，实行装置达标管理，根据各装置的特点，制定环保设施定期检查、保养维修制度；责任到人，各负其责，提高装置的完好率，确保装置正常运转。其次，确定生产装置污染物排放目标管理，如各项生产装置达标的具体内容中都规定了废水排放量、COD 总量、废水含油量、pH 值等指标，并纳入生产考核指标中。最后，实行环境保护工作承包合同。企业与其负责环保下属部门签订环保工作承包合同，内容包括：环保设施的正常运转，污染物达标排放，"三同时"和"环境影响评价"等。

例如：某公司与其合成橡胶厂、安环处环保科签订环保工作承包合同；把环保指标纳入环境管理制度中，主要内容包括：COD 排放量、厂河道排水 COD 不得超过 100 mg/L；环保设施正常运转；污染物达标排放；认真执行"三同时"和

"环境影响评价"等制度；清洁生产教育及培训；环境保护月报表，定期通报环境保护管理情况（包括环境保护动态、装置检修及环保工作、装置达标情况和环保装置运行情况）和环境监测情况等。

3．实施经济承包责任制的奖惩制度

企业将清洁生产纳入生产管理全过程后，还需要建立责权利相一致的经济责任制度，实行以经济效益为中心、以成本考核为主体、主要技术经济（含环保）指标和员工的工资相配套的经济责任考核体系。

山东德州某建材厂提出将清洁生产指标纳入经济责任管理中，在经济责任制考核中，清洁生产指标有 6 项，即：① 设备完好（设备运行正常，零部件完好，磨损、腐蚀不超过规定的标准；传动、润滑和冷却系统运转正常；无超湿、超压等现象；原材料、燃料消耗正常）；② 无空运转、长明灯；③ 厂房内卫生；④ 厂区卫生；⑤ 收尘器排放口粉尘质量浓度 $\leqslant 150 \ \text{mg/m}^3$；⑥ 厂房内粉尘环境质量浓度 $\leqslant 6 \ \text{mg/m}^3$。每项指标 100 分，共 600 分。考核检查时采用倒扣分计算方法，没有完成一项扣 5 分，累计该项指标的得分，考核分为"日常检查分"和"集中检查分"，由生产处负责。清洁生产奖罚规定及格线为 570 分，在 570 分的基础上，每提高 1 分或降低 1 分，奖惩本月工资 0.2%。例如，某车间 2 月份奖金 19 000 元，由于清洁生产某一指标未达到而罚 4 000 元。该罚款根据责任情况落实到车间或岗位责任人。

（四）加强原料、燃料管理

源头削减、生产工艺全过程控制是清洁生产的一项重要内容，加强对原料、燃料的管理，提高原料、燃料品质，不但使资源得到合理的配置，减少了原料、燃料等物料流失，降低了产品的成本，而且从根本上控制了污染物的排放，带来了可观的经济效益。

例如，某造纸厂实施清洁生产时，对麦草这一制浆原料进行严格的质量管理，设专人挑选收购麦秸，对切草机工序进行调整，减少了原料中的杂质，保证了进入蒸球的麦秸质量，不但提高了产品的质量和产量，而且节约了原材料，计 17.82 万元。

某酒厂实施清洁生产，用 5 万元盖了薯干存放棚，这样既避免了薯干露天存放造成的损失，又通过安排专人对入棚原料进行检验，使原料中含砂石量降低了 1.5%，共创效益 93.4 万元。

（五）改进、完善工艺和设备

结合定期设备检修完善工艺、改造设备、优化工艺，改变原有的落后工艺和生产路线，使企业真正做到减污、降耗，提高产品质量。因此，该环节是清洁生产的一个重要组成部分。

1. 提高设备的使用率和完好率

山西太原某化工厂己二酸分厂通过检修、更新、恢复使用冷却器回收回流液，在压滤母液浓缩回收硝酸、己二酸过程中水喷射泵形成真空将蒸发的气体带出，冷却后经分离器一部分回浓缩釜，另一部分进入回流液贮槽，加入水吸收塔吸收氮氧化物气体，制取稀硝酸。在清洁生产审核现场实测中测得压力母液的产生量为 33.4 m³，浓硫酸量 20 m³，回流液 0.75 m³，水喷射泵带走 12.65 m³，其中含硝酸 41.58 g/L（损失 526 kg）、己二酸 3.32 g/L（损失 42 kg）。该方案的实施使产品回收回流液 0.75 m³/t，且几乎全部用于水吸收塔吸收之用；产品回收硝酸 31.17 kg/t，多回收 28.51 kg/t；回收己二酸 2.49 kg/t，多回收 2.23 kg/t。按 1993 年产量计算多回收己二酸 3 t，价值 2.94 万元；减少 COD 4 t；多回收硝酸 41 t，价值 6.97 万元；减少酸性水 1 081 m³。

2. 改进设备，提高生产效率

德州某建材厂实施清洁生产后，新建粉煤灰封闭输送系统，从热电厂将粉煤灰引至新建水泥线，输送粉煤灰做原料生产水泥；从根本上改变了原来人工用手推车运送粉煤灰至水泥生产线的生产状况，有效地改善了工作环境，提高了工作效率。管道输送生产设备投入使用后，可用掉华能热电厂粉煤灰 10 万～11 万 t/a，减少跑、冒、滴、漏造成的道路、厂区路面的污染和机械提升过程中产生的大量飞尘等，有效地预防了污染。从根本上改变了厂区和周边地区的环境，使工人的劳动和生活从恶劣的环境中解脱出来。该厂通过更换烘干机电收尘系统——将烘干机原有收尘器更换成抗结露型电收尘器，并对整个配套系统进行改造，降低了粉尘排放浓度，减少了排放损失。设备投入运行后，排放粉尘的质量浓度由原来的 96 800 mg/m³ 降低到 150 mg/m³ 以下，每年回收粉尘 10 999.75 t。投资 78.49 万元，2 年可收回投资，收回后每年可盈利 200 多万元。

3. 优化工艺、完善工艺条件

某酒厂优化酒精出成品工序——蒸馏工序，该工序是把酒分通过蒸馏从发酵成熟醪中分离出来。清洁生产实施前，采用常压两塔半蒸馏工艺，该工艺消耗大量的工艺蒸汽及冷却水，实施清洁生产后将此工序改为两塔三段蒸馏，并由微机控制，得到明显收益。酒精质量由普通级提高到优级，年节约冷却水 50 万 t，年节约蒸汽 3.2 万 t，收益 500 多万元。

（六）更新设备

在技术改造中更新设备。企业将实施清洁生产备选方案与技术改造相结合，通过技术改造，选用国内外的先进设备，淘汰能耗物耗高的陈旧落后技术和设备，从而提高生产效率、降低生产成本、提高产品质量、减少污染物排放。

太原某化工集团公司化工厂的 NO_x 尾气吸收系统是 1985 年建立的，吸收塔为塑料材质，易老化和泄漏，吸收率低，水吸收率仅 56.25%。塑料塔的老化，不仅限制了所使用填料的规格，而且使得填料量也达不到要求，泄漏严重，NO_x（以 NO_2 计）泄漏达 75.41 kg/t 产品，吸收效率低。清洁生产方案实施后，将塑料塔改造成不锈钢材质的吸收塔，使用了高效填料和冷却器，提高了吸收效率，水吸收率可达 90% 以上，多生产吸收酸 195 kg/t，按当年产量计，回收硝酸 281 t，价值 47.77 万元，其中运行费用 5.5 万元，净效益 42.27 万元。减少 NO_x（以 NO_2 计）泄漏 75.4 kg/t。

德州某建材厂投资 108 万元更换机立窑卸料系统，将原来的辊式卸料改为目前国内立窑中最先进的配套塔式卸料系统，本方案完成投入运行后，彻底解决了改造前严重漏尘、耗油等造成的污染。年减少漏尘 2 916 t，带来经济效益每年 1.3 万元；年减少润滑脂 7.5 t，价值 4.13 万元。总之，将立窑原有摆辊式卸料系统改用盘塔式卸料系统，熟料产量提高了 30%～40%，熟料质量[①]提高 6～11 MPa。项目投资 3.27 年即可回收成本，偿还期后年盈利额达 174.49 万元。

（七）开展综合利用

开展综合利用，是我国一项重大的技术经济政策，也是国民经济和社会发展中一项长远的战略方针，对于节约资源、改善环境、提高经济效益、促进经济增长方式由粗放型向集约型转变、实现资源优化配置和可持续发展都具有重要的意义。合理利用资源、能源是清洁生产的主要内容之一。清洁生产要求企业在生产过程中产生的非产品物质循环利用，以提高原材料、燃料等的利用率。企业根据各自的情况，通过多种途径，遵循资源综合利用与企业发展相结合、与污染防治相结合，经济效益与环境效益、社会效益相统一的原则，积极推动资源节约和综合利用工作，努力提高资源的综合利用水平，促进了企业的发展。

1. 废弃物综合利用

将废物回收利用，变废为宝，物尽其用。这样既减少了对环境的污染又节约了资源，降低了生产成本，从而提高了企业的市场竞争能力。

（1）火炬气回收。燕山某石化橡胶厂的火炬气主要来自抽提、顺丁橡胶成品车间生产工艺过程中产生的含烃尾气，每年排放量 4 000～5 000 t，不仅给厂区及周边地区环境带来了潜在的光化学污染，而且还造成了巨大的经济损失。例如，

---

① 熟料质量指熟料的抗压强度，单位为 MPa。

1997 年抽提装置尾气的年产生量为 4 694.4 t，按照液化气单价 2 000 元计算，如果这些尾气全部送去火炬烧掉的话，年损失将达 939 万元，这样不但大量的可燃气白白浪费，而且加重了大气的污染。在实施清洁生产审核后，对抽提和顺丁橡胶成品等车间在生产工艺过程中产生的以碳四为主要成分的尾气进行回收。

（2）碱回收。制浆造纸行业的污染负荷 80%以上来自制浆黑液，要有效地治理制浆的污染，必须配备碱回收车间。碱回收可以在治理制浆黑液污染的同时回收蒸煮用碱。制浆黑液通过碱回收烧去黑液中的木质素和其他有机物，回收热能生产蒸汽，供自身使用，回收的无机物碳酸钠，经加石灰苛化，生成蒸煮用碱，达到节能、降耗、减污的目的。滨州某造纸厂在清洁生产审核中，将碱回收项目及配套设施列为备选方案。该方案实施后，通过碱回收车间的运转，全厂 COD 的污染负荷可以下降 75%，以年产 3.4 万 t 浆计，每年减少 COD 排放量 24 276 t。该项目投资了 5 139 万元。实施后减少污水处理费 210.00 万元，节约新鲜水费 117.30 万元，节约蒸汽费 198.20 万元，回收碱价值 2 020.88 万元，共计 2 546.38 万元。扣除年运行费用，净获利 1 266.16 万元。

（3）造纸废液资源化。某造纸厂利用蒸煮黑液替代亚胺，吨浆加入 0.717 3 t 黑液，替代亚胺 21.5 kg，年节约亚胺 397.8 t，年节省费用 51.8 万元，减少 COD 排放量 931 t。利用黑液拌麦糠经燃烧生产农业有机肥，年产农业有机肥 2 750 t，年获益 64.08 万元，减少 COD 排放量 2 172.33 t。

2. 资源综合利用

济南某钢铁公司在生产过程中综合利用资源，把污染物消化在工艺过程中，实现废物资源化。积极开展煤气、工业用水、余热和含铁物料等资源"四闭路"利用。

（1）煤气（焦炉气、高炉气、转炉气）闭路利用。某钢铁公司为了充分利用焦炉、高炉、转炉产生的煤气，调整了能源结构，以气代煤，以气代油，将烧结机的重油、煤粉点火改为煤气点火，把中小型轧钢加热炉燃重油改为全煤气，并把 4 座 20 t 燃煤锅炉全部改为高炉煤气，淘汰了中轧燃煤加热炉，采用蓄热式加热炉全燃高炉煤气。这样实现了加热炉无油化、锅炉无煤化，不仅使放散煤气成了宝贵资源，还减少了对空气的污染。

（2）工业用水闭路利用。该公司将传统的串级用水改为多级生产系统，逐步实现闭路循环，先后在焦化、制氧、一炼钢、烧结等 8 个主要用水工序形成闭路循环，用水率达 93%，基本上实现了废水零排放。

（3）余热闭路利用。某钢铁公司将焦化横管初冷器余热、循环氨水余热、烧结加热炉余热、炼钢冲渣水余热用做动力蒸汽和办公楼、职工宿舍取暖，仅用于取暖的面积就达 40 万 m²，如果按一个冬季每平方米取暖煤耗 50 kg 计算，则全年就可节约采暖用煤 2 万 t。如果按煤含硫 1%计算，则减少二氧化硫排放 400 t，同时减少大量的温室气体排放。

（4）含铁物料闭路利用。该公司将钢渣用做烧结和炼铁原料，部分生产免烧砖，高炉渣全部用作生产水泥和混凝土配料，炼钢炼铁污泥和轧钢氧化铁皮几乎全部用做烧结原料。钢渣和含铁尘泥回收利用率达 95%，废渣不仅并未随钢产量的增加扩大，而且实现了日产日清。

1998 年与 1992 年相比，该公司钢产量由 1992 年的 111 万 t 增加到 1998 年的 266 万 t，增加了 1.4 倍；而年排水量由 2 686 万 t 下降到 1 756 万 t，下降了 35%，实现了既增产又减污。厂区降尘量由每平方公里近 70 t 下降到 56 t 左右，下降了 20%。

（八）扩大资金来源

实施清洁生产所需资金是企业普遍关心的问题，从实施清洁生产企业实例中了解到，一些企业为了解决资金短缺的问题，积极拓宽资金筹集渠道，包括利用实施无/低费方案取得的经济收益，提高折旧率和将中修大修摊入生产成本，发行企业债券，发动企业员工集资，向银行贷款，争取国际金融及政府贷款或赠款等途径扩大资金来源。具体的表现有以下几种。

1. 滚动发展

一般来讲，实施无费或低费清洁生产方案的投资少，见效快。有的企业将实施无/低费方案取得的经济收益继续投入到中费或高费方案中，以弥补清洁生产资金不足，推进清洁生产向深层次发展。例如，安徽某酒厂，将实施加强管理、有效操作、水循环利用等无/低费清洁生产方案创造的经济收益，再投入到技术性强、投资额高的厌氧发酵、回收沼气、发电节能的方案实施中，使酒厂提出的清洁生产备选方案，除一项利用糟液生产蛋白饲料方案因技术问题未能实施外，其他备选方案均得到实施。

2. 控制非生产性开支

非生产性费用是指企业在日常经营活动中发生的但与产品生产过程无直接关系的各种费用。主要包括电话费、邮寄费、运输费、业务招待费、办公用品费、能源费等。

非生产性费用有三大特点：① 费用发生零散。非生产性费用发生频率高但数额一般不大，这是非生产性费用与其他费用相比的一大特点。② 容易被忽视。由于每笔费用的额度不大，所以容易被公司管理层忽视，从而造成公司费用管理上的一个漏洞。③ 不可预见性大。公司的经营活动是一个异常复杂的过程，这就造成了公司在很多非生产性费用开支方面的不可预见性，给公司的费用控制带来了很多不便。

非生产性费用控制的几个有效手段：① 制度保障。必须重视非生产性费用控制的重要性，并要有相关的管理制度和控制细则来规范。② 强调部门核算。③ 奖惩结合。④ 及时通报，建立季度费用通报制。

3. 争取外援

一些企业在实施清洁生产方案中，在企业自筹的基础上通过有关渠道利用世界银行、亚洲银行等金融机构以及国外政府的清洁生产贷款或赠款，弥补资金不足。

三、实施清洁生产的主要障碍及对策分析

尽管我国近年来有不少重点企业在清洁生产方面进行了许多有益的探索，起到了一定的示范作用，但由于存在"环境意识不强、对清洁生产认识不深、资金不足、信息相对闭塞、技术水平较低、缺乏完善的政策体系支持"等多方面的障碍，阻碍了清洁生产的全面推行。归纳起来，清洁生产的实施在我国主要存在如下障碍。

（一）观念障碍

首先，由于环境问题爆发在时间上的滞后性和在空间上的广泛性，容易麻痹人们的环境意识，淡化包括广大消费者在内的全民清洁生产意识的培养，致使作为清洁生产主体的企业缺乏来自清洁生产方面的压力（如强大的舆论压力、消费者抵制非清洁产品的市场压力等）。其次，企业管理者和经营者对清洁生产存在诸多认识误区，使实施清洁生产缺乏内在动力。企业管理者和经营者误将清洁生产等同于单纯的环保措施，对清洁生产在可持续发展中的重要作用和对增强企业综合竞争力的作用缺乏足够的认识；有的企业担心清洁生产的介入会打破原有的生产程序和操作习惯，增加管理难度；有的企业将清洁生产当成了企业的包袱，当做获得"绿色通行证"的权宜之计。企业员工对清洁生产认识不足、满足工作现状，管理者担心清洁生产导致亏损等原因使企业缺乏促使清洁生产实施的合力，缺乏群策群力的技术支持。

（二）组织管理障碍

企业实施清洁生产涉及部门多，协调工作困难。清洁生产涉及企业生产和经营管理的各个环节，而在清洁生产实施过程中往往由企业环保部门实际操作，缺乏对各部门统一协调的执行力。由于没有建立明确针对清洁生产的职责机构和规章制度，不少企业在清洁生产审核后期处于松散、停滞、无人过问的状态。

（三）技术障碍

技术不足是企业推行清洁生产的"瓶颈"障碍。设备陈旧、工艺落后是我国

能耗高、资源浪费、污染严重的一个重要原因。特别对于广大中小型企业而言，自主开发能力和采用高新技术的能力很弱，而又缺乏在现有技术经济条件下的实用清洁生产技术。此外，企业在清洁生产技术、清洁产品和废物供求方面信息不足，进一步限制了企业清洁生产的推行。

（四）经济障碍

资金不足是企业推行清洁生产的根本障碍。清洁生产虽然会给企业带来可观的经济、环境效益，但清洁生产方案的实施需要一定的资金投入，而许多企业由于经济效益不佳、资金缺乏，因而无法推行；而一些已经开展清洁生产的企业，绝大多数只是停留在实施一些无费或低费方案上，因而很难实现持续清洁生产。

此外，清洁生产的投、融资渠道不畅，部分企业连年技改，贷款庞大，利息负担重，也是清洁生产实施的又一经济障碍。

（五）政策原因

我国经济发展中的环境和资源的价值长期被低估或忽视，这样导致企业长期低价或无偿使用资源与环境而无须承担相应的成本和代价，不仅虚夸了经济增长，扭曲了企业的生产和经营行为，还影响了企业开展清洁生产的积极性。另外，我国排污收费政策不合理。由于我国排污收费标准较低，收到的费用不足以治理污染物；同时，又由于收费中"讨价还价"问题的存在，结果使得企业缴纳排污费要比治理废弃物"合算"得多，这就在很大程度上导致企业开展清洁生产缺乏积极性，同时也留下了收费者和排污者共享环境"地租"的隐患。

此外，激励机制和约束机制相对滞后，影响清洁生产的进程。我国促进清洁生产的宏观和微观政策远未形成体系，有关清洁生产的产业政策、财税、金融乃至行政表彰与鼓励政策的建立及完善相对滞后，以法律法规为标志的清洁生产约束机制的配套建设也相对滞后。这在一定程度上，制约了企业管理理念的更新、生产经营方式的转变，影响了清洁生产的进程。

基于实施清洁生产的障碍，做出以下对策：

（1）加强宣传教育和人员培训。

针对普遍存在的环境问题滞后、清洁生产意识淡薄等问题，应充分运用电视、报纸、广播等媒体，有计划地做一些科普宣传。在学校教育，特别是中小学教育中，增加环境保护和经济、社会可持续发展的内容，扫除"环境盲"，形成全社会保护环境、节约资源的道德风尚。通过宣传使人明确其自身行为的环境效应；特别是对具有决策职责的"一把手"进行环境意识、清洁生产意识的宣传与教育，使其认识到"为官一任、造福一方"，不应只顾及眼前的、暂时的政绩、业绩，而要考虑长远的、关系子孙后代的利益，并将可持续发展思想自觉运用到经济、社会的决策中去。在全国上下形成一种厉行节约、循环使用、爱护环境的良好习惯，为清洁生产的开展奠定意识基础。

扩大宣传范围，增加公众对清洁生产概念的了解。通过宣传争取企业的理解、支持与合作。宣传对象还应包括银行及金融机构，以把清洁生产列入他们的贷款要求中。

进行岗位示范培训，提高职工的技能，特别是对企业领导人员和工程设计人员、清洁生产审核人员的培训尤为重要。

（2）建立专门的清洁生产领导机构，协调和指导清洁生产活动。

企业高层领导要直接参与清洁生产推行工作，组建专门的清洁生产领导机构，由企业主要领导亲自负责，并设立专职人员，指导清洁生产的开展。

在企业清洁生产专门机构人员的组成上，要求各专业人才都要有。这些人员要熟悉企业生产工艺，对清洁生产的内涵和技术方法比较了解，由此组成的领导机构才能正常发挥其指导功能。只有由企业负责人牵头清洁生产专门机构，才能有效地协调企业各个部门之间的关系，从而使企业清洁生产顺利实施。

（3）调动一切因素，解决技术难题。

针对技术障碍，首先要在企业内部发动各方面技术力量，集思广益，调动企业干部、职工的积极性，大家一起献计献策。应加快企业技术和管理人才的培养，建立人才的引进与流动机制，提高企业的技术创新能力和管理能力，如建立清洁生产技术信息网络，加强企业与科研机构的横向联系，并广泛进行国际合作，开发先进的清洁生产技术、提高自身的技术开发与应用能力并提高管理水平。同时，在清洁生产技术的研制上，亦应充分发挥专利制度的作用，保护专利者的知识产权，从而在技术的转让和采用上，很好地适应逐渐完善的市场机制。其次，可以聘请有关技术专家，帮助调研国内外同行的先进技术，了解发展趋势，通过引进、消化吸收和再创新等步骤，寻求解决技术难题的办法。

此外，政府鼓励和支持清洁生产技术开发、组织科技攻关对于解决清洁生产技术难题同样具有重要作用。

（4）广辟资金渠道，多途径解决经济障碍。

首先，要积极促进企业内部挖潜，积累资金；其次，在制订投资计划时，应考虑清洁生产方案；再次，优先实施无/低费方案，并获得效益；最后，通过各种无息、低息环保项目贷款获取资金。

此外，国家在外部环境上通过产业政策、金融和税收政策为企业推行清洁生产开辟更广泛的融资渠道。如辽宁省清洁生产中心，通过国际合作建立了清洁生产周转金的转向资金，通过周转金贷款审批制度的建立，极大地增强了金融机构和企业参与清洁生产的内在动力，为清洁生产市场驱动机制的建立和健全迈出了坚实的一步。

（5）完善相应的政策激励机制和法律法规规范机制，推动持续清洁生产。

推进清洁生产的发展，必须要有良好的政策激励和严格的法律规范，并严格执法。我国在现阶段，《清洁生产促进法》已确立了一些具有法律效力的鼓励措施，如对从事清洁生产研究、示范和培训，实施国家清洁生产重点技术改造的项目，列入国务院和县级以上地方人民政府同级财政安排的有关技术进步专项资金的扶持范围；对利用废物生产产品的和从废物中回收原料的，税务机关按照国家有关规定，减征或者免征增值税；企业用于清洁生产审核和培训的费用，可以列入企业经营成本等，关键在于加大执行力度，确保这些措施落到实处，使企业的清洁生产行动给社会和企业都带来实实在在的效益。同时，在法律、法规方面，除了要严格执行《环境保护法》《清洁生产促进法》《循环经济促进法》外，还必须有针对性地完善各行业生产中一切约束、不利于生态环境建设的法律、法规，使破坏环境、滥用资源者承担应有的责任，付出应有的代价，这是推进清洁生产广泛、深入发展的根本保证。只有在加强和完善环境保护和清洁生产的法律、法规的环境下，人们才能逐渐摒弃那些不利于环境建设的落后的生产技术，生产工艺和不利于环境保护、有害于消费者身心健康的产品，从而大大地加快清洁生产的发展进程。

第七节　清洁生产工具

一、清洁生产审核

清洁生产审核是一种在企业层次操作的环境管理工具，是对企业现在的和计划进行的生产进行预防污染的分析和评估，是一种系统化、程序化的分析评估方法。

清洁生产审核是对组织现在的和计划进行的生产和服务实行污染预防的分析和审核程序，是组织实行清洁生产的重要前提。在实施污染预防分析和审核的过程中，制定并实施减少能源、水和原材料使用，消除或减少产品、生产和服务过程中有毒物质的使用，减少各种废物排放及其毒性的方案。

清洁生产审核包括对组织生产全过程的重点或优先环节、工序产生的污染进行定量监测，找出高物耗、高能耗、高污染的原因，然后有的放矢地提出对策、制订方案，减少和防止污染物的产生。组织实施清洁生产审核的最终目的是减少污染，保护环境，节约资源，降低费用，增强组织自身的竞争力。

1．清洁生产审核的主要内容

（1）产品在使用中或废弃的处置中是否有毒、有污染，对有毒、有污染的产品尽可能选择替代品，尽可能使产品及其生产过程无毒、无污染。

（2）使用的原辅料是否有毒、有害，是否难以转化为产品，产品产生的"三废"是否难以回收利用，能否选用无毒、无害、无污染或少污染的原辅料等。

（3）产品的生产过程、工艺设备是否陈旧落后，工艺技术水平、过程控制自动化程度、生产效率的高低以及与国内外先进水平的差距，找出主要原因并进行工艺技术改造，优化工艺操作。

（4）组织管理情况，对组织的工艺、设备、材料消耗、生产调度、环境管理等方面进行分析，找出因管理不善而造成的物耗高、能耗高、排污多的原因与责任，从而拟定加强管理的措施与制度，提出解决办法。

（5）对需投资改造的清洁生产方案进行技术、环境、经济的可行性分析，以选择技术可行、环境与经济效益最佳的方案，予以实施。

2．清洁生产审核的方法

判明废物的产生部位，分析废物的产生原因，提出方案减少或消除废物。从广义上讲，清洁生产审核的思路适用于一切使用自然资源和能源的组织，无论生产型组织、服务型组织，还是政府部门、事业单位、研究机构，都可以进行各种形式的清洁生产审核。

清洁生产审核是实施清洁生产最主要、也是最具可操作性的方法，它通过一套系统而科学的程序来实现，重点对组织产品、生产及服务的全过程进行预防污染的分析和审核，从而发现问题，提出解决方案，并通过清洁生产方案的实施在源头减少或消除废物的产生。这套程序可以分解为具有可操作性的 7 个步骤或阶段，即审核准备、预审核、审核、清洁生产方案的产生和筛选、清洁生产方案的确定、编写清洁生产审核报告、清洁生产方案的实施及持续清洁生产。

清洁生产方案是实现清洁生产的具体途径，通过方案的实施实现清洁生产"节能、降耗、减污、增效"的目标。清洁生产方案的基本类型包括：

（1）加强管理与生产过程控制，一般是无/低费方案，在实施审核过程中，边发现、边实施，陆续取得成效；

（2）原辅料的改变，即采用合乎要求的无毒、无害原辅材料，合理掌握投料比例，改进计量输送方法，充分利用资源、能源，综合利用或回收使用原辅材料；

（3）改进产品（生态再设计），即为提高产品产量、质量，降低物料、能源消耗而改变产品设计或产品包装，提高产品使用寿命，减少产品的毒性和对环境的危害；

（4）工艺革新和技术改进，即实现最佳工艺路线、提高自动化控制水平及更新设备等；

（5）物料循环利用和废物回收利用。

二、环境管理体系/ISO 14001

为帮助组织改善环境行为，消除贸易壁垒，促进贸易发展，1992年12月，在国际标准化组织（ISO）"环境问题特别咨询组"的建议下，ISO技术委员会决定制定一个与质量管理体系方法相类似的环境管理体系方法。为此，ISO借鉴其成功推行ISO 9000的经验，总结了各国环境管理标准化的成果，尤其是参考了英国环境管理体系标准BS7750（BS7750是"一种环境管理体系的规范，旨在保证组织的环境行为符合其所确定的环境方针与环境目标"），最终于1996年年底正式颁布了ISO 14000环境管理系列标准。ISO 14000系列标准颁布以后，立即被世界各国广泛采用，作为本国标准推广实施。

ISO 14000系列标准是环境管理的系列标准，它包括了环境管理体系、环境审计、环境标志、生命周期评价等国际环境领域内的许多焦点问题。国际标准化组织给ISO 14000系列标准预留了100个标准号，其中的ISO 14001～ISO 14009为环境管理体系的相关标准。

环境管理体系围绕环境方针的要求展开环境管理，管理的内容包括制定环境方针、实施并实现环境方针所要求的相关内容、对环境方针的实施情况与实现程度进行评审并予以保持，遵循了传统的PDCA管理模式，即规划（Plan）、实施（Do）、检查（Check）和改进（Action）。

规划阶段（Plan）：企业组织根据自身的特点确定方针，建立组织总体目标，并制定实现目标的具体措施。

实施阶段（Do）：为实现组织总体目标、明确职责，根据活动的特点，制定相关的文件化管理程序及技术标准来对活动的全过程实施有效的控制。

检查阶段（Check）：就是在组织活动实施过程中，应有计划、有针对性地对相关过程进行监控和审核，加强预防，以纠正所出现的偏离组织总体目标的现象。

改进阶段（Action）：由组织的最高管理者定期地对组织所建立的管理体系进行评定，确保体系的持续适用性、充分性和有效性以达到持续改进的目的。

三、生态设计

产品的生态设计是20世纪90年代初出现的关于产品设计的一个新概念，是清洁生产的一个很重要的组成部分。生态设计的概念一经提出，就得到一些国际著名大公司的响应，如荷兰的飞利浦公司、美国的AT&T公司、德国的奔驰汽车公司等在90年代初即进行了有关产品的生态设计的尝试，并取得成功。

生态设计，也称绿色设计、生命周期设计或环境设计，是指将环境因素纳入设计之中，从而帮助确定设计的决策方向。生态设计要求在产品开发的所有阶段均考虑环境因素，着眼产品的整个生命周期来减少其对环境的影响，最终引导产生一个更具有可持续性的生产和消费系统。

生态设计活动主要包含两方面的含义，一是从保护环境角度考虑，减少资源消耗、实现可持续发展战略；二是从商业角度考虑，降低成本、减少潜在的责任风险，以提高竞争能力。

四、生命周期评价

生命周期评价方法可追溯到 20 世纪 70 年代的二次能源危机，当时，许多制造业认识到提高能源利用效率的重要性，于是开发出一些方法来评估产品生命周期的能耗问题，以求提高总能源利用效率。80 年代，生命周期评价方法日臻成熟，到了 90 年代，在环境毒理学和化学学会（SETAC）与欧洲生命周期评价开发促进会（SPOLD）的大力推动下，生命周期评价方法在全球范围内得到较大规模的应用。

1997 年国家标准化组织正式出台了 ISO 14040《环境管理—生命周期评价—原则与框架》，以国际标准形式提出生命周期评价方法的基本原则与框架，这将有利于生命周期评价方法在全世界的推广与应用。

生命周期评价是一种用于审核产品在其整个生命周期中，即从原材料的获取、产品的生产直至产品使用后的处置过程中，对环境影响的技术和方法。国际标准化组织将其定义为："生命周期评价是对一个产品系统的生命周期中输入、输出及其潜在环境影响的汇编和评价。"

五、环境标志

随着公众环境意识的提高和环境保护工作的深入开展，绿色消费和购买绿色产品成为新的风尚。制造商敏锐地抓住了这一商机，纷纷在自己的产品上标出"可生物降解""保护臭氧层""绿色产品"等字样，企业对外宣称"绿色公司""环保先锋"，一时间有大量"绿色"产品上市。但对于消费者来说，想要在各种产品与环境的复杂关系中做出有利于环境的选择几乎是不可能的。

为保护和扶持消费者的这种购买积极性，帮助消费者识别真正的绿色产品，一些国家政府机构或民间团体先后组织实施环境标志计划，引导市场向着有益于环境的方向发展。

环境标志是一种标在产品或其包装上的标签，是产品的"证明性商标"，它表明该产品不仅质量合格，而且在生产、使用和处理处置过程中符合特定的环境保护要求，与同类产品相比，具有低毒少害、节约资源等环境优势。

发展环境标志的最终目的是保护环境，它通过两个具体步骤得以实现：一是通过环境标志向消费者传递一个信息，告诉消费者哪些产品有益于环境，并引导消费者购买、使用这类产品；二是通过消费者的选择和市场竞争，引导企业自觉调整产品结构，采用清洁生产工艺，使企业环保行为符合法律法规，生产对环境有益的产品。

六、环境管理会计

1995 年，美国的世界资源研究所通过对 9 个美国企业的研究发现了成本核算中的问题：一是与环境有关的成本和效益不易区分和识别；二是环境成本和效益在企业内的分配常常不正确，因而导致非优化的管理。现有的企业财会制度往往难以反映出环境成本和效益，在清洁生产实践中，这被证明是影响企业实施清洁生产的内部障碍之一。为正确全面地反映、评价清洁生产和清洁产品的成本与效益，国外在 20 世纪 80 年代末便开发应用了总成本核算、生命周期核算、全成本核算等主要核算方法。

七、清洁生产公告制度

清洁生产公告制度是清洁生产市场化的最重要的形式。组织自愿申请，组织经清洁生产审核进行整改后，由国家权威部门验收。如符合标准，则由环境保护部向全国公告其为清洁生产组织，同时公告其资源消耗和排污信息。为规范这一制度，验收标准和从业人员资质要由环境保护部统一制定。

思考题

1. 清洁生产的产生背景是什么？
2. 简述清洁生产在我国的发展历程。
3. 为什么清洁生产战略优于末端治理？
4. 什么是清洁生产？其基本理念是什么？
5. 清洁生产的主要内容有哪些？
6. 简述清洁生产的核心思想。
7. 开展清洁生产有什么意义？
8. 实施清洁生产的主要途径是什么？
9. 简述清洁生产推行和实施的原则。
10. 清洁生产的工具有哪些？并加以描述。
11. 《清洁生产促进法》修订的意义何在？

第二章
清洁生产的理论基础

第一节　可持续发展

一、可持续发展理论概述

（一）可持续发展战略的由来

"不要过分陶醉于我们人类对自然界的胜利，对于每一次这样的胜利，自然界都对我们进行了无情的报复"。恩格斯在对科学技术进行了多年研究后表达了这样一个思想：人类的生活和生产离不开自然环境，都要与环境进行物质交流和能量传递，这种交流和传递必须符合生态规律，生态破坏必然威胁到人类社会的生存和发展。这就为今天的人类社会选择发展道路指明了方向——实现人与自然的和谐统一。

1.《寂静的春天》——对传统行为和观念的早期反思

"可持续性"最初应用于林业和渔业，指的是保持林业和渔业资源延续不断的一种管理战略。其实，作为一个概念，我国战国时期的思想家孟子、荀子就有使自然资源休养生息，以保证其永续利用等朴素的可持续发展思想。西方早期的一些经济学家如马尔萨斯、李嘉图等，也较早认识到人类消费的物质限制，即人类经济活动存在着生态边界。

20 世纪中叶，随着环境污染的日趋加重，特别是西方国家公害事件的不断发生，环境问题频频困扰人类。20 世纪 50 年代末，美国海洋生物学家蕾切尔·卡逊（Rachel Karson）在潜心研究美国使用杀虫剂所产生的种种危害之后，于 1962 年发表了环境保护科普著作《寂静的春天》。作者通过对污染物富集、迁移、转化的描写，阐明了人类同大气、海洋、河流、土壤、动植物之间的密切关系，初步揭示了污染对生态系统的影响。她告诉人们："地球上生命的历史一直是生物与其周围环境相互作用的历史……只有人类出现后，生命才具有了改造其周围大自然的异常能力。在人对环境的所有袭击中，最令人震惊的，是空气、土地、河流以及大海受到各种致命化学物质的污染。这种污染是难以清除的，因为它们不仅进入了生命赖以生存的世界，而且进入了生物组织内。"她还警示世人我们长期以来行驶的道路，容易被人误认为是一条可以高速前进的平坦、舒适的超级公路，但实际上，这条路的终点却潜伏着灾难，而另外的道路则为我们提供了保护地球的最后唯一的机会。这"另外的道路"究竟是什么样的，卡逊没能确切告诉我们，但作为环境保护的先行者，卡逊的思想在世界范围内，较早地引发了人类对自身的传统行为和观念进行比较系统和深入的反思。

2. 《增长的极限》——引起世界反响的"严肃忧虑"

1968 年，来自世界各国的几十位科学家、教育家和经济学家聚会罗马，成立了一个非正式的国际协会——罗马俱乐部（The Club of Rome）。它的工作目标是：关注、探讨与研究人类面临的共同问题；使国际社会对人类面临的社会、经济、环境等诸多问题，有更深入的理解，并在现有全部知识的基础上推动采取能扭转不利局面的新态度、新政策和新制度。

受俱乐部的委托，以麻省理工学院 D·梅多斯（Dennis L. Meadows）为首的研究小组，针对长期流行于西方的高增长理论进行了深刻反思，并于 1972 年提交了俱乐部成立后的第一份研究报告——《增长的极限》。报告深刻阐明了环境的重要性以及资源与人口之间的基本联系。报告认为：由于世界人口增长、粮食生产、工业发展、资源消耗和环境污染这五项基本因素的运行方式是指数增长而非线性增长，全球的增长将会因为粮食短缺和环境破坏于 21 世纪某个时段内达到极限。就是说，地球的支撑力将会达到极限，经济增长将发生不可控制的衰退。因此，要避免因超越地球资源极限而导致世界崩溃，最好的方法是限制增长，即"零增长"。

《增长的极限》一发表，在国际社会特别是在学术界引起了强烈的反响。该报告在促使人们密切关注人口、资源和环境问题的同时，也因其反增长情绪而遭受到尖锐的批评和责难，因此，引发了一场激烈的、旷日持久的学术之争。一般认为，由于种种因素的局限，《增长的极限》的结论和观点，存在十分明显的缺陷。但是，报告所表现出的对人类前途的"严肃的忧虑"以及试图唤起人类自身的觉醒，其积极意义却是毋庸置疑的。它所阐述的"合理的、持久的均衡发展"，为可持续发展思想的萌芽提供了土壤。

3. 联合国人类环境会议——人类对环境问题的正式挑战

1972 年，联合国人类环境会议在斯德哥尔摩召开，来自世界 113 个国家和地区的代表汇聚一堂，共同讨论环境对人类的影响问题。这是人类第一次将环境问题纳入世界各国政府和国际政治的事务议程。大会通过的《人类环境宣言》宣布了 37 个共同观点和 26 项共同原则。它向全球呼吁：现在已经到达历史上这样一个时刻，我们在决定世界各地的行动时，必须更加审慎地考虑它们对环境产生的后果。由于无知或不关心，我们可能给生活和幸福所依靠的地球环境造成巨大的无法换回的损失。因此，保护和改善人类环境是关系到全世界各国人民的幸福和经济发展的重要问题；是全世界各国人民的迫切希望和各国政府的责任，也是人类的紧迫目标。各国政府和人民必须为全体人民和自身后代的利益而作出共同的努力。

作为探讨保护全球环境战略的第一次国际会议，联合国人类环境大会的意义在于唤起了各国政府共同对环境问题，特别是对环境污染的觉醒和关注。尽管大会对整个环境问题的认识比较粗浅，对解决环境问题的途径尚未确定，尤其是没能找出问题的根源和责任，但是，它正式吹响了人类共同向环境问题挑战的进军号。之后各国政府和公众的环境意识，无论是在广度上还是在深度上都向前迈进了一步。

4.《我们共同的未来》——环境与发展思想的重要飞跃

20 世纪 80 年代伊始，联合国本着必须研究自然的、社会的、生态的、经济的以及利用自然资源过程中的基本关系，确保全球发展的宗旨，于 1983 年 3 月成立了以挪威首相布伦特兰夫人（G. H. Brundland）任主席的世界环境与发展委员会（WCED）。联合国要求其负责制订长期的环境对策，研究能使国际社会更有效地解决环境问题的途径和方法，经过 3 年多的深入研究和充分论证，该委员会于 1987 年向联合国大会提交了研究报告《我们共同的未来》。

《我们共同的未来》分为"共同的问题"、"共同的挑战"和"共同的努力"三大部分。报告将注意力集中于人口、粮食、物种与遗传资源、能源、工业和人类居住等方面。在系统探讨了人类面临的一系列重大经济、社会和环境问题之后，提出了"可持续发展"的概念。报告深刻指出，在过去，我们关心的是经济发展对生态环境带来的影响，而现在，我们正迫切地感到生态的压力对经济发展所带来的重大影响。因此，我们需要有一条新的发展道路，这条道路不是一条仅能在若干年内、在若干地方支持人类进步的道路，而是一直到遥远的未来都能支持全球人类进步的道路。这实际上就是卡逊在《寂静的春天》没能提供答案的、所谓的"另外的道路"，即"可持续发展道路"。布伦特兰鲜明、创新的科学观点，把人们从单纯考虑环境保护引导到把环境保护与人类发展切实结合起来，实现了人类有关环境与发展思想的重要飞跃。

5. 联合国环境与发展大会——环境与发展的里程碑

从 1972 年联合国人类环境会议召开到 1992 年的 20 年间，尤其是 20 世纪 80 年代以来，国际社会关注的热点已由单纯注重环境问题逐步转移到环境与发展二者的关系上来，而这一主题必须由国际社会广泛参与。在这一背景下，联合国环境与发展大会（UNCED）于 1992 年 6 月在巴西里约热内卢召开。共有 183 个国家的代表团和 70 个国际组织的代表出席了会议，102 位国家元首或政府首脑到会讲话。会议通过了《里约环境与发展宣言》（又名《地球宪章》）和《21 世纪议程》两个纲领性文件。前者是开展全球环境与发展领域合作的框架性文件，是为了保护地球永恒的活力和整体性，建立一种新的、公平的全球伙伴关系的"关于国家和公众行为基本准则"的宣言；它提出了实现可持续发展的 27 条基本原则。后者则是全球范围内可持续发展的行动计划，它旨在建立 21 世纪世界各国在人类活动对环境产生影响的各个方面的行动规则，为保障人类共同的未来提供一个全球性措施的战略框架。此外，各国政府代表还签署了联合国《气候变化框架公约》等国际文件及有关国际公约。可持续发展得到世界最广泛和最高级别的政治承诺。

以这次大会为标志，人类对环境与发展的认识提高到了一个崭新的阶段。大会为人类高举可持续发展旗帜、走可持续发展之路发出了总动员，使人类迈出了跨向新的文明时代的关键性一步，为人类的环境与发展矗立了一座重要的里程碑。

目前，可持续发展观念已渗透到自然科学和社会科学诸领域。它要求人们要珍惜自然环境和资源，在满足当代人需要的同时，又不对后代人满足其需要的能力构成危害。可持续发展已逐渐成为人们普遍接受的发展模式，并成为人类社会文明的重要标志和共同追求的目标。

（二）可持续发展的定义

1. 布伦特兰的可持续发展定义

可持续发展（Sustainable Development）是 20 世纪 80 年代提出的一个新概念。1987 年，挪威首相布伦特兰夫人在她任主席的联合国世界环境与发展委员会（WECD）提出的《我们共同的未来》的研究报告中，首次把"可持续发展"定义为："既满足当代人需要，又不对后代人满足其需求的能力构成危害的发展"，这一定义随后在 1989 年联合国环境规划署第 15 届理事会通过的《关于可持续发展的声明》中得到接受和认可，并补充了绝不包含侵犯国家主权的含义。联合国环境规划署理事会认为，可持续发展涉及国内合作和跨越国界的合作。可持续发展意味着国家内部和国际公平，意味着要有一种支援性的国际经济环境，从而导致各国，特别是发展中国家的持续经济增长与发展，这对于环境的良好管理也具有很重要的意义。可持续发展还意味着维护、合理使用并且加强自然资源的基础，这种基础支撑着生态环境的良性循环及经济增长。此外，可持续发展表明在发展计划和政策中纳入对环境的关注与考虑，而不代表在援助或发展资助方面的一种新形式的附加条件。以上论述，包括了两个重要概念，一是人类要发展，要满足人类的发展需求；二是不能损害自然界支持当代人和后代人的生存能力。

2. 中国学者的可持续发展定义

中国在 1995 年召开的"全国资源环境与经济发展研讨会"上将"可持续发展"定义为："可持续发展的根本点就是经济社会的发展与资源环境协调，其核心就是生态与经济相协调。"它们是一个密不可分的系统，既要达到发展经济的目的，又要保护好人类赖以生存的大气、淡水、海洋、土地和森林等自然资源和环境，使子孙后代能够永续发展和安居乐业。也就是江泽民同志指出的："决不能吃祖宗饭，断子孙路。"可持续发展与环境保护既有联系，又不等同。环境保护是可持续发展的重要方面。可持续发展的核心是发展，但要求在严格控制人口、提高人口素质和保护环境、资源永续利用的前提下进行经济和社会的发展。

中国学者对可持续发展的定义是："不断提高人群生活质量和环境承载力的，满足当代人需求又不损害子孙后代满足其需求能力的，满足一个地区或一个国家的人群需求，又不损害别的地区或别的国家的人群满足其需求能力的发展。"

根据中国的具体国情，中国对可持续发展的认识和理解，主要强调以下几个方面：

（1）可持续发展的核心是发展。从历史的经验和教训出发，中国把发展经济放在了首位。无论是社会生产力的提高，综合国力的增强，还是资源的有效利用，环境和生态的保护，都依赖经济发展和物质基础。

（2）可持续发展的重要标志是资源的永续利用和良好的生态环境。因此，中国把环境保护作为一项战略任务和基本国策。

（3）可持续发展要求既要考虑当前发展的需要，又要考虑未来发展的需要，不以牺牲后代人的利益为代价。中国现阶段实施可持续发展战略的实质，是要开创一种新的发展模式，实现经济体制由计划经济向社会主义市场经济体制转变和经济增长方式由粗放型向集约型转变，使国民经济和社会发展逐步走上良性循环的道路。

（4）实施可持续发展战略必须转变思想观念和行为规范。要正确认识和对待人与自然的关系，用可持续发展的新思想、新观念、新知识，改变人们传统的不可持续发展的生产方式、消费方式、思维方式，从整体上转变人们的观念和行为规范。

3. 几种具有代表性的可持续发展定义

（1）着重于自然属性的定义。可持续性的概念源于生态学，即所谓"生态持续性"（Ecological Sustainability）。它主要指自然资源及其开发利用程度间的平衡。世界自然保护联盟（IUCN）1991 年对可持续性的定义是"可持续地使用，是指在其可再生能力（速度）的范围内使用一种有机生态系统或其他可再生资源"。同年，国际生态学联合会（INTECOL）和国际生物科学联合会（IUBS）进一步探讨了可持续发展的自然属性。他们将可持续发展定义为"保护和加强环境系统的生产更新能力"。即可持续发展是不超越环境系统再生能力的发展。此外，从自然属性方面定义的另一种代表性观点是从生物圈概念出发，即认为可持续发展是寻求一种最佳的生态系统以支持生态的完整性和人类愿望的实现，使人类的生存环境得以持续。

（2）着重于社会属性的定义。1991 年，由世界自然保护联盟、联合国环境规划署和世界野生生物基金会共同发表了《保护地球——可持续生存战略》（*Caring for the Earth: A strategy for sustainable living*）。其中提出的可持续发展定义是："在生存不超出维持生态系统涵容能力的情况下，提高人类的生活质量"，并进而提出了可持续生存的 9 条基本原则。这 9 条基本原则既强调了人类的生产方式与生活方式要与地球承载能力保持平衡，保护地球的生命力和生物多样性，又提出了可持续发展的价值观和 130 个行动方案。报告还着重论述了可持续发展的最终目标是人类社会的进步，即改善人类生活质量，创造美好的生活环境。报告认为，各国可以根据自己的国情制定各自的发展目标。但是，真正的发展必须包括提高人类健康水平，改善人类生活质量，合理开发、利用自然资源，必须创造一个保障人们平等、自由、人权的发展环境。

（3）着重于经济属性的定义。这类定义均把可持续发展的核心看成是经济发展。当然，这里的经济发展已不是传统意义上的以牺牲资源和环境为代价的经济发展，而是不降低环境质量和不破坏世界自然资源基础的经济发展。在《经济、自然资源、不足和发展》中，作者巴比尔（Edward B. Barbier）把可持续发展定义为："在保护自然资源的质量和其所提供服务的前提下，使经济发展的净利益增加到最大限度。"普朗克（Pronk）和哈克（Hag）在 1992 年为可持续发展所做的定义是："为全世界而不是为少数人的特权所提供公平机会的经济增长，不进一步消耗自然资源的绝对量和涵容能力。"英国经济学家皮尔斯（Pearce）和沃福德（Warford）在 1993 年合著的《世界末日》一书中，提出了以经济学语言表达的可持续发展定义为："当发展能够保证当代人的福利增加时，也不应使后代人的福利减少。"而经济学家科斯坦萨（Costanza）等则认为，可持续发展是能够无限期地持续下去，而不会降低包括各种"自然资本"存量（量和质）在内的整个资本存量的消费数量。他们还进一步定义："可持续发展是动态的人类经济系统与更为动态的，但在正常条件下变动却很缓慢的生态系统之间的一种关系。这种关系意味着，人类的生存能够无限期地持续，人类个体能够处于全盛状态，人类文化能够发展，但这种关系也意味着人类活动的影响保持在某些限度之内，以免破坏生态学上的生存支持系统的多样性、复杂性和基本功能。"

（4）着重于科技属性的定义。这主要是从技术选择的角度扩展了可持续发展的定义，倾向这一定义的学者认为："可持续发展就是转向更清洁、更有效的技术，尽可能接近'零排放'或'密闭式'的工艺方法，尽可能减少能源和其他自然资源的消耗。"还有的学者提出："可持续发展就是建立极少产生废料和污染物的工艺或技术系统。"他们认为污染并不是工业活动不可避免的结果，而是技术水平差、效率低的表现。他们主张发达国家与发展中国家之间进行技术合作，缩短技术差距，提高发展中国家的经济生产能力。

所谓可持续发展战略，是指实现可持续发展的行动计划和纲领，是多个领域实现可持续发展的总称，它要使各方面的发展目标，尤其是社会、经济与生态、环境的目标相协调。可持续发展战略的提出，标志着工业革命以来人类发展观念的重大革命，标志着它是一个有利于人类健康地走向21世纪的新的发展理念和行动纲领。可持续的生态文明将会成为21世纪人类社会发展的主旋律。

（三）可持续发展的基本思想和内涵

可持续发展是一个涉及经济、社会、文化、技术及自然环境的综合概念。它是一种立足于环境和自然资源角度提出的关于人类长期发展的战略和模式。这并不是一般意义上所指的在时间和空间上的连续，而是特别强调环境承载能力和资源的永续利用对发展进程的重要性和必要性。它的基本思想主要包括三个方面：

1. 可持续发展鼓励经济增长

它强调经济增长的必要性：必须通过经济增长提高当代人的福利水平，增强国家实力和社会财富。但可持续发展不仅要重视经济增长的数量，更要追求经济增长的质量。这就是说经济发展包括数量增长和质量提高两部分。数量的增长是有限的，而依靠科学技术进步，提高经济活动的效益和质量，采取科学的经济增长方式才是可持续的。因此，可持续发展要求重新审视如何实现经济增长。要达到具有可持续意义的经济增长，必须审计使用能源和原料的方式，改变传统的以"高投入、高消耗、高污染"为特征的生产模式和消费模式，实施清洁生产和文明消费，从而减少每单位经济活动造成的环境压力。环境退化的原因产生于经济活动，其解决的办法也必须依靠经济过程。

2. 可持续发展的标志是资源的永续利用和良好的生态环境

经济和社会发展不能超越资源和环境的承载能力。可持续发展以自然资源为基础，同生态环境相协调。它要求在严格控制人口增长、提高人口素质和保护环境、资源永续利用的条件下，进行经济建设，保证以可持续的方式使用自然资源和环境成本，使人类的发展被控制在地球的承载力之内。可持续发展强调发展是有限制条件的，没有限制就没有可持续发展。要实现可持续发展，必须使自然资源的耗竭速率低于资源的再生速率，必须通过转变发展模式，从根本上解决环境问题。如果经济决策中能够将环境影响全面系统地考虑进去，这一目的是能够达到的。但如果处理不当，环境退化和资源破坏的成本就非常巨大，甚至会抵消经济增长的成果而适得其反。

3．可持续发展的目标是谋求社会的全面进步

发展不仅仅是经济问题，单纯追求产值的经济增长不能体现发展的内涵。可持续发展的观念认为，世界各国的发展阶段和发展目标可以不同，但发展的本质应当包括改善人类生活质量，提高人类健康水平，创造一个保障人们平等、自由、受教育和免受暴力的社会环境。这就是说，在人类可持续发展系统中，经济发展是基础，自然生态保护是条件，社会进步才是目的。而这三者又是一个相互影响的综合体，只要社会在每一个时间段内都能保持与经济、资源和环境的协调，这个社会就符合可持续发展的要求。显然，在新的世纪里，人类共同追求的目标，是以人为本的自然-经济-社会复合系统的持续、稳定、健康的发展。

可持续发展的内涵有两个最基本的方面，即发展与持续性，发展是前提，是基础，持续性是关键，没有发展，也就没有必要去讨论是否可持续了；没有持续性，发展就行将终止。发展应理解为两方面：首先，它至少应含有人类社会物质财富的增长，因此经济增长是发展的基础；其次，发展作为一个国家或区域内部经济和社会制度的必经过程，它以所有人的利益增进为标准，以追求社会全面进步为最终目标。持续性也有两方面意思：首先，自然资源的存量和环境的承载能力是有限的，这种物质上的稀缺性和在经济上的稀缺性相结合，共同构成经济社会发展的限制条件；其次，在经济发展过程中，当代人不仅要考虑自身的利益，而且应该重视后代的人的利益，即要兼顾各代人的利益，要为后代发展留有余地。

可持续发展是发展与可持续的统一，两者相辅相成，互为因果。放弃发展，则无可持续可言，只顾发展而不考虑可持续，长远发展将丧失根基。可持续发展战略追求的是近期目标与长远目标、近期利益与长远利益的最佳兼顾，经济、社会、人口、资源、环境的全面协调发展。可持续发展涉及人类社会的方方面面。走可持续发展之路，意味着社会的整体变革，包括社会、经济、人口、资源、环境等诸领域在内的整体变革。发展的内涵主要是经济的发展、社会的进步。

可持续发展是一项经济和社会发展的长期战略。其主要包括资源和生态环境可持续发展、经济可持续发展和社会可持续发展三个方面。首先，可持续发展以资源的可持续利用和良好的生态环境为基础。其次，可持续发展以经济可持续发展为前提。最后，可持续发展问题的中心是人，以谋求社会的全面进步为目标。

（四）可持续发展的基本原则

可持续发展具有十分丰富的内涵。就其社会观而言，主张公平分配，既满足当代人又满足后代人的基本需求；就其经济观而言，主张建立在保护地球自然系统基础上的持续经济发展；就其自然观而言，主张人类与自然和谐相处。从中所体现的基本原则有：

1. 公平性原则

所谓公平是指机会选择的平等性。可持续发展的公平性原则包括两个方面：① 本代人的公平即代内之间的横向公平。可持续发展要满足所有人的基本需求，给他们机会以满足他们要求过美好生活的愿望。当今世界贫富悬殊、两极分化的状况完全不符合可持续发展的原则。因此，要给世界各国以公平的发展权、公平的资源使用权，要在可持续发展的进程中消除贫困。各国拥有按其本国的环境与发展政策开发本国自然资源的主权，并负有确保在其管辖范围内或在其控制下的活动，不致损害其他国家或在各国管理范围以外地区的环境责任。② 代际公平，即世代的纵向公平。人类赖以生存的自然资源是有限的，当代人不能因为自己的发展与需求而损害后代人满足其发展需求的条件——自然资源与环境，要给后代人以公平利用自然资源的权利。

2. 持续性原则

可持续发展有着许多制约因素，其主要限制因素是资源与环境。资源与环境是人类生存与发展的基础和条件，离开了这一基础和条件，人类的生存和发展就无从谈起。因此，资源的永续利用和生态环境的可持续性是可持续发展的重要保证。人类发展必须以不损害支持地球生命的大气、水、土壤、生物等自然条件为前提，必须充分考虑资源的临界性，必须适应资源与环境的承载能力。换言之，人类在经济社会的发展进程中，需要根据持续性原则调整自己的生活方式，确定自身的消耗标准，而不是盲目地、过度地生产、消费。

3. 共同性原则

可持续发展关系到全球的发展。尽管不同国家的历史、经济、文化和发展水平不同，可持续发展的具体目标、政策和实施步骤也各有差异，但是，公平性和可持续性则是一致的。并且要实现可持续发展的总目标，必须争取全球共同的配合行动。这是由地球的整体性和相互依存性所决定的。因此，致力于达成既尊重各方的利益，又保护全球环境与发展体系的国际协定至关重要。正如《我们共同的未来》中写的"今天我们最紧迫的任务也许是要说服各国，认识回到多边主义的必要性"，"进一步发展共同的认识和共同的责任感，是这个分裂的世界十分需要的"。这就是说，实现可持续发展就是人类要共同促进自身之间、自身与自然之间的协调，这是人类共同的道义和责任。

（五）可持续发展的实施途径

目前，虽然可持续发展的思想已经被大多数人所接受，但是可持续发展的实现还需要其理论的不断发展和完善以及正确的实施途径。

1. 加强国际环境合作是实现全球可持续发展的重要手段

可持续发展的基本原则之一是共同性原则，也就是说实现可持续发展需要全球共同的配合行动，这是由资源、环境问题的特征决定的，许多资源和环境是公共物品，尤其许多环境污染是没有界限的，正如《我们共同的未来》所说"进一步发展共同的认识和共同的责任感，是这个分裂的世界十分需要的"，"只有通过国际合作，共同的利益才能明确地表现出来"。因此，要实现可持续发展，就必须加强国际环境合作。加强全球范围的环境合作是保护生态环境、实现共同发展的重要前提。许多环境污染是没有国界的，发达国家不能通过武力或其他方式廉价使用发展中国家的自然资源或者向发展中国家进行污染转移，这是不符合可持续发展战略的，将受到全世界人民的批评和谴责。通过国际社会及世界各国的努力，在环境保护领域已经开展了大量的国际合作，签署了一系列环境公约，包括：《南极条约》《保护臭氧层维也纳公约》《生物多样性公约》《联合国气候变化框架公约》等 35 种国际环境公约。经过国际社会多年的共同努力，《联合国气候变化框架公约》缔约国签订的《京都议定书》终于在 2005 年 2 月 16 日正式生效，这标志着国际合作在环境保护方面又作出一个重大的贡献。

2. 环境资源价值评估的完善是实现可持续发展的基础

环境资源价值的准确评估是收取排污费和进行排污权交易的基础，只有将环境资源准确定价才能通过市场达到有效的资源配置，才能使资源的使用及其对环境的影响货币化。环境资源的总经济价值可分为使用价值（或有用性价值）和非使用价值（或内在价值）两部分，见表 2-1。传统的环境资源价值评估基本上只考虑了资源的直接使用价值，而忽略了其他方面，例如，目前国内的煤炭定价只考虑了煤炭的开采、运输费用及其直接使用价值，而忽略了煤炭开采、运输和燃烧过程中的环境成本以及煤炭资源的存在成本，致使煤炭价格大大低于天然气的价格，从而使天然气的推广利用非常困难。准确衡量环境资源的价值需要评估方法的创新和改进，尤其要找到适合国内使用的方法。例如，在国外广泛使用的意愿调查法，由于人们富裕程度、知识水平的限制及"搭便车"思想的影响，目前在国内的应用状况并不理想，因此，资源经济学的发展和完善是实现可持续发展的基础。

表 2-1 资源的经济价值

经济价值		说　明	举　例
使用价值	直接使用价值	直接满足人们的生产和消费的价值	木材、水产品等
	间接使用价值	从目前的生产和消费活动的各种功能中间接获得的效益	森林调节小气候、保持水土、降低噪声等
	选择价值	未来直接使用价值和间接使用价值的贴现（与消费者的支付意愿有关）	
非使用价值	存在价值	从知道资源存在的满意中获得的价值	森林、湖泊等留给后代的文化和继承价值

3. 可持续发展的实现需要市场、政府和非政府组织的共同作用

环境资源利用的外部性和公共物品特性导致市场失灵，然而信息的不对称性、利益集团的影响和体制的不健全又会导致政府失灵，公众的环境意识、参与意识还有待提高，这些问题使得可持续发展是不能通过某一方面的能力就能够独立解决的。市场的调节作用只有在政府对环境资源进行产权明晰的条件下才能实现，环境问题的解决还需要众多政策、法律的指导和监督，可持续发展的实现更需要大量的非政府组织和公众的参与和支持。环境问题的日益严重表明仅仅依靠市场和政府是无法从根本上解决环境问题的。目前，非政府组织已经在这一领域发挥了越来越重要的作用：环境非政府组织可以动员社会的力量、组织更多的民众参加到环境污染治理的群体当中；环境非政府组织可以代表公众意见、表达社会公众对环境保护的观点；在环境治理中，环境非政府组织可以具有特有的监督功能；环境非政府组织的活动可以使公众在参与的过程中提高环境意识和参与意识；而且国际环境非政府组织也是对国际环境公约进行监督的重要机构。

（六）中国可持续发展战略

《中国 21 世纪初可持续发展行动纲要》提出了中国应在经济、社会发展、资源保护、生态保护、环境保护和能力建设六个领域推进可持续发展。

（1）经济发展。中国经济发展将按照"在发展中调整，在调整中发展"的动态调整原则，通过调整产业结构、区域结构和城乡结构，积极参与全球经济一体化，全方位逐步推进国民经济的战略性调整，初步形成资源消耗低、环境污染少的可持续发展国民经济体系。

（2）社会发展。建立完善的人口综合管理与优生优育体系，稳定低生育水平，控制人口总量，提高人口素质；建立与经济发展水平相适应的医疗卫生体系、劳动就业体系和社会保障体系；大幅度提高公共服务水平；建立健全灾害监测预报、应急救助体系，全面提高防灾减灾能力。

（3）资源保护。要合理使用、节约和保护水、土地、能源、森林、草地、矿产、海洋、气候等资源，最大限度地保证国民经济建设对资源的需要。

（4）生态保护。建立科学、完善的生态环境监测、管理体系，逐步改善生态环境质量。

（5）环境保护。实施污染物排放总量控制，开展流域水质污染防治，强化重点城市大气污染防治工作，加强重点海域的环境综合整治，在改善中国环境质量的同时，为保护全球环境作出贡献。

（6）能力建设。全面提高全民可持续发展意识，建立可持续发展指标体系与监测评价系统，建立面向政府咨询、社会大众、科学研究的信息共享体系。

二、清洁生产是可持续发展的必由之路

清洁生产是人类总结工业发展历史经验教训的产物，20多年来全球的研究和实践，充分证明了清洁生产是有效利用资源、减少工业污染、保护环境的根本措施。它作为预防性的环境管理策略，已被世界各国公认为实现可持续发展的技术手段和工具，是可持续发展的一项基本途径，是可持续发展战略引导下的一场新的工业革命，是21世纪工业生产发展的主要方向，是现代工业发展的基本模式和现代工业文明的重要标志。联合国环境规划署将清洁生产从四个层次上形象地概括为技术改造的推动者、改善企业管理的催化剂、工业运行模式的革新者、连接工业化和可持续发展的桥梁。

清洁生产是我国工业生产可持续发展的必由之路，主要体现在：

（1）现在中国大部分工业生产需要消耗大量的能源、资源，既难获取高质量的社会消费产品，又会造成资源、能源的巨大消耗，最终导致环境效益和社会效益的综合型矛盾的发生和发展。

（2）经济的持续发展除了社会生产力的重要因素——技术进步的清洁生产工艺外，还必须有足够的资源、能源作保证，离开了足够的资源、能源去实现经济的可持续发展必然是无源之水、无本之木。而采用清洁生产工艺，不断增加生产经营中的科技含量，就会有效地发挥现有资源、能源的最佳效益，就能极大地减少和避免资源、能源的浪费，为实现经济的可持续发展准备充足的、长期的、坚实的后备基础。

（3）经济持续发展的本身，要求其与环境、资源、能源高度统一和协调，有效地发展经济，提供丰富健康的环保社会产品。同时，推进清洁生产，减少环境污染，优化环境，使人类得以幸福生存。经济发展以改善人民的生活质量为目标。发展不仅表现为经济的增长、国民生产总值的提高、人民生活的改善，它还表现为文学、艺术、科学的昌盛，人民生活水平的提高，社会秩序的和谐，国民素质

的改进等。所以在实现可持续发展战略的同时，强化清洁生产工艺的推行和使用，不断生产出高质量的社会消费产品，最大限度地保证人类自然生态环境的质量，才能实现清洁生产和可持续发展的协调和统一。

总之，清洁生产是可持续发展的重要组成部分，与国民经济总体发展规划是一致的，开展清洁生产活动，可以使发展规划更快、更好、更健康地得以实现。

发展中国家已丧失了发达国家在工业化过程中曾拥有的资源优势——可利用的环境自净力，不可能再走"先污染，后治理"的老路，只有开展清洁生产，才能在保持经济增长的前提下，实现资源的可持续利用和环境质量的不断提高。大自然不仅供给当代人所需的资源，而且能供给后代人可持续利用的资源。发达国家可持续发展追求的目标是通过清洁生产，改变消费模式，减少单位产值中资源和能源消耗以及污染物排放量以进一步提高人们生活质量。从这个角度看，清洁生产不管对发达国家还是发展中国家，都是进行可持续发展的必由之路。

第二节　循环经济

一、循环经济概述

伴随着资源环境问题的日益严重，国际社会越来越意识到：要实现经济和环境"双赢"（在资源环境不退化甚至得到改善的情况下促进经济增长）的可持续发展战略目标，必须改变传统的经济发展模式，建立新的经济发展模式。循环型经济发展模式被认为是从根本上消解长期以来环境与发展之间的尖锐冲突、实现可持续发展战略的途径。

（一）循环经济的由来与发展

"循环经济"一词是美国经济学家肯尼斯·鲍尔丁在 20 世纪 60 年代提出生态经济时谈到的，他受当时发射的宇宙飞船启发来分析地球经济发展。他认为宇宙飞船是一个孤立无援、与世隔绝的独立系统，靠不断消耗自身资源存在，最终将耗尽而毁灭。唯一使之延长寿命的方法就是实现宇宙飞船内的资源循环，如分解呼出的 CO_2 为氧气，分解尚存营养成分的排泄物为营养物再利用，尽可能少地排出废物。

1972 年成立于意大利罗马的科学家俱乐部——"罗马俱乐部"提出人类经济增长的极限问题，在《增长的极限》的研究总报告的第三章中专门辟出"人均资源利用"一节，说明资源循环问题。所谓"增长的极限"是指以获取最大利润为生产目的，以传统工业为第一支柱的工业经济，靠矿产等不可再生资源消耗的线性增长为发展生产的前提；在人口增长、资源耗竭和环境污染的重压下，不可能持续发展，增长是有极限的，最终将出现"零增长"。因此，"循环经济"的提出，引发了 20 世纪 60 年代末开始的关于资源与环境的国际经济研究。

20 世纪 90 年代以来，循环经济开始作为实践性概念出现在德国。几乎与此同时，日本也开始了与之含义相近的循环社会实践活动。90 年代末，循环经济概念和理论进入我国并开始广为使用。近期我国循环经济理论的发展大致为：1998 年，引入德国循环经济概念，确立"3R"原理的中心地位；1999 年，从可持续生产的角度对循环经济发展模式进行整合；2002 年，从新兴工业化的角度认识循环经济的发展意义；2003 年，将循环经济纳入科学发展观，确立物质减量化的发展战略；2004 年，提出从不同的空间规模：城市、区域、国家层面大力发展循环经济；2011 年，深入到企业、区域或行业等不同层次，进行循环经济分析，提高资源利用率和优化废物处置途径。

德国是世界上公认的发展循环经济起步最早、水平最高、法制最完备的国家之一。其发展循环经济的最直接驱动因素在于，采用传统的填埋方式处理废弃物时占地越来越多、费用越来越高。再加上资源的匮乏，促使其为了减轻垃圾处理压力和节约资源而走上了针对废弃物的"循环经济"之路。而这种对废弃物的管理要求又必然涉及生产与流通环节，最终实现这些环节的"绿色化"。由此可见，德国的循环经济源于垃圾处理，然后逐步扩展至生产和消费领域。有人因此称德国的循环经济为垃圾经济。

从德国废弃物法律实践的角度看，原联邦德国政府于 1972 年制定了《废弃物处理法》，以应对当时生活垃圾和工商业垃圾迅速增长的现实需要。为了加强对废弃物排放后的末端处理，该法确立了无害化和污染者付费原则，并明确了相关主体处理废弃物的责任。

随后发生的石油危机促使德国开始加强利用垃圾中所蕴含的资源和能源。为此，德国政府于 1975 年发布了第一个国家废弃物管理计划，确立了应对废弃物的顺序：预防—减少—循环和重复利用—最终处置。

1986 年，针对废弃物越来越多的状况，原联邦德国政府在对 1972 年法律进行修订的基础上颁布了《废弃物限制处理法》，规定了预防优先和垃圾处理后重复使用的原则，从"怎样处理废弃物"转变为"怎样避免废弃物产生和如何循环利用废弃物"。

1991 年，德国政府制定了《包装条例》，要求相关主体承担对包装物进行回收的义务，并设定了包装物再生循环利用的目标。

1996 年出台的《循环经济和废弃物处置法》是德国循环经济法律体系的核心。

该法明确规定废弃物的生产者、拥有者和处置者担负着维持循环经济发展的最主要责任。明确规定废弃物管理处置的基本原则和做法：首先是尽量避免和减少废弃物的产生；其次是对垃圾进行最大限度地再利用，在确定无法再利用的时候才考虑进行销毁等清除处理。

根据《循环经济和废弃物处置法》，应当按照循环经济的要求进行回收利用的有包装废弃物、废车辆、废旧电器、废旧电池、生物废弃物、建筑材料或拆毁废墟、废地毯和纺织物以及废弃木材等。相应地，德国政府根据各个行业的不同情况，分别制定了促进相应行业发展循环经济的法规，比如《饮料包装押金规定》《废旧汽车处理规定》《废旧电池处理规定》以及《废木料处理办法》等。

日本是另一个世界上公认的发展循环经济、建设循环型社会水平最高的国家，相关法律法规可以分为三个层面：第一层面为一部基本法，即《促进建立循环型社会基本法》；第二层面为两部综合性法律，即《固体废弃物管理和公共清洁法》和《促进资源有效利用法》；第三层面是根据各种产品的性质制定的特别法律法规，包括《促进容器与包装分类回收法》《家用电器回收法》《建筑材料回收法》《食品回收法》以及《绿色采购法》等。

从历史发展的角度看，日本循环经济、循环型社会的提出和不断发展，同样是由于垃圾排放量不断增加导致填埋场日趋饱和以及资源严重短缺而不得不采取的行动。

长期以来，日本经济发展一直沿用大规模生产、大规模消费、大规模废弃的传统模式。20 世纪 70 年代以来，全国废弃物排放量一直呈增长的趋势，居高不下。急剧增加的废弃物对于处理场地的需求不断增大，导致政府废弃物管理政策的强化。1991 年，国会修订了 20 世纪 70 年代颁布的《废弃物处理法》，增加了生活垃圾分类收集和循环利用等内容，并将其作为国民的义务以法律的形式固定下来。同年，国会还通过了《资源有效利用促进法》，要求工业部门避免废弃物的产生，并在加工的全过程对废弃物进行再利用和资源化。

虽然上述法律大大促进了日本垃圾资源化程度的提高和直接填埋数量的不断减少，但随着经济社会的不断发展，生活垃圾的总排放量仍呈增长趋势，垃圾填埋场不足的问题日益突出。

在此形势下，日本通产省产业结构审议会于 1999 年 7 月发布了一份题为《建立循环经济体系》的报告，指出环境与资源是制约 21 世纪日本经济持续发展的最大难题；为了在 21 世纪继续保持世界经济强国的地位，就必须打破现有的传统经济发展模式，建立循环经济体系；而实现循环经济发展目标、建立循环型社会的核心对策，是转变观念，将传统的废弃物重新定义为"循环型资源"，并且对废弃物实行以"减量化、再利用和资源化"（3R）为原则的综合性管理措施。

为了促进循环经济的发展，日本国会于 2000 年前后先后通过了《促进建立循环型社会基本法》《固体废弃物管理和公共清洁法》《促进资源有效利用法》《建筑材料回收法》《食品回收法》《促进容器与包装分类回收法》《家用电器回收法》以及《绿色采购法》等多部法律。这些法律共同构成了日本循环经济法律体系。

根据《促进建立循环型社会基本法》第二条，所谓的"循环型社会"是指，通过抑制产品成为废弃物，当产品成为可循环资源（指废弃物中有用的物质）时则促进产品的适当循环（指再利用、资源化以及热回收），并确保不可循环的回收资源得到适当处置，从而使自然资源的消耗受到抑制，环境负荷得到削减的社会形态。

综上所述，从直观印象来看，德国和日本的循环经济活动主要表现为废弃物循环和相关资源的综合利用。但是，在德国和日本除针对废弃物的所谓"循环经济/循环型社会"实践之外，各自还进行着或者已经进行了大量的产业生态化实践。例如，德国在世界上最早针对产品实施"蓝天使"计划，其经济增长转变的重要特征之一就是生产领域的生态化。而在日本，资源的压力，特别是 20 世纪 70 年代石油危机的压力，大大促进了全国工业生产资源效率和能源效率的提高，明显提升了经济发展的质量和产品的国际竞争力。只有综合观察所有这些活动，才可能从总体上把握"循环经济"在国际上的发展态势与内涵，为我国循环经济建设提供借鉴。

我国从 1993 年在上海召开的第二次全国工业污染防治会议开始，以循环经济理论为指导的清洁生产得到发展。近年来，循环经济在我国已经引起广泛的关注，并在理论上进行了探索，特别是在清洁生产的基础上，开始建设工业生态示范园区。国家为更有效、有序地推进循环经济的建设，在企业、企业群、城市和地区开展了不同范围的循环经济的示范活动。日前，国家已确定了第一批国家循环经济教育示范基地名单。为推动这项工作制度化、规范化、长效化，国家发展改革委、教育部、财政部、国家旅游局制定了《国家循环经济教育示范基地申报管理规定（暂行）》等文件。同时，与循环经济相关的制度和政策体系正在不断完善，比如制定了《中华人民共和国清洁生产促进法》，也为循环经济发展制定了较为完整的法律、经济政策体系——《循环经济促进法》。为贯彻落实《循环经济促进法》，推广先进技术、工艺和设备，提升循环经济发展技术支撑能力和装备水平，提高资源产出率，2012 年 6 月 1 日，国家发改委发布了《国家鼓励的循环经济技术、工艺和设备名录（第一批）》，该名录涉及减量化、再利用和再制造、资源化、产业共生与链接四个方面、共 42 项重点循环经济技术、工艺和设备。2008 年，国务院批准举办中国国际循环经济成果交易博览会。在各方面共同参与支持下，两届循环经济博览会分别于 2008 年 10 月、2012 年 6 月在青岛成功举办。通过展览、论坛、研讨、项目对接等多种形式，传递交流循环经济发展趋势信息，宣传循环经济发展典型模式与案例，集中展示工作成果，推广特色解决方案，促进相关技术、设备、产品交易，进一步普及循环经济理念。全国总体来说，循环经济推行的面还不广，并且在第二产业即循环工业的试点较多，相对而言，在一产和三产领域循环经济的发展更缓，并且我国循环经济的水平（包括技术水平、经济效益水平）还较低。

西方发达国家经过几十年环境保护新战略的发展，资源、能源利用率高，但废弃物处理处置问题仍较为突出，因此，其循环经济的切入点是废物管理。中国是发展中国家，处于经济高速发展期，东西部地区经济差异巨大，环境问题多样，集中了发达国家在不同发展时期不同类型的环境污染，但也有发达国家的经验可供借鉴。这决定了中国循环经济发展是全方位的。同时，由于中国目前工业污染严重，工业生产主要还是粗放型，因此，中国发展循环经济的切入点是通过推广企业清洁生产和构建企业间的生态产业链，来促进工业污染控制和区域环境综合整治，逐步构建循环经济型社会。

（二）循环经济的定义和内涵

循环经济的思想诞生于 20 世纪 60 年代的美国。"循环经济"这一术语在中国出现于 90 年代中期，学术界在研究过程中已从资源综合利用、环境保护、技术范式、经济形态和增长方式、广义和狭义等不同角度对其做了多种界定。循环经济是相对于传统经济发展模式而言的，代表了新的发展模式和发展趋势。

《循环经济促进法》关于循环经济的定义："循环经济是对生产、流通和消费过程中进行的减量化、再利用、资源化活动的总称。"它主要是通过建立"资源—产品—再生资源"和"生产—消费—再循环"的模式有效地利用资源和保护环境。发展循环经济将促进以最小的资源消耗、最少的废物排放和最小的环境代价来换取最大的经济效益。这是转变经济增长模式的一个突破口，也是贯彻科学发展观，构建资源节约型、环境友好型社会的一个重要举措。

国家发改委对循环经济的定义："循环经济是一种以资源的高效利用和循环利用为核心，以'减量化、再利用、资源化'为原则，以低消耗、低排放、高效率为基本特征，符合可持续发展理念的经济增长模式，是对'大量生产、大量消费、大量废弃'的传统增长模式的根本变革。"这一定义不仅指出了循环经济的核心、原则、特征，同时也指出了循环经济是符合可持续发展理念的经济增长模式，抓住了当前中国资源相对短缺而又大量消耗的症结，对解决中国经济发展的资源"瓶颈"问题具有迫切的现实意义。

循环经济的基本含义是指在物质的循环再生利用基础上发展经济。用一句通俗的话说，循环经济是一种建立在资源回收和循环再利用基础上的经济发展模式。按照自然生态系统中物质循环共生的原理来设计生产体系，将一个企业的废物或副产品，用做另一个企业的原料，通过废弃物交换和使用将不同企业联系在一起，形成"自然资源—产品—资源再利用"的物质循环过程，使生产和消费过程中投入的自然资源最少，将人类生产和生活活动对环境的危害或破坏降低到最低限度。简言之，循环经济就是通过资源的循环，既保持生产的发展，又能减轻资源的消耗，减少排出，使环境的改变放慢，有些方面可以恢复。循环经济示意图见图 2-1。

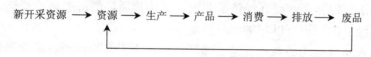

图 2-1　循环经济示意

　　循环经济本质是生态经济，其思想以及模式的发展是随着环境保护思路的不断改进和发展而进行的。循环经济的理论基础应当说是生态经济学理论。生态经济学是以生态学原理为基础，经济学原理为主导，以人类经济活动为中心，运用系统工程方法，从最广泛的范围研究生态和经济的结合，从整体上去研究生态系统和生产力系统的相互影响、相互制约和相互作用，揭示自然和社会之间的本质联系和规律，改变生产和消费方式，高效合理利用一切可用资源。简言之，生态经济就是一种尊重生态原理和经济规律的经济。它要求把人类经济社会发展与其依托的生态环境作为一个统一体，经济社会发展一定要遵循生态学理论。生态经济所强调的就是要把经济系统与生态系统的多种组成要素联系起来进行综合考察与实施，要求经济社会与生态发展全面协调，达到生态经济的最优目标。

　　循环经济是一种以资源高效利用和循环利用为核心，以"3R"为原则［即减量化（Reduce）、再使用（Reuse）、再循环（Recycle）］；以低消耗、低排放、高效率为基本特征；以生态产业链为发展载体；以清洁生产为重要手段，达到实现物质资源的有效利用和经济与生态的可持续发展。循环经济与生态经济既有紧密联系，又各有特点。从本质上讲循环经济就是生态经济，就是运用生态经济规律来指导经济活动。也可称其为一种绿色经济，"点绿成金"的经济。它要求把经济活动组成为"资源利用—绿色工业（产品）—资源再生"的闭环式物质流动，所有的物质和能源在经济循环中得到合理的利用。循环经济所指的"资源"不仅是自然资源，而且包括再生资源；所指的"资源"不仅是一般能源，如煤、石油、天然气等，而且包括太阳能、风能、潮汐能、地热能等绿色能源。注重推进资源、能源节约、资源综合利用和推行清洁生产，以便把经济活动对自然环境的影响降到最低限度。

生态经济与循环经济的主要区别在于：生态经济强调的核心是经济与生态的协调，注重经济系统与生态系统的有机结合，强调宏观经济发展模式的转变；循环经济侧重于整个社会物质循环应用，强调的是循环和生态效率，资源被多次重复利用，并注重生产、流通、消费全过程的资源节约。生态经济与循环经济本质上是相一致的，都是要使经济活动生态化，都是要坚持可持续发展。物质循环不仅是自然作用过程，而且是经济社会过程，实质是人类通过社会生产与自然界进行物质交换。也就是自然过程和经济过程相互作用的生态经济发展过程。确切地说，生态经济原理体现着循环经济的要求，是构建循环经济的理论基础。

对循环经济的认识可以归纳为三种观点：

（1）从人与自然的关系角度定义循环经济，主张人类的经济活动要遵从自然生态规律，维持生态平衡。从这一角度出发，循环经济的本质被规定为尽可能地少用或循环利用资源。

（2）从生产的技术范式角度定义循环经济，主张清洁生产和环境保护，其技术特征表现为资源消耗的减量化、再利用和资源再生化。其本质是生态经济学，其核心是提高生态环境的利用效率。

（3）将循环经济看做一种新的生产方式，认为它是在生态环境成为经济增长制约要素、良好的生态环境成为一种公共财富阶段的一种新的技术经济范式，其本质是对人类生产关系进行调整，其目标是追求可持续发展，因此，可以说循环经济是以清洁生产、资源循环利用和废物高效回收利用为特征的生态经济。

另外，"循环经济"一词不是国际通用的术语，在学术界尚有争议。从"循环经济"概念的外延和内涵的演变进程看，它是国际社会在追求从工业可持续发展到社会经济可持续发展过程中出现的一种关于发展模式的理念，是针对传统线性经济发展模式的创新，是对清洁生产和工业生态学的拓展。循环经济最重要之处在于综合和简化，使之具有更大的适应范围，而不是主流经济学中关于"经济行为"问题的理论与实践。

在市场经济日臻完善、政府职能转变的条件下，我国推进循环经济发展的实质，是用发展的思路解决资源约束和环境污染的矛盾，降低发展成本，以尽可能少的资源消耗、尽可能小的环境代价实现我国的工业化、城市化和现代化。

循环经济在我国有着深厚的文化基础和实践基础。我国广大劳动人民崇尚节俭、尽量做到物尽其用，这是发展循环经济的文化基础。发展循环经济在我国有一个内涵不断扩大、思路逐步清晰、重点不断调整的过程：如国家通过法律法规、政策激励等措施，鼓励企业开展资源节约和综合利用，对工业"三废""吃干榨尽"；1994年国家开始倡导清洁生产，现在又积极推进循环经济的发展，相继制定出《清洁生产促进法》和《循环经济促进法》。可以说，这些都是我国寻求社会经济可持续发展的实现途径。

（三）解读《循环经济促进法》

2008 年 8 月 29 日，十一届全国人大常委会第四次会议表决通过了《循环经济促进法》，并于 2009 年 1 月 1 日起施行。

《循环经济促进法》以"减量化、再利用、资源化"为主线，共七章五十八条。在框架结构的设计上，第一章为总则；第二章规定基本管理制度；第三章规定减量化，考虑到再利用和资源化两者之间的密切联系；第四章同时规定再利用和资源化；第五章规定激励措施；第六章规定法律责任；第七章是附则。

《循环经济促进法》确立了循环经济发展的基本法律制度和政策框架体系，同时需要国务院及有关部门按照有关规定的要求，制定配套的行政法规、行政规章和技术规范与标准，确保法律得到有效实施。

本法第三条规定，发展循环经济是国家经济社会发展的一项重大战略，应当遵循统筹规划、合理布局、因地制宜、注重实效、政府推动、市场引导、企业实施、公众参与的方针。这样就通过法律的形式明确宣示了循环经济在国家发展中的重大战略地位，同时对政府部门和企业在发展循环经济过程中的地位和作用做了概括规定。

这部法律主要规定了下述一些重要的法律制度和措施：

第一项制度是循环经济规划制度。循环经济规划是国家对循环经济发展目标、重点任务和保障措施等进行的安排和部署，是政府进行评价考核并实施鼓励、限制或禁止措施的重要依据。

第二项制度是抑制资源浪费和污染物排放的总量调控制度。当前一些地方的经济增长建立在过度消耗资源和污染环境的基础上，对这种不可持续的发展必须要有必要的总量控制措施。为推动各地及企业按照国家的要求，根据本地的资源和环境承载能力安排产业结构和经济规模，积极主动地采取节能、节地、节水、减排等循环经济措施。

第三项制度是循环经济评价和考核制度。循环经济评价和考核制度是评价区域或者企业循环经济发展状况的基础，也是对区域社会、经济、生态环境系统协调发展状况进行综合评价的依据和标准。建立循环经济评价考核制度，有助于解决过去以 GDP 指标作为考核地方领导政绩主要标准的弊端，也有助于解决当前对循环经济发展状况评价标准不一的问题。

第四项制度是以生产者为主的责任延伸制度。在传统的法律领域，产品的生产者只对产品本身的质量承担责任。但现代生产者还应依法承担产品废弃后的回收、利用、处置等责任；也就是说，生产者的责任已经从单纯的生产阶段、产品使用阶段逐步延伸到产品废弃后的回收、利用和处置阶段，相应地对其设计也提出了更高的要求。这种生产者责任延伸制度在一些立法中得到了确立，并经实践证明具有积极意义。

第五项制度是对高耗能、高耗水企业的重点管理制度。我国目前正处在工业化加速发展的阶段，钢铁、有色金属、煤炭、电力、石油加工、化工、建材、建筑、造纸、印染等主要工业行业资源消耗高、资源利用效率低、污染物排放量大，其中大企业在资源消耗中又占很大比重。为了保证节能减排的各项规划目标得以实现，当前和今后一个时期对重点行业的高耗能、高耗水企业进行重点管理是十分必要的。

第六项制度是强化激励措施。促进循环经济的发展，仅靠行政强制手段是不够的，必须依法建立合理的激励机制，调动各行各业的积极性，鼓励走循环经济的发展道路。《循环经济促进法》第五章对激励政策做了比较具体的规定，主要包括：建立循环经济发展专项资金；对科技创新的财政支持；税收优惠；投资和金融支持；实行有利于循环经济发展的价格、收费和押金等制度；政府采购和表彰奖励制度等。

本法的立法目的在于以尽可能少的资源消耗和尽可能小的环境代价，取得最大的经济产出和最少的废物排放，实现经济效益、环境效益和社会效益相统一，建设资源节约型和环境友好型社会。具体包括以下三项内容：

（1）提高资源利用效率。资源利用效率是衡量循环经济发展水平的基本指标，提高资源利用效率可以通过两种方式来实现。一是通过产业链、消费链的耦合和社会的合作，实现对自然资源的合理利用；二是通过废物的循环利用，把已经产生的废物通过各种技术措施，进行再利用和资源化，减少自然资源的用量。我国近30年的经济发展已经取得了辉煌的成就，但是同时也付出了巨大的资源消耗代价。因此，提高资源利用效率，满足最大的需求，就成为循环经济立法首要的直接目的。

（2）保护和改善环境。可以通过3种方式来实现。①源头削减。通过实施循环经济的"减量化"规定，尽可能地减少废物和污染的产生，从源头削减污染，既节约资源，又保护环境。②过程控制。通过实施清洁生产措施，采取改进设计、使用清洁的能源和原料、采用先进的工艺技术与设备等措施提高资源利用效率，减少或者避免生产、服务和产品使用过程中污染物的产生和排放。③末端治理。通过污染治理和废物的循环利用，回收可循环利用的废弃物，减少环境中已有废弃物的数量，降低污染程度。

缓解现实的环境压力是循环经济立法的另一个直接目的。2006年3月，十届全国人大四次会议审议通过了《国民经济和社会发展第十一个五年规划纲要》，明确提出了"十一五"期间"主要污染物排放总量减少 10%"等约束性指标。这是有法律约束力的。本法的制定，为约束性指标的实现增添了一道重要的法律保障。

（3）实现可持续发展。实现可持续发展是循环经济立法的根本目的，也是我国国民经济和社会发展的基本指导方针。本法的制定，通过在全社会倡导一种资源节约和环境友好的理念，逐渐让政府、企业事业单位、公民、行业协会等主体形成一种资源节约和环境友好的行为方式，从而促进可持续发展。这是循环经济立法的更高目的。

（四）循环经济的原则

循环经济是对物质闭环流动型经济的简称，是以物质、能量梯次使用为特征的，在环境方面表现为低排放，甚至零排放。循环经济要求以"减量化、再利用、再循环"为经济活动的行为准则，有人将之称为"3R"原则。《循环经济促进法》以"减量化、再利用、资源化"为主线，为促进循环经济发展做出了一系列重大的制度安排。

1. 减量化原则（Reduce）

减量化原则针对的是输入端，《循环经济促进法》中指明减量化，是指在生产、流通和消费等过程中减少资源消耗和废物产生。

减量化原则要求用较少的原料和能源投入，达到既定的生产或消费目的，在经济活动的源头就注意节约资源和减少污染物排放。在生产中，减量化原则常常表现为要求产品体积小型化和产品重量轻型化，既小巧玲珑又经久耐用。此外，要求产品包装追求简单朴实而不是豪华浪费，既要充分又不过度，从而达到减少废弃物排放的目的。

2. 再利用原则（Reuse）

再利用原则属于过程性方法，目的是延长产品和服务的时间强度。《循环经济促进法》中指明再利用，是指将废物直接作为产品或者经修复、翻新、再制造后继续作为产品使用，或者将废物的全部或者部分作为其他产品的部件予以使用。

再利用原则要求产品和包装容器能够以初始的形式被多次重复使用，而不是用过一次就废弃，以抵制当今世界一次性用品的泛滥。在产品设计开始，就研究零件的可拆性和重复利用性，从而实现零件的再使用。

3. 再循环原则（Recycle）

循环原则是输出端方法，能把废弃物再次变成资源以减少最终处理量，《循环经济促进法》中指出资源化，是指将废物直接作为原料进行利用或者对废物进行再生利用。

再循环原则要求生产出来的物品在完成其使用功能后，能重新变成可以利用的资源而不是无用的垃圾。因此，一些国家要求在大型机械设备上标明原料成分，以便找到循环利用的途径或新的用途，《清洁生产促进法》也有同样的规定。

按照循环经济的思想，再循环有两种情况，一种是原级再循环，即废品被循环用来产生同种类型的新产品，如报纸再生报纸、易拉罐再生易拉罐等；另一种是次级再循环，即将废物资源转化成其他产品的原料。原级再循环在减少原材料消耗上面达到的效率要比次级再循环高得多，是循环经济追求的理想境界。

从理论上讲，"减量化、再利用、再循环"可包括以下三个层次的内容：

（1）产品的绿色设计中贯穿"减量化、再利用、再循环"的理念。绿色设计包含了各种设计工作领域，凡是建立在对地球生态与人类生存环境高度关怀的认识基础上，一切有利于社会可持续发展、有利于人类乃至生物生存环境健康发展的设计，都属于绿色设计的范畴。绿色设计具体包含了产品从创意、构思、原材料与工艺的无污染、无毒害选择到制造、使用以及废弃后的回收处理、再生利用等各个环节的设计，也就是包括产品的整个生命周期的设计。要求设计师在考虑产品基本功能属性的同时，还要预先考虑防止产品及工艺对环境的负面影响。

（2）物质资源在其开发、利用的整个生命周期内贯穿"减量化、再利用、再循环"的理念。即在资源开发阶段考虑合理开发和资源的多级重复利用；在产品和生产工艺设计阶段考虑面向产品的再利用和再循环的设计思想；在生产工艺体系设计中考虑资源的多级利用，生产工艺的集成化、标准化设计思想；生产过程、产品运输及销售阶段考虑过程集成化和废物的再利用；在流通和消费阶段考虑延长产品使用寿命和实现资源的多次利用；在生命周期末端阶段考虑资源的重复利用和废物的再回收、再循环。

（3）生态环境资源的再开发利用和循环利用。即环境中可再生资源的再生产和再利用，空间、环境资源的再修复、再利用和循环利用。对于再利用和再循环之间的界限，要认识到废弃物的再利用具有以下局限性：① 再利用本质上仍然是事后解决问题，而不是一种预防性的措施。废弃物再利用虽然可以减少废弃物最终的处理量，但不一定能够减少经济过程中的物质流动速度以及物质使用规模。② 以目前方式进行的再利用本身还不能保证是一种环境友好的处理活动。因为运用再利用技术处理废弃物需要耗费矿物能源、水、电及其他许多物质，并会将许多新的污染物排放到环境中，造成二次污染。③ 如果再利用资源的含量太低，收集的成本就会很高，再利用就没有经济价值。

西方发达国家发展循环经济一般侧重于废物再生利用，而我国的《循环经济促进法》坚持了减量化优先的原则，在总则中明确规定：发展循环经济应当在技术可行、经济合理和有利于节约资源、保护环境的前提下，按照减量化优先的原则实施。这是因为我国现处于工业化高速发展阶段，能耗物耗过高，资源浪费严重，前端减量化的潜力很大，因此要特别重视减量化，即资源的高效利用和节约使用。

在"3R"原则中，最基本的是减量化原则。"3R"原则的先后顺序是：减量化—再利用—再循环。由于再利用和资源化过程本身需消耗资源和能源，再利用和资源化过程的效率总小于100%；同时受产品质量的限制，再利用和资源化的循环次数不可能无极限，因此，再利用和再循环都应建立在对经济过程进行了充分的源削减的基础之上。只有最大限度的废弃物的减量，才能最大限度地实现理想的循环经济。

循环经济"减量化、再利用、再循环"——"3R"原则的排列是有科学顺序的。减量化属于输入端，旨在减少进入生产和消费流程的物质量；再利用属于过程，旨在延长产品和服务的时间；再循环属于输出端，旨在把废弃物再次资源化以减少最终处理量。处理废物的优先顺序是：避免产生—循环利用—最终处置。即首先要在生产源头——输入端就充分考虑节省资源、提高单位生产产品对资源的利用率、预防和减少废物的产生；其次是对于源头不能削减的污染物和经过消费者使用的包装废弃物、旧货等加以回收利用，使它们回到经济循环中；只有当避免产生和回收利用都不能实现时，才允许将最终废弃物进行环境无害化处理。环境与发展协调的最高目标是实现从末端治理到源头控制，从减少废物到利用废物的质的飞跃，从根本上减少自然资源的消耗，从而减少环境负载的污染。

循环经济"3R"原则的排序，实际上反映了20世纪下半叶以来人们在环境与发展问题上思想进步的三个历程：第一阶段，认识到以环境破坏为代价追求经济增长的危害，人们的思想从排放废弃物提高到要求通过末端治理净化废弃物；第二阶段，认识到环境污染的实质是资源浪费，因此，要求进一步从净化废弃物升华到通过再利用和再循环利用废弃物；第三阶段，认识到利用废弃物仍然只是一种辅助性手段，环境与发展协调的最高目标应该是实现从利用废弃物到减少废弃物的质的飞跃。与此相对应，在人类经济活动中，不同的思想认识导致形成三种不同的资源使用方式，一是线性经济与末端治理相结合的传统方式；二是仅仅让再利用和再循环原则起作用的资源恢复方式；三是遵从整个"3R"原则且强调避免废弃物的低排放甚至零排放的方式。

现在学术界提出了"4R""5R""6R"原则，如除"3R"外加上"再组织""再思考""再制造""再修复"等，我们认为这些原则是针对某些不同层次或领域，如管理层面、意识层面或某些行业领域提出的更加具体、具有针对性的原则，具有合理性，但不能取代"3R"原则的基本性和普遍性。

（五）循环经济的特征

传统经济是"资源—产品—废弃物"的单向直线过程，创造的财富越多，消耗的资源和产生的废弃物就越多，对环境资源的负面影响也就越大。循环经济则以尽可能小的资源消耗和环境成本，获得尽可能大的经济效益和社会效益，从而使经济系统与自然生态系统的物质循环过程相互和谐，促进资源永续利用。因此，循环经济是对"大量生产、大量消费、大量废弃"的传统经济模式的根本变革。其基本特征是：

① 在资源开采环节，要大力提高资源综合开发和回收利用率。

② 在资源消耗环节，要大力提高资源利用效率。

③ 在废弃物产生环节，要大力开展资源综合利用。

④ 在再生资源产生环节，要大力回收和循环利用各种废旧资源。

⑤ 在社会消费环节，要大力提倡绿色消费。

循环经济作为一种科学的发展观，一种全新的经济发展模式，具有其自身的独立特征，专家认为主要体现在以下几个方面：

（1）新的系统观。循环是指在一定系统内的运动过程，循环经济的系统是由人、自然资源和科学技术等要素构成的大系统。循环经济观要求人在考虑生产和消费时不再置身于这一大系统之外，而是将自己作为这个大系统的一部分来研究符合客观规律的经济原则，将"退田还湖"、"退耕还林"、"退牧还草"等生态系统建设作为维持大系统可持续发展的基础性工作来抓。

（2）新的经济观。在传统工业经济的各要素中，资本在循环，劳动力在循环，而唯独自然资源没有形成循环。循环经济观要求运用生态学规律，而不是仅仅沿用 19 世纪以来机械工程学的规律来指导经济活动。不仅要考虑工程承载能力，还要考虑生态承载能力。在生态系统中，经济活动超过资源承载能力的循环是恶性循环，会造成生态系统退化；只有在资源承载能力之内的良性循环，才能使生态系统平衡地发展。

（3）新的价值观。循环经济观在考虑自然时，不再像传统工业经济那样将其作为"取料场"和"垃圾场"，也不仅仅视其为可利用的资源，而是将其作为人类赖以生存的基础，是需要维持良性循环的生态系统；在考虑科学技术时，不仅考虑其对自然的开发能力，而且要充分考虑到它对生态系统的修复能力，使之成为有益于环境的技术；在考虑人自身的发展时，不仅考虑人对自然的征服能力，而且更重视人与自然和谐相处的能力，以促进人的全面发展。

（4）新的生产观。传统工业经济的生产观念是最大限度地开发利用自然资源，最大限度地创造社会财富，最大限度地获取利润。而循环经济的生产观念是要充分考虑自然生态系统的承载能力，尽可能地节约自然资源，不断提高自然资源的利用效率，循环使用资源，创造良性的社会财富。在生产过程中，循环经济观要求遵循"3R"原则，即资源利用的减量化原则，即在生产的输入端尽可能少地输入自然资源；产品的再使用原则，即尽可能延长产品的使用周期，并在多种场合使用；废弃物的再循环原则，即最大限度地减少废弃物排放，力争做到排放的无害化，实现资源再循环。同时，在生产中还要求尽可能地利用可循环再生的资源替代不可再生资源，如利用太阳能、风能和农家肥等，使生产合理地依托在自然生态循环之上；尽可能地利用高科技，尽可能地以知识投入来替代物质投入，以达到经济、社会与生态的和谐统一，使人类在良好的环境中生产生活，真正全面地提高人民生活质量。

（5）新的消费观。循环经济观要求走出传统工业经济"拼命生产、拼命消费"的误区，提倡物质的适度消费、层次消费，在消费的同时也考虑到废弃物的资源化，建立循环生产和消费的观念。同时，循环经济观要求通过税收和行政等手段，限制以不可再生资源为原料的一次性产品的生产与消费，如宾馆的一次性用品、餐馆的一次性餐具和豪华包装等。

（六）循环经济与传统经济模式

20 世纪 90 年代以来，在实施可持续发展战略的旗帜下，政府和学者开始认识到当代资源环境问题日益严重的根源在于工业化以来一直采用的以低开采、低利用、高排放（所谓"两高一低"）为特征的线性经济模式。从物质流动和表现形态看，传统工业社会的经济是一种"资源—产品—污染排放"单向流动的线性经济，在这种线性经济中，人们高强度地把地球上的物质和能源提取出来，然后又把污染和废物大量地扔弃到空气、水系、土壤、植被中。线性经济正是通过反向增长的自然代价来实现经济的数量型增长。

与线性经济不同，循环经济倡导的是一种与资源环境和谐共生的经济发展模式。它要求把经济活动组织成一个"资源—产品—再生资源"的反馈式流程。所有的物质和能源要在这个不断进行的经济循环中得到合理和持久的利用，从而把经济活动对自然环境的影响降到最低限度。

循环经济首先是一种新的发展理念，其次是一种新的经济增长方式，然后才谈得上是一种新的污染治理模式。我国现阶段发展循环经济的首位目标是提高资源利用率。循环经济是兼顾发展经济、节约资源和保护环境的一体化战略。

传统经济是一种由"资源—产品—污染排放"所构成的物质单向流动的线性经济，即"资源—产品—废物"。线性经济的增长，依靠的是高强度地开采和消费资源，同时高强度地排放废弃物，通过把资源持续不断地变成废物来实现经济的数量型增长，导致了许多自然资源的迅速短缺与枯竭，造成了灾难性环境污染和生态破坏后果。

与此不同，循环经济根据生态规律，倡导的是一种建立在物质不断循环利用基础上的经济发展模式，它要求把经济活动按照自然生态系统的模式，组成一个"资源—产品—消费—再生资源"的物质反复循环流动的过程，所有的资源在这个不断进行的经济循环中都得到最合理的利用。循环经济把生态工业、资源综合利用、生态设计和可持续消费等融为一体，使得整个经济系统以及生产和消费的过程基本上不产生或者只产生很少的废弃物，其特征是自然资源的低投入、高利用率、高循环率和废弃物的低排放，从而根本上消解长期以来环境与发展之间的尖锐冲突。

在传统经济模式下，人们忽略了生态环境系统中能量和物质的平衡，过分强调扩大生产来创造更多的福利。而循环经济则强调经济系统与生态环境系统之间的和谐，着眼点在于如何通过对有限资源和能量的高效利用、如何通过减少废弃物来获得更多的人类福利，循环经济与线性经济模式的比较见表2-2。

表2-2　循环经济与线性经济模式的比较

	特征	物质流动	理论指导
循环经济	对资源的低开采、高利用、污染物的低排放	"资源—产品—再生资源"的物质反复循环流动	生态学规律
线性经济	对资源的高开采、低利用、污染物的高排放	"资源—产品—污染物"的单向流动	机械论规律

（七）循环经济的发展及其体现形式

我国循环经济的发展要注重从不同层面协调发展，即小循环、中循环、大循环加上资源再生产业（也可称为第四产业或静脉产业）。循环经济具体体现在经济活动的三个重要层面上，即企业层面、区域层面和社会层面，它们分别通过运用"3R"原则，实现三个层面的物质闭环流动。

小循环。在企业层面，选择典型企业和大型企业，根据生态效率理念，通过产品生态设计、清洁生产等措施进行单个企业的生态工业试点，减少产品和服务中物料和能源的使用量，实现污染物排放的最小化。

中循环。在区域层面，按照工业生态学原理，通过企业间的物质集成、能量集成和信息集成，在企业间形成共生关系，建立工业生态园区，实现企业间废物相互交换，使资源得到充分利用。

大循环。在社会层面，重点进行循环型城市和省区的设立。通过废旧物资的再生利用，实现消费过程中和消费过程后物质和能量的循环，最终建立循环型社会。

资源再生产业。建立废物和废旧资源的处理、处置和再生产业，从根本上解决废物和废旧资源在全社会的循环利用问题。

以美国为例，美国除了加强环境保护局的职能外，还专门成立了全国物资循环利用联合会。该联合会涉及 5.6 万家废弃物回收利用企业，提供就业岗位 110 万个，每年的毛销售额高达 2 360 亿美元，为员工支付的薪水总额达 370 亿美元。该行业的发展规模与美国的汽车业基本相当，其中最大的一块是纸制品的回收利用，年销售收入达 490 亿美元；其次是钢铁和铸造业，年销售收入分别为 280 亿美元和 160 亿美元。

发展资源再生产业对于我国资源消耗大、需求大的现状尤其具有迫切意义。

目前地下矿产资源经过大量开采，已接近枯竭。但根据物质不灭定律，这些物质并没有消失，而是转变成地上各种不同形态的物质而存在。这就是由热力学第一定律指出的增熵过程，熵的增加造成物质品位的降低，因而需要一个相应的负熵过程通过自组织还原物质的品位组成。这些物质成为将来再生资源的来源，"垃圾只不过是放错地方的资源"，"垃圾还是世界上唯一增长的资源"。21 世纪中后期，再生资源将成为我们资源需求的主要来源。

以电子产品为例，废旧电子产品已成为城市垃圾的重要组成部分，"电子垃圾"正成为全世界增长最快、最具潜在危险性的废弃物。国家统计局城调总局的调查资料显示，目前我国电视机社会保有量约为 3.5 亿台，洗衣机约为 1.7 亿台，电冰箱约为 1.3 亿台。这些电器大多是在 20 世纪 80 年代中后期进入家庭的，按正常的使用寿命 10~15 年计算，从 2003 年开始我国将迎来一个家电更新换代的高峰。进入更新期的电视机平均每年 500 万台以上，洗衣机平均每年 500 万台，电冰箱每年约 400 万台，每年将淘汰约 1 500 万台废旧家电。

废旧电子产品中含有许多有色金属、黑色金属、塑料、橡胶、玻璃等可供回收的有用资源。废旧电器中还含有相当数量的如金、银、铜、锡、铬、铂、钯等贵金属。美国环保局确认，用从废家电中回收的废钢代替通过采矿、运输、冶炼得到的新钢材，可减少 97%的矿废物、86%的空气污染、76%的水污染和 40%的用水量，节约 90%的原材料和 74%的能源，而且废钢材与新钢材的性能基本相同。

杜邦化学公司模式、卡伦堡生态工业园区模式、德国双元系统模式以及日本的循环型社会模式是当今世界典型的四种循环经济模式。

杜邦化学公司模式——组织单个企业的循环经济。美国杜邦化学公司于 20 世纪 80 年代末把工厂当做试验新的循环经济理念的实验室，创造性地把"3R"原则发展成为与化学工业实际相结合的"3R 制造法"，以达到少排放甚至零排放的环境保护目标。他们通过放弃使用某些环境有害型的化学物质、减少某些化学物质的使用量以及发明回收本公司产品的新工艺，到 1994 年已经使生产造成的塑料废弃物减少了 25%、空气污染物排放量减少了 70%。同时，他们在废塑料如废弃的牛奶盒和一次性塑料容器中回收化学物质，开发出了耐用的聚乙烯材料"维克"等新产品。

卡伦堡生态工业园区模式——面向共生企业的循环经济。丹麦的卡伦堡生态工业园区是目前国际上工业生态系统运行最为典型的代表。该园区以发电厂、炼油厂、制药厂和石膏制板厂四个厂为核心，通过贸易的方式把其他企业的废弃物或副产品作为本企业的生产原料，建立工业共生和代谢生态链关系，最终实现园区的污染"零排放"。其中，燃煤电厂位于这个工业生态系统的中心，对热能进行了多级使用，对副产品和废物进行了综合利用。电厂向炼油厂和制药厂供应发电过程中产生的蒸汽，使炼油厂和制药厂获得了生产所需的热能；通过地下管道向卡伦堡全镇居民供热，由此关闭了镇上 3 500 座燃烧油渣的炉子，减少了大量的烟尘排放；将除尘脱硫的副产品工业石膏，全部供应给附近的一家石膏板生产厂做原料。同时，还将粉煤灰出售，供铺路和生产水泥之用。炼油厂和制药厂也进行了综合利用，炼油厂产生的火焰气通过管道供石膏厂用于石膏板生产的干燥工序，减少了火焰气的排空。一座车间进行酸气脱硫生产的稀硫酸供给附近的一家硫酸厂；炼油厂的脱硫气则供给电厂燃烧。卡伦堡生态工业园区还进行了水资源的循环利用，炼油厂的废水经过生物净化处理，通过管道向电厂输送，每年输送电厂 70 万 m^3 的冷却水。整个工业园区由于进行水的循环使用，每年减少 25% 的需水量。

德国双元系统模式——针对消费后排放的循环经济。德国的双轨制回收系统（DSD）起了很好的示范作用。DSD 是一个专门组织对包装废弃物进行回收利用的非政府组织。它接受企业的委托，组织收运者对他们的包装废弃物进行回收和分类，然后送至相应的资源再利用厂家进行循环利用，能直接回用的包装废弃物则送返制造商。DSD 系统的建立大大地促进了德国包装废弃物的回收利用。例如，政府曾规定，玻璃、塑料、纸箱等包装物回收利用率为 72%，1997 年的包装物回收利用率已达到 86%；废弃物作为再生材料利用，1994 年为 52 万 t，1997 年达到了 359 万 t；包装垃圾已从过去每年的 1 300 万 t 下降到 500 万 t。

日本的循环型社会模式。日本在循环型社会建设方面主要体现三个层次上。① 政府推动构筑多层次法律体系。2000 年 6 月，日本政府公布了《循环型社会形成促进基本法》，这是一部基础法。随后又出台了《固体废弃物管理和公共清洁法》《促进资源有效利用法》等第二层次的综合法。在具体行业和产品第三层次立法方面，2001 年 4 月，日本实行《家电循环法》，规定废弃空调、冰箱、洗衣机和电视机由厂家负责回收；2002 年 4 月，日本政府又提出了《汽车循环法案》，规定汽车厂商有义务回收废旧汽车，进行资源再利用；5 月底，日本又实施了《建设循环法》，规定到 2005 年，建设工地的废弃水泥、沥青、污泥、木材的再利用率要达到 100%。第三层次立法还包括《促进容器与包装分类回收法》《食品回收法》《绿色采购法》等。② 要求企业开发高新技术，首先在设计产品的时候就要考虑资源再利用问题，如家电、汽车和大楼在拆毁时各部分怎样直接变为再生资源等。③ 要求国民从根本上改变观念，不要鄙视垃圾，要把它视为有用资源。堆在一起是垃圾，分类存放就是资源。

目前我国在资源再生利用方面的主要障碍是缺少有效的组织，未形成产业规模，缺少技术研发。我国在废物的再回收、再利用、再循环方面存在较大的潜力，大力发展资源再生产业（第四产业或静脉产业），尽快出台相关政策，形成产业规模，会较大地缓解我国资源紧缺、浪费巨大、污染严重的矛盾。

综上所述，一方面，我国发展循环经济方兴未艾，在理论和实践上还有待进一步深入探索；另一方面，我们可以借鉴发达国家的经验教训，形成后发优势。推动我国循环经济的发展，要以科学发展观为指导，以优化资源利用方式为核心，以技术创新和制度创新为动力，加强法制建设，完善政策措施，形成"政府主导、企业主体、公众参与、法律规范、政策引导、市场运作、科技支撑"的运行机制，逐步形成中国特色的循环经济发展模式，推进资源节约型社会和环境友好型社会的建设。

（八）推进循环经济发展模式

循环经济是一个系统工程，我们要系统地把握和解决其推进过程中遇到的问题，综合考虑各个环节，不能头痛医头，脚痛医脚。企业、消费者、技术工作者、政府和公众都应该各司其职，参与到循环经济这个系统工程的建设中来。

1. 转变经营理念

传统线性经济除了资源输入的高开采和污染排放的高输出之外，一个重要的经营理念是一切为了生产和销售新产品，强调更新换代，从而造成产品使用的短效性（低使用）。而循环经济的经营理念就是优化物品利用的可长期性，即物尽其用，而不是最大限度地生产、最大规模地销售以及推销寿命很短的产品。

2. 转变消费观念

转变消费观念是发展循环经济的重要环节。要通过各种形式广泛宣传和普及生态知识、循环经济知识和法规，引导社会公众树立现代生态价值观，倡导文明的生活方式和绿色消费理念，让消费者自觉选择环境无害化产品、抵制非环保型产品；要倡导节约，避免因过度消费和盲目消费，而造成资源浪费和大量废弃物的排放。

在消费引导方面，政府应起表率作用，引导企业和民众进行"绿色采购和消费"，积极开展循环回收利用活动，选择与群众生活密切相关的电池等产品进行试点，推动公众参与绿色消费，建立循环型社会。

3. 开发绿色技术支撑体系

循环经济发展的内在要求是追求经济过程中物质资源减量化，循环经济要实现经济的非物质化和减物质化主要通过两个途径：

① 信息技术和信息经济，以信息技术为代表的现代高技术及其在经济中的应用，可导致经济过程中无形资源对有形资源的替代，是经济的非物质化或所谓"软化"的发展方向。

② 生态技术，以清洁技术为代表的现代生态技术及其在经济中的应用，可促成物质资源在经济过程中的有效循环，是经济的减物质化或所谓"绿化"的发展方向。

我们要充分发挥科技作为第一生产力的作用，开发、建立"绿色技术支撑体系"，包括清洁生产技术、信息技术、能源综合利用技术、回收和再循环技术、资源重复利用和替代技术、环境监测技术以及网络运输技术等，加快产业结构调整，以大力降低原材料和能源消耗，尽可能地把污染物的排放消除在生产过程中，实现少投入、高产出、低污染。

4. 建立促进循环经济的法律制度

在循环经济立法中，宏观调控、管制规范应该成为主干。其次是间接调控，即充分发挥市场机制对资源配置的基础作用，利用各种经济手段，包括建立征收环境税、费制度，财政信贷鼓励制度，排污权交易制度，环境标志制度，佣金制度等，通过治污、清洁生产等途径使外部不经济性转入内部化。

5. 加强政策导向，加大环境投入

政府要制定相应的经济政策，通过价格、税收、财政等杠杆的作用，对不利于循环经济的行为加以限制，对有利于循环经济的行为加以鼓励。如政府可以对循环型企业实行税收减免、提供财政补贴等政策，而对非循环型企业可多征资源税、排污税等，在投资、采购方面，也可大幅度向循环型产业倾斜。在制定政策时，要充分调动企业的积极性，消除地方保护主义，使政策得以贯彻落实。

在环境投入方面，要加大对环保产业的投入力度，发挥其引导作用。在设置投资比例时，要大幅度提高对循环经济型产业的投资比例，把环保投入主要用于末端治理转移到源头控制、全程跟踪、废物循环利用上来，以最少的投入收到最佳的生态效益。

6. 推动公众参与

发展循环经济，公众参与不可或缺。公众参与，首先要求公众转变消费观念，

树立绿色消费观；其次要求每个消费者将产生的废弃物及时清理、分类，以满足下一阶段生产活动对原料的需求。只有这样，生产企业才能把废弃物有效地转化为再生资源，变污染负效应为资源正效应。

（九）中国发展循环经济的优先领域

对于刚刚进入重化工业时代的中国来说，选择优先领域来推动循环经济事半功倍。胡锦涛同志提出的"将循环经济的理念贯穿到国民经济发展、城乡建设和产品生产之中"，这实际上已经明确了应首先在建设、生产领域发展循环经济。

首先，应该在资源的开采、生产、废弃等社会生产的主要环节中，大力发展循环经济。

在资源开采环节，应统筹规划油气、铁、铜、铝等战略性矿产资源的开发，采取切实可行的措施防止掠夺性开采；推进共生、伴生矿产资源的综合利用，开发低品位油气资源和非常规油气资源，提高矿产资源的开采和洗选回收利用率。

在产品生产环节，应着重推进冶金、石化、化工、电力、有色金属、建材、轻工（包括造纸、纺织印染、酿造）等资源消耗重点行业的资源节约和清洁生产。

在废物利用和处理环节，应加强对冶金、电力、石化、轻工、机械制造、建材、建筑等行业的废弃物回收利用，为粉煤灰、煤矸石等大宗废弃物的综合利用创造更好的环境。

其次，在城市建设中，应按照循环经济的理念，合理规划城市规模，在功能区布局、基础设施建设等方面，要考虑城市产业体系之间的衔接和环境容量的大小。有关城市要注意与资源型城市的产业转型和老工业基地的改造相结合。

在农业生产中，应加强生态农业建设，积极调整农业生产布局和产品结构，发展绿色产业和无公害产品。要积极提高土、肥、水、种、药等投入要素的效率，推广使用高效安全生物农药，从源头上消除餐桌污染，减轻富营养化。要为综合利用秸秆、牲畜粪便等废弃物创造优惠条件，大力发展沼气工程并使之成为农村能源的补充和替代。

工业发展循环经济，要坚持以科学发展观为指导，立足现有的工作基础，以初步建立循环经济发展模式为近期任务，以推进实施企业清洁生产、区域生态型工业园、再生资源利用三个方面的示范项目为重点，通过加强循环经济政策法规体系和技术支撑体系产业配套环境建设，促使循环经济理念在工业系统得到全面贯彻，促进资源高效和循环利用，以生态工业建设促进生态型城市建设，最终形成循环型社会。根据国家发展循环经济的总体规划，争取尽早实现以清洁生产促进为基础，再生资源产业化为重点，以工业园区为主要载体，初步建立工业循环经济的发展模式，促进循环经济产业链的形成。

二、循环经济与清洁生产的关系

传统上环保工作的重点和主要内容是治理污染、达标排放，清洁生产和循环经济则突破了这一界限，大大提升了环境保护的高度、深度和广度，提倡并实施将环境保护与生产技术、产品和服务的全部生命周期紧密结合，将环境保护与经济增长模式统一协调，将环境保护与生活和消费模式同步考虑。

清洁生产和循环经济将环境保护延伸到经济活动中一切与之有关的方方面面。清洁生产在组织层次上将环境保护延伸到组织的一切有关领域，循环经济将环境保护延伸到国民经济一切有关领域。清洁生产是循环经济的基石，循环经济是清洁生产的扩展。在理念上，它们有共同的时代背景和理论基础；在实践中，它们有相通的实践途径，这些都有利于循环经济的健康展开。

为保证我国生产和经济的持续发展，从技术层面上分析，推行清洁生产、发展循环经济是相互关联的两大手段。推行清洁生产的目的是降低生产过程中资源、能源的消耗，减少污染的产生。发展绿色消费以减少对环境的污染和生态的破坏。而发展循环经济则是促使物质的循环利用，以提高资源和能源的利用效率。

清洁生产和循环经济二者之间是一种点和面的关系，它们实施的层次不同，可以说，一个是微观的，一个是宏观的。一个产品、一个企业都可以推行清洁生产，但循环经济覆盖面就大得多，是高层次的。清洁生产的目标是预防污染，以更少的资源消耗产生更多的产品，循环经济的根本目标是要求在经济过程中系统地避免和减少废物，再利用和循环都应建立在对经济过程进行充分资源削减的基础之上。所以，要做循环经济就必须要做好先期的基础工作，从基层的清洁生产做起。

从实现途径来看，循环经济和清洁生产也有很多相通之处。清洁生产的实现途径可以归纳为两大类，即源削减和再循环，包括：减少资源和能源的消耗，重复使用原料、中间产品和产品，对物料和产品进行再循环，尽可能利用可再生资源，采用对环境无害的替代技术等，循环经济的"3R"原则就源于此。就实际运作而言，在推行循环经济过程中，需要解决一系列技术问题，清洁生产为此提供了必要的技术基础。特别应该指出的是，推行循环经济技术上的前提是产品的生态设计，没有产品的生态设计，循环经济只能是一个口号，而无法变成现实。我国推行清洁生产已经有十多年的历史，从国外吸取和自身积累了许多宝贵的经验和教训，不论在解决体制、机制和立法问题方面，还是在构建方法学方面，都可为推行循环经济提供有益的借鉴。

清洁生产和循环经济都是对传统环保理念的冲击和突破，它们的共同点是提升环境保护对经济发展的指导作用，将环境保护延伸到经济活动中一切有关的方方面面。清洁生产在组织层次上将环境保护延伸到组织的一切有关领域，循环经济到环境保护延伸到国民经济的一切有关的领域。清洁生产的基本精神是源削减，发展循环经济是保持和提高国际竞争力的重要手段。

清洁生产和循环经济二者之间的关系见表 2-3。

表 2-3　清洁生产和循环经济的相互关系

比较内容	清洁生产	循环经济
思想本质	环境战略：新型污染预防和控制战略	经济战略：将清洁生产、资源综合利用、生态设计和可持续消费等融为一套系统的循环经济战略
原则	节能、降耗、减污、增效	减量化、再利用、资源化（再循环）。首先强调的是资源的节约利用，其次是资源的重复利用和资源再生
核心要素	整体预防、持续运用、持续改进	以提高生态效率为核心，强调资源的减量化、再利用和资源化，实现经济行动的生态化、非物质化
适用对象	主要对生产过程、产品和服务（点、微观）	主要对区域、城市和社会（面、宏观）
基本目标	生产中以更少的资源消耗产生更多的产品，防治污染产生	在经济过程中系统地避免和减少废物
基本特征	预防性：清洁生产从源头抓起，实行生产全过程控制，尽最大可能减少乃至清除污染物的产生，其实质是预防污染。通过污染物产生源的削减和回收利用，使废物减至最少。 综合性：实施清洁生产的措施是综合性的预防措施，包括结构调整、技术进步和完善管理。 统一性：清洁生产最大限度地利用资源，将污染物消除在生产过程之中，不仅环境状况从根本上得到改善，而且能源、原材料和生产成本降低，经济效益提高，竞争力增强，能够实现经济效益与环境效益相统一。 持续性：清洁生产是一个持续改进的过程，没有最好，只有更好	低消耗（或零增长）：提高资源利用效率，减少生产过程的资源和能源消耗（或产值增加，但资源、能源消耗零增长）。这是提高经济效益的重要基础。也是污染排放减量化的前提。 低排放（或零排放）：延长和拓宽生产技术链，将污染尽可能地在生产企业内进行处理，减少生产过程的污染排放；对生产和生活用过的废弃物通过技术处理进行最大限度地循环利用。这将最大限度地减少初次资源的开采，最大限度地利用不可再生资源，最大限度地减少造成污染的废弃物的排放。 高效率：对生产企业无法处理的废弃物进行集中回收、处理，扩大环保产业和资源再生产业的规模，提高资源利用效率，同时扩大就业
宗旨	提高生态效率，并减少对人类及环境的风险	

第三节　产品生命周期

一、产品生命周期概述

（一）产品生命周期评价的产生背景

产品生命周期评价（Life Cycle Analysis，LCA），有时也称为"生命周期分析""生命周期方法""从摇篮到坟墓""生态衡算"等。其最初应用可追溯到1969年美国可口可乐公司对不同饮料容器的资源消耗和环境释放所做的特征分析。该公司在考虑是否以一次性塑料瓶替代可回收玻璃瓶时，比较了两种方案的环境友好情况，肯定了前者的优越性。自此以后，产品生命周期评价方法学不断发展，现已成为一种具有广泛应用的产品环境特征分析和决策支持工具。

最初产品生命周期评价主要集中在对能源和资源消耗的关注上，这是由于20世纪60年代末和70年代初爆发的全球石油危机引起人们对能源和资源短缺的恐慌。后来，随着这一问题不再像以前那样突出，其他环境问题也就逐渐进入人们的视野，方法因而被进一步扩展到研究废物的产生情况，由此为企业选择产品提供判断依据。在这方面，最早的事例之一是70年代初美国国家科学基金会资助的国家需求研究计划（RANN）。在该项目中，采用类似于清单分析的"物料—过程—产品"模型，对玻璃、聚乙烯和聚氯乙烯瓶产生的废物进行分析比较。另一个早期事例是美国环保局利用产品生命周期评价方法对不同包装方案中所涉及的资源与环境影响所做的研究。

20世纪80年代中期和90年代初，是产品生命周期评价研究的快速增长时期。这一时期，发达国家推行环境报告制度，要求对产品形成统一的环境影响评价方法和数据；一些环境影响评价技术，如对温室效应和资源消耗等的环境影响定量评价方法，也在不断发展。这些都为产品生命周期评价方法学的发展和应用领域的拓展奠定了基础。虽然当时对产品生命周期评价的研究仍局限于少数科学家当中，并主要分布在欧洲和北美地区，但是那时对产品生命周期评价的研究已开始从实验室阶段转变到实际中来了。

20世纪90年代初期以后，由于欧洲和北美环境毒理学和化学学会（SETAC，国际环境毒物学与化学学会的一个分支）以及欧洲生命周期评价开发促进会（SPOLD）的大力推动，产品生命周期评价方法在全球范围内得到较大规模的应用。国际标准化组织（ISO）制定和发布了关于产品生命周期评价的ISO 14040系列标准。一些国家（美国、荷兰、丹麦、法国等）的政府和有关国际机构，如联合国环境规划署（UNEP），也通过实施研究计划和举办培训班，研究和推广产品生命周期评价的方法学。在亚洲，日本、韩国和印度均建立了本国的产品生命周期评价学会。此阶段，各种具有用户友好界面的产品生命周期评价软件和数据库纷纷推出，促进了产品生命周期评价的全面应用。

从 20 世纪 90 年代中期以来，产品生命周期评价在许多工业行业中都取得了很大成绩，许多公司已经对他们的供应商的相关环境表现进行评价。同时，产品生命周期评价结果已在一些决策制订过程中发挥很大的作用。

产品生命周期评价作为一种产品环境特征分析和决策支持工具，技术上已经日趋成熟，并得到较广泛的应用。由于它同时也是一种有效的清洁生产工具，在清洁生产审计、产品生态设计、废物管理、生态工业等方面都发挥了应有的作用。

（二）产品生命周期评价的定义

产品生命周期评价是一种用于评价产品在其整个生命周期中，即从原材料的获取，产品的生产、使用直至产品使用后的处置过程中，对环境产生的影响的技术和方法。这种方法被认为是一种"从摇篮到坟墓"的方法，亦称为产品寿命分析，有许多对 LCA 的通俗定义，其中以国际标准化组织和国际环境毒物学和化学学会的定义较具权威性。

国际标准化组织的定义：汇总和评估一个产品（或服务）体系在其整个生命周期内的所有投入及产出对环境造成的和潜在的影响的方法。包括：目标与范围的确定、清单分析、影响评价和结果解释四个阶段。

国际环境毒物学和化学学会的定义：生命周期评价是一种对产品生产工艺以及活动对环境的压力进行评价的客观过程，它是通过对能量和物质的利用以及由此造成的环境废物排放进行识别和进行量化的过程。其目的在于评估能量和物质利用以及废物排放对环境的影响，寻求改善环境影响的机会以及如何利用这种机会。评价贯穿于产品、工艺和活动的整个生命周期，包括原材料提取与加工、产品制造、运输以及销售；产品的使用、再利用和维护；废物循环和最终废物处理。

联合国环境规划署的定义：生命周期评价是评价一个产品系统生命周期整个阶段（从原材料的提取和加工，到产品生产、包装、市场营销、使用和产品维护，直至再循环和最终废物处置）的环境影响的工具。

（三）产品生命周期的评估对象

ISO 明确定义了 LCA 的评估对象是产品系统或服务系统造成的环境影响（其

实服务也是一种抽象的产品），而不是评估空间意义上的环境的质量，这与环境科学中的环境质量评估有着根本区别。另外，LCA 方法着眼于产品生产过程中的环境影响，这与产品质量管理和控制等方法也是完全不同的。

其次，LCA 的评估范围要求覆盖产品的整个生命周期，而不只是产品生命周期中的某个或某些阶段。LifeCycle 的概念是 LCA 方法最基本的特性之一，是全面和深入地认识产品环境影响的基础，是得出正确结论和做出正确决策的前提。也正是由于 LifeCycle 概念在整个方法中的重要性，这个方法才以 LifeCycle 来命名。从评估对象的角度来说，LCA 是一种评价产品在整个生命周期中造成的环境影响的方法。

（四）生命周期评价的思想与步骤

LCA 评价产品环境影响的主要思路是：通过收集与产品相关的环境编目数据，应用 LCA 定义的一套计算方法，从资源消耗、人体健康和生态环境影响等方面对产品的环境影响做出定性和定量的评估，并进一步分析和寻找改善产品环境表现的时机与途径。这里所说的环境编目数据，就是在产品生命周期中流入和流出产品系统的物质/能量流。这里的物质流既包含了产品在整个生命周期中消耗的所有资源，也包含所有的废弃物以及产品本身。

可以看到，LCA 的评估是建立在具体的环境编目数据基础之上的，这也是 LCA 方法最基本的特性之一，是实现 LCA 客观性和科学性的必要保证，是进行量化计算和分析的基础。

1993 年，SETAC 在《生命周期评价纲要：实用指南》中将生命周期评价的基本结构归结为四个有机联系的部分：目标定义和范围确定，清单分析，影响评价和改善评价，如图 2-2 所示。

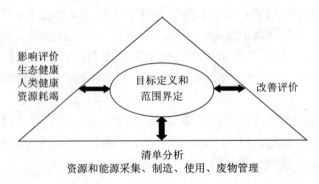

图 2-2 生命周期评价的技术框架（SETAC，1993）

在 1997 年颁布的 ISO 14040 标准中，把生命周期评价步骤分为目的与范围的确定、清单分析、生命周期影响评价和生命周期解释四部分，如图 2-3 所示。

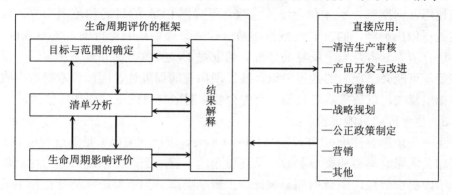

图 2-3 LCA 的基本框架（ISO 14040，1997）

1．目标与范围的确定

目的与范围的确定是生命周期评价中的第一步，也是关键的步骤之一。一般先确定生命周期评价的目的，然后按评价目的来确定研究的范围。目的确定就是要清楚地说明开展此项生命周期评价的目的与意义，以及研究结果的预计使用目的，如提高系统本身的环境性能、用于环境声明或获得环境标志。范围确定的深度和广度受目标控制，一般包括功能单位、系统边界、时间范围、影响评价范围、数据质量要求等的确定。此外，LCA 研究是一个反复的过程，随着对数据和信息的收集，可能要对研究范围的各个方面加以修改，以满足原定的研究目的。在某些情况下，由于未曾预知的局限、制约或获得了新的信息，可能要对研究目的本身加以修改。

（1）明确分析目的

必须知道进行 LCA 分析的目的是什么，才能确定采用的方法和进行的规模，比如，有些分析是为政府制定某项政策法规，而有些是为了争取环保证书（如 ISO 14000），还有的是为了按环保要求调整采购进货政策等。

（2）明确所分析的产品及其功能

确定产品功能和计量量纲是十分重要的，因为在以后的分析中，只有量纲相同以及功能相同的产品才具有可比性。

（3）确定系统边界，指产品系统之间或产品系统与环境之间的界面

从理论上讲，LCA 应该分析对环境的所有影响方面，但是这样的系统将是过于开放的，无法得出对现实有实际意义的结论，因此必须确定所研究系统的边界。

2．清单分析

研究目的与范围的确定为开展 LCA 研究提供了一个初步计划。生命周期清

单分析（Life Cycle Inventory，LCI）则涉及数据的收集和计算程序，目的是对产品系统的有关输入和输出进行量化。输入和输出可包括与该系统有关的对资源的使用，向空气、水体和土地的排放。可根据 LCA 的目的和范围需要，依据上述数据做出解释，同时这些数据还是进行生命周期影响评价输入的组成部分。

进行清单分析是一个反复的过程。当取得了一些数据，并对系统有进一步的认识后，可能会出现新的数据要求，或发现原有的局限性，因而要求对数据收集程序做出修改，以适应研究目的。有时会要求对研究目的或范围加以修改。

3．生命周期影响评价

生命周期影响评价（Life Cycle Impact Assessment，LCIA）是通过使用与 LCI 结果相关的影响类型和类型参数，从环境角度审查一个产品系统，并为生命周期解释阶段提供信息。生命周期影响评价由影响类型、类型参数和特征化模型的选择，影响分类，特征化和量化评价 4 个步骤组成。

4．生命周期解释

生命周期解释是根据 LCA 前几个阶段或 LCI 研究的发现，以透明的方式来分析结果、形成结论、解释局限性、提出建议并报告生命周期解释的结果。

生命周期解释还应根据研究目的和范围提供关于 LCA 或 LCI 研究结果的易于理解的、完整的和一致的说明。

（五）生命周期评价的特征

生命周期评价的主要特征可以概述如下：

（1）全过程评价。生命周期评价是对与整个产品系统原材料的采集、加工、生产、包装、运输、消费和回用以及最终处理整个生命周期有关的环境负荷的分析过程。

（2）透明性。生命周期评价研究的范围、假定、数据质量描述、方法和结果应具有透明性，生命周期评价研究应讨论、记载数据来源，并给予明确、适当的交流。

（3）系统性与量化。生命周期评价以系统的思维方式去研究产品或行为在整个生命周期中每一个环节中的所有资源消耗、废弃物产生的情况及其对环境的影响。定量评价这些物质和能量的使用以及废弃物对环境的影响，辨识和评价改善环境影响的机会。

（4）注重产品对环境的影响。生命周期评价强调所分析产品或行为在生命周期各阶段对环境生命周期评价及其内容的影响，包括能源利用、土地占用及排放污染物等，最后以总量的形式反映产品或行为的环境影响程度。生命周期评价注重研究系统在人类健康、生态健康和资源消耗领域内的环境影响。

（5）开放性。生命周期评价方法学具有开放性，可以容纳新的科学发现与最新技术发展。

（6）不确定性。由于被分析系统生命周期的各个阶段存在着各种因素和复杂性，将 LCA 的结果简化为单一的综合得分或数字尚不具备科学依据，从而使不同 LCA 方法得出不尽相同的结论。

（7）灵活性。生命周期评价研究不存在一种统一的模式，具有很大的灵活性，这也是其结论具有不确定性的原因之一，用户可根据具体的应用意图和要求，实际中予以灵活的实施。

（六）生命周期评价方法

生命周期评价方法至今尚未统一，而且完整的生命周期评价既花费巨大、费时费力又难以获得大量的可靠的数据，因此，目前国际上大多采用定性生命周期评价或简化生命周期评价方法，而且用法各异。我国有些学者也在探索和研究生命周期评价方法。

1．二维矩阵分析方法

此法定性分析产品生命周期中主要环境污染物阶段，以及污染严重阶段的环境问题，针对削减这些环境影响而制定环境标志产品标准。

一般采用 8×5 矩阵，由行业专家、环境保护专家依据每个矩阵元素对产品的生命周期的原材料获取、生产、销售、使用和处置五个阶段的主要环境影响因素（如有害物质、固体废物、大气污染、水污染、土壤污染和降解等），按照三个不同的污染等级（无污染或可忽略污染、中等污染、重污染）进行评价，得到评价结果，见表 2-4。

表 2-4　产品生命周期二维矩阵分析方法

主要环境影响因素	生命周期				
	原材料获取	生产	销售	使用	处置
有害物质	无	中	无	中	重
固体废物	无	中	无	中	中
大气污染	重	重	无	无	无
水污染	中	中	无	中	重
土壤污染和降解	无	中	无	中	重
噪声	无	重	中	无	中
能源消耗	无	中	无	中	重
资源消耗	无	重	无	中	中

2．产品生命周期简式评价矩阵方法

该方法是一种半定量的方法，用于评价环境标志产品。此法特点是对产品生命周期各阶段及相关的主要环境因素进行综合评价，因而可得到较准满意的结果；对相似的产品可直接进行比较和判断；此法简单，不同评价人员均可较好地运用，因而可以快速得出评价结果。该法结合"目标图"法图解产品生命周期各个阶段的环境影响，可直观地指示出改进产品的环境特性和为提高评分所应考虑的环境因素，以此来制定标准或技术要求。

评价系统为8×5二维矩阵，其中一维代表产品生命周期的5个阶段：原材料获取、生产、销售（包括包装和运输）、使用和处置；另一维代表环境要素。为了比较全面地描述产品生命周期全过程的环境行为，确定了8个环境要素为：有害物质、固体废物、大气污染、水污染、土壤污染和降解、噪声、能源消耗、资源消耗。此评价系统见表2-5。

表2-5　产品生命周期简式矩阵分析方法

环境要素	生命周期				
	原材料获取	生产	销售	使用	处置
有害物质	（1，1）	（1，2）	（1，3）	（1，4）	（1，5）
固体废物	（2，1）	（2，2）	（2，3）	（2，4）	（2，5）
大气污染	（3，1）	（3，2）	（3，3）	（3，4）	（3，5）
水污染	（4，1）	（4，2）	（4，3）	（4，4）	（4，5）
土壤污染和降解	（5，1）	（5，2）	（5，3）	（5，4）	（5，5）
噪声	（6，1）	（6，2）	（6，3）	（6，4）	（6，5）
能源消耗	（7，1）	（7，2）	（7，3）	（7，4）	（7，5）
资源消耗	（8，1）	（8，2）	（8，3）	（8，4）	（8，5）

二、产品生命周期理论与环境管理

（一）产品生命周期理论与产品生命周期评价

产品生命周期是指产品从原材料采掘、原材料生产、产品设计制造、包装储运、销售使用，直到最后废弃处置的全过程，即产品"从摇篮到坟墓"的生命全过程。

产品（包括过程和服务）不仅是产业生产各种效益的载体，也是产业生产与环境（包括资源与能源）相互作用的基本单元。产品系统是指为实现一个或多个特定的功能而由物质和能量联系起来的单元过程的集合。例如，原材料采掘、原

材料生产、产品制造、产品使用和产品使用后处理等过程的集合。在产品系统中，系统的投入（资源与能源），造成生态破坏与资源耗竭；而作为系统输出的"三废"排放却造成了环境污染。因此，所有生态环境问题无一不与产品系统密切相关。产品作为联系生产与消费的中介，对当前人类面临的生态环境问题有着不可推卸的责任。

产品生命周期管理主张从产品原料供给过程、产品制造过程、产品储运过程、产品使用过程直到产品废弃处置过程，都应该对环境影响最小。以前的环境管理重点往往局限于"产品设计""产品制造"和"废弃处置"三个阶段，而忽视了"原材料采掘与生产"和"产品使用"等重要阶段。仅仅控制某种产品制造过程中的环境影响，而忽视其"上游"的原材料供给方生产过程和其"下游"的产品使用方使用过程所带来的环境问题，结果是很难准确评估和真正减少该种产品所产生的实际环境影响。从末端治理与简单生产过程控制逐渐转向于以产品周期各阶段为生命链的全方位、全过程控制管理是实现可持续发展的必要要求，这种产品生命周期管理实质就是全面环境管理的思想。

实施产品生命周期管理，首先要评价产品生命周期各阶段乃至不同产品整个生命周期对环境产生的不同程度的影响，进而为企业与政府的管理决策以及消费者选择产品提供必要依据和信息支持。于是在企业界、政府与消费者三者驱动力的共同作用下，诞生了一种新型的、全过程控制的综合环境管理工具——生命周期评价。

生命周期评价是通过对能量和物质的利用以及由此造成的环境废物排放进行辨识和量化来实现的。其目的在于评估能量和物质利用，以及废物排放对环境造成的影响，寻求改善环境影响的机会以及如何利用这种机会。这种评价贯穿于产品、过程和活动的整个生命周期。原则上产品每个生命阶段都应当考虑：原材料和能源的输入，水、气、固体废弃物的输出，所有这些输入、输出都应尽可能地量化，更确切地说，就是将该产品所有与环境有关的因素：废弃物、土壤污染、水质污染、空气污染、能源污染、资源消耗及生态影响等都纳入评估，做定量研究。

（二）LCA 与其他几种环境管理工具的比较

环境影响评价（EIA），简称环评，是指对规划和建设项目实施后可能造成的环境影响进行分析、预测和评估，提出预防或者减轻不良环境影响的对策和措施，并进行跟踪监测的方法与制度。环境影响评价的根本目的是鼓励在规划和决策中考虑环境因素，最终达到更具环境相容性的人类活动。

环境风险评价（ERA）是针对建设项目在建设和运行期间发生的可预测突发

性事件或事故（一般不包括人为破坏及自然灾害）引起有毒有害、易燃易爆等物质泄漏，或突发事件产生的新的有毒有害物质，所造成的对人身安全与环境的影响和损害，进行评估，提出防范、应急与减缓措施。

LCA、EIA 和 ERA 三种环境管理工具的比较见表 2-6。

表 2-6　LCA、EIA 和 ERA 三种环境管理工具的比较

项目	EIA	ERA	LCA
目标	具体工程或项目环境影响综合评价	预告目标生物的危险性	全球生态系统变化的预警
方法论	综合评价	查汇分析	溯源分析
内容结构	范围界定，影响识别，影响度量，影响预测，减轻措施，评价和监测	接触评价，危险识别，风险描述，风险管理	目标定义，清查分析，改善评价
评价对象	具体的工程或项目	潜在的有害物	产品及产品系统
时空特性	局地和区域的短期影响	局地性的短期影响	全球性长期影响
局限性	局限于具体的项目；不考虑全球环境问题；方法论不统一	仅限于小地域的人类健康；忽略持续性风险；极少区域分析自然环境	无法分析偶然性排放；对数据高度综合的结果，忽略了对局地的影响

三、生命周期评价在清洁生产中的应用前景

生命周期评价作为清洁生产诊断、评价的有效工具，在清洁生产的实施中发挥了很大作用，主要包括 4 个方面：

（一）有利于清洁生产审计

清洁生产审计是对企业的生产和服务实行预防污染的分析和评估，其审计的具体对象是企业生产的产品和生产过程。清洁生产审计思路是"判明废物产生的部位—分析废物产生的原因—提出方案以减少或消除废物"。LCA 作为一种环境评估工具用于清洁生产审计，可以保证更全面地分析企业生产过程及其上游（原料供给方）和下游（产品及废物的接收方）产品全过程的资源消耗和环境状况，找出存在的问题，提出解决方案。

（二）有利于制订产品和工艺的清洁生产技术规范

生命周期理论是判断产品和工艺是否真正属于清洁生产范畴的基础，在这方面，生命周期评价可以作为实施清洁生产最有效的支持技术之一。

生命周期评价从资源采集到产品的最终处置来考虑环境影响，同时将这些影响与整个过程（内、中、外）的物质和能量联系在一起，因此，能在环境影响、工艺设计和经济学之间建立联系，从而能克服成本-效益分析、环境影响评价和风险评价等方法的不足。

（三）有利于清洁产品设计和再设计

生命周期理论是判断产品和工艺是否真正属于清洁生产范畴的基础，在这方面，LCA 可以作为最有效的支持技术之一。如丹麦 GRAM 公司通过对其原有的冰箱产品进行生命周期评价发现电冰箱在使用阶段对资源和能源消耗最大，在用后处理阶段对温室效应和臭氧层破坏影响最大，通过改进，设计出低能耗、无氟电冰箱 LER200，在市场上取得了很好的经济效益。

（四）有利于废物回收和再循环管理

在生命周期评价基础上，给出废物处置的最佳方案，制定废物管理的政策措施，有助于企业降低环境成本，减少污染和浪费。

目前我国的废物回收和再循环水平还比较低，资源浪费和环境污染较严重。推广生命周期评价，可以促进废物的资源化和再利用，从而在一定程度上有助于循环经济的发展。

（五）区域清洁生产的实现——生态工业园的园区分析和入园项目的筛选

生态工业园的最主要特征是：园区中各组成单元间相互利用废物，作为生产原料，最终实现园区内资源利用最大化和环境污染的最小化。LCA 由于考虑的是产品生命周期全过程，即既考虑产品的生产过程（单元内），也考虑原材料获取和产品（以及副产品、废物）的处置（单元外），将单元内外综合起来，考查其资源利用和污染物排放清单及其环境影响，因此可以辅助进行生态工业园的现状分析、园区设计和入园项目的筛选。

另外，生命周期分析在清洁生产中的应用主要有两方面：

一方面是生产的改善。生命周期分析被用于确定生产过程的哪些环节需要改善，从而减少对环境的不利影响。例如，一个计算机公司的产品包括阴极射线管、塑料机壳、半导体、金属板等。通过生命周期分析可以得出各种产品的环境影响。废物处置问题主要是阴极射线管，可能造成有毒有害物质排放的主要是半导体的生产过程，能量消耗最多的是在产品的使用阶段，原材料消耗最多的是半导体的生产。这样，企业就可以做出降低生产过程中的物耗、能耗以及减少废物排放的决策。

由这个例子可以看出，生命周期分析对于改善生产的作用就在于它能够帮助生产企业确定在产品的整个生命周期过程中对环境影响最大的阶段，了解在产品的整个生命周期过程中所造成的环境风险，从而使企业在废物的产生过程、能源的使用过程，以及在产品的设计过程中都考虑到对环境的影响，做出如何改善生产使之对环境影响最小的决策。

另一方面是产品的比较，如产品 1 和产品 2 的比较，老产品和新产品的比较，新产品带来的效益和没有这种产品时的比较等。国际上较著名的研究案例有塑料杯和纸杯的比较，聚苯乙烯和纸制包装盒的比较等。

第四节　环境管理体系

一、环境管理体系概论

企业管理是对企业的生产经营活动进行计划、组织、监督和调节，其根本思想是以最小的投入来获得最大的产出，一般包括：建立管理机构、计划管理、生产管理、质量管理、技术管理、劳动管理、物资供应管理、销售管理、财务管理和环境管理 10 个方面。

（一）环境管理体系的定义

环境管理体系（Environmental Management System，EMS）是一个组织内全面管理体系的组成部分。它包括为制定、实施、实现、评审和保持环境方针所需的组织机构、规划活动、机构职责、惯例、程序、过程和资源，还包括组织的环境方针、目标和指标等管理方面的内容。

环境管理体系是一项内部管理工具，旨在帮助组织实现自身设定的环境表现水平，并不断地改进环境行为，不断达到更新更佳的环境绩效。

当组织建立了环境管理体系之后，通过管理活动程序、建立规范化文件和记录等措施可以协调不同的职能部门之间的关系，并可以达到下列目的：

（1）建立一个良好的环境方针和环境管理基础；

（2）有利于找出并控制重大的环境因素和影响；

（3）有利于识别有关的环境法规要求与现行状况的差距；

（4）减少由于污染事故或违反法律法规所造成的环境影响；

（5）建立组织内污染防止优先序列，并为实现污染预防目标而努力；

（6）可以提高监测环境的能力和评价该体系的效率，包括促进体系的改进和调整，以适应新的和不断变化的情况的要求；

（7）由于改善环境从而带来许多重要的商业、环境机会。

总之，环境管理体系将有助于组织系统化地处理环境问题，并将环境保护和企业经营结合起来，使之成为企业日常运行和经营策略的一部分。

环境绩效是指一个组织基于其环境方针、目标、指标，控制其环境因素所取得的可测量的环境管理体系成效。

（二）国际标准化组织（ISO）

国际标准化组织（International Organzation for Standardization，ISO）是由多国联合组成的非政府性国际标准化机构，也是当今世界上规模最大的国际科学技术的组织之一，成立于 1947 年 2 月。到目前为止，ISO 有正式成员国 120 多个，我国是其中之一。每一个成员国均有一个国内标准化机构与 ISO 相对应。

ISO 的技术工作是通过技术委员会（TC）来进行的。根据工作需要，每个技术委员会可以设若干分委员会（SC），TC 和 SC 下面还可设立若干工作组（WG）。ISO 技术工作的成果是正式出版的国际标准，即 ISO 标准。

ISO 制定的标准推荐给世界各国采用，而非强制性标准。但是由于 ISO 颁布的标准在世界上具有很强的权威性、指导性和通用性，对世界标准化进程起着十分重要的作用，所以各国都非常重视 ISO 标准。许多国家的政府部门，有影响的工作部门及有关方面都十分重视在 ISO 的地位和作用，通过参加技术委员会、分委员会及工作小组积极参与 ISO 标准制定工作。目前 ISO 和 200 多个技术委员会正在不断地制定新的产品、工艺及管理方面的标准。ISO 的第 176 技术委员会在 1987 年成功地制定和颁布了 ISO 9000 族质量管理体系标准。

ISO/TC 207 是国际标准化组织于 1993 年 6 月成立的一个综合性管理技术委员会，专门负责制定环境管理方面的国际标准，即 ISO 14000 系列标准。该技术委员会下设六个技术委员会（SC）和一个特别工作组（WG）：

（1）SC1 环境管理体系标准。英国为分委员会秘书长所在国。

（2）SC2 环境审核。荷兰为分委员会秘书处所在国。

（3）SC3 环境标志。澳大利亚为分委员会秘书处所在国。

（4）SC4 环境行为评价。美国为分委员会秘书长所在国。

（5）SC5 生命周期评估。法国为分委员会秘书处所在国。

（6）术语和定义。挪威为分委员会秘书处所在国。

（7）WG1 产品标准中的环境指标。德国为特别工作组所在国。

（三）ISO 14000 标准

ISO 14000 标准是环境管理体系（EMS）标准的总称，是国际标准化组织（ISO）继 ISO 9000 标准之后发布的又一国际性管理系列标准，已被近百个国家和地区采用。它是一个旨在通过国际规定的标准化而使商品和服务的贸易易于进行的非政府组织，也是当今全世界规模最大的国际科技组织之一。

从 1995 年 6 月起，ISO 14000 系列标准已陆续正式颁布了 ISO 14001 环境管理体系—规范及使用指南；ISO 14004 环境管理体系—原理、系统和支援技术通用指南；ISO 14010 环境审核指南—通用原则；ISO 14011 环境审核指南—审核程序—环境管理体系审核；ISO 14012 环境审核指南—环境审核员资格要求；ISO 14020 环境标志与声明——一般原则；ISO 14021 环境标志与声明—自我环境声明（Ⅱ型环境标志）；ISO 14024 环境标志与声明—原则和计划（Ⅰ型环境与标志）；ISO 14031 环境管理—环境绩效评估—指导方针；ISO 14040 环境管理—生命周期评估—原理与框架；ISO 14041 环境管理—生命周期评估—目的、范围定义以及清单分析；ISO 14042 环境管理—生命周期评估—生命周期影响评估；ISO 14043 环境管理—生命周期评估—生命周期解释；ISO 14050 环境管理—词汇；ISO 14051 环境管理—场所和组织的环境评估。

我国 1997 年 4 月 1 日由国家技术监督局将已公布的五项国际标准 ISO 14001、ISO 14004、ISO 14010、ISO 14011、ISO 14012 等同于国家标准 GB/T 24001、GB/T 24004、GB/T 24010、GB/T 24011 和 GB/T 24012 正式发布。

1. ISO 14000 标准的组成和分类

ISO 中央秘书处为 TC/207 环境管理技术委员会预留了 100 个标准号，即 ISO 14000—ISO 14100，统称 ISO 14000 系列标准，见表 2-7。

表 2-7　ISO 14000 标准系列

	名称	标准号
SC1	环境管理体系（EMS）	14001—14009
SC2	环境审核（EA）	14010—14019
SC3	环境标志（EL）	14020—14029
SC4	环境行为评价（EPE）	14030—14039
SC5	生命周期分析（LCA）	14040—14049
SC6	术语和定义（T&D）	14050—14059
SC7	产品标准中的环境指标	14060
	备用	14061—14100

ISO 14000 系列标准作为一个多标准组合系统，其标准性质分为三类：

第一类：基础标准——术语标准。制定环境管理方面的术语与定义。

第二类：基本标准——环境管理体系、规范、原理、应用指南。包括 ISO 14001—ISO 14009 环境管理体系标准，是 ISO 14000 系列标准中最为重要的部分。它要求组织在其内部建立并保持一个符合标准的环境管理体系，通过有计划的评审和持续改进的循环，保持体系的不断完善和提高。通过环境管理体系标准的实施，帮助组织建立对自身环境行为的约束机制，促进组织环境管理能力和水平不断提高，从而实现组织与社会的经济效益与环境效益的统一。

第三类：支持技术类标准（工具），包括：

（1）环境审核（ISO 14010—ISO 14019）。作为体系思想的体现，环境审核着重于"检查"，为组织自身和第三方认证机构提供一套监测和审计组织环境管理的标准化方法和程序。一方面使组织了解掌握自身环境管理现状，为改进环境管理活动提供依据；另一方面是组织向外界展示其环境管理活动与标准符合程度的证明。

（2）环境标志（ISO 14020—ISO 14029）。实施环境标志标准，目的是确认组织的环境表现，促进组织建立环境管理体系的自觉性；通过标志图形、说明标签等形式，向市场展示标志产品与非标志产品环境表现的差别，向消费者推荐有利于保护环境的产品，提高消费者的环境意识，同时也给组织造成强大的市场压力和社会压力，达到影响组织环境决策的目的。

（3）环境行为评价（ISO 14030—ISO 14039）。这一标准不是污染物排放标准，而是通过组织的"环境行为指数"，表达对组织现场环境特性、某项等级活动、某个产品生命周期等综合环境影响的评价结果。它是对组织环境行为和影响进行评估的一套系统管理手段。这套标准不仅可以评价组织在某一时间、地点的环境行为，而且可以对其环境行为的长期发展趋势进行评价，指导组织选择预防污染、节约资源和能源的管理方案以及更为环保的产品。

（4）生命周期评价（ISO 14040—ISO 14049）。这一标准是从产品开发设计、加工制造、流通、使用、报废处理到再生利用的全过程的产品生命周期评定，从根本上解决了环境污染和资源能源浪费问题。这种评价越出了组织的地理边界，包括了组织产品在社会上流通的全过程，从而发展了环境评价的完整性。

如按标准的功能，ISO 14000 系列标准可以分为两大类：

第一类：评价组织。包括：①环境管理体系；②环境行为评价；③环境审核。

第二类：评价产品。包括：①生命周期评估；②环境标志；③产品标准中的环境指标。

各标准间的相互关系如图 2-4 所示。

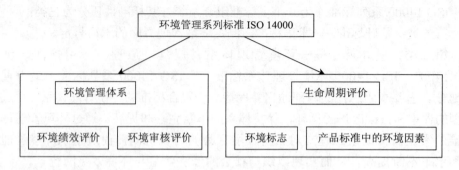

图 2-4　ISO 14000 系列标准相互关系图

在已公布的五个标准中，ISO 14001 是系列标准的核心和基础标准，其余的标准为 ISO 14001 提供了技术支持，为环境审核，特别是环境管理体系的审核提供了标准化、规范化程序，对环境审核员提出了具体要求，使环境审核系统化、规范化，并具有客观性和公正性。

这五个标准及其简介如下：

（1）ISO 14001（GB/T 24001—1996）环境管理体系—规范及使用指南规范。该标准规范了对环境管理体系的要求，描述了一个对组织的环境管理体系进行认证/注册和（或）自我声明可以进行客观审核的要求。通过实施这个标准确信相关组织已建立了完善的环境管理体系。

（2）ISO 14004（GB/T 24004—1996）环境管理体系—原理、体系和支撑技术通用指南。该标准对环境管理体系要素进行阐述，向组织提供了建立、改进或保持有效环境管理体系的建议，是指导企业建立和完善环境管理体系的工具和教科书。

（3）ISO 14010（GB/T 24010—1996）环境审核指南—通用原则。该标准规定了环境审核的通用原则，包括有关环境审核及相关的术语和定义。任何组织、审核员和委托方为验证与帮助改进环境绩效而进行的环境审核活动都应满足本指南推荐的做法。

（4）ISO 14011（GB/T 24011）环境审核指南—审核程序—环境管理体系审核。该标准规定了策划和实施环境管理体系审核的程序，以判定是否符合环境管理体系的审核准则，包括环境管理体系审核的目的、作用和职责，审核的步骤及审核报告的编制等内容。

（5）ISO 14014（GB/T 24012—1996）环境管理审核指南—环境管理审核员的资格要求。该标准提出了对环境审核员的审核组组长的资格要求，适用于内部和外部审核员，包括对他们的教育、工作经历、培训、素质、能力、如何保持能力和道德规范都做了规定。

这一系列标准是以 ISO 14001 为核心，针对组织的产品、服务活动逐渐展开，形成全面、完整的评价方法。可以说，这一系列标准向全国及组织的环境管理部门提供了一整套实现科学管理的体系，体现了市场条件下环境管理的思想和方法。

2．ISO 14000 标准的特点

ISO 14000 环境管理体系标准是一套新的环境管理标准，包括环境管理体系、环境审核、环境行为评价、产品生命周期等几个方面。它是一套自愿性的标准，通过第三方认证的方式实施，其特点是：

（1）这套标准是以消费行为为根本动力的，而不是以政府行为为动力。由于环境意识的提高，政府、企业以及其他组织在采购时，会优先考虑环境标准贯彻较好的企业的产品和服务。这样，作为一种市场标志，获得 ISO 14000 标准认证的企业就具有更大的市场优势。

（2）这是一个自愿性的标准，不带有任何强制性。有关部门和单位不得通过行政干预强迫企业进行 ISO 14000 认证。

（3）这套标准没有绝对量的设置，而是按各国的环境法律、法规、标准执行。实行 ISO 14000 并不意味着抛弃本国的环境保护法规和标准，而是有助于本国现行法规和标准的执行，能帮助企业和组织既达到本国政府的要求，又与国际市场接轨。

（4）这套标准体系强调环境持续的改进，要求所涉及的组织不断改善其环境行为。通过 ISO 14000 规范企业和社会团体等组织的环境行为，减少人类活动所造成的环境污染，最大限度地节省资源，改善环境质量，保持环境和经济的持续、协调发展。

（5）这套标准要求管理过程程序化、文件化，强调管理行为和环境问题的可追溯性，体现了管理责任的严格划分。

（6）这套标准体现出产品生命周期思想的应用。对一个产品整个生命周期的全部环节中所有投入及产出对环境造成的和潜在的影响进行了考察、评估，以便改善产品对环境的影响，减轻环境的负荷。

（7）可作为独立评价的依据。

3．ISO 14000 标准的意义

ISO 14000 系列标准对组织、行业、国家各个层次都有重大的影响。

对组织一级，可以提高组织的总体管理水平，提高环境影响的控制水平，节约原料和能源消耗，改进成本控制，提高组织形象，开拓产品市场。

（1）获得国际贸易的"绿色通行证"；

（2）增强企业竞争力，扩大市场份额；

（3）树立优秀企业形象；

（4）改进产品性能，制造"绿色产品"；

（5）改革工艺设备，实现节能降耗；

（6）污染预防，环境保护；

（7）避免因环境问题所造成的经济损失；

（8）提高员工环保素质；

（9）提高企业内部管理水平；

（10）减少环境风险，实现企业永续经营。

对行业一级，ISO 14000 将对不能够达到环境标准的部分行业产生巨大的压力。同时，也给符合环境要求的新行业提供机会，如氟氯烃替代物的新型行业。新型行业必然在保护环境方面比原行业做得更好。

对国家一级，ISO 14000 会影响国际贸易。如果一个国家不能跟紧 ISO 14000 的要求，那么这个国家的企业要想到其他国家去发展就会越来越困难，因其组织竞争力下降，其发展机会就会被其他国家挤占。ISO 14000 将可能成为事实上的环境管理的商业标准。

4. 与 ISO 9000 的关系

ISO 14000 和 ISO 9000 均为国际标准化组织为实现不同的标准化目标而制定的国际标准，在要素的应用、体系的结构以及体系的运行方式、运行目标等方面均有所不同。但是，由于 ISO 14000 和 ISO 9000 都是遵循共同的管理体系原则，在组织内建立和完善与组织的总体系相协调的环境管理体系和质量体系，所以这两个体系之间必然存在一定的联系和诸多的相同点。

（1）两套标准之间的相同点。

① 均为自愿采用的管理标准。

② 遵循相同的管理系统原理，通过实施一套完善的系统标准，在组织内建立并保持一个完整而有效的文件化的管理体系。

③ 通过管理体系的建立、运行和改进，对组织的相关活动、过程及其要素进行控制和优化，以达到预期的方针、目标。

④ 两体系在结构和要素等内容上存在相同和相近之处。

⑤ 目的均在于消除贸易壁垒，又都可以成为贸易准入条件。

⑥ 两体系均存在第三方认证机构认评审核的要求，两体系的实施均涉及认证审核、认证机构、审核员以及对认证机构及审核员的认可等内容。两体系审核合二为一，不仅是必要的，而且是大势所趋。

（2）两套标准之间的不同点。

① 两套标准的目的、对象和适用范围互不相同。ISO 9000 标准针对组织的产品质量，目的是指导组织通过质量体系，影响和改进质量活动的过程和控制要素，

以提高组织产品质量管理的能力。ISO 14000 标准的对象是环境管理，其目的是要通过对环境因素的控制，实现运行和不断改进环境管理体系，并持续改善环境绩效。

② 两体系的要求不同。质量体系要满足管理和对顾客保证的要求，环境管理体系要服从众多相关方的需求，特别是法规的要求。

③ 审核准则和解决问题的侧重点不同。

④ 要素的内容不完全相同，有的要素差别较大。

尽管两套标准和两个体系之间存在一些差异，但并不影响在体系建立过程中充分发挥其相同点所提供的条件，努力实现体系之间的协调、整合以及总体系的一体化，以便更好地发挥管理系统的功能。

5．ISO 14001 标准

ISO 14001 标准是 ISO 14000 系列标准的主体标准，它要求组织建立一个符合组织实际的环境管理体系，其基本要求有 5 个方面、17 个要素。此项标准是 PDCA（策划—实施—检查—纠正）管理模式的具体化，是组织建立环境管理体系的标准模式，它规范环境管理体系的基本内容和要求，回答的是建立一个什么样的环境管理体系的问题。该标准要求组织建立的环境管理体系必须包括如下主要内容：

● 制定一个环境方针借以描述组织的环境意图和原则作为组织的行为准则和行动纲领；

● 制定一套通过控制环境因素实现环境目标的管理方案；

● 制定一套控制主要环境因素对环境造成影响的运行程序；

● 制定一套管理程序并按 PDCA 模式运行；

● 明确组织的组织机构和职责分工以完成上述各项任务。

ISO 14001 标准的基本特点是：

（1）自愿性。本标准只适用于有愿望的组织，任何人不得强制实施。

（2）管理性。重在体系，本标准不以单个的环境要素（水、气、声等），污染因子（pH、SS、COD 等）为对象，不规定各项指标的极限值，而是以组织建立的环境管理体系为对象，它注重体系的符合性、适用性和有效性，即体系运行是否良好、组织的活动是否符合法律法规要求，其行为是否与承诺相一致，是否建立了自我规范、自我约束、自我完善的管理机制。

（3）强调清洁生产（污染预防）。标准明确要求组织建立的环境方针必须对污染预防做出承诺，要从改进产品设计，选用绿色能源、材料，更新落后的工艺设备，资源、废物的内外循环利用着手，来节约资源、能源，减少污染物的产生量、排放量。

（4）强调持续改进，反对墨守成规、不思进取。要求实施 ISO 14001 标准的组织一定要在环境管理、环境行为、环境绩效方面不断改进、不断提高。

（5）要文件化。要求组织的所有程序、记录都要形成文件，以便于实施、检查、评估并有可追溯性。

（6）强调法律法规的符合性。ISO 14001 标准要求实施这一标准的组织的最高管理者必须对有关环境法律法规和其他要求的符合性做出承诺。

（7）可认证性。ISO 14001 标准可作为第三方审核认证的依据，因此企业通过建立和实施 ISO 14001 标准可获得第三方审核认证证书。

（8）广泛适用性。ISO 14001 标准不仅适用于企业，同时也可适用于事业单位、商行、政府机构、民间机构等任何类型的组织。

（四）我国实施 ISO 14000 的必要性

1. 坚持可持续发展的需要

ISO 14000 系列标准是可持续发展思想的具体化、技术化，其宗旨是自觉参与环境保护工作，保护和改善生态环境，减少人类各项活动所造成的环境污染和影响，促进环境与经济协调发展。ISO 14000 系列标准是一种先进的环境管理模式，而作为政府环境保护主管部门，更应带头建立 ISO 14001 环境管理体系，引进先进的管理模式，规范和加强其行政行为，提高其执法能力和环境管理水平。同时环保部门带头建立 ISO 14001 环境管理体系，本身就是一种示范性的宣传，通过环境保护部门的模范行动，促使全社会对 ISO 14000 系列环境标准的认识，自觉采用 ISO 14000 标准管理模式规范自己的环境行为，提高环境绩效，改善整个区域的环境质量。

2. 加快我国环境管理与国际接轨

我国的环境管理制度经过了 20 多年的发展，已建立起一个比较完善的管理框架，并且在防治环境污染和改善环境质量方面发挥了重要作用。但也应看到，这种具有中国特色的环境管理制度还存在一些问题，环境保护工作还面临着新的形势和挑战，法律法规还需不断完善，管理方式也需持续改进。随着全球经济一体化进程加快，环境保护已超越国界，迫切要求全球环境保护政策的一致性。我国加入 WTO 后，将按照世贸组织的环保政策及有关环境保护国际公约的要求，履行保护环境承诺，坚持实施可持续发展战略。社会组织、企业在绿色消费浪潮及绿色贸易壁垒的冲击下，也将被迫在全球化的影响下重新设定企业发展思路，推进生产过程的清洁化及产品的绿色化。环境管理与国际接轨是发展趋势。

3. 适应市场经济环境管理的需要

我国现行的环境管理制度还带有较强的计划经济成分。"入世"给环境保护带来了机遇，如加速产业结构调整、引进国际环保投资和先进的环境治理技术；但同时也给我国的环境管理带来了挑战，如与发达国家相比，环境管理水平不高，缺乏市场经济条件下完善的法律、法规和环境经济政策。ISO 14000 系列标准集各国环境管理实践的精华，为我们提供了一套崭新的管理工具，它的应用和推广是对我国现行环境管理制度的补充和完善，为我国的环境管理工作提供了新的思路和方法。

二、清洁生产与环境管理体系的关系

清洁生产是联合国环境规划署提出的环境保护由末端治理转向生产的全过程控制的全新污染预防策略。清洁生产是以科学管理、技术进步为手段，通过节约能源、降低原材料消耗、减少污染物排放量，提高污染防治效果，降低污染防治费用，消除、减少工业生产对人类健康和环境的影响。故清洁生产可作为工业发展的一种目标模式，即利用清洁能源、原材料，采用清洁的生产工艺技术，生产出清洁的产品。清洁生产也是从生态经济的角度出发，遵循合理利用资源、保护生态环境的原则，考察工业产品从研究设计、生产到消费的全过程，以协调社会与自然的关系。

ISO 14000 系列标准是集近年来世界环境领域的最新经验与实践于一体的先进管理体系，包括环境管理体系（EMS）、环境审核（EA）、生命周期评估（LCA）和环境标志（EL）等方面的系列国际标准。旨在指导并规范企业建立先进的体系，帮助企业实现环境目标与经济目标。

清洁生产与 ISO 14000 管理体系是世纪之交环境保护的新思路，二者既有不同点，又密切相关、相辅相成。

（一）清洁生产与环境管理体系的相同点

1. 产生的背景相同

第二次世界大战以后，随着工业振兴和经济的高速发展，环境污染日益严重。这种以牺牲环境为代价的传统经济发展模式，造成了震惊世界的一系列环境公害事件。在这种背景下，许多国家走上了"先污染，后治理"的末端治理之路。通过大量的环境治理投入，建立污染控制措施，对生产过程中产生的"三废"进行处理。末端治理的后果是资源浪费大，经济代价高，难以形成经济效益、社会效益和环境效益的统一。在吸取传统工业污染防治模式经验教训的基础上，提出以预防为主和综合解决污染问题的"清洁生产"模式。ISO 14000 标准也是在这种背景下产生的。

2. 有相同的原则

（1）ISO 14001 标准强调预防为主原则，强调系统的全过程管理，强调从污染的源头削减。清洁生产是一种持续地将预防应用于生产全过程的战略，它也强调从源头抓起，着眼于生产全过程控制。

（2）两者都强调持续改进。环境管理体系的循环过程是一个开环系统，不能在原有的水平上循环往复、停滞不前，而应通过管理评审等手段提出新一轮要求与目标，实现环境绩效的改进与提高。而清洁生产是一个相对的概念，是与末端治理污染相比较、与现有的生产工艺技术状况相比较而言的。推行清洁生产是一个不断完善的过程，随着社会经济的发展和科学技术的进步，应当不断提出新的目标，达到新的水平。

（3）两者都强调全员参与。清洁生产审核是一个需要各部门、各生产岗位全体职工都参与的活动。应通过宣传教育使职工转变观念，改变思维方式，积极投入到清洁生产审核中去。环境管理体系的实施，也需要组织各部门和全体员工的共同参与，标准要求用结构化的机构设置，确保环境因素管理过程及体系运行中的职责分明，包括上至最高管理者、下至普通员工的职责。

3. 有相同的运行模式

ISO 14001 环境管理体系遵循 PDCA 模式，即规划（Plan）、实施（Do）、检查（Check）和改进（Action）。规划出管理活动应达到的目的和遵循的原则：在实施阶段实现目标并在实施过程中体现以上工作原则；检查和发现问题，及时采取纠正措施，以保证实施过程不会偏离原有的目标和原则，实现过程与结果的改进和提高。清洁生产审核也同样遵循 PDCA 循环，它包括筹划和组织、预审核、审核、备选方案的产生与筛选、方案可行性分析、方案实施和持续清洁生产七个阶段。其中筹划和组织相当于规划阶段；预审核相当于环境管理体系的初始评审；审核、备选方案的产生与筛选、方案可行性分析、方案实施与 ISO 14001 的实施相对应；方案实施和持续清洁生产则与检查和改进一致。

4. 目的相同

清洁生产的目的是削减有害物质的排放，降低人类健康和环境的风险，减少生产工艺过程中的原料和能源消耗，降低生产成本。实施 ISO 14001 环境管理体系的目的是减少人类各项活动造成的环境污染，节约资源，改善环境质量，促进社会可持续发展。鉴于两者的相同点，企业可将清洁生产审核与环境管理体系有机结合起来，将清洁生产纳入环境管理之中，两者相辅相成、互相促进。ISO 14000 标准为清洁生产提供了机制、组织保证；清洁生产为 ISO 14000 提供了技术支持。为使两者更好地结合，政府和有关部门要做一些推动企业积极进行清洁生产的工作，包括制定鼓励企业开展清洁生产的政策导向、技术导向，编制工业清洁生产指南，提供先进技术与管理信息，加强培训、宣传、教育等。同时要参照 ISO 14000 标准，建立起符合我国国情的标准化体系，使它与清洁生产有机结合起来。

（二）清洁生产与环境管理体系的不同点

环境管理体系是一种先进的管理体系，而清洁生产则是一种绿色生产方式。两者之间存在相异之处。

（1）实施目标不同。清洁生产是直接采用技术改造，辅以加强管理；而 ISO 14000 标准是以国家法律、法规为依据，采用优良的管理，促进技术改造。

（2）工作重点不同。清洁生产着眼于生产系统本身，以改进生产、减少污染产出为直接目标；而环境管理体系则侧重于管理，是集国内外环境管理领域的最新经验与实践于一体的先进的标准管理模式，工作重点是节约资源、减少环境污染、改善环境质量、保证经济可持续发展。

（3）应用手段不同。清洁生产采用清洁工艺技术与生产过程，生产清洁产品；而环境管理体系则是通过环境审核、生命周期评估和环境标志等方面的系列标准，建立一个良好的环境管理体系，其宗旨是指导并规范组织建立先进的环境体系，并帮助组织实现环境目标与经济目标。

（4）作用效果不同。清洁生产要求技术人员和管理人员树立一种全新的环境保护思想，使企业环境工作重点转移到生产中去；而环境管理体系则为管理层提供一种先进的管理模式，将环境管理纳入企业管理之中，使全体员工提高环保意识并明确各自的职责。

（5）审核方法不同。清洁生产重视以工艺流程分析、物料和能量平衡等方法为手段，确定最大污染源及最佳改进方法；而环境管理体系的审核主要是检查组织自我环境管理的意识和状况。

总之，清洁生产是以技术进步为手段、科学管理为辅，虽然强调管理，但生产技术含量高；而环境管理体系（ISO 14000）是以国家法律、法规为依据，采用先进的管理系统，促进技术改造，它强调污染预防技术，但管理色彩较浓，并为清洁生产提供了机制与组织保证。同时，清洁生产又为环境管理体系的实行提供了技术支持。

（三）清洁生产与环境管理体系的相互关系

（1）清洁生产是环境管理体系的要求：ISO 14000 条款 4.2 中明确要求企业采取清洁生产手段来控制污染。

（2）ISO 管理体系对环境意识提出明确要求：环境管理体系认证工作最重要的前提是提高企业员工的环境意识。环境意识是增强实施环境管理的根本动力。清洁生产的实施为环境意识的提高提供了场所。

（3）推行清洁生产可提高企业的整体技术和管理水平：企业推行清洁生产，

从原料、设备、管理人员等方面全方位进行优化，采用先进科学的方法进行技术改造，故可有效提高企业的综合管理水平，建立一个良好的管理体系。

（4）清洁生产为建立企业环境管理体系提供方法：实行清洁生产，在环境因素调查，确定环境问题根源、重点，方案产生，可行性分析上有一套操作性强的具体方法，即通过物料平衡计算、生命周期评估，确定物料损失原因和造成污染的原因，提出解决方案。故环境管理体系是清洁生产持续发展的保障。

（5）清洁生产与管理体系：清洁生产要融入企业的全面管理之中，这是清洁生产的最终目的。

（6）清洁生产与环境管理体系结合的实例：陕西某集团从 1995 年开始实施清洁生产工作，1998 年实施环境管理体系认证，清洁生产与管理体系的相关关系见表 2-8。

表 2-8　某集团环境管理体系 ISO 14001 和清洁生产审核要素对比

项目	ISO 14001	清洁生产
环境因素	清洗用三氯乙烷、三氯乙烯、氟利昂排放	彩管二厂蒸铝工序使用三氯乙烷清洗小车真空泵，每天产生废三氯乙烷 4.5 kg，挥发三氯乙烷 0.2 kg；屏加工工序每天使用 231.7 kg 氟利昂清洗内屏壁，虽有回收装置，但仍有气体冒出；屏锥科封接工序每天使用 39.3 kg 氟利昂清洗，造成污染
目标	清除三氯乙烷、三氯乙烯、氟利昂	减少氟利昂投入；减少三氯乙烷投入；减少三氯乙烯投入
指标	2002 年停止使用	氟利昂单位消耗减少 8%（近期目标）和 80%（远期目标）；三氯乙烷单位消耗减少 5%（近期目标）和单位消耗为 0（远期目标）；三氯乙烯单位消耗减少 12%（近期目标）和 100%（远期目标）
管理方案/CP 方案	用水基清洗剂替代	54 cm 涂屏工序取消氟利昂清洗，屏锥科封接工序用中性清洗剂取代氟利昂清洗剂；电子零件、电子屏蔽清洗用水基清洗剂替代三氯乙烯
环境因素	能源消耗	热稳定工序能耗大，每年消耗煤气 1 186 680 m³。部分设备老化，阀门多有泄漏现象，造成能源浪费。生产中操作和管理有不合理的地方，造成能源浪费。煤气在制造和使用过程中产生污染严重，且能效不高
目标	逐步降低能源消耗指标	降低能源消耗
指标	1999 年万元产值能源消耗从 0.35 t 降到 0.32 t	节约煤气 20%（近期目标）和淘汰使用煤气（远期目标）
管理方案/CP 方案	开展能源节约活动，加强能源监管：利用天然气替代油裂解煤气	改进阴罩弹簧片结构和加工工艺，取消 37 cm 热稳定炉，完善能源计量控制手段，减少设备维修费用，保证动能设备管道完好，无跑、冒、滴、漏现象，减少能源消耗。焙烧组周始、周末采用快速升温、降温措施，以节约能源；用天然气替代煤气

思考题

1．末端治理有什么局限性？如何实施工业污染全过程控制？

2．末端治理与清洁生产的比较。

3．可持续发展的定义及可持续发展战略的基本内容是什么？

4．为什么说清洁生产是可持续发展的必由之路？

5．如何理解循环经济的概念？循环经济的基本原则是什么？

6．简述《循环经济促进法》的基本内容。

7．简述循环经济与清洁生产的相互关系。

8．什么是生命周期评价？生命周期评价在清洁生产中有什么作用？

9．比较生命周期评价和 ISO 14000 环境管理系列标准。

10．什么是环境管理体系？其主要内容是什么？

11．ISO 14000 与清洁生产的关系怎样？

第三章
清洁生产的法律法规

立法是推进清洁生产的主要手段之一。中国在原有的环境和资源立法的基础上逐步制定了有关推行清洁生产的法律法规和政策规定，如《中华人民共和国清洁生产促进法》于 2003 年 1 月 1 日起施行，《清洁生产审核暂行办法》于 2004 年 10 月 1 日起施行等。各省市也制定和颁布了一批地方性的清洁生产政策和法规。中国清洁生产立法主要内容包括：中国清洁生产的目的和法律地位；国家履行制订清洁生产规划，组织清洁生产的研究、开发和推广以及进行清洁生产的宏观经济调控等职责；企业等不同主体承担制订清洁生产的实施规划、逐步实现清洁生产目标等方面的法律义务；中国清洁生产管理体制，以环境保护、经济宏观调控等行政主管部门实施行政监督管理为主，辅之以行业主管部门、行业协会等的协作；以法律制度完善和创新为核心建立包括禁止、强制、鼓励和倡导性的清洁生产主体违反清洁生产法律义务的法律责任等。

第一节 中国清洁生产相关法规进展

1992 年 5 月，国家环保局与联合国环境规划署联合在中国举办了第一次国际清洁生产研讨会，推出了"中国清洁生产行动计划（草案）"。

1992 年党中央和国务院批准的《环境与发展十大对策》明确提出新建、扩建、改建项目，技术起点要高，尽量采用能耗、物耗小，污染物排放量少的清洁工艺。

1993 年召开的第二次全国工业污染防治工作会议提出了工业污染防治必须从单纯的末端治理向对生产全过程进行控制转变，实行清洁生产。

1994 年，中国制定的《中国 21 世纪议程——中国 21 世纪人口、环境与发展白皮书》中，把实施清洁生产列入了实现可持续发展的主要对策：强调污染防治逐步从浓度控制转变为总量控制、从末端治理转变到全过程防治，推行清洁生产；鼓励采用清洁生产方式使用能源和资源；提出制定与中国目前经济发展水平和国力相适应的清洁生产标准和原则；并配套制定相应的法规和经济手段，开发无公害、少污染、低消耗的清洁生产工艺和产品。

1995 年，通过的《中华人民共和国固体废物污染环境防治法》第四条明确指出："国家鼓励、支持开展清洁生产。减少固体废物的产生量。"这是中国第一次将"清洁生产"的概念写进法律中。该法律于 2000 年修订，第三条指出："国家对固体废物污染环境的防治，实行减少固体废物的产生量和危害性、充分合理利用固体废物和无害化处置固体废物的原则，促进清洁生产和循环经济发展"；第十八条规定："产品和包装物的设计、制造，应当遵守国家有关清洁生产的规定。"

1996 年召开的第四次全国环境保护会议提出了到 20 世纪末把主要污染物排放总量控制在"八五"末期水平的总量控制目标，会后颁发的《国务院关于环境保护若干问题的决定》再次强调了要推行清洁生产。

1996 年 12 月，国家环境保护局主持编写《企业清洁生产审核手册》，由中国环境科学出版社出版发行。

1997 年 4 月 14 日，国家环保局发布的《国家环境保护局关于推行清洁生产的若干意见》中指出，"九五"期间推行清洁生产的总体目标是：以实施可持续发展战略为宗旨，切实转变工业经济增长和污染防治方式，把推行清洁生产作为建设环境与发展综合决策机制的重要内容，与企业技术改造、加强企业管理、建立现代企业制度以及污染物达标排放和总量控制结合起来，制定促进清洁生产的激励政策，力争到 2000 年建成比较完善的清洁生产管理体制和运行机制。

1998 年 11 月，《建设项目环境保护管理条例》（国务院令第 235 号）明确规定：工业建设项目应当采用能耗、物耗小，污染物排放量少的清洁生产工艺，合理利用自然资源，防止环境污染和生态破坏。

1999 年 5 月，原国家经贸委发布了《关于实施清洁生产示范试点计划的通知》。

1999 年，全国人大环境与资源保护委员会将《清洁生产法》的制定列入立法计划。

2000 年、2003 年、2006 年，国家经贸委、国家经贸委和国家环境保护总局、国家发改委和国家环境保护总局分别三批公布了《国家重点行业清洁生产技术导向目录》，涉及 13 个行业、共 131 项清洁生产技术（今后还将继续发布），这些技术经过生产实践证明，具有明显的环境效益、经济效益和社会效益，可以在本行业或同类性质生产装置上推行应用。

2002 年 6 月 29 日，由中华人民共和国第九届全国人民代表大会常务委员会第二十八次会议通过的《中华人民共和国清洁生产促进法》是第一部冠以"清洁生产"的法律，表明国家鼓励和促进清洁生产的决心，"在中华人民共和国领域内，从事生产和服务活动的单位以及从事相关管理活动的部门依照本法规定，组织、实施清洁生产"。

2003—2008 年，国家环境保护总局已发布了 35 个行业的"清洁生产标准"（今后还将陆续发布），用于企业的清洁生产审核和对清洁生产潜力与机会的判断，以及清洁生产绩效评估和清洁生产绩效公告。

2003 年 12 月 17 日，国务院办公厅转发发改委等 11 个部门《关于加快推行清洁生产意见的通知》，以加快推行清洁生产、提高资源利用效率、减少污染物的产生和排放、保护环境、增强企业竞争力、促进经济社会可持续发展。

2004 年 8 月 16 日，国家发展和改革委员会、国家环境保护总局制定并审议通过了《清洁生产审核暂行办法》，遵循企业资源审核与国家强制性审核相结合、企业自主审核与外部协助审核相结合的原则，因地制宜，有序开展清洁生产审核。

2005 年 12 月 13 日，国家环境保护总局制定了《重点企业清洁生产审核程序的规定》，以规范有序地开展全国重点企业清洁生产审核工作。

2007 年 4 月 23 日，国家发展和改革委员会发布了七个行业的《清洁生产评价指标体系（试行）》，用于评价企业的清洁生产水平，作为创建清洁生产企业的主要依据，并为企业推行清洁生产提供技术指导。

2008 年 7 月 1 日，环境保护部发布了《关于进一步加强重点企业清洁生产审核工作的通知》（环发[2008]60 号）以及《重点企业清洁生产审核评估、验收实施指南（试行）》，用于《清洁生产促进法》中规定的"污染物排放超过国家和地方规定的排放标准或者超过经有关地方人民政府核定的污染物排放总量控制指标的企业；使用有毒、有害原料进行生产或者在生产中排放有毒、有害物质的企业"，也适用于国家和省级环保部门根据污染减排工作需要确定的重点企业。

2009 年 10 月 31 日，环保部发布的《关于贯彻落实抑制部分行业产能过剩和重复建设引导产业健康发展的通知》（环发[2009]127 号）中第十条规定"对'双超双有'企业（污染物排放浓度超标、主要污染物排放总量超过控制指标的企业和使用有毒、有害原料进行生产或者在生产中排放有毒、有害物质的企业）实行强制性清洁生产审核，对达不到清洁生产要求和拒不实施清洁生产审核的企业应限期整改"。

2010 年 4 月，环境保护部发布了《关于深入推进重点企业清洁生产的通知》（环发[2010]54 号）。该文件加强了对重点企业实施清洁生产的监督检查。

2012 年 2 月 29 日，第十一届全国人民代表大会常务委员会第二十五次会议通过了《全国人民代表大会常务委员会关于修改〈中华人民共和国清洁生产促进法〉的决定》，自 2012 年 7 月 1 日起施行。修改后的《清洁生产促进法》强化了企业清洁生产审核制度，推进企业实施清洁生产。

2012 年 3 月 22 日，环保部发布的《关于深入开展重点行业环保核查进一步强化工业污染防治工作的通知》（环发[2012]32 号）中把依法实施清洁生产情况列入了行业环保核查的主要内容。

第二节 清洁生产相关政策

中国清洁生产相关法律、法规和政策主要由相关法律、政府规定、政府文件、清洁生产标准等体系组成。

清洁生产相关法律：《中华人民共和国环境保护法》《中华人民共和国清洁生产促进法》《中华人民共和国大气污染防治法》《中华人民共和国水污染防治法》《中华人民共和国固体废物污染环境防治法》；

政府规定：国家发改委和国家环境保护总局发布的《清洁生产审核暂行办法》、国家环境保护总局发布的《重点企业清洁生产审核程序的规定》等；

政府文件：国务院办公厅转发《关于加快推行清洁生产的意见》、国家环境保护总局《关于推行清洁生产的若干意见》、国家环境保护总局《关于贯彻落实〈清洁生产促进法〉的若干意见》、各地方政府关于清洁生产的文件等；

清洁生产标准：各行业清洁生产标准、《国家重点行业清洁生产技术导向目录》（第一批，2000）、《国家重点行业清洁生产技术导向目录》（第二批，2003）、《国家重点行业清洁生产技术导向目录》（第三批，2006）、《清洁生产审核指南—制订技术导则》等。

上述法律、法规和政策可概括为由来自政府与社会两方面的强制性、激励性、压力性和支持性 4 种作用机制构成的推动清洁生产的综合政策框架。

（1）强制性政策机制。指为改变企业的行为选择，迫使企业遵从一定的适应清洁生产需要的规定要求，而实施某些具有清洁生产效果的必要活动的作用机制。这一作用机制常表现为为推动企业实施必要的清洁生产活动所采取的法律和行政等直接干预手段。例如，强令淘汰某些污染严重的工艺、设备；限制有毒有害原材料的使用；规定生产、销售企业对产品（包装物）的强制回收义务；对未达标而限期治理的企业实施清洁生产审核等。强制性政策机制，能够鲜明地表达在推行清洁生产过程中对企业的最低限度要求，因而对企业的清洁生产行为或活动具有较确定的约束力，但从清洁生产的持续改进特征和自愿行为需要来看，该机制一般仅适用于实施清洁生产的一些基本要求，难以充分调动企业不断改进清洁生产效果的积极主动性。强制性政策虽然在推行清洁生产中目前看来不是主要内容，但它在清洁生产中的作用不能忽略。

（2）激励性机制。指利用与企业清洁生产行为有关的利益，主要是经济利益，诱导、刺激企业实施清洁生产的作用机制。它主要表现为在市场经济条件下的经济政策，如投资信贷、税收、价格等。例如，对利用废物生产产品和从废物中回收原料的企业减免增值税；通过中小企业发展基金支持中小企业开展清洁生产活动；利用有关技术进步资金扶持清洁生产研究、示范和培训，以及符合规定要求的清洁生产技术改造项目等。激励性机制虽然并不直接干预企业的清洁生产行为，但它可使企业的经济利益与其对清洁生产的决策行为或实施力度结合起来，以一种与清洁生产目标相一致的方式，通过对企业成本或效益的刺激作用有力地影响企业的清洁生产行为。与强制性政策机制相比，激励性机制可以给予企业决策者以更大的灵活性，从而发挥市场机制的作用。

随着经济改革的不断深化，目前各国在与清洁生产相关的领域内已经开始采取部分经济政策手段。为了有效地推进清洁生产的开展，还应当加强有针对性的经济政策的制定和实施。例如，一个重要的问题是促进金融等部门的"绿化"，促使这些部门加强对实施清洁生产的企业在信贷、税收方面的支持，把实施清洁生产作为制定信贷和税收政策的准则之一，对那些环境效益和社会效益显著但经济效益不明显的清洁生产项目，积极实施信贷倾斜、税收减免等措施，鼓励企业实施清洁生产。

（3）压力性机制。指利用企业的相关方，包括政府机构、企业的合同方、社会团体、消费者、公众等社会力量，影响企业产生清洁生产需求并实施清洁生产的作用机制。例如，公开企业清洁生产绩效；实施政府对清洁产品的优先采购；鼓励企业建立环境管理体系；建立自愿协议制度等。随着可持续发展与环境保护意识的提高，来自社会各界的绿色呼声和要求日渐强烈，特别是绿色消费（包括生产者的供给"消费"）浪潮日益高涨。充分认识并发挥这种可能驱动企业清洁生产行为的社会压力作用，应成为清洁生产推进机制的重要内容。与激励性机制相似，压力性机制更直接关系到企业的利益得失以及企业生存发展的机会和形象，特别适宜于在市场经济条件下对企业生产过程中的各种复杂行为的调控，并具有较强的推动清洁生产技术进步和提高清洁生产实施效率的灵活性，因而有利于促进企业清洁生产持续地实施。但是，这类政策机制的影响力度和企业反应的灵敏程度，明显取决于市场体系及其功能的完善和社会环保压力的不断提高。

（4）支持性机制。指转变企业清洁生产的思想观念，提高企业实施清洁生产能力的作用机制。为了从深层次上促进企业的清洁生产行动，一方面，需要从根本上转变企业的思想认识和价值观念，不断提高企业实施清洁生产的意识；另一方面，还需要从知识、技术以及信息（包括示范）等能力方面给企业提供有力的支持服务，特别是加强、改进清洁生产的技术创新和转移能力，帮助与指导企业实施清洁生产。这类机制是形成企业推行清洁生产自身动力的基础，然而，在现行条件下，单独采用支持性政策机制的影响作用是有限的，促进清洁生产实施的效果也是缓慢的。

四类推动清洁生产的政策机制，各自具有不同的功能作用。推动清洁生产，很难期望采用某种单一的政策机制就能获得满意的结果，需要通过多种形式措施的有机结合，综合建立推动清洁生产的政策机制。即使是一个综合的政策机制系统，也同样不存在一个统一的设计模式，也需要根据不同国家或地区的背景条件与预定的清洁生产目标，因地制宜地构建实施。

有效的政府管理体系是清洁生产推进机制的重要组成，也是清洁生产实施的组织保证。在以清洁生产作为战略对策，转变社会生产发展模式、推进产业生态建设的过程中，不能仅仅依靠单一政府部门进行。因此，对于清洁生产的管理体制，特别需要强调多个政府部门的密切配合、统一协调。其中，充分发挥生产经济综合管理部门在推行清洁生产中的作用，不仅有利于促使生产经济综合管理部门更好地将清洁生产考虑融入其政策制定与管理过程中，适应推行清洁生产的需要；而且特别有助于发挥生产经济综合管理部门与各行业企业天然"伙伴"关系的作用，支持并监督企业朝着清洁生产方向调整发展。

第三节　重要法规解读

一、《中华人民共和国清洁生产促进法》

2002 年 6 月 29 日，第九届全国人民代表大会常务委员会第二十八次会议审议并通过了《中华人民共和国清洁生产促进法》，并于 2003 年 1 月 1 日起实施。该法明确规定了政府推行清洁生产的责任，对企业提出实施清洁生产的要求，并对企业实施清洁生产给予支持鼓励，是我国第一部以推行清洁生产为目的的法律。

2012 年 2 月 29 日，第十一届全国人民代表大会常务委员会第二十五次会议通过了《全国人民代表大会常务委员会关于修改〈中华人民共和国清洁生产促进法〉的决定》，自 2012 年 7 月 1 日起施行。

修改后的《清洁生产促进法》主要在以下方面做出了新的规定：

① 强化了执法主体。规定由国务院清洁生产综合协调部门负责组织、协调全国的清洁生产促进工作。国务院环境保护、工业、科学技术、财政部门和其他有关部门，按照各自的职责，负责有关的清洁生产促进工作。

② 强化了推行措施。规定由国务院清洁生产综合协调部门会同国务院环境保

护、工业、科学技术部门和其他有关部门，根据国民经济和社会发展规划及国家节约资源、降低能源消耗、减少重点污染物排放的要求，编制国家清洁生产推行规划，报经国务院批准后及时公布。国务院有关行业主管部门根据国家清洁生产推行规划确定本行业清洁生产的重点项目，制定行业专项清洁生产推行规划并组织实施。

③ 加强了中央预算投入。规定中央预算应当加强对清洁生产促进工作的资金投入，包括中央财政清洁生产专项资金和中央预算安排的其他清洁生产资金，用于支持国家清洁生产推行规划确定的重点领域、重点行业、重点工程实施清洁生产及其技术推广工作，以及生态脆弱地区实施清洁生产的项目。中央预算用于支持清洁生产促进工作的资金使用的具体办法，由国务院财政部门、清洁生产综合协调部门会同国务院有关部门制定。

④ 规范了清洁生产审核制度。新规定有下列情形之一的企业，应当实施强制性清洁生产审核：污染物排放超过国家或者地方规定的排放标准，或者虽未超过国家或者地方规定的排放标准，但超过重点污染物排放总量控制指标的；超过单位产品能源消耗限额标准构成高耗能的；使用有毒、有害原料进行生产或者在生产中排放有毒、有害物质的。

（一）制定《中华人民共和国清洁生产促进法》的意义和必要性

《中华人民共和国清洁生产促进法》第一条阐明了制定本法的目的：提高资源利用效率，减少和避免污染物的产生，保护和改善环境，保障人体健康，促进社会经济的可持续发展。具体地说，制定《中华人民共和国清洁生产促进法》（以下简称《清洁生产促进法》）的必要性主要体现在以下方面：

1. 提高自然资源利用效率的必然选择

中国人口众多、资源相对不足、生态环境脆弱，在现代化建设中必须实施可持续发展战略。核心问题是要正确处理经济发展同人口、资源、环境的关系，努力开创一条生产发展、生活富裕、生态良好的文明发展道路。

中国经济发展面临的资源形势相当严峻：水资源短缺、耕地减少、矿产资源保证程度下降等，成为中国经济持续发展的制约因素。面对日益严峻的资源形势，要实现经济社会的可持续发展，唯一的出路就是大力推行清洁生产。必须通过调整结构，革新工艺，提高技术装备水平，加强科学管理，合理高效配置资源，包括最大限度地节约能源和原材料、利用可再生能源或清洁能源、利用无毒无害原材料、减少使用稀有原材料、循环利用物料等措施，以最少的原材料和能源投入，生产出尽可能多的产品，提供尽可能多的服务，最大限度地减少污染物的排放。

2. 对环境"末端治理"战略的根本变革

工业革命以来，随着科技的迅猛发展，人类征服自然和改造自然的能力大大增强，人类创造了前所未有的物质财富，人们的生活发生了空前的巨大变化，极大地推进了人类文明的进程。然而，人类在充分利用自然资源和自然环境创造物质财富的同时，却过度地消耗资源，造成了严重的资源短缺和环境污染。"先污染、后治理"的"末端治理"模式虽然取得了一定的效果，但并没有从根本上解决经济发展对资源环境造成的巨大压力，资源短缺和生态破坏日益加剧，"末端治理"战略的弊端日益显现。

国内外的实践表明，清洁生产是污染防治的最佳模式。它不仅可以使环境状况得到根本的改善，而且能使能源、原材料和生产的成本降低，经济效益提高，竞争力增强，实现经济与环境的"双赢"。

3. 清洁生产是应对"入世"挑战，冲破绿色贸易壁垒的重要途径

在当前的国际贸易中，与环境相关的绿色壁垒已成为一个重要的非关税贸易壁垒。按照 WTO 有关例外措施的规定，进口国可以以保护人体健康、动植物健康和环境为由，制定一系列相关的环境标准或技术措施，限制或禁止外国产品进口，从而达到保护本国产品和市场的目的。在 WTO 新一轮谈判中，环境与贸易问题将成为焦点问题之一。近年来，发达国家为了保护本国利益，设置了一些发展中国家目前难以达到的资源环境技术标准，不仅要求产品符合环保要求，而且规定产品开发、生产、包装、运输、使用和回收等环节都要符合环保要求。为了维护中国在国际贸易中的地位，避免因绿色贸易壁垒对中国出口产品造成影响，只有实施清洁生产，提供符合环境标准的"清洁产品"，才能在国际市场竞争中处于不败之地。

4. 从中国的实践看，必须依法推行和实施清洁生产

中国推行清洁生产多年，虽取得了不少的成果，但从总体上看进展比较缓慢。目前，推行清洁生产存在的主要问题有：① 各级领导特别是企业领导对清洁生产在可持续发展中的重要作用缺乏足够的认识，重外延、轻内涵，重治标、轻治本，还没有转到从源头抓起、实施生产全过程控制、减少污染物产生的清洁生产上来。② 缺乏必要的政策环境和保障措施，企业遇到大量自身难以克服的障碍。从已经开展清洁生产的企业看，由于缺乏资金，绝大多数还停留在清洁生产审核阶段，重点放在无费和低费方案。③ 现行环境管理制度和措施在某些方面侧重于"末端治理"，在一定程度上影响了清洁生产战略的实施。

近年来，一些发达国家积累了不少有益的经验，立法是重要的手段之一。美国 1990 年通过了《污染预防法》；德国 1994 年公布了《循环经济和废物处置法》；日本 1991 年以来先后制定了《资源有效利用促进法》《推动建立循环型社会基本

法》《包装容器法》和《特定家用电器回收和再商品化法》等；加拿大和欧盟许多国家也在其环境与资源立法中增加了大量推行清洁生产的法律规范和政策规定。

因此，借鉴国外经验，中国政府出台了《清洁生产促进法》。该法的出台和实施，可以使各级政府、企业界和全社会更好地了解实施清洁生产的重要意义，提高企业自觉实施清洁生产的积极性。可以明确各级政府及有关部门推行清洁生产的责任，为企业实施清洁生产创造良好的外部环境，帮助企业克服技术、资金、市场等方面的障碍，增强企业实施清洁生产的能力。

（二）《清洁生产促进法》的总体结构

《清洁生产促进法》（2012）的总体结构为：

　　第一章　总则（6条）
　　第二章　清洁生产的推行（11条——与政府相关的条款）
　　第三章　清洁生产的实施（12条——与企业相关的条款）
　　第四章　鼓励措施（5条——与资金相关的条款）
　　第五章　法律责任（5条）
　　第六章　附则（1条——实施时间）

《清洁生产促进法》（2002）的总体结构为：

　　第一章　总则（6条）
　　第二章　清洁生产的推行（11条——与政府相关的条款）
　　第三章　清洁生产的实施（14条——与企业相关的条款）
　　第四章　鼓励措施（5条——与资金相关的条款）
　　第五章　法律责任（5条）
　　第六章　附则（1条——实施时间）

修订前后相比，该法在总体结构上做了局部调整。修订后该法包括六章 40条，而修改前为六章 42条。

（三）《清洁生产促进法》的指导思想和基本原则

《清洁生产促进法》的指导思想是引导企业、地方和行业领导者转变观念，从传统的末端治理转向污染预防和全过程控制。由于中国过去的环境保护法律主要侧重于末端治理，因此促进这一转变是制定《清洁生产促进法》的一个核心要求。在这一要求下，制定《清洁生产促进法》遵循了如下的指导思想和基本原则：

（1）清洁生产促进政策包括了支持性政策、经济政策和强制性政策几个方面，而鼓励和支持性政策是《清洁生产促进法》的主要方面。

支持性政策的涉及面很宽，包括国家宏观政策及国家和地方规划、行动计划以及宣传与教育、培训等能力建设。在国家宏观调控方面，今后制定的产业政策应把清洁生产作为工业生产的指导方针之一，按照污染预防的原则，鼓励发展物耗少、污染轻的工业企业，限制发展高物耗、重污染的工业企业。在编制社会经济发展中长期规划和年度计划时，对一些主要行业特别是原材料和能源行业应有推进清洁生产的具体目标和要求，不仅要将其纳入环境保护计划，还应列为工业部门的发展目标。

经济政策是通过市场的作用将经济与环境决策结合起来，力图利用市场信号以一种与环境目标相一致的方式影响人们的行为。与行政手段相比，经济手段可以给予企业决策者以更大的灵活性。随着经济改革的不断深化，目前中国在与清洁生产相关的领域内已经开始实施经济政策。为了有效地推进清洁生产的开展，还应当加强有针对性的经济政策的制定和实施。例如，财政和金融部门对实施清洁生产的企业应在信贷、税收方面加以扶持；财政和金融部门应把实施清洁生产作为制定信贷和税收政策的准则之一，对那些环境效益和社会效益显著，而经济效益不明显的清洁生产项目，采取信贷上倾斜、税收减免等措施，鼓励开展清洁生产。为此，《清洁生产促进法》中提出了一系列经济优惠政策，如该法第三十一条规定的自愿削减污染物排放协议中载明的技术改造项目，由县级以上人民政府给予资金支持；第三十三条提出的依法利用废物和从废物中回收原料生产产品的，按照国家规定享受税收优惠等。

（2）推动清洁生产工作的一个重要内容是资金问题。就中国而言，应当考虑采取多种途径支持清洁生产工作。《清洁生产促进法》中也提出了一些资金方面的推动措施，如该法第三十一条提出，对从事清洁生产研究、示范和培训，实施国家清洁生产重点技术改造项目和本法第二十八条规定的自愿削减污染物排放协议中载明的技术改造项目的，由县级以上人民政府给予资金支持。第三十四条提出，在依照国家规定设立的中小企业发展基金中，应当根据需要安排适当数额用于支持中小企业实施清洁生产。

（3）清洁生产虽是企业的事情，但却离不开政府的引导。国外的工业部门、环境保护部门等在清洁生产中都发挥着重要作用。因为在某些情况下，企业不愿意主动采取清洁生产措施解决存在的问题，除非是这些问题已危及当前的利益。因此，中央和地方的各个政府部门在促进清洁生产发展及将其运用于经济建设过程中起着至关重要的作用。在规范政府部门的职责时，应考虑到各方面的相互协调。《清洁生产促进法》的第二章对于各级政府部门的职责进行了详细的规范。

（4）由于中国一些政府部门、企业和公众对清洁生产的认识还不是很清楚，尤其是企业对于清洁生产还存在很多糊涂认识，往往认为清洁生产只是从环境保护角度出发而提出的一种措施，对于清洁生产可能带来的经济效益和资源节约效益往往认识不到位，因此，加强清洁生产培训和教育是十分必要的。

（5）清洁生产是近些年来提出的一个新概念，但其实质内容的许多部分在中国以往的环保、经济、技术、管理等方面的法规和政策中都有所体现，只是较为分散。《清洁生产促进法》应当与过去的有关立法及政策衔接和协调好，使之发挥最大作用。例如，该法第十八条提出，对新建、改建和扩建项目应当进行环境影响评价，对原料使用、资源消耗、资源综合利用以及污染物产生与处置等进行分析论证，优先采用资源利用率高以及污染物产生量少的清洁生产技术、工艺和设备。这一要求与《环境影响评价法》及其他相关法律要求是紧密相关的。

（6）清洁生产工作虽然以工业部门为重点，但也不限于工业部门，在农业、服务业等领域也可以发挥重要的作用。因此，在该法中也适当体现了这些方面的要求。

（四）《清洁生产促进法》的适用领域

《清洁生产促进法》的适用领域，与清洁生产本身的适用领域密切相关。《清洁生产促进法》的适用领域，既参考了联合国环境规划署清洁生产定义中有关清洁生产的适用范围，也结合了中国的国情。

《清洁生产促进法》第三条规定："在中华人民共和国领域内，从事生产和服务活动的单位以及从事相关管理活动的部门依照本法规定，组织、实施清洁生产。"也就是说，适用范围包括两个方面：一是全部生产和服务领域的单位，二是从事相关管理活动的部门。适用范围之所以包括全部生产和服务领域，主要原因有：① 目前国内外对清洁生产的认识已经突破了传统的工业生产领域，农业、建筑业、服务业等领域也已开始推行清洁生产，有些还取得了不少的成绩，积累了有益的经验；② 法律规定的政府责任，是以支持、鼓励为主，从这一角度出发，清洁生产的范围宜宽不宜窄，以免使一些领域开展的清洁生产得不到国家的政策优惠或资金支持，事实上也没有必要对不同的领域制定不同的清洁生产促进法；③ 推行清洁生产是一个渐进的过程，法律应当为未来的发展留有空间，如果范围规定过窄，对今后推行清洁生产不利。

考虑到法律的可操作性，从中国的国情出发，《清洁生产促进法》对工业领域推行和实施清洁生产做了具体规定，而对农业、建筑业、服务业等领域实施清洁生产则提出了原则要求。这样的规定，既满足了当前工业领域推行清洁生产的迫切需要，又为今后在其他领域推行清洁生产提供了法律依据；既突出了重点又兼顾了方方面面。

清洁生产最早是从工业领域开始的，因此，工业领域的清洁生产已经广泛开展。与工业领域推行清洁生产一样，农业领域推行清洁生产的实质是在农业生产全过程中，通过生产和使用对环境友好的"绿色"农用化学品，或不用化学品，减少农业污染的产生，减少农业生产及其产品和服务过程导致的环境和人类健康的风险。

服务业的清洁生产，也得到越来越多的重视。例如，旅游业清洁生产的重点是提高旅游资源的利用效率和保护环境。又如，政府服务方面的清洁生产也得到很多的关注。在政府服务过程中，如何减少资源和能源的消耗，减少服务活动对环境的影响，具体体现在节能、节水、办公用品的重复利用等方面，这是政府服务中实施清洁生产的重要内容。中国政府机构的能源消费量巨大，在政府部门的建筑、车辆等用能上，浪费现象尤为严重。因此，为了树立良好的政府形象，推动全社会的节能工作，政府和公共机构必须率先使用节能设备和办公用品，并将建筑节能作为重点，如将办公楼建设成节能型的服务场所。又如，提高资源的利用效率，可以从日常小事入手，像减少保温瓶中开水的浪费、复印纸的正反面使用及回收、随手关灯、减少办公设备的待机消耗能源等。通过政府的垂范，引导全社会的清洁生产，促进经济发展与资源环境的协调。

（五）与环境保护主管部门关系比较密切的条款

主要有以下 5 条：

"第四条　国家鼓励和促进清洁生产。国务院和县级以上地方人民政府，应当将清洁生产促进工作纳入国民经济和社会发展规划、年度计划以及环境保护、资源利用、产业发展、区域开发等规划。"

"第十七条　省、自治区、直辖市人民政府负责清洁生产综合协调的部门、环境保护部门，根据促进清洁生产工作的需要，在本地区主要媒体上公布未达到能源消耗控制指标、重点污染物排放控制指标的企业的名单，为公众监督企业实施清洁生产提供依据。"

"第二十七条　企业应当对生产和服务过程中的资源消耗以及废物的产生情况进行监测，并根据需要对生产和服务实施清洁生产审核。

有下列情形之一的企业，应当实施强制性清洁生产审核：

（一）污染物排放超过国家或者地方规定的排放标准，或者虽未超过国家或者地方规定的排放标准，但超过重点污染物排放总量控制指标的；

（二）超过单位产品能源消耗限额标准构成高耗能的；

（三）使用有毒、有害原料进行生产或者在生产中排放有毒、有害物质的。

污染物排放超过国家或者地方规定的排放标准的企业，应当按照环境保护相关法律的规定治理。

实施强制性清洁生产审核的企业，应当将审核结果向所在地县级以上地方人民政府负责清洁生产综合协调的部门、环境保护部门报告，并在本地区主要媒体上公布，接受公众监督，但涉及商业秘密的除外。

县级以上地方人民政府有关部门应当对企业实施强制性清洁生产审核的情况进行监督，必要时可以组织对企业实施清洁生产的效果进行评估验收，所需费用纳入同级政府预算。承担评估验收工作的部门或者单位不得向被评估验收企业收取费用。

实施清洁生产审核的具体办法，由国务院清洁生产综合协调部门、环境保护部门会同国务院有关部门制定。"

"第二十八条　本法第二十七条第二款规定以外的企业，可以自愿与清洁生产综合协调部门和环境保护部门签订进一步节约资源、削减污染物排放量的协议。该清洁生产综合协调部门和环境保护部门应当在本地区主要媒体上公布该企业的名称以及节约资源、防治污染的成果。"

"第三十九条　违反本法第二十七条第二款、第四款规定，不实施强制性清洁生产审核或者在清洁生产审核中弄虚作假的，或者实施强制性清洁生产审核的企业不报告或者不如实报告审核结果的，由县级以上地方人民政府负责清洁生产综合协调的部门、环境保护部门按照职责分工责令限期改正；拒不改正的，处以五万元以上五十万元以下的罚款。

违反本法第二十七条第五款规定，承担评估验收工作的部门或者单位及其工作人员向被评估验收企业收取费用的，不如实评估验收或者在评估验收中弄虚作假的，或者利用职务上的便利谋取利益的，对直接负责的主管人员和其他直接责任人员依法给予处分；构成犯罪的，依法追究刑事责任。"

（六）与企业关系比较密切的方面

1. 财政鼓励政策

（1）政府采购优先；

（2）建立表彰奖励制度；

（3）技术改造项目资金补助；

（4）中小企业发展基金优先用于清洁生产；

（5）清洁生产审核和培训费用，列入企业经营成本。

2. 税收优惠政策

（1）对利用废水、废气、废渣等废弃物作为原料进行生产的，在5年内减征或免征所得税，增值税优惠；

（2）对利用废弃物生产产品和从废弃物中回收原料的，减征或免征增值税、消费税；

（3）低排放标准汽车减征 30%消费税。

3. 强制执行措施

（1）根据需要，在当地主要媒体上公示浓度/总量未达标企业名单；

（2）被公示的企业必须公布污染的排放情况；

（3）浓度/总量超标的企业必须进行清洁生产审核；

（4）使用有毒、有害原料或排放有毒、有害物质以及高耗能的企业必须进行强制性清洁生产审核。

4. 处罚

"第三十六条　违反本法第十七条第二款规定，未按照规定公布能源消耗或者重点污染物产生、排放情况的，由县级以上地方人民政府负责清洁生产综合协调的部门、环境保护部门按照职责分工责令公布，可以处十万元以下的罚款。"

"第三十七条　违反本法第二十一条规定，未标注产品材料的成分或者不如实标注的，由县级以上地方人民政府质量技术监督行政主管部门责令限期改正；拒不改正的，处以五万元以下的罚款。"

"第三十八条　违反本法第二十四条第二款规定，生产、销售有毒、有害物质超过国家标准的建筑和装修材料的，依照产品质量法和有关民事、刑事法律的规定，追究行政、民事、刑事法律责任。"

"第三十九条　违反本法第二十七条第二款、第四款规定，不实施强制性清洁生产审核或者在清洁生产审核中弄虚作假的，或者实施强制性清洁生产审核的企业不报告或者不如实报告审核结果的，由县级以上地方人民政府负责清洁生产综合协调的部门、环境保护部门按照职责分工责令限期改正；拒不改正的，处以五万元以上五十万元以下的罚款。

违反本法第二十七条第五款规定，承担评估验收工作的部门或者单位及其工作人员向被评估验收企业收取费用的，不如实评估验收或者在评估验收中弄虚作假的，或者利用职务上的便利谋取利益的，对直接负责的主管人员和其他直接责任人员依法给予处分；构成犯罪的，依法追究刑事责任。"

二、《关于加快推行清洁生产的意见》

2003 年 12 月 17 日，国务院办公厅转发了国家发展改革委、国家环保总局、科技部、财政部、建设部、农业部、水利部、教育部、国土资源部、税务总局、质检总局《关于加快推行清洁生产的意见》（国办发[2003]100 号），对加快推行清洁生产工作提出了要求。

文件提出：一要提高认识，明确推行清洁生产的基本原则；二要统筹规划，完善政策。包括制订推行清洁生产的规划，指导清洁生产的实施，完善和落实促进清洁生产的政策，实施清洁生产试点工作；三要加快结构调整和技术进步，提高清洁生产的整体水平，包括抓好重点行业和地区的结构调整，加快技术创新步伐，加大对清洁生产的投资力度；四要加强企业制度建设，推进企业实施清洁生产，提出企业要重视清洁生产，认真开展清洁生产审核，加快实施清洁生产方案，鼓励企业建设环境管理体系；五要完善法规体系，强化监督管理，加强对推行清洁生产工作的领导，提出要完善清洁生产配套规章，加强对建设项目的环境管理，实施重点排污企业公告制度，加大执法监督的力度；六要加强对推行清洁生产工作的领导，包括加强组织领导，做好法规宣传教育，建立清洁生产信息和服务体系，做好督促检查工作。

三、《清洁生产审核暂行办法》

2004 年 8 月 16 日，国家发展和改革委员会、国家环保总局制定并审议通过了《清洁生产审核暂行办法》（16 号令）（以下简称《办法》），《办法》于 2004 年 10 月 1 日起施行。

《办法》中规定：清洁生产审核，是指按照一定程序，对生产和服务过程进行调查和诊断，找出能耗高、物耗高、污染重的原因，提出减少有毒有害物料的使用、产生，降低能耗、物耗以及废物产生的方案，进而选定技术经济及环境可行的清洁生产方案的过程。

同时，《办法》原则上规定了清洁生产审核的程序，即包括审核准备，预审核，审核，实施方案的产生、筛选和确定，编写清洁生产审核报告等。具体如下：

（1）审核准备。开展培训和宣传，成立由企业管理人员和技术人员组成的清洁生产审核工作小组，制订工作计划。

（2）预审核。在对企业基本情况进行全面调查的基础上，通过定性和定量分析，确定清洁生产审核重点和企业清洁生产目标。

（3）审核。通过对生产和服务过程的投入产出进行分析，建立物料平衡、水平衡、资源平衡以及污染因子平衡，找出物料流失、资源浪费环节和污染物产生的原因。

（4）实施方案的产生、筛选。对物料流失、资源浪费、污染物产生和排放进行分析，提出清洁生产实施方案，并进行方案的初步筛选。

（5）实施方案的确定。对初步筛选的清洁生产方案进行技术、经济和环境可行性分析，确定企业拟实施的清洁生产方案。

（6）编写清洁生产审核报告。清洁生产审核报告应当包括企业基本情况、清洁生产审核过程和结果、清洁生产方案汇总和效益预测分析、清洁生产方案实施计划等。

此外，《办法》规定，清洁生产审核应当以企业为主体，遵循企业自愿审核与国家强制审核相结合、企业自主审核与外部协助审核相结合的原则，因地制宜、有序开展、注重实效。

《办法》规定有下列情况之一的，应当实施强制性清洁生产审核：（一）污染物排放超过国家和地方排放标准，或者污染物排放总量超过地方人民政府核定的排放总量控制指标的污染严重企业；（二）使用有毒、有害原料进行生产或者在生产中排放有毒、有害物质的企业。

《办法》规定实施强制性清洁生产审核的企业，应当在名单公布后一个月内，在所在地主要媒体上公布主要污染物排放情况。省级以下环境保护行政主管部门按照管理权限对企业公布的主要污染物排放情况进行核查，列入实施强制性清洁生产审核名单的企业应当在名单公布后两个月内开展清洁生产审核。规定实施强制性清洁生产审核的企业，两次审核的间隔时间不得超过五年。

《办法》明确了各级发展改革（经济贸易）行政主管部门和环境保护行政主管部门，应当积极指导和督促企业按照清洁生产审核报告中提出的实施计划，组织和落实清洁生产实施方案。

该法同时对协助企业组织开展清洁生产审核工作的咨询服务机构应当具备的条件、法律责任、政府部门在资金上的支持等做了规定。

四、《重点企业清洁生产审核程序的规定》

为规范有序地开展全国重点企业清洁生产审核工作，根据《清洁生产促进法》《清洁生产审核暂行办法》的规定，2005 年 12 月 13 日，国家环保总局发布《关于印发重点企业清洁生产审核程序的规定的通知》，主要内容有《重点企业清洁生产审核程序的规定》和《需重点审核的有毒有害物质名录》。

重点企业是指按照《清洁生产促进法》第二十八条第二款、第三款规定应当实施清洁生产审核的企业，包括：

（1）污染物超标排放或者污染物排放总量超过规定限额的污染严重企业（简称"第一类重点企业"）。

（2）生产中使用或排放有毒有害物质的企业［有毒有害物质是指被列入《危险货物品名表》（GB 12268）、《危险化学品名录》《国家危险废物名录》和《剧毒化学品名录》中的剧毒、强腐蚀性、强刺激性、放射性（不包括核电设施和军工核设施）、致癌、致畸等物质，简称"第二类重点企业"］。

按照《清洁生产促进法》第二十八条第二款、第三款规定，对"第一、二类"重点企业应当实施清洁生产审核，也称为"强制性审核"。

该《办法》分别对上述重点企业名单的确定、公布程序做出了规定，对第一类重点企业，按照管理权限，由企业所在地县级以上环境保护主管部门根据日常监督检查的情况，提出本辖区内应当实施清洁生产审核企业的初选名单，附环境监测机构出具的监测报告或有毒有害原辅料进货凭证、分析报告，将初选名单及企业基本情况报送设区的市级环境保护主管部门；设区的市级环境保护主管部门对初选企业情况进行核实后，报上一级环境保护主管部门；各省、自治区、直辖市、计划单列市环境保护主管部门按照《清洁生产促进法》的规定，对企业名单确定后，在当地主要媒体公布应当实施清洁生产审核企业的名单。公布的内容应包括：企业名称、企业注册地址（生产车间不在注册地的要公布其所在地的地址）、类型（第一类重点企业或第二类重点企业）。企业所在地环境保护主管部门在名单公布后，依据管理权限书面通知企业。第二类重点企业名单的确定及公布程序，由各级环境保护主管部门会同同级相关行政主管部门参照上述规定执行。

《规定》要求列入公布名单的第一类重点企业，应在名单公布后一个月内，在当地主要媒体公布其主要污染物的排放情况，接受公众监督。

《规定》说明，重点企业的清洁生产审核工作可以由企业自行组织开展，或委托相应的中介机构完成。自行组织开展清洁生产审核的企业应在名单公布后45个工作日之内，将审核计划、审核组织、人员的基本情况报当地环境保护主管部门。委托中介机构进行清洁生产审核的企业应在名单公布后45个工作日之内，将审核机构的基本情况及能证明清洁生产审核技术服务合同签订时间和履行合同期限的材料报当地环境保护主管部门。上述企业应在名单公布后两个月内开始清洁生产审核工作，并在名单公布后一年内完成。第二类重点企业每隔五年至少应实施一次审核。

对未按上述规定执行清洁生产审核的重点企业，由其所在地的省、自治区、直辖市、计划单列市环境保护主管部门责令其开展强制性清洁生产审核，并按期提交清洁生产审核报告。

自行组织开展清洁生产审核的企业应具有5名以上经国家培训合格的清洁生产审核人员并有相应的工作经验，其中至少有1名人员具备高级职称并有5年以上企业清洁生产审核经历。为企业提供清洁生产审核服务的中介机构应符合下述基本条件：

企业完成清洁生产审核后，应将审核结果报告所在地的县级以上地方人民政府环境保护主管部门，同时抄报省、自治区、直辖市、计划单列市环境保护主管部门及同级发展改革（经济贸易）行政主管部门。各省、自治区、直辖市、计划单列市环境保护主管部门应组织或委托有关单位，对重点企业的清洁生产审核结果进行评审验收。

环保部组织或委托有关单位，对环境影响超越省级行政界区企业的清洁生产审核结果进行抽查。各级环境保护主管部门应当积极指导和督促企业完成清洁生产实施方案。每年 12 月 31 日之前，各省、自治区、直辖市、计划单列市环境保护主管部门应将本行政区域内清洁生产审核情况以及下年度的重点地区、重点企业清洁生产审核计划报送环保部，并抄报国家发展和改革委员会。环保部会同相关行政主管部门定期对重点企业清洁生产审核的实施情况进行监督和检查。

环境保护部 2008 年 7 月下发了《关于进一步加强重点企业清洁生产审核工作的通知》（环发[2008]60 号），进一步明确了环保部门在重点企业清洁生产审核工作中的职责和作用，要求抓好重点企业清洁生产审核、评估和验收，加强清洁生产审核与现有环境管理制度的结合，规范管理清洁生产审核咨询机构，提高审核质量。规定了《重点企业清洁生产审核评估、验收实施指南》和《需重点审核的有毒有害物质名录》（第二批）。

第四节　完善清洁生产法规、政策

有效的管理和监督是发展清洁生产的必要保证。这里所说的管理和监督主要是指通过相应的经济、法律、行政等一系列有效手段，对从事各种生产活动的单位和个人进行引导和制约，使他们的经济活动与清洁生产的要求相适应，并自觉应用清洁生产的工艺技术。

《清洁生产促进法》这一法律的颁布和实施，标志着中国环境治理模式的重大变革，对中国各行各业开展清洁生产活动将起到重要作用。但《清洁生产促进法》的有效执行还需要一系列支持性政策。支持性政策涉及国家及地方经济政策（包括产权、市场、财政、金融、税收、投资等各种调控手段），通过配套的法律、法规和政策鼓励企业和全社会推进清洁生产实施。

在国家宏观调控方面，今后制定的产业政策应把清洁生产作为工业生产的指导方针之一，按照污染预防的原则，鼓励发展物耗少、污染轻的工业企业，限制发展高物耗、重污染的工业企业。在编制社会经济发展中长期规划和年度计划时，对一些主要行业特别是原材料和能源行业应有推进清洁生产的具体目标和要求，不仅要将其纳入环境保护计划，还应将它列为工业部门的发展目标。

完善经济政策方面，要从征收和使用两个方面来改革现行排污收费制度，将收费标准提高到高于污染物治理的成本，给企业真正的经济压力，迫使企业在比较利益驱动下采取清洁生产控制措施而不是交费排污；排污费的使用主要考虑如何引导企业优先采取清洁生产而不是末端治理；完善对清洁产品的认证、税收优惠制度，增强清洁产品的市场竞争能力；适当允许企业对实施清洁生产的固定资产投资实行加速折旧，提高企业把资金投向清洁生产的积极性；完善经济惩罚性政策，如对有害原材料和产品应征收附加税等；制定压力性政策，如各级政府部门在采纳办公用品时优先购买清洁产品，以促进清洁生产的销售，引导社会其他消费者消费清洁产品。扩大公众和非政府组织的参与，加大企业实施清洁生产的社会压力。

开征环境保护税。将现行的排污、水污染、大气污染、工业废弃物、城市生活废弃物、噪声等收费制度改为征收环境保护税，建立起独立的环境保护税种，既能唤起社会对环境保护的重视，又能充分发挥税收对环保工作的促进作用。通过强化纳税人的环保行为，引导企业与个人放弃或收敛破坏环境的生产活动和消费行为；同时筹集环保资金，用于环境与资源的保护，对国家的可持续发展提供资金支持。环境保护税的税目可以包括大气污染税、噪声税、生态补偿税、碳税、水污染税、垃圾污染税（建筑装饰、电器产品中的有害原料使用）等。在环境保护税的税率设计上，应根据污染物的特点实行差别税率，对环境危害程度大的污染物及其有害成分的税率应高于对环境危害程度小的污染物及其有害成分的税率。根据"专款专用"的原则，环境保护税收应当作为政府的专项基金，全部用于环境保护方面的支出，并加强对其用途的审计监督，防止被挤占挪用。

第五节　清洁生产指南

一、清洁生产指南的概念

清洁生产指南，一般可泛指为指导和帮助企业实施清洁生产而对清洁生产所涉及的某些特定活动或工作，就其目的和原则、概念和内容、程序和步骤、方法和要求等共性问题，由政府有关行政管理部门或权威机构编制发布的规范性技术文件的总称。例如，美国环保局编制的设施污染预防指南，联合国环境规划署与联合国工业发展组织联合编制的工业排放物和废弃物审核与削减手册等。通常，清洁生产指南或技术手册并不具有强制性的作用。

清洁生产实施过程中，由于不同行业或地区特点的复杂多样性，这类规范性技术文件多以行业为基础或分地区进行编制，以便分类指导，使其更具有针对性与可操作性。根据中国的习惯，各种清洁生产规范性技术文件依其编制内容的层次特征与详尽程度，可分别称为清洁生产指南和技术手册。清洁生产指南更多地针对清洁生产活动中所涉及的原则、方法和步骤，而技术手册则更侧重于清洁生产活动中的具体技术过程和操作要求。

二、清洁生产指南的目的和意义

清洁生产是一项持续应用于生产过程或产品（服务）中的综合的环境预防措施，为了适应预防性及其持续改进的需要，支持企业开展积极主动的清洁生产行动，各种各样的清洁生产指南或技术手册不断推出。美国环保局为推动和指导各种组织的污染预防活动，先后制定和发布了针对企业运行管理以及工业通用和钢铁、化工、金属铸造、农药配制、照相洗印甚至科研教育等二十多种分行业的污染预防指南。在以加强运行管理为手段的污染预防指南中，分别从物料存贮、设备维护、岗位培训、企业监督管理、职工参与、生产计划制订等多方面提供了开展污染预防活动的措施建议。在通用和分行业领域的污染预防指南中，依据不同生产或活动过程的各个环节，分别按废物产生来源、废物类型以及污染预防与废物循环利用措施等方面给出了大量指导意见或具体建议。在加拿大，一个典型的指南是由其工业部消费者事务办公室与财政委员会法规事务部联合发布的有关实施自愿协议活动的指南。该指南旨在帮助个人和组织了解如何使自愿协议活动获得成功，并建立可靠的制定与执行程序。指南基本内容包括：自愿协议活动的概念及其优缺点与有关特征；自愿协议活动获得成功的条件；自愿协议制定与实施的建议等。在中国，也曾推出过一些清洁生产审核指南与重点行业的清洁生产技术指南。

为了促进企业清洁生产的实施，《清洁生产促进法》中专门将编制清洁生产指南或技术手册作为一项政府支持清洁生产的措施，并在第十一条明确规定："国务院和省、自治区、直辖市人民政府的经济贸易行政主管部门和环境保护、农业、建设等有关行政主管部门组织编制有关行业或地区的清洁生产指南和技术手册，指导实施清洁生产。"

国内外的清洁生产实践表明：企业在科学合理地实施清洁生产过程中，多种形式的清洁生产指南或技术手册有着重要的指导作用，它是一项直接推动清洁生产有效实施的重要措施和工具。

三、清洁生产指南编制

环保部从 20 世纪 90 年代初以来组织编制了多个行业的清洁生产审核指南，国家经贸委 2000 年组织编制了清洁生产丛书，其中包括《国家重点行业清洁生产技术指南》《清洁生产案例选编与分析》等，进一步推动了全国的清洁生产工作。

下面以"《化学工业清洁生产指南》编制计划"为例：

（一）《化学工业清洁生产指南》编制目的

为在化工行业大力推行清洁生产，化工清洁生产中心按照国家经贸委与原国家石油和化学工业局的要求组织编写了《化学工业清洁生产指南》（以下简称《指南》）。该技术指南为行业推行清洁生产提供政策、技术指导，是一个推行清洁生产的行业层次指导文件。《指南》力求把解决当前突出问题与满足长远深入发展的要求结合起来，把推行清洁生产应遵循的普遍原则与适应化学工业的行业特点结合起来，把广泛吸取国内外研究成果与钢铁行业成功实践经验结合起来，把概念诠释与列举实例结合起来，把满足专业人员从事清洁生产活动的需要与向行业主管、企业领导等管理决策者提供参考结合起来。尽量突出实用性和可操作性。

（二）《化学工业清洁生产指南》内容提要

1 行业概述
  1.1 概述
  1.2 生产过程描述
  1.3 主要技术经济指标
2 企业清洁生产指南
3 环境排放物
  3.1 废气
  3.2 废水
  3.3 固体废弃物
4 污染物排放标准及期望目标

已有排放标准	期望目标
①气	①气
②水	②水
③固	③固

5 行业清洁生产方案
  无/低费方案
  中/高费方案
6 监测与报告
7 进一步信息

8 编制工作计划进度

调研考察阶段：1999 年第三季度

课题编制阶段：2000 年第三季度

课题评审阶段：2000 年 11 月

思考题

1. 目前中国有哪些促进清洁生产的政策？

2. 为什么要制定《清洁生产促进法》？

3. 简述《中华人民共和国清洁生产促进法》的基本内容。

4. 制定《清洁生产促进法》的目的是什么？

5. 制定《清洁生产促进法》的指导思想和原则是什么？

6.《清洁生产促进法》适用于哪些领域？

7. 如何完善清洁生产的法律法规？

第四章
清洁生产标准与评价指标体系

第一节　清洁生产标准

　　为贯彻《中华人民共和国环境保护法》和《中华人民共和国清洁生产促进法》，保护环境，为企业开展清洁生产提供技术支持和导向，国家制定了清洁生产标准。清洁生产标准是中国环境标准的重要补充。按目前的环境标准体系，清洁生产标准属国家环境保护行业推荐性标准，标准代号为"HJ/T"。清洁生产标准体现了污染预防思想以及资源节约与环境保护的基本要求，强调要符合产品生命周期分析理论，体现了全过程污染预防思想，并覆盖了从原材料的选取到生产过程和产品的处理处置的各个环节。环保部将清洁生产的应用范围确定在企业清洁生产审核、企业清洁生产潜力与机会的判断以及清洁生产绩效评定和公告上。

　　2002年1月，国家环保总局发布环发[2002]2号文，启动了全国清洁生产标准的编制工作。清洁生产标准的编制和发布，是落实《中华人民共和国清洁生产促进法》赋予环保部门有关职责，从环保角度出发，引导和推动企业实施清洁生产的需要；是加快推进环保工作历史性转变，提高环境准入门槛，推动实现环境优化经济增长的重要手段；是完善国家环境标准体系，加强污染全过程控制的需要。

　　经过近几年的宣传、推广，环保部的清洁生产标准已经在全国环保系统、工业行业和企业中具备广泛的影响，成为清洁生产领域的基础性标准。各级环保部门已逐步将清洁生产标准作为环境管理工作的依据，作为重点企业清洁生产审核、环境影响评价、环境友好企业评估和生态工业园区示范建设等工作的重要依据。

一、清洁生产标准体系的背景

　　清洁生产是在可持续发展思想指导下提出的一种环境战略。它的实施，主要是通过两个途径：通过宣传教育把清洁生产这种理念贯穿到生产过程中，使清洁生产成为生产管理者、生产经营者、生产行为者的具体行动；把清洁生产贯穿到环境法律法规、管理制度、标准要求中，使清洁生产这种环境战略成为环保的管理行为和管理目标。建立和完善清洁生产的环境标准体系，是把清洁生产环境战略落实到生产过程和管理行为中的必要条件。

中国已经颁布了《中华人民共和国清洁生产促进法》（以下简称《清洁生产促进法》），实施《清洁生产促进法》是社会各部门及生产单位的法律责任和义务。按照《清洁生产促进法》的要求，把清洁生产纳入环境管理制度和目标之中，建立和完善清洁生产的环境标准体系，是环保部门实施《清洁生产促进法》的具体体现和必然要求。

清洁生产在中国已经开展了十几年，经过社会各方的努力，在清洁生产的宣传教育、人员培训、企业示范、信息交流、国际合作等方面取得了较大的成绩，但是在基础工作方面较薄弱。特别是如何加强对清洁生产的技术指导，如何建立技术规范以及清洁生产评价体系、目标要求指标体系尚处在摸索阶段。为了使清洁生产在一个更高、更具体的层次上发展，使清洁生产的成效能持续保持，一定要建立清洁生产的环境标准体系。

二、清洁生产标准的有关概念

（一）清洁生产标准

清洁生产标准是由环境保护部组织制定并发布的国家标准，该标准的制定是为了贯彻实施《中华人民共和国环境保护法》和《清洁生产促进法》，进一步推动中国的清洁生产，防止生态破坏，保护人民健康，促进经济发展，为企业开展清洁生产提供技术支持和导向。

根据清洁生产战略，清洁生产标准体现污染预防思想，考虑产品的生命周期。为此重点考察生产工艺与装备选择的先进性、资源能源利用的可持续性、污染物产生的最小化、废物处理处置的合理性和环境管理的有效性。

（二）清洁生产指标

清洁生产指标是清洁生产标准的重要组成部分，它是判断一个生产过程或产品是否符合清洁生产理念的基准，直接关系到企业清洁生产水平的判定。由于清洁生产指标涉及面比较广，有些指标难以量化。为了使所确定的清洁生产指标既能够反映项目的主要情况，又简便易行，在设计时要充分考虑到指标体系的可操作性，因此，应尽量选择容易量化的指标项，这样，可以给清洁生产指标的评价提供有力的依据。

（三）清洁生产标杆

清洁生产指标具有标杆的功能，它可以提供一个清洁生产绩效的比较标准。清洁生产标杆的概念可以概括为：不断寻找和研究同一行业在清洁生产方面的最佳实践，以此为基准与自身企业进行比较、分析、判断，从而使自身企业在实施清洁生产的相关设计、生产和管理过程中，达到不断改进、不断完善的良性循环。

（四）清洁生产审核

清洁生产审核是对企业生产全过程及废物产生的原因进行系统的调查研究，从中查找出从原料到生产工艺、技术、设备、管理以及产品等各方面存在的问题，提出改进措施并通过实施，使企业达到节能、降耗、减污、增效的目的。它是企业实现清洁生产的重要手段和措施，能帮助企业发现按照一般方法难以发现或容易忽视的问题，而解决这些问题常常会使企业在经济、环境、管理等诸多方面受益匪浅，并大大增强企业自我发展的信心。企业通过清洁生产审核可以达到使用更少的原材料、水和能源，生产出同样的或者更好的产品，使企业效率更高，污染排放更小，获得利润更多，并提供更好的工作环境和保障。

（五）清洁生产评价

清洁生产评价是根据对企业生产过程现状及其废物流的调查了解，从系统及其投入、产出关系上考查、确立企业生产过程中"不清洁"部位的优先顺序，发现并提出系统中存在着的"不清洁"问题。

三、建立清洁生产的环境标准体系的原则

（1）过程控制与末端控制相结合的原则。现行的环境标准主要是控制污染物的排放，而清洁生产的环境标准主要是控制生产过程中污染物的产生，使之尽可能地减少到最低水平，在这个前提下，再进行末端治理。因此，在制定清洁生产环境标准时，必须考虑生产工艺的整个过程和每一个生产环节，每个生产环节都应有明确的控制目标和要求。

（2）技术措施和管理措施相结合的原则。实施清洁生产的途径，除了技术措施，还必须有管理措施。因此，清洁生产的环境标准，必须体现技术措施和管理措施并重，既要有具体的技术指标，也要有明确的管理要求。

（3）突出总量控制的原则。单纯的浓度控制不利于污染总量的削减，清洁生产环节标准必须立足于污染物总量控制，注重引导物耗、能耗的降低，单位产品或产值污染物产生量的降低和废物的再生循环利用。以最低的经济成本和环境成

本换取最大的经济效益。

（4）突出重点、可操作性强的原则。在生产过程中涉及清洁生产的环节很多，如果清洁生产的环境标准面面俱到，不突出重点会导致标准很复杂，难以实施。因此，制定清洁生产环境标准必须抓住生产过程的关键环节和重点环节，控制对清洁生产影响大的环节，突出重点，在控制指标的取舍上也应抓重点，尽可能舍弃与清洁生产无关或关系不密切的指标，而且所设定的指标项应便于数据采集、测定、计算、范围明确清晰、可操作性强。

（5）高起点、持续性改进原则。清洁生产环境要求是企业在必须达到现有的环境标准基础上一个更高的环境要求和目标，同时清洁生产又是一个持续改进的过程，必须比现行的环境标准要求更严，以引导企业向更高的要求发展，还要根据不同水平的情况提出不同的清洁生产环境要求，以便企业根据自己的具体情况选择不同的清洁生产目标进行持续性改进。

（6）定量和定性相结合的原则。清洁生产环境标准应尽可能定量化，但对一些管理方面的指标不能定量时，也可采用定性的指标。无论定性指标还是定量指标，都应力求科学、合理、实用、可行。

四、建立清洁生产环境标准体系的意义

传统的污染控制单纯地强调末端治理，与生产过程相脱节，先污染后治理，投入多、运行成本高、治理难度大，只有环境效益，没有经济效益，企业没有积极性，因此引起了一系列问题，主要表现在：（1）污染控制与生产过程控制没有密切结合起来，资源和能源不能在生产过程中得到充分利用。（2）污染物产生后再进行处理，处理设施基建投资大，运行费用高。与传统的末端治理相比，污染全过程控制不单单关注污染物产生后的控制和处理，更加注重产品从原料采选到废物循环的整个生命周期。这与清洁生产的内涵相一致，清洁生产所体现的是预防为主、从源头抓起的思想，从产品设计、原材料选择、工艺路线、设备采用、废物利用各个环节入手。

清洁生产环境标准体系的建立，明确了生产全过程控制的主要内容和目标，可以使企业和管理部门对清洁生产的实际效果和管理目标具体化，把清洁生产由过去笼统模糊的概念变为直观的可操作、可检查、可对比的具体内容，对提高清洁生产发展水平、促进清洁生产全面发展具有重要的指导意义。

清洁生产的环境标准体系的建立，解决了当前环境标准侧重于末端控制、忽视全过程控制的弊端，实现了过程控制与末端控制的有机结合，极大地丰富了中国的环境标准体系。

清洁生产环境标准体系的建立，适应了环保管理由末端控制向过程控制的转

变，环保的末端控制主要是通过环境标准的实施来实现的，而生产全过程控制同样需要通过环境标准的实施来体现。建立清洁生产的环境标准体系，把清洁生产要求列入环境标准中，提前为环境管理向清洁生产过程控制管理的过渡打下基础，提供条件，做好了必要的技术准备。

五、清洁生产标准的基本框架

由于各个行业的生产过程、工艺特点、产品、原料、经济技术水平和管理水平不同，应根据不同行业的情况建立各行业的清洁生产环境标准。清洁生产的环境标准基本内容和框架体系主要包括以下几个方面：

（1）三级环境标准。第一级为该行业清洁生产国际先进水平。便于企业和管理部门了解和掌握国际国内该行业的生产发展水平和自己的差距，激励企业向高标准、高要求靠近。第二级为该行业清洁生产国内先进水平。便于企业和管理部门根据自己的实际情况选择清洁生产的努力目标。第三级为该行业清洁生产基本要求。体现清洁生产持续改进的思想，在达到清洁生产基本要求的基础上，还应向更高的目标前进。

（2）六类指标。即生产工艺与装备要求、资源能源利用指标、产品指标、污染物产生指标、废物回收利用指标和环境管理指标。在这六类指标项下又包含若干具体定量或定性的指标。前五类指标是技术性指标，体现的是技术手段促进清洁生产的要求，后一类指标是管理性指标，体现的是利用管理手段促进清洁生产的要求。

六、清洁生产环境标准体系的作用

（1）清洁生产环境标准既可以作为对企业进行清洁生产审核的依据，也可以作为企业开展清洁生产效果评价的尺度；

（2）清洁生产环境标准可以作为企业确定自己清洁生产的近期目标和持续进行清洁生产的长远目标的参照；

（3）清洁生产环境标准可以在企业自愿或者企业与环保管理部门共同协商的前提下，成为环境影响评价的依据，或环境管理要实现的阶段性目标；

（4）清洁生产环境标准可以成为企业清洁生产潜在能力和水平分析的依据，也可以成为企业清洁生产绩效公告的依据。

七、中国行业清洁生产标准

自 2002 年以来，国家环保总局委托中国环境科学研究院等单位组织开展了50 多个行业的清洁生产标准制定工作，截至 2014 年 5 月底，已分批发布了共 58

个清洁生产行业标准，1 个标准的修改方案，取得了一定的标准编制工作经验。

综上，行业清洁生产标准汇总见表 4-1。

表 4-1　行业清洁生产标准汇总（2014 年 5 月底前）

序号	标准名称	标准号	发布日期	实施日期
1	清洁生产标准—酒精制造业	HJ 581—2010	2010-06-08	2010-09-01
2	清洁生产标准—制革工业（羊革）	HJ 560—2010	2010-02-01	2010-05-01
3	清洁生产标准—铜电解业	HJ 559—2010	2010-02-01	2010-05-01
4	清洁生产标准—铜冶炼业	HJ 558—2010	2010-02-01	2010-05-01
5	清洁生产标准—宾馆饭店业	HJ 514—2009	2009-11-30	2010-03-01
6	清洁生产标准—铅电解业	HJ 513—2009	2009-11-13	2010-02-01
7	清洁生产标准—粗铅冶炼业	HJ 512—2009	2009-11-13	2010-02-01
8	清洁生产标准—废铅酸蓄电池铅回收业	HJ 510—2009	2009-11-16	2010-01-01
9	清洁生产标准—氯碱工业（聚氯乙烯）	HJ 476—2009	2009-08-10	2009-10-01
10	清洁生产标准—氯碱工业（烧碱）	HJ 475—2009	2009-08-10	2009-10-01
11	清洁生产标准—纯碱工业	HJ 474—2009	2009-08-10	2009-10-01
12	清洁生产标准—氧化铝业	HJ 473—2009	2009-08-10	2009-10-01
13	清洁生产标准—钢铁行业（铁合金）	HJ 470—2009	2009-04-10	2009-08-01
14	清洁生产审核指南—制订技术导则	HJ 469—2009	2009-03-25	2009-07-01
15	清洁生产标准—造纸行业（废纸制浆）	HJ 468—2009	2009-03-25	2009-07-01
16	清洁生产标准—水泥行业	HJ 467—2009	2009-03-25	2009-07-01
17	清洁生产标准—葡萄酒制造业	HJ 452—2008	2008-12-24	2009-03-01
18	清洁生产标准—印制电路板制造业	HJ 450—2008	2008-11-21	2009-02-01
19	清洁生产标准—合成革工业	HJ 449—2008	2008-11-21	2009-02-01
20	清洁生产标准—制革工业（牛轻革）	HJ 448—2008	2008-11-21	2009-02-01
21	清洁生产标准—铅蓄电池工业	HJ 447—2008	2008-11-21	2009-02-01
22	清洁生产标准—煤炭采选业	HJ 446—2008	2008-11-21	2009-02-01
23	关于公布《清洁生产标准—电镀行业》（HJ/T 314—2006）修改方案的公告	环境保护部公告 2008 年第 59 号	2008-11-27	2009-02-01
24	清洁生产标准—淀粉工业	HJ/T 445—2008	2008-09-27	2008-11-01
25	清洁生产标准—味精工业	HJ/T 444—2008	2008-09-27	2008-11-01
26	清洁生产标准—石油炼制业（沥青）	HJ/T 443—2008	2008-09-27	2008-11-01
27	清洁生产标准—电石行业	HJ/T 430—2008	2008-04-08	2008-08-01
28	清洁生产标准—化纤行业（涤纶）	HJ/T 429—2008	2008-04-08	2008-08-01
29	清洁生产标准—钢铁行业（炼钢）	HJ/T 428—2008	2008-04-08	2008-08-01
30	清洁生产标准—钢铁行业（高炉炼铁）	HJ/T 427—2008	2008-04-08	2008-08-01
31	清洁生产标准—钢铁行业（烧结）	HJ/T 426—2008	2008-04-08	2008-08-01

序号	标准名称	标准号	发布日期	实施日期
32	清洁生产标准—制订技术导则	HJ/T 425—2008	2008-04-08	2008-08-01
33	清洁生产标准—白酒制造业	HJ/T 402—2007	2007-12-20	2008-03-01
34	清洁生产标准—烟草加工业	HJ/T 401—2007	2007-12-20	2008-03-01
35	清洁生产标准—平板玻璃行业	HJ/T 361—2007	2007-03-28	2007-10-01
36	清洁生产标准—彩色显像（示）管生产	HJ/T 360—2007	2007-03-28	2007-10-01
37	清洁生产标准—化纤行业（氨纶）	HJ/T 359—2007	2007-03-28	2007-10-01
38	清洁生产标准—镍选矿行业	HJ/T 358—2007	2007-03-28	2007-10-01
39	清洁生产标准—电解锰行业	HJ/T 357—2007	2007-03-28	2007-10-01
40	清洁生产标准—造纸工业（硫酸盐化学木浆生产工艺）	HJ/T 340—2007	2007-03-28	2007-07-01
41	清洁生产标准—造纸工业（漂白化学烧碱法麦草浆生产工艺）	HJ/T 339—2007	2007-03-28	2007-07-01
42	清洁生产标准—钢铁行业（中厚板轧钢）	HJ/T 318—2006	2006-11-12	2007-02-01
43	清洁生产标准—造纸工业（漂白碱法蔗渣浆生产工艺）	HJ/T 317—2006	2006-11-12	2007-02-01
44	清洁生产标准—乳制品制造业（纯牛乳及全脂乳粉）	HJ/T 316—2006	2006-11-12	2007-02-01
45	清洁生产标准—人造板行业（中密度纤维板）	HJ/T 315—2006	2006-11-12	2007-02-01
46	清洁生产标准—电镀行业	HJ/T 314—2006	2006-11-12	2007-02-01
47	清洁生产标准—铁矿采选业	HJ/T 294—2006	2006-08-15	2006-12-01
48	清洁生产标准—汽车制造业（涂装）	HJ/T 293—2006	2006-08-15	2006-12-01
49	清洁生产标准—基本化学原料制造业（环氧乙烷/乙二醇）	HJ/T 190—2006	2006-07-03	2006-10-01
50	清洁生产标准—钢铁行业	HJ/T 189—2006	2006-07-03	2006-10-01
51	清洁生产标准—氮肥制造业	HJ/T 188—2006	2006-07-03	2006-10-01
52	清洁生产标准—电解铝业	HJ/T 187—2006	2006-07-03	2006-10-01
53	清洁生产标准—甘蔗制糖业	HJ/T 186—2006	2006-07-03	2006-10-01
54	清洁生产标准—纺织业（棉印染）	HJ/T 185—2006	2006-07-03	2006-10-01
55	清洁生产标准—食用植物油工业（豆油和豆粕）	HJ/T 184—2006	2006-07-03	2006-10-01
56	清洁生产标准—啤酒制造业	HJ/T 183—2006	2006-07-03	2006-10-01
57	清洁生产标准—制革行业（猪轻革）	HJ/T 127—2003	2003-04-18	2003-06-01
58	清洁生产标准—炼焦行业	HJ/T 126—2003	2003-04-18	2003-06-01
59	清洁生产标准—石油炼制业	HJ/T 125—2003	2003-04-18	2003-06-01

另外，环境保护部于 2009 年 3 月 25 日发布《清洁生产审核指南—制订技术导则》（HJ 469—2009）。但相对国内的行业数量和各行业对清洁生产环境标准的需求来说，目前标准体系的建立速度还是较缓慢。

第二节　清洁生产评价

清洁生产评价是通过对企业的生产从原材料的选取、生产过程到产品服务的全过程进行综合评价，评定出企业清洁生产的总体水平以及每一个环节的清洁生产水平，明确企业现有生产过程、产品、服务各环节的清洁生产水平在国际和国内所处的位置，并提出相应的清洁生产措施和设立管理制度，寻求实行清洁生产审核的机会和途径，提高企业对资源和能源的利用效率，减少污染物的排放。清洁生产评价可分为潜力评价和效果评价。潜力评价是指企业在进行清洁生产审核前对现有生产状况进行评价，目的是要让企业认识其生产状况在国内外同行中所处的地位，寻求进行清洁生产的部位和环节。效果评价是指企业在完成清洁生产审核之后所进行的评价，目的是要确认本轮清洁生产审核所取得的成效，帮助企业树立清洁生产的信心，为下轮清洁生产审核打好基础。

一、清洁生产评价方法

（一）定量条件下的评价

指标定量条件下的评价可分为单项评价指数、类别评价指数和综合评价指数。对评价指标的原始数据进行"标准化"处理，使评价指标转换成在同一尺度上可以相互比较的量。

（1）单项评价指数。单项评价指数是以类比项目相应的单项指标参照值作为评价标准，进行计算而得出的。

对指标数值越低（小）越符合清洁生产要求的指标，如污染物排放浓度，按下式计算：

$$I_i = \frac{C_i}{S_i} \quad (i=1, 2, 3, \cdots, n)$$

对指标数值越高（大）越符合清洁生产要求的指标，如资源利用率、水重复利用率等，按下式计算：

$$I_i = \frac{S_i}{C_i} \quad (i=1, 2, 3, \cdots, n)$$

式中：I_i —— 单项评价指数；

C_i —— 目标项目某单项评价指标对象值（实际值或设计值）；

S_i —— 类比项目某单项指标参照值。

根据评价工作需要可取环境质量标准、排放标准或相关清洁生产技术标准要求的数值。

（2）类别评价指数。类别评价指数是根据所属各单项指数的算术平均值计算而得。其计算公式为：

$$Z_j = \sum_{i=1}^{n} I_i / n \quad (j=1, 2, 3, \cdots, m)$$

式中：Z_j —— 类别评价指数；

n —— 该类别指标下设的单项个数。

（3）综合评价指数。为了既使评价全面，又能克服个别评价指标对评价结果准确性的掩盖，避免确定加权系数的主观影响，采用了一种兼顾极值或突出最大值型的综合评价指数。其计算公式为：

$$I_p = (I_{i,m}^2 + Z_{j,a}^2) / 2$$

式中：I_p —— 清洁生产综合评价指数；

$I_{i,m}$ —— 各项评价指数中的最大值；

$Z_{j,a}$ —— 类别评价指数的平均值，其计算公式为：

$$Z_{j,a} = (\sum_{j=1}^{m} I_j) / m \quad (j=1, 2, 3, \cdots, m)$$

式中：m —— 评价指标体系下设的类别指标数。

（4）企业清洁生产的等级的确定。一般推荐采用分级制的模式来评价综合评价指数的水平，即将综合指数分成 5 个等级，按清洁生产评价综合指数 I_p 所达到的水平给企业清洁生产定级。见表 4-2。

表 4-2 企业清洁生产的等级

项 目	清洁生产	传统先进	一般	落后	淘汰
达到水平	国际先进水平	国内先进水平	国内平均水平	国内中下水平	淘汰水平
综合评价指数（I_p）	$I_p \leqslant 1.00$	$1.00 < I_p \leqslant 1.15$	$1.00 < I_p \leqslant 1.15$	$1.40 < I_p \leqslant 1.80$	$I_p > 1.80$

注：1. 清洁生产：指有关指标达到本行业国家先进水平，即 $I_p \leqslant 1.00$。
　　2. 传统先进：指有关指标达到本行业国内先进水平，即 $1.00 < I_p \leqslant 1.15$。
　　3. 一般：指有关指标达到本行业国内平均水平，即 $1.00 < I_p \leqslant 1.15$。
　　4. 落后：指有关指标处于本行业国内中下水平，即 $1.40 < I_p \leqslant 1.80$。
　　5. 淘汰：指有关指标均为本行业淘汰水平，即 $I_p > 1.80$。

如果类别评价指数（Z_j）或单项评价指数的值（I_j）>1.00 时，表明该类别或单项评价指标出现了高于类比项目的指标，故可以据此寻找原因，分析情况，调整工艺路线或方案，使之达到类比项目的先进水平。

上述评价方法，需参照环境质量标准、排放标准、行业标准或相关清洁生产技术标准数值，因此选取目标值最为关键。

（二）定量与定性相结合条件下的评价

要对项目进行清洁生产评价，必须针对清洁生产指标确定出既能反映主体情况又简便易行的评价方法。考虑到清洁生产指标涉及面较广、完全量化难度较大等特点，拟针对不同的评价指标，确定不同的评价等级。对于易量化的指标评价等级可分细一些，不易量化的指标的等级则分粗一些。最后通过权重法将所有指标综合起来，从而判定建设项目的清洁生产程度。

1. 指标等级的确定

清洁生产评价指标可分成定性指标和定量指标两大类。原材料指标和产品指标较难量化，属于定性评价，因而粗分为 3 个等级：高、中、低；资源指标和污染物产生指标易于量化，属于定量评价，因而细分为 5 个等级：很差、较差、一般、较清洁、清洁。

定性指标等级可参照《危险货物品名表》（GB 12268）、《危险化学品目录》和《国家危险废物名录》等规定，结合在企业的实际情况确定。

定性评价和定量评价的等级分值范围均定为 0～1.0，对定性评价分 3 个等级，按基本等量、就近取整的原则来划分不同等级的分值范围，具体见表 4-3；对定量指标依据同样的原则，但划分为 5 个等级，具体见表 4-4。

表 4-3　原材料指标和产品指标（定性指标）的等级评分标准

等级	分值范围	低	中	高
等级分值	[0, 1.0]	[0, 0.30)	[0.30, 0.70)	[0.70, 1.0]

表 4-4　资源指标和污染物产生指标（定量指标）的等级评分标准

等级	分值范围	很差	较差	一般	较清洁	清洁
等级分值	[0, 1.0]	[0, 0.20)	[0.20, 0.40)	[0.40, 0.60)	[0.60, 0.80)	[0.80, 1.0]

2. 综合评价

清洁生产指标的评价方法采用百分制，首先对原材料指标、产品指标、资源消耗指标和污染物产生指标按等级评分标准分别进行打分，若有分指标则按分指标打分，然后分别乘以各自的权重值，最后累加起来得到总分。

　　清洁生产评价的等级分值范围为 0～1，为数据评价直观起见，对清洁生产的评价方法采用百分制，因而所有指标的总权重值应为 100。为了保证评价方法的准确性和适用性，1998 年国家环境保护总局组织清洁生产方法学专家、清洁生产行业专家、环评专家和环保政府管理官员对权重值进行了专家调查打分。调查统计结果见表 4-5。

表 4-5　清洁生产指标权重值专家调查结果

平均指标	原材料指标					产品指标				能源指标			污染物产生指标	总权重值
	毒素	生态影响	可再生性	能源强度	可回收利用性	销售	使用	寿命优化	报废	能耗	水耗	其他		
权重	7	6	4	4	4	3	4	5	5	11	10	8	29	100
			25					17			29			

企业清洁生产的等级评价结果见表 4-6。

表 4-6　企业清洁生产的等级评价结果

项目	清洁生产	传统先进	一般	落后	淘汰
指标分数	＞80	70～80	55～70	40～55	＜40

　　清洁生产是一个相对的概念，因此清洁生产的评价结果也是相对的。

　　（三）清洁生产评估综合指数评价模式的特征

　　（1）科学性。清洁生产评价综合指数，是以类比项目单项指标为评估依据的，体现了较好的科学性和现实性。

　　（2）综合性。单项指标对比，不能综合反映企业的清洁生产的综合水平，易于偏颇。清洁生产评价综合指数可以定量并综合地描述企业清洁生产实际的整体状况和水平。再综合单项对比，可以促进企业积极并持续地实施清洁生产。

　　（3）简易性。综合指数主要涉及各评估项目单项指标的集权型计算，公式简洁，便于计算，易于掌握，可操作性强。

　　（4）适应性。评估项目和其评估指标的设定，可根据各个行业或各企业的技术改造的进程、工艺技术装备水平的提高程度，以及生产运营实际达到的水平，就像国家和地方制定的污染物排放标准一样，在一定时期内予以调整。

　　（5）激励性。清洁生产评估指数分为若干级加以评定，可以使企业清楚地了解自身的水平和问题，促进企业加大清洁生产实施的力度，努力向更高级别奋进，具有一定的激励性作用。

（6）可比性。清洁生产评估项目，是根据每个行业的特点和清洁生产的要求，经过仔细筛选列出的。同行业之间有一致的比较基础，使指标具有可比性。

二、清洁生产评价程序

企业进行清洁生产的评价需按一定的程序有计划、分步骤地进行。图4-1给出了清洁生产的定量评价基本程序。其中，项目评价指标的原始数据主要来源于工程分析、环保措施评述、环境经济损益分析、产品成分全分析等。类比项目参照指标主要来源于国家行业标准或对类比项目的实测、考察等调研资料。

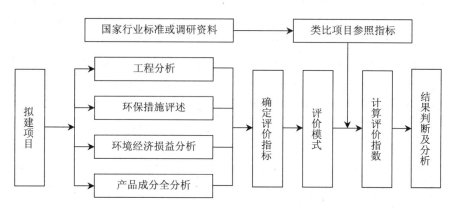

图4-1　清洁生产的定量评价基本程序

三、清洁生产评价与环境影响评价

（一）环境影响评价与清洁生产

《环境影响评价法》规定，环境影响评价，是指对规划和建设项目实施后可能造成的环境影响进行分析、预测和评估，提出预防或者减轻不良环境影响的对策和措施，进行跟踪监测的方法与制度。环境影响评价是项目建设的前期内容之一，主要着眼于解决项目的建设是否符合产业政策，选址是否合适，其污染物的排放会不会对周边的环境造成影响等，虽然是一项预防措施，但更多关注的却是污染产生后对环境造成的影响。《清洁生产促进法》规定，清洁生产，是指不断采取改进设计、使用清洁的能源和原料、采用先进的工艺技术与设备、改善管理、综合利用等措施，从源头削减污染，提高资源利用效率，减少或者避免生产、服务和产品使用过程中污染物的产生和排放，以减轻或者消除对人类健康和环境的危害。

清洁生产的核心内容是"节能、降耗、减污、增效"，是一种预防性措施，是人们思想和观念的一种转变，是环境保护战略由被动反应向主动行动的一种转变。清洁生产从节约能源和保护环境出发，提倡能源削减，一改以往单一的末端治理观念，推崇实现经济效益和环境效益的最大统一。

因此，在环境影响评价中引入清洁生产的概念与章节非常重要。早在 1997年 4 月国家环保局的《关于推行清洁生产的若干意见》中就规定："建设项目的环境影响评价应包含清洁生产有关内容。"1998 年 11 月，国务院第 253 号令颁布《建设项目环境保护条例》，第四条规定："工业建设项目应当采用能耗物耗小、污染物产生量少的清洁生产工艺，合理利用自然资源，防止环境污染和生态破坏。"与上述规定相对应，建设项目的环境影响评价工作中增加了"清洁生产"篇章。2002年 6 月，国家主席第 72 号令颁布《清洁生产促进法》，第三章第十八条指出："新建、改建和扩建项目应当进行环境影响评价，对原料使用、资源消耗、资源综合利用以及污染物产生与处置等进行分析论证，优先采用资源利用率高以及污染物产生量少的清洁生产技术、工艺和设备。"2009 年后相继发布的《环境影响评价技术导则—农药建设项目》《环境影响评价技术导则—制药建设项目》和《环境影响评价技术导则—总纲》都提出了"清洁生产分析和循环经济"。将清洁生产章节引入环境影响评价报告中，是我国环境影响评价的一大突破，它有利于清洁生产的有效推行，提高建设项目的环境可靠性，减轻末端处理负担和提高市场竞争力，降低建设项目的环境责任风险。

（二）环境影响评价中清洁生产评价的内容与存在问题

1. 环境影响评价中清洁生产评价的内容

目前，环境影响评价尚未有清洁生产评价技术导则，评价人员主要是根据自己的专业技术水平与经验去进行评价，一般采用指标对比法进行评价，通常环评中清洁生产评价指标可分为六大类：生产工艺与装备要求、资源能源利用指标、产品指标、污染物产生指标、废物回收利用指标和环境管理要求，用我国已颁布的清洁生产标准，或选用国内外同类装置清洁生产指标，对比分析评价项目清洁生产水平。环境影响评价中清洁生产评价一般包括以下几个方面：

（1）环境影响评价中进行清洁生产分析所采用的清洁生产评价指标的介绍。应介绍选取清洁生产指标的过程和确定的清洁生产指标数值，指标数值确定的参考基础数据、数据来源及可靠性等。

（2）建设项目所能达到的清洁生产各个指标的描述。根据建设项目工程分析的结果，并结合对资源能源利用指标、生产工艺与装备要求、产品指标、废弃物回收利用指标、污染物产生指标的深入分析，确定环评项目相应的各类清洁生指标数值。

（3）建设项目清洁生产评价结论。通过将预测值与同行清洁生产标准值进行对比，给出简要的清洁生产评价结论。

（4）清洁生产方案建议。在对建设项目进行清洁生产分析的基础上，确定存在的主要问题，并提出相应的解决方案和建议。

2. 环境影响评价中清洁生产评价的难点与存在的问题

环境影响评价中清洁生产评价没有相应的技术导则，再加上评价人员专业技术水平和经验的局限，以及资料数据收集的困难，造成清洁生产评价的难点与存在的问题：

（1）环境影响评价技术导则是进行环境影响评价的技术基础，是根本依据，虽然国家有关环境影响评价的文件中明确规定了清洁生产的内容，但所有评价技术导则都没有涉及清洁生产的内容。这就导致了环境影响评价报告中的清洁生产部分的编写没有技术依据，造成了在实际操作中清洁生产分析篇章编写的盲目性和随意性。

（2）目前环境保护部只制定了少数几个行业几个典型工艺的清洁生产基准，多数行业、多数工艺都缺乏评价指标体系，缺少行业先进水平指标，环境影响评价报告在编制中只能部分收集几个本行业或类似行业的体系指标进行简单对比。因此，评价依据不够充分，无法对企业的清洁生产现状水平及发展状况进行定量的评价预测，无法科学地分析企业的清洁生产潜力以及工艺技术先进性、合理性。

（3）环境影响评价编制的依据是项目的可行性研究报告，然而，可行性研究报告编制中没有要求清洁生产的相关内容，只要建设项目不在《淘汰落后生产能力、工艺和产品的目录》中，原则上都予通过。对于是否属于清洁生产的范围几乎没有考虑，这就造成了环境影响评价报告的编制中缺乏清洁生产所需的基础数据和相关资料。

（4）环境影响评价报告的编写人员对某些特定行业的工艺、设备、产品不熟悉，对行业的指标掌握不够，特别是涉及专业化程度较深的技术问题时更是如此。再加上环境影响评价审批时清洁生产分析部分无审批标准，缺乏统一的验收办法。因此，环境影响评价报告中的清洁生产分析部分不足以引起重视。

（5）虽然环境影响评价报告中提出一些清洁生产工艺和措施，但已审批的建设项目可行性报告实际上已经确定了生产工艺，而建设项目一般都按照项目可行性研究报告执行，因此，许多清洁生产建议无法落实，造成了环评报告中清洁生产的实践性不强。

（三）清洁生产概念引入环评的优势

清洁生产（污染预防）已被证明是优于污染末端控制且需优先考虑的一种环境战略，现在许多国家正在将清洁生产的概念引入环境影响评价中，并以此强化工程分析，这将大大提高环评的质量。清洁生产引入环评的优势表现在以下几个方面：

（1）减轻建设项目的末端处理负担。因为清洁生产是在污染物产生之前就予以削减。

（2）提高建设项目的环境可靠性。进行有效的清洁生产分析，可以节约原材料、能源的消耗，提高资源能源利用率，提高项目的环境可靠性。

（3）提高建设项目的市场竞争力。清洁生产往往通过提高利用效率来达到，因而在多数情况下可以直接降低成本、提高成本质量，进而提高产品的市场竞争力。

（4）降低建设项目的环境责任风险。随着环境法律、法规和标准日趋严格，企业很难预测其未来所面临的环境风险，每一项新的环境法律、法规和标准都有可能成为一种新的环境责任。回避这种环境责任风险最好的方法就是通过实施清洁生产来减少污染物的产生。

第三节　清洁生产评价指标体系

为对企业开展清洁生产提供技术支持和导向，合理评价企业的清洁生产水平，并为创建清洁生产先进企业提供依据，必须建立清洁生产评价指标体系。

一、建立清洁生产评价指标体系的必要性

建立中国的清洁生产评价指标体系，必须以中国环境管理综合体系中的环境方针为出发点，因此需要与中国推行清洁生产现行的和正在拟订的政策相结合；另外，实施清洁生产之前，必须从产品变更、原料改变、技术流程与操作条件、管理及循环利用等方面确定清洁生产机会。

（一）清洁生产评价指标体系建设是清洁生产政策和法规建设的需要

（1）现阶段，中国工业污染预防和推行清洁生产政策方面最重要的改革包括"三个结合"，即对污染物的排放要求浓度控制与总量控制相结合，对污染物的控制重点要求企业末端治理与全过程控制相结合，对污染物的控制方式要求

点源污染与集中控制相结合。中国目前推行清洁生产的主要政策与清洁生产评价指标体系之间的关系可以归纳为：清洁生产评价指标体系的建立是围绕国家宏观经济和社会发展规划中确定的清洁生产的工业发展方针展开的，是对这一方针所阐明的总体目标的进一步深化。实际上清洁生产评价指标与工业发展方针及其派生的目标一起共同形成了企业在实施清洁生产中具有相互联系的指标体系。

（2）建立和改革环境影响评价制度，对建设项目进行全过程环境影响评价的政策要求，对原材料、能源、工艺设计、技术选择和生产过程的指标设立进一步规范和细化。

（3）促进和鼓励企业实施清洁生产还要通过环境经济政策实现。不论是收取原材料/资源税（费）、排污税（费），实行补贴和优惠政策，还是实施清洁生产投资和信贷优先政策，都需要以明确的指标作为衡量的基础。

（4）规范化的清洁生产管理和信息交流，需要各种定性或定量的管理审核指标。

（二）清洁生产评价指标体系建设是进行清洁生产审核的依据

清洁生产审核是一种基于企业生产过程进行工业污染预防分析的系统程序。它揭示生产技术的缺陷，按照生产工艺和物料流程来寻找预防污染和削减污染物产生量的机会，进而制订出削减资源（能源、水和原材料）使用、消除或减少产品和生产过程中有毒物质的使用，减少各种废弃物排放和毒性的方案。清洁生产审核是推行清洁生产的主要途径之一。从国内企业进行清洁生产的示范项目的成功经验来看，企业通过清洁生产审核，既可以减少污染物的排放，又可以增加经济效益。因此，国家主管部门在对企业的考核中，除现有的生产、利税和资产增值等考核指标外，还要增加企业清洁生产评价指标。

二、清洁生产评价指标及其研究现状

（一）清洁生产评价指标的种类

当前，世界各国常用的清洁生产评价指标大多是定性指标与定量指标相组合，大致可以分为以下三类：宏观性指标、微观性指标和为环境设计指标（design for environment，DfE），按性质分类的清洁生产评价指标见表4-7。

表 4-7　按性质分类的清洁生产评价指标

宏观性指标	微观性指标	为环境设计指标（DfE）
立即可用	可逐年建立，一旦建立立即可用	环境影响指标须长时间分析
相对性 每年遭受周围居民抗议的次数与所处区域有关 与 ISO 9000 或 ISO 14001 系统无法进行对照比较 有无减量计划	绝对性 有害废弃物年产率 能耗指标 清洗水再利用率 功能性包装材料所占比例	地域性（定量） 以各种原材料对环境的影响分析结果为依据，计算出各种原材料的环境影响指标，例如：eco-indicator 定性指标
可以显示对环境的承诺，但不宜仅凭此类指标下结论	须用实际的真实数据进行计算，结果可以用来探讨减废空间或展现环境绩效	使用者无须输入任何数据即可直接引用，可以提供作为环境设计的参考

1. 宏观性指标

宏观性指标有的具有相对性，有的无法提供具体证据。例如，每年遭受周围居民抗议的次数与该厂所在区域有关，地处偏远者当然远低于设在人口密集的地方的工厂。因此，不能仅仅根据此类指标就轻下结论，而必须借助其他指标来判断。

2. 微观性指标

微观性指标则表示工厂的环境影响程度的绝对值。例如，单位产品的能源耗用量，这个数值与工厂的工艺、设备有关，而与其所处的地点无关。所以，这类指标的数值就必须要经过现场调查、测量，以获取真实资料。这类指标可以用于识别工厂的减废空间所在，也可以说明公司的环境绩效。

从上面所述的清洁生产指标类型，可以发现清洁生产评价指标与 ISO 14031 中的环境绩效指标不谋而合。所谓宏观性指标与环境绩效指标中的管理绩效指标（MPI）极为相似。而微观性指标则与操作绩效指标（OPI）极为相似。

3. 为环境设计指标

为环境设计指标也就是为研发人员在选择材料、能源、工艺和污染物处理技术提供参考依据，见表 4-8。其中包括定量指标，诸如欧洲所用的 eco-indicator，见表 4-4；也有定性指标，可以作为研发人员在开发新产品时的设计指南。

表 4-8 为环境设计指标

阶段	清洁生产评价指标
制造销售阶段	1. 是否考虑原辅材料的耗竭情况和开采对环境的破坏情况
	2. 是否考虑避免使用下列化学物质： 公告为有毒化学物质； 瑞典优先减量清单（13 项）； 对工序有毒、有害的废弃物； 废弃的化学物质
	3. 是否考虑新产品包装 外形易于包装
	4. 是否考虑原材料及能源的回收再利用
	5. 厂内回收技术是否纳入设计
	6. 是否考虑污染排放的种类、浓度和总量
	7. 有无处理技术
	8. 有无回收的可能性，若有，是否提供配套的技术
	9. 是否进行物料和能源平衡计算
使用阶段	10. 耗能情况，有无节能装置
	11. 资源耗损情况，如洗衣机的用水量
	12. 产品中耗材的更替周期长短，耗材材料的可回收性
弃置阶段	13. 是否考虑产品的材质可回收性、单一性、易拆解、易处理处置

为环境设计指标，是以产品生命周期模式将产品分成制造、销售、使用及弃置四个阶段，每个阶段再依其特性设计出适用的清洁生产指标。产品开发或研发部门应在产品开发阶段，就将该项产品在不同阶段的环境影响纳入重点考虑。例如：考虑避免使用禁用的原材料或适用能资源化的回收技术，就必然可以保证生产后减低对环境的负面影响。

（二）国外常用的清洁生产评价指标

国外清洁生产进行得比较早，因此，各发达国家（如美国、日本、加拿大等）相继开发出许多清洁生产评价指标，为简便、直观起见，我们将当前国外常用的清洁生产评价指标列于表 4-9。

表 4-9　当前国外常用的清洁生产评价指标

指标名称	内容简述	备注
生态指标 （eco-indicator）	从生态周期评估的观点出发，将所排放的污染物质对环境的影响进行量化评估，并建立量化的 eco-indicator，共建立 100 个指标	由荷兰 National Reuse of Waste Research Programm 完成
气候变化指标 （Climate Change Indicator）	污染物的排放量，所选择的标准物质，包括 CO_2、CH_4、N_2O 的排放量以及氟氯烃（CRCs）、哈龙（Halons）的使用量，以上均转换为 CO_2 当量，逐年记录以评估对气候变化的影响	由荷兰开发应用
环境绩效指标 ［EPI（Environmental Performance Indicators）］	针对铝冶炼业、油与气勘探与制造业、石油精炼、石化、造纸等行业，开发出能源指标、空气排放指标、废水排放指标、废弃物指标以及意外事故指标	挪威和荷兰环保局委托非营利机构——European Green Table 开发
环境负荷因子 ［ELF（Environmental Load Factor）］	ELF＝废弃物重量/产品重量	英国 ICI 公司开发
废弃物产生率 ［WR（Waste Ratio）］	WR＝废弃物重量/产出量	美国 3M 公司
减废情况交换所 ［PPIC（Pollution Prevention Information Clearinghouse）］	比较使用清洁生产工艺前后的废弃物产生量、原材料消耗量、用水量以及能源消耗量，来判断该工艺是否属于清洁生产（相对原来工艺而言）	美国环保局

对表 4-9 中所列各指标的具体说明如下：

（1）生态指标。欧盟用环境影响的观念来评估污染物质对生态环境的影响和对人类健康的危害，并建立各项指标体系，其逻辑和程序如图 4-2 所示。

生态指标是根据污染物排放后对环境、生态系统或人类健康造成的危害的大小所建立的指标。但是，这些危害的大小是属于区域性的，因为它们是和当地环境的要求标准、气候状况、天文状况、水文状况相关的。由于生态指标的区域性很强，所以这些指标对其他区域（如亚洲）并不一定适用。

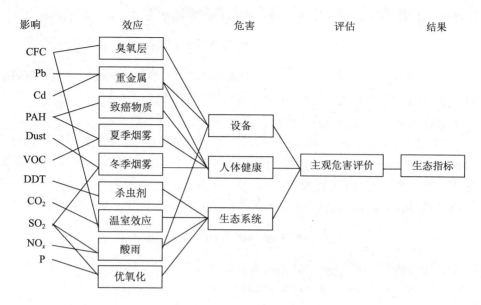

CFC—氟氯烃化合物；Pb—铅；Cd—镉；PAH—多环芳烃；Dust—粉尘；VOC—挥发性化合物；

DDT—滴滴涕；CO_2—二氧化碳；SO_2—二氧化硫；NO_x—氮氧化物；P—磷

图 4-2　生态指标建立逻辑

（2）气候变化指标。众所周知，温室气体的排放会改变大气的组成，会提高地表温度，引起全球变暖。荷兰所制定的气候变化指标是将全国每年的 CO_2、CH_4、N_2O 的排放量，以及 CFCS、Halons（氟氯烃的一种）的使用量都折算成 CO_2 当量后相加，其综合表示对温室效应或全球变暖的贡献。荷兰政府逐年调查此项指标，并制定削减的目标。经过努力，荷兰政府的气候变化指标值已由 1980 年的286 降至 1991 年的 239，降幅达 16%。

这一指标适用于政府对全国的温室气体控制，它可以为全国温室气体的控制提供明确的指引，但是对于企业和个体却无法产生清洁生产的指导作用。

（3）环境绩效指标。欧盟绿色圆桌组织（European Green Table）在所提出的企业环境绩效指标（EIP，Environmental Performance Indicators in Industry）报告中，针对铝冶炼业、油与气勘探制造业、石油精炼、石化、造纸等行业，根据行业特性提出该行业应该建立的清洁生产指标项目。虽然欧盟所提出的环境绩效指标对中国并不完全适用，但是这些针对行业特性发展清洁生产评价指标的原则，对于我们建立各行业的指标体系还是具有极高的参考价值的。

（4）环境负荷因子。英国得利（ICI）公司所属的 FCMO（Fine Chemicals Manufacturing Organization）开发出一种称为环境负荷因子（Environmental Load

Factor）的简单指标，供化学工艺开发人员作为评估新工艺的参考值，其定义如下：

$$环境负荷因子＝废弃物重量/产品重量$$

在上式中的废弃物并不包括工序用水和空间，不参加反应的氮气也不算在内。这个公式适合于含有化学反应的工序，其中"废弃物"不分有害与无害，只以总当量指标值表示，故不能真正表示其对环境的影响程度。

（5）废弃物产生率（Waste Ratio）。美国 3M 公司自 1975 年开始执行 3P（Pollution Prevention Pays，污染预防获利）计划以来，绩效卓著，第一年就减少各类（气、液、固）污染物约 50 万 t。3M 公司还有一个简单的指标——废弃物产生率，可以作为评估工艺的参考值。它的定义如下：

$$废弃物产生率＝废弃物重量/产出重量$$

式中：废弃物 —— 水、空气以外的废弃物；

产出重量 —— 产品、副产品和废弃物的总和。

3M 公司的废弃物产生率与 ICI 公司的环境负荷因子极为相似，废弃物的定义相同，只是比较的基准不同而已。环境负荷因子指标以产品为基准，废弃物产生率指标以总产出为基准，其值永远小于 1，而 ELF 值则可能大于 1。与 ELF 相同，Waste Ratio 的值也无法真正表示其对环境的影响程度。

（6）减废情况交换所。美国环保局的减废情况交换所（Pollution Prevention Information Clearinghouse，PPIC）所采用的方式为：经常评估或调查废弃物产生量、原料、水及能源的耗用量。在每次评估或调查之间一定要进行某项改善，然后比较改善前后的情况，以评估改善的程度。表 4-10 为 PPIC 用于比较的表格。

表 4-10　减废情况交换所比较

范畴	改善前的数量	改善后的数量
废弃物产生量		
原料用量		
用水量		
能源消耗量		

需要注意的是，这类指标只适用于同一工厂在工艺改善前后的比较。

总之，欧美国家以及一些国际组织在建设指标体系时十分注重体系的建立，并且在这方面 OECD 的工作十分突出，其主要有两个特点：①其环境指标分为压力、状态和反应三个方面，分别建立了环境压力指标、环境条件指标和社会响应指标，这三个方面的划分清晰地表述了环境问题的不同方面以及为解决环境问题所采取的努力。② OECD 的环境指标分成核心指标和其他部门指标等类型。核心指标数量少，但概括性强，非常适用于进行国家间的比较，而部门指标则较为具体，能反映各个部门的具体情况，在具体工作中非常有意义。在欧美国家，清洁生产主要从三个方面来考虑，建立指标体系也主要从这三个方面进行，即原材料与能源、生产过程以及产品。而指标也是从管理、技术、污染等角度建立的，各国在清洁生产工作中建立了大量的指标体系结构，如 OECD 的环境指标、美国产品生命周期分析中的指标体系、清洁产品和包装开发中的指标体系、ISO 14000 系列标准中的环境管理指标。应该说，在这方面欧美国家做得比较好。

三、国内清洁生产行业指标体系

随着《清洁生产促进法》的推行和清洁生产工作的开展，建立科学的清洁生产评价体系非常必要，这不仅有助于评价企业开展清洁生产的状况，而且也便于企业选择合适的清洁生产技术。清洁生产评价正逐步向量化评价方向发展，量化评价主要通过选择指标体系和指标体系分值计算获得评价结果，主要的评价步骤如图 4-3 所示。

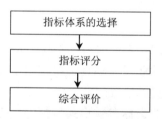

图 4-3　清洁生产评价步骤

清洁生产涉及面广、指标多，指标体系选择的原则为：

1. 从产品生命周期全过程考虑

生命周期分析方法是清洁生产指标选取的一个最重要原则，它是从一个产品的整个生命周期全过程地考察其对环境的影响，如从原材料的采掘，到产品的生产过程，再到产品销售，直至产品报废后的处置。"生命周期评价是对一个产品系统的生命周期中输入、输出及其潜在环境影响的汇总和评价。"

2. 体现污染预防思想

清洁生产指标的范围不需要涵盖所有的环境、社会、经济等指标，主要应反映出项目实施过程中所使用的资源量及产生的废物量，包括使用能源、水或其他资源的情况，通过对这些指标的评价，反映出项目的资源利用情况和节约的可能性，以达到保护自然资源的目的。

3．容易量化

清洁生产指标涉及面比较广，有些指标难以量化。为了使所确定的清洁生产指标既能够反映项目的主要情况，又简便易行，在设计时要充分考虑到指标体系的可操作性，因此，应尽量选择容易量化的指标项。这样，可以给清洁生产指标的评价提供有力的依据。

4．数据易得

清洁生产指标体系是为评价一个活动是否符合清洁生产战略而制定的，是一套非常实用的体系，所以在设计时，既要考虑到指标体系构架的整体性，又要考虑到体系在使用时，能够容易获得较全面的数据支持。

（一）清洁生产评价指标体系的结构

根据清洁生产的原则要求和指标的可度量性，指标体系分为定量评价和定性要求两大部分。

定量评价指标体系选取有代表性的，能反映"节能""降耗""减污"和"增效"等有关清洁生产最终目标的指标，建立评价模式。通过各项指标的实际达到值，评价基准值和指标的权重值，进行计算和评分，综合考虑企业实施清洁生产的状况和企业清洁生产的程度。

定性评价指标主要依据国家有关推行清洁生产的产业发展和技术进步政策、资源环境保护政策规定以及行业发展规划选取，用于定性考核企业对有关政策的符合性及其清洁生产工作的实施情况。

清洁生产评价指标体系的指标参数形式包括定量指标和定性指标。该体系分为一级评价指标和二级评价指标，行业可根据自身特点设立多级指标。一级评价指标是具有普适性、概括性的指标，共有五项，它们是资源与能源消耗指标、产品特征指标、污染物指标、资源综合利用指标和环境管理与劳动安全指标。二级评价指标是在一级评价指标之下，代表企业清洁生产特点的、具体的、可操作的、可验证的若干指标。

清洁生产定量、定性评价指标体系框架如图4-4所示。

1．资源与能源消耗指标（定量指标）

在正常的操作情况下，生产单位产品对资源的消耗程度可以部分地反映出一个企业的技术工艺和管理水平。从清洁生产的角度看，资源指标的高低同时也反映出企业的生产过程在宏观上对生态系统的影响程度，因为在同等条件下，资源消耗量越高，对环境的影响越大。资源指标可以由单位产品的新鲜水耗量、单位产品的能耗和单位产品的物耗来表达。

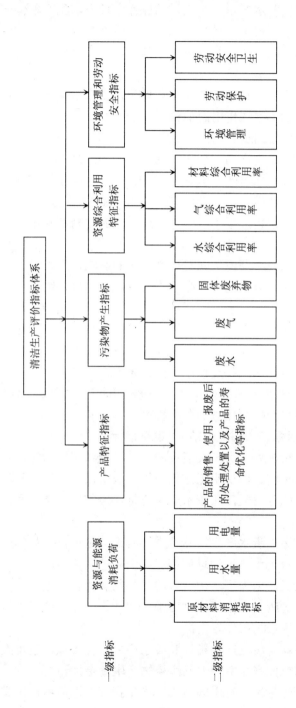

图 4-4 清洁生产评价指标体系框架

（1）单位产品的新鲜水耗量。在正常的操作条件下，生产单位产品整个工艺使用的新鲜水（不包括回用水）量。

（2）单位产品的能耗。在正常的操作条件下，生产单位产品的电耗、油耗和煤耗等。

（3）单位产品的物耗。在正常的操作条件下，生产单位产品消耗的构成产品的主要原料和对产品起决定性作用的辅料量。

2. 产品特征指标（定性指标）

对产品的要求是清洁生产的一项重要内容，因为产品的销售、使用过程以及报废后的处理处置均会对环境产生影响，有些影响是长期的，甚至是难以恢复的。此外，应考虑产品的寿命优化，因为这也影响到产品的利用效率。

（1）销售。产品在销售过程中，即从工厂运送到零售商和用户过程中对环境可能造成的影响程度。

（2）使用。产品在使用期内可能对环境造成的影响程度。

（3）寿命优化。在多数情况下产品的寿命是越长越好，因为可以减少对生产该种产品物料的需求。但有时也并不尽然，例如，某一高耗能产品的寿命越长则总能耗越大，随着技术进步有可能产生同样功能的低耗能产品，而这种节能产生的环境效益有时会超过节省物料的环境效益，在这种情况下，产品的寿命越长对环境的危害越大。寿命优化就是要使产品的技术寿命（产品的功能保持良好的时间）、美学寿命（产品对用户具有吸引力的时间）和初设寿命处于优化状态。

（4）报废。产品报废后对环境的影响程度。

3. 污染物产生指标（末端处理前）（定量指标）

除资源（消耗）指标外，另一类能反映生产过程状况的指标便是污染物产生指标。污染物产生指标较高，说明工艺相应地比较落后或管理水平较低。通常情况下，污染物产生指标分三类，即废水产生指标、废气产生指标和固体废物产生指标。

（1）废水产生指标。废水产生指标首先要考虑的是单位产品的废水产生量，因为该项指标最能反映废水产生的总体情况。但是，许多情况下单纯的废水量并不能完全代表产污状况，因为废水中所含的污染物量的差异也是生产过程状况的一种直接反映。因而对废水产生指标又可细分为两类，即单位产品废水产生量指标和单位产品主要水污染物产生量指标。

（2）废气产生指标。废气产生指标和废水产生指标类似，也可细分为单位产品废气产生量指标和单位产品主要大气污染物产生量指标。

（3）固体废物产生指标。对于固体废物产生指标，可简单地定义为"单位产品主要固体废物产生量"。

4．资源综合利用特征指标（定性、定量指标）

资源综合利用特征指标即废物回收利用指标，是指生产过程中所产生的具有可回收利用特点和价值的废物的回收和利用的比率，只有对这些废物进行回收和利用才可减少对环境的影响。这类指标主要包括废物利用的比例、途径和技术，以及生产出的产品，可以具体到水综合利用率、气综合利用率、材料综合利用率等。

5．环境管理和劳动安全指标（定性、定量指标）

环境管理指标指生产过程中企业所制定的各类管理规章制度，包括执行环保法规的情况、企业生产过程管理、环境管理、清洁生产审核、相关方的环境管理等。环境管理是以环境科学理论为基础，运用技术、行政、教育等手段对经济社会发展过程中施加给环境的污染破坏活动进行调节控制，实现经济、社会和环境效益的协调统一。

随着中国环保法律、法规的不断健全和完善以及严格执法，环境管理极大地影响着企业的生存和发展，因此，环境管理应作为企业清洁生产的重要组成部分。具体指标包括：环境法律法规标准、生产过程环境管理指标、环境管理和相关方环境管理。

劳动保护是国家和单位为保护劳动者在劳动生产过程中的安全和健康所采取的立法、组织和技术措施的总称。劳动保护的目的是为劳动者创造安全、卫生、舒适的劳动工作条件，消除和预防劳动生产过程中可能发生的伤亡、职业病和急性职业中毒，保障劳动者以健康的劳动力参加社会生产，促进劳动生产率的提高，保证社会主义现代化建设顺利进行。劳动保护的基本内容包括劳动保护的立法和监察、劳动保护的管理与宣传、安全技术、工业卫生、工作时间与休假制度、女职工与未成年工的特殊保护。不包括劳动权利和劳动报酬等方面内容。

劳动安全卫生制度是指直接保护劳动者在劳动过程中的安全健康的各种法律措施。劳动安全卫生制度包括：安全生产责任制度、安全技术措施计划制度、劳动安全卫生教育制度、劳动安全卫生检查制度、劳动安全卫生监督制度、伤亡事故和职业病统计报告处理制度。

根据清洁生产的含义，可以将清洁生产的指标从横向归为三类：有关的技术经济指标、环境领域的指标和管理领域的指标。这三类指标又可以根据清洁生产全程控制的要求从纵向划分成为源头控制、生产过程控制和产品控制的指标。源头控制包括原料、动力、能源、资源等控制指标；生产过程控制，又分为污染控制、回收利用、废物弃置和劳动安全卫生方面的指标；产品控制包括产品的性能、包装、运销、包装的回收利用、报废品的弃置等指标。可以由表 4-11 分析中国目前与清洁生产相关的指标构成。

表 4-11　清洁生产指标分类

清洁生产指标		有关技术经济指标	环境指标	管理指标
源头控制指标		原料的种类；性质；投入量；装置要求；能耗水平；动力消耗（如电耗）；水资源利用情况	原料本身的毒性和有害性；原料在获取、运输和使用过程中的废物产生情况	原料选择；原料提取工艺、运输方式、使用手段的选择；原料投入和耗能装置配备与维护（跑、冒、滴、漏情况）；节能指标
生产过程控制指标	污染治理	生产技术和工艺污染治理设备效率	环境质量指标；污染物总量控制指标；环境污染治理指标	环境计划指标；达标率、合格率、考核指标计划完成率；技术改造
	回收利用	回收利用技术工艺；所有经过使用的原料、动力以及提取剂、清洗剂等制剂的利用率和回收率	可回收物质的毒性和有害性、二次利用的环境影响、二次污染的可能性	原地回收利用的管理方式；不可在原地回收利用的材质的运销；登记和分类管理
	废物弃置	废物产生量和占地面积、累积存量	废物的环境危害	处置的方式和监督管理
	劳动安全卫生	改善劳动条件的专门拨款、事故损失	职业危险等级、伤亡率、发病率、毒性	现场清洁卫生；职工出勤率；检测和监督
产品控制指标		产品的种类；用途；产量和质量要求；产品的包装特性；包装或产品本身报废后回收利用技术工艺	产品在生产、包装、运输、销售和使用环节对人体和环境的影响；可回收物质的毒性和有害性、二次利用的环境影响、二次污染的可能性	产品的设计与开发；产品的运输和销售；与产品相关的服务；是否有生态标志；原地回收利用管理方式；不可在原地回收利用的产品或包装的运销；登记和分类管理

（二）清洁生产评价指标的基准值和权重分值

在定量评价指标体系中，各指标的评价基准值是衡量该项指标是否符合清洁生产基本要求的评价基准。评价指标体系确定各定量评价指标的评价基准值的依据是：凡国家或行业在有关政策、规划等文件中对该项标准已有明确要求值的就选用国家要求的数值；凡国家或行业对该项指标尚无明确要求值的，则选用国内行业重点企业近年来清洁生产所实际达到的中上等以上水平的指标值。定量评价指标体系的评价基准值代表了行业清洁生产的平均先进水平。

在定性评价指标体系中，衡量该项指标是否贯彻执行国家有关政策、法规，以及评价企业的生产状况，按"是"或"否"两种选择来评定。选择"是"即得到相应的分值，选择"否"则不得分。

清洁生产评价指标的权重值反映了该指标在整个清洁生产评价指标体系中所占的比重。它在原则上是根据该项指标对企业清洁生产实际效益和水平的影响程度及其实施的难易程度来确定的。

清洁生产是一个相对概念，它将随着经济的发展和技术的更新而不断完善，达到新的更高、更先进的水平，因此清洁生产评价指标及指标的基准值，也应视行业技术进步趋势不定期调整，其调整周期一般为 3 年，最长不应超过 5 年。

四、城市清洁生产评价指标体系

在推动企业清洁生产的同时，随着清洁生产从企业层次发展为城市层次，并正向区域层次、国家层次发展，各地方政府也非常积极地推动着地方城市清洁生产评价指标体系。相关标准的制定和实施已经作为衡量城市环境生态状况的一个重要标志，越来越引起社会的普遍关注。

城市清洁生产工作水平与下列 6 个因素有关：城市工业生产污染物排放水平、城市采用清洁生产先进工艺和技术水平、城市经济发展质量、城市环境基础设施建设状况、城市有关清洁生产的政策法规制定和执行情况以及城市有关清洁生产知识的全民教育和民众意识水平。中国的太原市（2003 年）和上海市（2005 年）分别进行了城市清洁生产评价指标体系的探索性研究，并基于此，对城市发展状况和未来的发展趋势做了预测。

思考题

1．清洁生产标准体系的相关概念有哪些？

2．简述清洁生产标准的框架体系。

3．中国发布了哪些行业清洁生产标准？

4．试说明清洁生产评价指标的选取原则，清洁生产评价指标体系应从哪些环节来考虑？

5．清洁生产评价指标体系是如何进行等级划分的？国内常用的清洁生产评价指标有哪些？

6．简述中国清洁生产评价指标体系的框架结构。

7．清洁生产评价方法有哪些？

8．试比较清洁生产评价和环境影响评价。

第五章
清洁生产审核理念

清洁生产审核是企业实施清洁生产的有效途径，其法律依据是《中华人民共和国清洁生产促进法》。

通过清洁生产审核，对企业生产全过程的重点（或优先）环节、工序产生的污染进行定量监测，找出高物耗、高能耗、高污染的原因，然后有的放矢地提出对策、制订方案，减少和防止污染物的产生。

特别要指出的是：本章论述内容主要依据国家发改委和国家环境保护总局依据 2002 年颁布的《清洁生产促进法》制定、并于 2004 年 8 月 16 日颁布的《清洁生产审核暂行办法》；2012 年，国家对《清洁生产促进法》进行了修订，然而到 2014 年 5 月底，新的《清洁生产审核暂行办法》尚未颁布，目前在实际审核工作中依然主要执行该《暂行办法》。因此，在强制性审核对象、主管部门等内容上与修订后的《清洁生产促进法》的有关内容有不一致的地方，在学习和执行过程中要注意加以重视。本书建议在确定强制性审核对象时，除了传统意义的"双超双有"企业外，增加"超过单位产品能源消耗限额标准构成高耗能的企业"，即"高耗能"企业。

第一节　清洁生产审核的概念

企业清洁生产审核是对企业现在的和计划进行的工业生产实行预防污染的分析和评估，是企业实行清洁生产的重要前提。

国家发改委和国家环境保护总局 2004 年 8 月 16 日颁布的《清洁生产审核暂行办法》第二条给出了清洁生产审核的定义："按照一定程序，对生产和服务过程进行调查和诊断，找出能耗高、物耗高、污染重的原因，提出减少有毒、有害物料的使用、产生，降低能耗、物耗以及废物产生的方案，进而选定技术经济及环境可行的清洁生产方案的过程。"清洁生产审核是组织实行清洁生产的重要前提。它通过一套系统的、可操作的审核程序的实施，达到节能、降耗、减污、增效的目标。

　　企业的清洁生产审核是一种对污染来源、废物产生原因及其整体解决方案的系统的分析和实施过程，旨在通过实行预防污染分析和评估，寻找尽可能高效率利用资源（如原辅材料、能源、水等），减少或消除废物的产生和排放的方法，是组织实行清洁生产的重要前提，也是关键和核心。持续的清洁生产审核活动会不断产生各种清洁生产方案，有利于组织在生产和服务过程中逐步实施，从而使其环境绩效实现持续改进。

　　通过清洁生产审核，达到：

　　（1）核对有关单元操作、原材料、产品、用水、能源和废弃物的资料。

　　（2）确定废弃物的来源、数量以及类型，确定废弃物削减的目标，制定经济有效地削减废弃物产生的对策。

　　（3）提高企业对由削减废弃物获得效益的认识。

　　（4）判定企业效率低的"瓶颈"部位和管理不完善的地方。

　　（5）提高企业经济效益和产品质量。

第二节　清洁生产审核的目的

　　重点企业清洁生产审核主要是通过一套完整的科学程序，判定出企业不符合清洁生产原则以及导致企业超标排放或超总量排放的环节及其原因，并提出清洁生产方案解决这些问题，从而达到节能、降耗、减污、增效的目的。

　　通过清洁生产审核，我们预期能取得如下效果：

　　（1）通过清洁生产审核和实施清洁生产方案，削减企业物耗、能耗、污染物产生量和排放量，削减有毒有害物质的使用量和排放量，减少末端设施的压力，使企业高质量达标。

　　（2）促进各地实现"一控双达标"目标，稳定"一控双达标"成果。按"惩前毖后，治病救人"的原则，改善环保局和不达标、被曝光、污染严重企业的对立关系。

　　（3）核实企业的排放情况，削减污染物排放总量，切实改变污染控制模式。

　　（4）确认企业达标的可能性和付出的成本。为政府按照法律程序对屡次不能达标者或达标无望企业实施关、停、并、转提供依据。

　　（5）通过强制性清洁生产审核，从正、反两个方面促进和带动自愿性清洁生产审核工作的全面开展。

　　（6）全面评价企业生产全过程及其各个过程单元或环节的运行管理现状，掌握生产过程的原材料、能源与产品、废物（污染物）的输入、输出状况。

（7）分析识别影响资源能源有效利用，造成废物产生，以及制约企业提高生态效率的原因或"瓶颈"问题。

（8）分析企业利用产品、原材料、技术工艺、生产运行管理以及废物循环利用等多途径进行综合污染预防的机会，提出清洁生产方案与实施计划。

（9）不断提高企业管理者与广大职工清洁生产的意识与参与程度，促进清洁生产在企业的持续改进。

第三节 清洁生产审核的原则

清洁生产审核首先是对组织现在的和计划进行的产品生产和服务实行预防污染的分析和评估。在实行预防污染分析和评估的过程中，制定并实施减少能源、资源和原材料使用，消除或减少产品和生产过程中有毒物质的使用，减少各种废弃物排放的数量及其毒性的方案。

根据清洁生产审核的程序内容，可以得出其核心方法或审核思路。

清洁生产审核的总体思路可以用三句话来概括，即判明废弃物的产生部位，分析废弃物的产生原因，提出方案减少或消除废弃物。图 5-1 表述了清洁生产审核的思路。

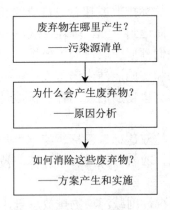

图 5-1 清洁生产审核的思路

（1）废弃物在哪里产生？通过现场调查和物料平衡找出废弃物的产生部位并确定产生量，这里的"废弃物"包括各种废物和排放物。

（2）为什么会产生废弃物？一个生产过程一般可以用图 5-2 简单地表示出来。

（3）如何消除这些废弃物？针对每一种废弃物的产生原因，设计相应的清洁生产方案，包括无/低费方案和中/高费方案，方案可以是一个、几个甚至更多个，通过这些清洁生产方案来消除废弃物，从而达到减少废弃物产生的目的。

审核思路提出要分析污染物产生的原因和提出预防或减少污染产生的方案，这两项工作该如何去做呢？这就涉及审核中思考这些问题的八个途径或者说生产过程的八个方面，也就是说，八个途径和八个方面是一致的，污染产生的原因和方案的提出都从这八个途径或八个方面入手。首先，让我们先来看看生产过程的八个方面。清洁生产强调在生产过程中预防或减少污染物的产生，由此，清洁生产非常关注生产过程，这也是清洁生产与末端治理的重要区别之一。那么，从清洁生产的角度又是如何看待企业的生产和服务过程的呢？

抛开生产过程千差万别的个性，概括出其共性，得出如图 5-2 所示的生产过程框架。

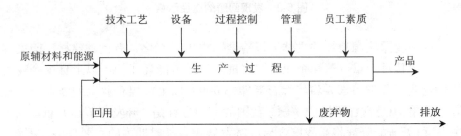

图 5-2　生产过程框架

从图 5-2 可以看出，对废弃物的产生原因分析要从这八个方面进行。

也就是说，一个生产和服务过程可抽象成如图 5-2 所示的八个方面组成，即原辅材料和能源、技术工艺、设备、过程控制、管理、员工素质六方面的输入，得出产品和废弃物的输出，可回收利用或循环使用的废弃物回用后，剩余部分向外界环境排放。从清洁生产的角度认为，废弃物产生的原因跟这八个方面都可能相关，这八个方面的某几个方面直接导致废弃物的产生。

为了找出企业问题的所在，可以参考图 5-3。

（一）原辅材料和能源

原材料和辅助材料本身所具有的特性，如毒性、难降解性等，在一定程度上决定了产品及其生产过程对环境的危害程度，因而选择对环境无害的原辅材料是清洁生产所要考虑的重要方面。

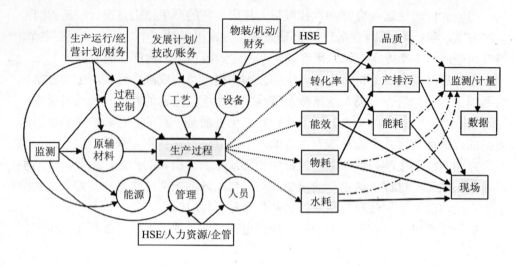

图 5-3 发现问题的途径示意

企业是我国能源消耗的主体，以冶金、电力、石化、有色、建材、印染等行业为主，尤其对于重点消耗企业（国家规定年综合能耗 1 万 t 以上标煤企业为重点能耗企业；各省市部委将年综合耗能 5 000 t 以上标煤企业也列为重点能耗企业），节约能源是常抓不懈的主题。我国的节能方针是"开发和节约并重，以节约为主"。可见节能降耗将是我国今后经济发展相当长时期内的主要任务。据统计，产品能耗中国比国外平均多 40%，我国仅机电行业的节能潜力就在 1 000 亿 kW·h，节能空间十分巨大。同时，有些能源在使用过程中（如煤、油等的燃烧过程）直接产生废弃物，而有些则间接产生废弃物（如一般电的使用本身不产生废弃物，但火电、水电和核电的生产过程均会产生一定的废弃物），因而节约能源、使用二次能源和清洁能源也将有利于减少污染物的产生。

除原辅材料和能源本身所具有的特性以外，原辅材料的储存、发放、运输，原辅材料的投入方式和投入量等也都可能导致废弃物的产生。

（二）技术工艺

生产过程的技术工艺水平基本上决定了废弃物的数量和种类，先进而有效的技术可以提高原材料的利用效率，从而减少废弃物的产生。结合技术改造预防污染是实现清洁生产的一条重要途径。反应步骤过长、连续生产能力差、生产稳定性差、工艺条件过高等技术工艺上的原因都可能导致废弃物的产生。

（三）设备

设备作为技术工艺的具体体现，在生产过程中也具有重要作用，设备的适用性及其维护、保养情况等均会影响废弃物的产生。

（四）过程控制

过程控制对许多生产过程是极为重要的，如化工、炼油及其他类似的生产过程，反应参数是否处于受控状态并达到优化水平（或工艺要求），对产品和优质品的得率具有直接的影响，因而也就影响了废弃物的产生量。

（五）产品

产品本身决定了生产过程，同时产品性能、种类和结构等的变化往往要求生产过程做相应的改变和调整，因而也会影响废弃物的种类和数量。此外，包装方式和用材、体积大小、报废后的处置方式以及产品储运和搬运过程等，都是在分析和研究产品相关的环境问题时应加以考虑的因素。

（六）废弃物

废弃物本身所具有的特性和所处的状态直接关系到它是否可现场再用和循环使用。"废弃物"只有当其离开生产过程时才成为废弃物，否则仍为生产过程中的有用材料和物质，对其应尽可能回收，以减少废弃物排放的数量。

（七）管理

我国目前大部分企业的管理现状和水平，也是导致物料、能源的浪费和废物增加的一个主要原因。加强管理是企业发展的永恒主题，任何管理上的松懈和遗漏，如岗位操作过程不够完善、缺乏有效的奖惩制度等，都会严重影响废弃物的产生。通过组织的"自我决策、自我控制、自我管理"方式，可把环境管理融入组织全面管理之中。

（八）员工素质

任何生产过程中，无论自动化程度多高，从广义上讲均需要人的参与，因而员工素质的提高及积极性的激励也是有效控制生产过程和废弃物产生的重要因素。缺乏专业技术人员、缺乏熟练的操作工人和优良的管理人员以及员工缺乏积极性和进取精神等都有可能导致废弃物的增加。

废弃物产生的数量往往与能源、资源利用率密切相关。清洁生产审核的一个重要内容就是通过提高能源、资源利用效率，减少废物产生量，达到环境与经济"双赢"的目的。当然，以上八个方面的划分并不是绝对的，在许多情况下存在着相互交叉和渗透的情况，如一套大型设备可能就决定了技术工艺水平；过程控制不仅与仪器、仪表有关，还与管理及员工素质有很大的联系等，但这八个方面仍各有侧重点，原因分析时应归结到主要的原因上。注意对于每一个废弃物产生源都要从以上八个方面进行原因分析，并针对原因提出相应的解决方案（方案类型也在这八个方面之内），但这并不是说每个废弃物产生都存在这八个方面的原因，它可能是其中的一个或几个。

《清洁生产审核暂行办法》确定了清洁生产审核四原则：

（1）以企业为主体。清洁生产审核的对象是企业，是围绕企业开展的，离开了企业，所有工作都无法开展。

（2）自愿审核与强制审核相结合。对污染物排放达到国家和地方规定的排放标准以及总量控制指标的企业，可按照自愿的原则开展清洁生产审核；而对于污染物排放超过国家和地方规定的标准或者总量控制指标的企业，以及使用有毒有害原料进行生产或者在生产中排放有毒有害物质的企业，应依法强制实施清洁生产审核。

（3）企业自主审核与外部协助审核相结合。

（4）因地制宜、注重实效、逐步开展。不同地区、不同行业的企业在实施清洁生产审核时，应结合本地实际情况，因地制宜地开展工作。

第四节　清洁生产审核的特点

进行企业清洁生产审核是推行清洁生产的一项重要措施，它从一个企业的角度出发，通过一套完整的程序来达到预防污染的目的，具备如下特点：

（1）鲜明的目的性。清洁生产审核特别强调节能、降耗、减污，并与现代企业的管理要求相一致，具有鲜明的目的性。

（2）系统性。清洁生产审核以生产过程为主体，考虑对其产生影响的各个方面，从原材料投入到产品改进，从技术革新到加强管理等，设计了一套发现问题、解决问题、持续实施的系统而完整的方法。

（3）突出预防性。清洁生产审核的目标就是减少废弃物的产生，从源头削减污染，从而达到预防污染的目的，这个思想贯穿在整个审核过程的始终。

（4）符合经济性。污染物一经产生需要花费很高的代价去收集、处理和处置，使其无害化，这也就是末端处理费用往往令许多企业难以承担的原因，而清洁生产审核倡导在污染物产生之前就予以削减，不仅可减轻末端处理的负担，同时也减少了原材料的浪费，提高了原材料的利用率和产品的得率。事实上，国内外许多经过清洁生产审核的企业本身的经验都证明了清洁生产审核可以给企业带来经济效益。

（5）强调持续性。清洁生产审核十分强调持续性，无论是审核重点的选择还是方案的滚动实施均体现了从点到面、逐步改善的持续性原则。

（6）注重可操作性。清洁生产审核的每一个步骤均能与企业的实际情况相结合，在审核程序上是规范的，即不漏过任何一个清洁生产机会，而在方案实施上则是灵活的，即当企业的经济条件有限时，可先实施一些无/低费方案，以积累资金，逐步实施中/高费方案。

第五节　清洁生产审核原理

清洁生产审核是一套科学的、系统的和操作性很强的程序。如前所述，这套程序由三个层次（废物在哪里产生？为什么会产生废物？如何消除这些废物？）、八条途径（原辅材料和能源、技术工艺、设备、过程控制、产品、废弃物、管理、员工素质）、七个阶段和 35 个步骤组成。

这套程序的原理可概括为逐步深入原理、分层嵌入原理、反复迭代原理、物质守恒原理、穷尽枚举原理。

（一）逐步深入原理

清洁生产审核要逐步深入，即要由粗而细、从大至小。审核开始时，即在审核准备阶段，组织机构的成立、选择宣传教育的对象等都是在组织整个范围的基础上进行的。预审核阶段同样是在整个组织的大范围内进行，相对于后几个阶段而言，这一阶段收集的资料一般地讲是比较粗略的，定性的比较多，有时不一定要求十分准确，而且主要是现有的基本资料。从审核阶段开始到方案实施阶段，审核工作都在审核点范围内进行。后四个阶段工作的范围比前两个阶段要小得多，但二者工作的深度和细致程度不同。这四个阶段要求的资料要全面、翔实，并以定量为主，许多数据和方案要通过调查研究和创造性的工作才能开发出来。最后一个阶段"持续清洁生产"则既有相当一部分工作又返回整个组织的大范围进行，还有一部分工作仍集中在审核重点部位，这一部分是在对前四个阶段的工作进行进一步深化、细化和规范化。

（二）分层嵌入原理

分层嵌入原理是指审核中对废弃物在哪里产生、为什么会产生废弃物、如何减少或消除这些废弃物这三个层次中的每一个层次，都要嵌入原辅材料和能源、技术工艺、设备、过程控制、管理、员工素质、产品、废物这八条途径。

以预审核为例，预审核共有六个步骤。无论是进行现状调研、现场考察、评价产污排污状况，还是确定审核重点、设置清洁生产目标、提出和实施无/低费方案，都应该从这三个层次上展开，每一个层次都要从八条途径着手进行工作。进行现状调研时，首要的问题就是要弄清楚废弃物从哪里产生，要回答这一问题，则首先要对组织的原辅材料和能源进行调研，包括污染物的种类、数量和性质，以及收购、运输、储存等多个环节。其次分析研究组织的技术工艺，然后分析研究组织的设备，接着对组织的过程控制、管理、员工素质、产品、废弃物等方面一一进行初步分析研究。从这八条途径入手，弄清其废弃物在哪里产生的问题。

第二个层次是问为什么会产生废弃物。要回答这一问题，仍然要嵌入图 5-2 所示的八条途径。仍以预审核中的现状调研为例，其要点是在大致摸清废物源之后，按顺序依次分析组织的原辅材料和能源、技术工艺、设备、过程控制、管理、员工素质、产品、废弃物等。在这个层次嵌入八条途径的目的与第一层次不同，这一层次是从以上八条途径分析为什么会产生废弃物。

要注意污染源与污染成因具有异同性，即二者有时一致，有时不一致。例如，生产过程中的产污，污染源的部位在生产设备，但其成因可能是原材料的收购、储存或运输过程出了问题。

第三个层次是如何减少或消除这些废弃物。在这一层次分析和研究对策时，仍应从图 5-2 的八条途径入手，即仍应嵌入这八条途径，换句话说，解决污染问题的方案，或者说清洁生产方案，仍要从这八条途径入手按顺序寻找。

（三）反复迭代原理

清洁生产审核的过程，是一个反复迭代的过程，即在审核七个阶段相当多的步骤中要反复使用上述的分层嵌入原理。

前面已经比较详细地解释了在进行现状调研时分层嵌入原理的具体应用方法。这一方法不仅要应用于现状调研步骤，还要应用于现场考察步骤，还要应用于审核阶段，方案产生和筛选阶段，实施方案的确定、方案实施阶段的相当多的步骤中。当然，有的步骤应进行三个层次的完整迭代，有的步骤只需进行一个或两个层次的迭代。

在审核阶段分析废弃物产生原因这一步骤中，一般只进行废弃物在哪里产生及为什么会产生这些废弃物这两个层次的迭代。顺序上首先应从原辅材料和能源、技术工艺、设备等八条途径入手找到污染物产生的准确部位，然后同样依次循着这八条途径研究为什么会产生这些废弃物。在审核阶段的下一个步骤即提出和实施无/低费方案里，往往又在如何减少或消除这些废弃物的这个层次上，依次考虑原辅材料和能源的清洁生产方案、技术工艺的清洁生产方案、设备的清洁生产方案、过程控制的清洁生产方案，直至废弃物的清洁生产方案。

（四）物质守恒原理

物质守恒这一大自然普遍遵循的原理，也是清洁生产审核中的一条重要原理。

预审核阶段在对现有资料进行分析评估、对组织现场进行考察研究和评价产污排污状况时都要应用物质守恒原理。虽然此时获得的资料不一定很全面、很准确，但大致估算一下组织的各种原辅材料和能源的投入、产品的产量、污染物的种类和数量、未知去向的物质等，在其间建立一种粗略的平衡，则将大大有助于弄清楚组织的经营管理水平及其物质和能源的流动去向。在上述工作基础之上，再利用各班记录等数据粗略计算审核重点的物料平衡状况，此时物质守恒原理显然是一种有用的工具。

审核阶段的一项重要工作是建立审核重点的物料平衡，这一工作当然必须遵循物质守恒原理。而且，这一阶段使用或产生的数据已经相当准确，因而此时的物质守恒原理的应用将是相当准确、相当严格的。

（五）穷尽枚举原理

穷尽枚举原理的重点，一是穷尽，二是枚举。

所谓穷尽，是指如图 5-2 所示的八条途径实际上构成了一个组织清洁生产方案的充分必要集合。换言之，一个组织从这八条途径入手，一定能发现自身的清洁生产方案；一个组织发现的任何一个清洁生产方案，必然是循着这八条途径中的一条或者几条找到的。因此，理论上讲，从这八条途径入手可以识别出该组织现阶段所有的清洁生产方案。

所谓枚举，即是不连续地、一个一个地列举出来。因此，穷尽枚举原理意味着在每一个步骤的每一个层次的迭代中，都要将八条途径当做这一步骤的切入点，由此深化和做好该步骤的工作，切不可合并，也不可跳跃。因为如果将八条途径中的若干条合为一条，或从原辅材料和能源直接跳跃到过程控制，则污染源的数量和部位、污染成因及清洁生产方案均可能无法完全找到，即没有穷尽。

虽然不可能在每一个层次每一个步骤的每一个切入点上都能够识别污染源或

找到污染成因，或找到清洁生产方案，但严格地遵循穷尽枚举原理是清洁生产审核成功的重要前提之一。学习和掌握穷尽枚举原理，并结合上述的逐步深入原理、分层嵌入原理、反复迭代原理和物质守恒原理，将极大程度地提高清洁生产审核人员的工作质量。

第六节　清洁生产审核的要点

企业清洁生产审核是一项系统而细致的工作，在整个审核过程中应注重充分发动全体员工的参与积极性，解放思想、克服障碍、严格按审核程序办事，以取得清洁生产的实际成效并巩固下来。

（1）充分发动群众献计献策。

（2）贯彻边审核、边实施、边见效的方针，在审核的每个阶段都应注意实施已成熟的无/低费清洁生产方案，成熟一个实施一个。

（3）对已实施的方案要进行核查和评估，并纳入企业的环境管理体系，以巩固成果。

（4）对审核结论，要以定量数据为依据。

（5）在第四阶段方案产生和筛选完成后，要编写中期审核报告，对前 4 个阶段的工作进行总结和评估，从中发现问题、找出差距，以便在后期工作中进行改进。

（6）在审核结束前，对筛选出来还未实施的可行的方案，应制订详细的实施计划，并建立持续清洁生产机制，最终编制完整的清洁生产审核报告。

清洁生产最根本的特性是强调污染预防，即通过有别于末端治理的源头削减技术和方法，实现生产过程中的污染物控制和削减，减少末端治理的费用和压力，如果将清洁生产的要求延伸到产品开发，则要求在新产品开发过程中就要考虑采用各类源头削减技术，用最低的环境代价得到目标产品，即所谓的清洁产品。但不管清洁生产的内涵如何延伸，污染预防的特性始终是不变的，因此作为清洁生产审核最重要的工具——清洁生产审核，污染物的变化始终是需要关注的对象。

在清洁生产审核过程中认真而严谨地开展企业污染源和环保调查是十分重要的。通过污染源调查，可获取企业污染物产生总量、回用（综合利用）情况、削减量等资料，并筛选出企业的主要污染源和污染物，为制定清洁生产审核污染物削减目标以及清洁生产审核后污染物削减绩效提供依据。通过对企业现有环境保护设施的调查，可以进一步分析企业污染治理的水平和实际存在的问题、风险，为采用经济有效的治理手段提供依据。同时清洁生产审核过程形成的污染物清单等技术档案，也是企业通过清洁生产审核以后重要的环境保护信息资料，可以为企业今后的环保管理服务。

第七节　清洁生产审核的对象和作用

组织实施清洁生产审核的最终目的是减少污染、保护环境、节约资源、降低费用、增强组织和全社会的福利。清洁生产审核对象是组织，其目的有两个：一是判定出组织中不符合清洁生产的方面和做法；二是提出方案并解决这些问题，从而实现清洁生产。

清洁生产审核虽自第二产业中起源并发展，但其原理和程序同样适用于第一产业和第三产业。因此，无论是工业型组织，如工业生产组织，还是非工业型组织，如服务行业的酒店、农场等任意类型的组织，均可开展清洁生产审核活动，节能、降耗、减污、增效，为环境保护和社会福利的改善作贡献。

重点企业的清洁生产审核对象也是一个组织（机构或企业）。《重点企业清洁生产审核程序的规定》（环发[2005]151 号）第二条规定重点企业是指《清洁生产促进法》（2002）第二十八条第二款、第三款规定应当实施清洁生产审核的企业，包括：

（1）污染物超标排放或者污染物排放总量超过规定限额的污染严重企业（以下简称"第一类重点企业"）。

（2）生产中使用或排放有毒、有害物质的企业[有毒、有害物质是指被列入《危险货物品名表》（GB 12268）、《危险化学品名录》《国家危险废物名录》和《剧毒化学品目录》中的剧毒、强腐蚀性、强刺激性、放射性（不包括核电设施和军工核设施）、致癌、致畸等物质，以下简称"第二类重点企业"]。

重点企业的清洁生产审核是清洁生产审核的一个特例，特指符合上述"双超"和"双有"的组织（机构或企业）。

一般来说，清洁生产审核可以起到以下几方面的作用：

（1）原材料和能源方面的节约和替代。从原材料和能源方面的节约和替代入手，解决废弃物产生量大、能源和资源消耗高等问题，是清洁生产审核中的一个重要工作，可以起到事半功倍的效果。

（2）环境保护最佳方案。末端控制和清洁生产都可以取得环境效益，但后者通过对生产全过程的控制，将原料更多地转变为产品，减少生产过程中废弃物的产生而实现环境效益，显然具有一定的经济效益。因此，清洁生产方法是最佳的环境保护方案。

（3）工艺技术改造的最佳切入点。通常的技术改造以增加产能为主要目的，其结果是产能增加，废弃物产生量也随之增加。通过清洁生产审核找到造成废弃物产生量大、能源和资源消耗高等问题的"瓶颈"，是工艺技术改造的最佳切入点，从这一点出发通过实施必要的技术措施，可以起到经济效益和环境效益最大限度地统一。

（4）管理缺陷。任何先进的技术都必须在一个相适应的管理平台上才能够发挥其效能，反之，形形色色的管理缺陷就会造成先进的工艺、设备的效能失准，引起物料的过量流失，造成环境污染。

总之，清洁生产审核是一套基于清洁生产理论建立的先进的环境问题诊断方法，如同一套筛孔恰当的筛网，可以帮助组织发现按照一般方法难以发现或容易忽视的问题。

第八节　自愿性审核与强制性审核

《清洁生产促进法》第二十七条规定："企业应当对生产和服务过程中的资源消耗以及废物的产生情况进行监测，并根据需要对生产和服务实施清洁生产审核。

有下列情形之一的企业，应当实施强制性清洁生产审核：

（一）污染物排放超过国家和地方规定的排放标准或者虽未超过国家或者地方规定的排放标准，但超过重点污染物排放总量控制指标的；

（二）超过单位产品能源消耗限额标准构成高能耗的；

（三）使用有毒、有害原料进行生产或者在生产中排放有毒、有害物质的。

污染物排放超过国家或者地方规定的排放标准的企业，应当按照环境保护相关法律的规定治理。

实施强制性清洁生产审核的企业，应当将审核结果向所在地县级以上地方人民政府负责清洁生产综合协调的部门、环境保护部门报告，并在本地区主要媒体上公布，接受公众监督，但涉及商业秘密的除外。

县级以上地方人民政府有关部门应当对企业实施强制性清洁生产审核的情况进行监督，必要时可以组织对企业实施清洁生产的效果进行评估验收，所需费用纳入同级政府预算。承担评估验收工作的部门或者单位不得向被评估验收企业收取费用。实施清洁生产审核的具体办法，由国务院清洁生产综合协调部门、环境保护部门会同国务院有关部门制定。"

按照这一规定，清洁生产审核可分为两种类型：自愿性审核和强制性审核，即企业根据需要进行的自我审核与企业在一定条件下应实施的必要审核。目前，具体的清洁生产审核实施办法与相应要求，特别是依法进行的强制性审核程序办法正在制定中。但是，企业应积极主动地开展自我清洁生产审核，以便系统地实施清洁生产。

为了支持企业清洁生产审核的开展，国内外都编制了形式多样的指导企业进行清洁生产审核的指南或手册。应参照这些指南或手册，结合企业的特点，通过不断地实践，改进其清洁生产审核，进而深化其清洁生产工作。一般情况下，实施以自愿为基础的企业清洁生产审核，主要应注意以下两个方面的问题。

（一）强有力的组织与筹划

清洁生产审核是一项涉及企业各个部门与生产全过程的系统性活动，有效的组织与筹划可为清洁生产审核奠定坚实的基础。首先，企业高级管理层，特别是最高决策者的支持，对于保证企业各级管理部门的协调配合与全体员工的投入参与，获取清洁生产审核过程中人力、财力、物力等方面的充分支持，顺利组织清洁生产计划方案的实施等具有重要作用；其次，组建掌握审核技能、有经验、懂技术的审核队伍是确保清洁生产审核有效实施的组织保证。特别对于生产过程复杂，工艺技术要求高的企业，多种专业人才的配备十分重要。必要时，还可聘请企业外部专家或咨询机构实施审核；此外，还应制订合理的清洁生产审核实施计划，包括职责分工，活动安排，时间进度以及人力、财力、物力的分配等，以便使清洁生产审核按照预定目标、程序和步骤有效地进行。

宣传与培训是清洁生产审核组织与筹划中一项重要的基本工作。一方面应注意广泛进行宣传教育，以转变企业各种人员的传统观念，提高清洁生产的思想意识；另一方面还应包括以提高审核方法与技能为目的的专业培训活动。

（二）系统科学的清洁生产审核过程

通常实施一个完整的清洁生产审核，可参照现有清洁生产审核指南或手册提出的程序与内容进行。其核心工作包括：生产过程评价、清洁生产机会识别和清洁生产方案的制订与实施。

生产过程评价是一个对企业生产各构成环节的运行管理现状，特别是物质流（包括废物流）进行调查了解、全面认识的活动。它可从生产过程及其投入产出上分析和确定企业"不清洁"的生产部位。生产工艺流程图、物料平衡分析等是生产过程评价最常用的技术方法。

清洁生产机会识别是指在生产过程评价、特别是重点审核部位评价的基础上，对企业生产过程存在的问题、差距，从其影响因素等方面进行因果关系分析，以发现提高资源和能源利用效率、减少废物产生途径的过程。这也是清洁生产审核过程中最富于发挥人们，特别是企业一线员工清洁生产主动性与创造性的环节。

大量清洁生产机会的识别和挖掘会有力地支持清洁生产方案的产生与制订。

实施清洁生产审核的第三个内容是清洁生产方案的制订与实施。清洁生产方案内容广泛多样，对那些简单易行、投入较低的清洁生产方案，如杜绝跑、冒、滴、漏等问题，应边审核边实施，及时行动。但对涉及生产全过程的技术、工艺或设备更新改造等方案，应在充分的可行性分析，包括技术可行性、经济可行性以及环境可行性等多种因素综合论证的基础上形成建议。

虽然已有的清洁生产审核程序指南或手册中，通常都包含有清洁生产方案的实施以及持续清洁生产的步骤。但从狭义上来看，当完成清洁生产方案的筛选、可行性分析及其建议后，即可认为一个清洁生产审核过程已经结束。对于属于由企业外部机构实施的清洁生产审核，采用这一概念是可行的。当然就企业而言，狭义清洁生产审核后自然是方案的实施，只有实施才能检验与衡量审核的效果，成为本次清洁生产审核工作的归宿。因此，将清洁生产审核得到的建议方案通过决策过程，进一步制订实施计划，并付诸实施可视为广义上清洁生产审核的一部分。它实质上是将审核作为清洁生产的一个有机组成，反映了清洁生产的 P（计划）、D（实施）、C（检查）、A（改进）动态与持续改进的本质特征。

《清洁生产促进法》第二十七条同样赋予国务院清洁生产综合协调部门、环境保护部门的法律职权和责任，除"根据需要"对企业实施清洁生产审核外，对"双超、双有、高耗能"企业"应当"实施强制性清洁生产审核。

1. 中国的国情需要引入强制性清洁生产审核

强制性清洁生产审核是针对中国国情制定的、有中国特色的法律规定。它是考虑到目前国内企业整体上生产工艺、装备水平，管理水平低下，相当一部分企业不能达标排放，或者说不能稳定达标排放。究其原因，除了企业缺乏清洁生产意识、资金投入不够等，更重要的是：① 资源、能源价格偏低，企业节能、降耗的动力不足。② 清洁生产技术咨询服务队伍的水平不高，不能为企业提供有效的清洁生产工艺和清洁生产方案。③ 排污成本低于防治成本，使企业缺少实行清洁生产的积极性。④ 执法不严，环保部门没有有效的监管手段，企业也就没有了一定要实施清洁生产的压力。⑤ 不实行清洁生产的企业有可能由于将污染治理成本转移给社会，而使其产品更具有市场竞争力。

因此，为了促进更多的企业实施清洁生产、稳定地达标排放，环保部门每年要选择一批重点企业，指导并强制其开展清洁生产审核，提高企业的达标率，降低当地污染物排放总量。

2. 新时期工业污染防治需要引入强制性清洁生产审核

工业污染仍然是我国现阶段环境污染和环境事故发生的最重要因素，有相当数量的企业是超标运行，不能达到国家或地方污染物排放标准。

大气污染物主要来自工业企业，据统计，六大发电集团排放的大气污染物占全国总量的 25%；钢铁、有色、焦炭等行业所占比例也很高。工业污染具有突发性、灾难性的特征，特别是使用和排放有毒、有害物质的工业企业，环境风险更大。全国化工企业有 21 000 多家，其中 50% 以上分布在长江、黄河两岸，一旦发生问题，后果不堪设想，如松花江、广东北江水污染事件，后果都很严重。

在这种状况下，强制性清洁生产审核制度的建立和实施，有效地覆盖了对环境污染贡献率较大的"双超""双有"工业污染源，促使这些企业通过清洁生产审核和清洁生产方案的实施，提高技术装备水平、资源利用水平和环境管理水平，达到节约能源（资源）、减少污染物排放的目标。

3. 我国现有环境管理制度需要引入强制性清洁生产审核制度

从 1973 年召开第一次全国环境保护会议到现在，我国在积极探索环境管理办法中，摸索出了具有中国特色的环境管理八项制度，即环境保护目标责任制度、综合整治与定量考核制度、污染集中控制制度、限期治理制度、排污许可证制度、环境影响评价制度、"三同时"制度和排污收费制度。

这八项制度在保护环境、防治污染和工业污染源的管理中起到了重要作用，但是如果对八项制度的内涵进行分析和探讨，不难发现这些制度主要体现了末端治理的思想，重点是对污染物排放提出的管理要求。例如，"三同时"验收制度其实质是鼓励配置污染治理设施；限期治理制度也是事后补救措施，对于在生产服务过程中减污的要求并不显著；倒是环境影响评价制度符合防患于未然的思想，但是评价工作的中心是污染物达标排放，并没有重视资源、能源利用率。因此，从环境管理制度建设的层面上来说还需要引入强制性清洁生产审核制度。

另外，从对新老污染源管理的层面上来讲，虽然新污染源项目要通过环境影响评价和"三同时"验收，但是项目运行后污染治理设施往往不能正常运行，污染物偷排现象屡禁不止；对老污染源的管理更加困难，老污染源中有许多是"双超"企业，技术工艺落后，生产设备陈旧，资源能源浪费严重；还有不少企业大量使用有毒、有害物质，造成重大污染事故隐患。出现这种情况的一条重要原因，就是现有的八项环境管理制度都没有渗透到生产全过程，而强制性清洁生产审核正是对现有环境管理制度的有效补充，其以一种操作性很强的方式将环境管理引入生产、产品和服务过程的污染防治。通过各级环境保护主管部门的监督引导、审核，舆论的监督，充分运用清洁生产审核的方法和手段，找出高物耗、高能耗、高污染的原因，有的放矢地提出对策、制订方案，从源头上降低污染物的数量和毒性，达到"节能、降耗、减污、增效"的目的。

4. 促进我国"十二五"规划提出的各项资源节约和环境保护指标的完成必须推行强制性清洁生产审核制度

在国务院于 2011 年 12 月 21 日印发的《国家环境保护"十二五"规划》（国发[2011]42 号）中明确规定：到 2015 年化学需氧量、氨氮、二氧化硫、氮氧化物比 2010 年分别削减 8%、10%、8%和 10%。

清洁生产是污染物减排最直接、最有效的方法，是实现"十一五"节能减排目标的重要手段。清洁生产审核则是实行清洁生产的前提和基础，是通过对生产过程再设计、产业结构再调整，达到优化发展模式的最直接手段。清洁生产审核制度是重要的监督管理减排措施，是对现有环境管理制度的有效补充，对我国企业污染物达标排放和节能减排具有明显作用。

国务院 2007 年 6 月 3 日下发的《节能减排综合性工作方案》（国发[2007]15 号）中明确提出要加大实施清洁生产审核力度，并将强制性清洁生产审核的范围扩大到"没有完成节能减排任务的企业"。

第九节　清洁生产的审核技巧

总体要求：

（1）清洁生产是全员性、长期性的工作，要求充分发动群众，调动全体员工的参与积极性；

（2）贯彻边审核、边实施、边见效的方针，并及时在组织中总结推广；

（3）在第四阶段，即"方案产生和筛选"完成后，需要编写清洁生产中期审核报告，以便及时总结经验、找出差距，并确保进入"可行性分析"的清洁生产备选方案的准确性和有效性；

（4）注意把清洁生产审核成果及时纳入组织的日常管理轨道，以巩固清洁生产成效；

（5）对所取得的清洁生产效果，无论是环境效果还是经济效果，均应进行详细的统计分析，并编入最终的清洁生产审核报告中。

（一）审核全过程

在审核过程中，熟练运用以下技巧，有助于在组织内实施清洁生产和组织清洁生产效果的实现。

（1）领导承诺，制定环境方针，弘扬企业环境理念。

（2）领导带头，全员参与。

（3）建立激励机制，如清洁生产奖励制度（在有成果后一定要兑现）。

（4）教育员工"勿以利（良好的内部管理、维护，方案效益）小而不为，勿以害（不良操作、跑冒滴漏）小而为之"，集腋成裘；从长远看，从整体看，对组织有利就去做，要有远见，勿短视、只看眼前利益（实践证明，改善内部管理和小的工艺改进可减少污染物产生）。

（5）各步骤的 PDCA 循环，即在每一项工作中做好计划、按计划实施、检查实施情况、纠正偏差，进而继续改进。

（6）边审核，边产生清洁生产方案，边实施，边出效益，边巩固成果。

（7）审核中设计、使用好工作表格、调查问卷。

（二）策划与组织

清洁生产审核的成功有赖于筹划与组织，而启动清洁生产最关键的一条是领导的支持与参与。

促使领导承诺施行清洁生产的因素有以下六点：

（1）法规要求，如现行或将来的地方和中央有关环保法规；

（2）公司的目标或社会对公司的期望，如公司希望能拥有在环保方面的领先地位等；

（3）高投入的末端治理；

（4）降低成本产生的经济效益；

（5）提高现有设备的生产能力，取得经济效益；

（6）消费者对组织环境保护及绿色产品的需求。

图 5-4 中金字塔的顶端表示领导的承诺，这表明组织实施清洁生产的关键在于组织领导的决策。

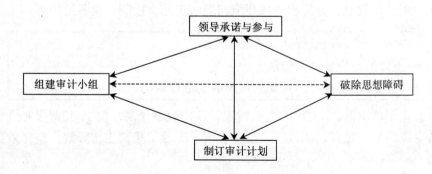

图 5-4 清洁生产审核筹划和组织

（1）组织中高层管理人员和技术负责人到管理先进、技术先进或清洁生产工作成效显著的组织参观取经；

（2）培训清洁生产内审员及其他人员；

（3）收集清洁生产有关的录像节目，组织员工观看，导入清洁生产意识。

（三）预评估

（1）分析产品的环境因素矩阵（若有，则收集；若无，则编制）。

（2）行业绩效指标的应用（预评估；清洁生产技术要求——造纸、电镀、啤酒、水泥、钢铁等行业）。

（3）目标、指标设置的针对性。

关于组织诊断：

（1）效率与效益。

（2）指出问题——管理不善、工艺操作存在的问题导致废物增加，产品质量、数量下降，取得领导认同。

（3）来源于咨询方的建设性和启发性的建议。

（四）评估

运用过程分析/物料衡算法：

（1）物料平衡的注意事项。

（2）物料平衡与废物产生原因分析的紧密逻辑关系。

（五）方案产生与筛选

创造性地确立清洁生产方案——创造性思维解决问题。

● 常规方案（利用检查清单）。

● 创造性发现、分析和解决环境问题（工艺、控制、设备维护等）。

> ——产生想法，再做评估，进而形成方案。
> ——重要的是先要产生想法。
> ——产生想法有技巧，重要的是形成创造性氛围。

（1）化工厂案例。A+B→C。A 过量，反应收率稍高，但 A 残留极难降解处理；转变思路，B 过量，牺牲一点反应收率，B 残留极易生物降解，整体效益大为提高。

（2）印染工厂案例。备过剩染料保品质，废水量大而难降解，法规、标准日趋严格。方法一：增加处理深度与规模，投资大；方法二：强化管理，残料入桶，废水减少，废物增加，投资中等；方法三：电脑配色，精确计算所需染料量，投资少，成本低，根本解决问题。

（六）持续清洁生产

保持清洁生产的生命力应做到：

（1）最高管理者的承诺与持续支持。

（2）持续的全员培训。

（3）保持清洁生产（审核）的中坚力量。

（4）管理体系的整合，如质量管理体系（QMS）、环境管理体系（EMS）等的整合，其目的是全面提升组织的内部管理水平。

（5）获取外界的帮助，如政府的激励政策、外部专家的工艺和审核技巧的指导。

思考题

1．什么是清洁生产审核？其目的是什么？

2．简述清洁生产审核的原则和思路。

3．简述清洁生产审核的对象和重点。

4．简述清洁生产审核的原理。

5．清洁生产审核的工作程序分为哪几个阶段？各个阶段的主要工作内容和工作重点有哪些？

6．什么是强制性清洁生产审核？什么是自愿性清洁生产审核？

7．简述在审核准备、预审核、审核阶段的主要工作。

8．列入强制性清洁生产审核的企业应该如何进行工作？

9．如何编写清洁生产审核报告？

第六章
清洁生产审核程序

组织实施清洁生产审核是推行清洁生产的重要组成和有效途径。基于我国清洁生产审核示范项目的经验，并根据国外有关废物最小化评价和废物排放审核方法与实施的经验，国家清洁生产中心开发了我国的清洁生产的审核程序，包括 7 个阶段、35 个步骤。组织清洁生产审核工作程序如图 6-1 所示。

一、筹划和组织

即组织清洁生产审核的宣传、发动和准备工作。取得组织高层领导的支持和参与是清洁生产筹划和组织阶段的重要工作。审核过程需要调动组织各个部门和全体员工积极参加，这涉及各部门之间的配合，既需要投入一定的物力和财力，也需要领导的发动和督促，而首先需要的是取得高层领导对审核工作的大力支持。这既是顺利实施审核工作的保证，也是审核提出的清洁生产方案做到切合实际、实施起来容易取得成效的关键。从实际来看，越是领导支持的组织，审核工作的进展越是顺利，审核成果也越是明显。

二、预评估

即选择审核重点，设置清洁生产审核目标。审核工作虽然是在组织范围内开展，但由于时间、财力等的限制，必须将主要力量集中在某一重点上。怎么从各车间、各生产线确定出本次审核的重点，即是预评估阶段的工作内容。如上所述，预评估阶段要在全厂范围内进行调研和考察，得出全厂范围内废物（包括废水、废气、废渣、噪声、能耗等）产生部位和产生数量，即列出全厂的污染源清单，之后，定性地分析污染源产生的原因，并针对这些原因发动全体员工，特别是一线技术人员和操作工人提出的清洁生产方案特别是无/低费方案，这些方案一旦可行和有效就立即实施。

活动　　　　　　　　　　　　　　　　　　产出

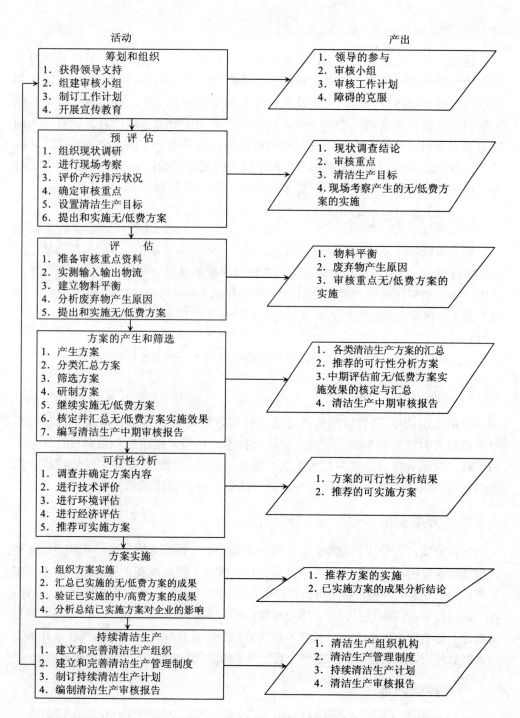

筹划和组织
1. 获得领导支持
2. 组建审核小组
3. 制订工作计划
4. 开展宣传教育

1. 领导的参与
2. 审核小组
3. 审核工作计划
4. 障碍的克服

预评估
1. 组织现状调研
2. 进行现场考察
3. 评价产污排污状况
4. 确定审核重点
5. 设置清洁生产目标
6. 提出和实施无/低费方案

1. 现状调查结论
2. 审核重点
3. 清洁生产目标
4. 现场考察产生的无/低费方案的实施

评估
1. 准备审核重点资料
2. 实测输入输出物流
3. 建立物料平衡
4. 分析废弃物产生原因
5. 提出和实施无/低费方案

1. 物料平衡
2. 废弃物产生原因
3. 审核重点无/低费方案的实施

方案的产生和筛选
1. 产生方案
2. 分类汇总方案
3. 筛选方案
4. 研制方案
5. 继续实施无/低费方案
6. 核定并汇总无/低费方案实施效果
7. 编写清洁生产中期审核报告

1. 各类清洁生产方案的汇总
2. 推荐的可行性分析方案
3. 中期评估前无/低费方案实施效果的核定与汇总
4. 清洁生产中期审核报告

可行性分析
1. 调查并确定方案内容
2. 进行技术评价
3. 进行环境评估
4. 进行经济评估
5. 推荐可实施方案

1. 方案的可行性分析结果
2. 推荐的可实施方案

方案实施
1. 组织方案实施
2. 汇总已实施的无/低费方案的成果
3. 验证已实施的中/高费方案的成果
4. 分析总结已实施方案对企业的影响

1. 推荐方案的实施
2. 已实施方案的成果分析结论

持续清洁生产
1. 建立和完善清洁生产组织
2. 建立和完善清洁生产管理制度
3. 制订持续清洁生产计划
4. 编制清洁生产审核报告

1. 清洁生产组织机构
2. 清洁生产管理制度
3. 持续清洁生产计划
4. 清洁生产审核报告

图 6-1　清洁生产审核程序

三、评估

建立审核重点的物料平衡，进行废物产生原因分析。在摸清组织产污状况和同国内外同类型组织进行比较之后，逐步分析出产生原因，并对环保法律法规和标准的执行状况进行评价。评估阶段针对审核重点展开工作，此阶段工作主要包括物料输入输出的实测、物料平衡、废物产生原因的分析三项内容。物料输入输出实测和物料平衡的目的是准确判明物料流失和污染物产生的部位及数量，通过数据反复衡算准确得出污染源清单（预评估阶段更多的是经验和观察的结果），对每一产生部位的每一污染物仍然要求全面地分析产生的原因。

四、方案的产生和筛选

针对废物产生原因，提出相应的清洁生产方案并进行筛选，编制组织清洁生产中期审核报告。第三阶段针对审核重点在物料平衡的基础上分析出了污染物产生的原因，接下来应针对这些原因提出切实可行的清洁生产方案，包括无/低费和中/高费方案。审核重点清洁生产方案既要体现污染预防的思想，又要保证审核的成效性和预定清洁生产目标的完成。因此，方案的产生是审核过程的一个关键环节，这一阶段提出的方案要尽可能地多，其可行性将在可行性分析阶段加以研究。

五、可行性分析

对筛选出的中/高费清洁生产方案进行可行性评估是在结合市场调查和收集与方案相关的资料的基础上，对方案进行技术、环境、经济的一系列可行性分析和比较，对照各投资方案的技术工艺、设备、运行、资源利用率、环境健康、投资回收期和内部收益率等多项指标结果，确定可行的最佳推荐方案。

六、方案实施

实施方案，并分析、跟踪验证方案的实施效果。推荐方案只有经实施后，才能达到预期的目的，获得显著的经济效益和环境效益，使组织真正从清洁生产审核中获利，因此方案的实施在整个审核过程中占有相当的分量。推荐方案的立项、设计、施工、验收等，都需按照国家、地方或部门的有关程序和规定执行。在方案可分别实施且不影响生产的条件下，可对方案实施顺序进行优化，先实施某项或某几项方案，然后利用方案实施后的收益作为其他方案的启动资金，使方案滚动实施。

七、持续清洁生产

制订计划、措施在组织中持续推行清洁生产，编制组织清洁生产审核报告。

清洁生产审核 7 个阶段的工作中第二阶段的预评估、第三阶段的评估、第四阶段方案的产生和筛选以及第六阶段的方案实施作为审核过程中富有特色而且又是工作重点的阶段充分体现出上述审核思路。第四阶段通过广泛调研、专家咨询等方法产生清洁生产方案，包括无/低费和中/高费方案，无/低费方案一旦可行和有效，即要求尽快加以实施；中/高费方案待可行性认证挑选出最佳的实施方案后，第六阶段安排实施。由此可见，针对审核重点展开的审核过程仍贯穿了如图 6-1 所示的审核思路。

组织清洁生产审核是一项系统而细致的工作，在整个审核过程中应注重充分发动全体员工的参与积极性，解放思想、克服障碍、严格按审核程序办事，以取得清洁生产的实际成效并巩固下来。

整个清洁生产审核过程分为两个时段，即第一时段审核和第二时段审核。

第一时段包括筹划与组织、预评估、评估与方案的产生和筛选四个阶段。第一时段审核完成后应总结阶段性成果，提交清洁生产审核中期报告，以利于清洁生产审核的深入进行；第二时段包括可行性分析、方案实施和持续清洁生产三个阶段。

第一节　审核准备

审核准备（筹划和组织）是企业进行清洁生产审核工作的第一个阶段。目的是通过宣传教育使企业的领导和职工对清洁生产有一个初步的认识，清除思想上和观念上的障碍；了解企业清洁生产审核的工作内容、要求及其工作程序。本阶段工作的重点是取得企业高层领导的支持和参与，组建清洁生产审核小组，制订审核工作计划和宣传清洁生产思想。

一、取得领导支持

清洁生产审核是一件综合性很强的工作。涉及企业的各个部门，而且随着审核工作阶段的变化，参与审核工作的部门和人员可能也会变化，因此，只有取得企业高层领导的支持和参与，由高层领导动员并协调企业各个部门和全体职工积极参与，审核工作才能顺利进行。高层领导的支持和参与还是审核过程中提出的清洁生产方案是否符合实际、是否容易实施的关键。

（一）解释说明清洁生产可能产生的效益

了解清洁生产审核可能给企业带来的巨大好处，是企业高层领导支持和参与清洁生产审核的动力和重要前提。清洁生产审核可能给企业带来经济效益、生产效益、环境效益、无形资产的增加和推动技术与管理方面的改进等诸多好处，从而可以增强企业的市场竞争能力。

1. 经济效益

- 由于减少了废弃物和排放物及其相关的收费和处理费用，降低了物料和能源消耗，增加了产品产量和改进了产品质量，可获得综合性经济效益；
- 实施无/低费方案可以清楚地说明经济效益。这将增强实施可行性的中/高费方案的自信心。

2. 生产效益

- 由于技术上的改进使废物/排放物和能耗减少到最低限度，增强了工艺和生产的可靠性；
- 由于技术上的改进，增加了产品产量并改进了产品质量；
- 由于采取清洁生产措施，如减少有毒有害物质的使用，可以改善健康和安全状况。

3. 环境效益

- 对企业实施更严格的环境要求是国际国内大势所趋；
- 提高环境形象是当代企业的重要竞争手段；
- 清洁生产是国内外大势所趋；
- 清洁生产审核尤其是无/低费方案可以很快产生明显的环境效益。

4. 增加无形资产

- 无形资产有时可能比有形资产更有价值；
- 清洁生产审核有助于企业由粗放型经营向集约型经营过渡；
- 清洁生产审核是对企业领导加强本企业管理的一次有力支持；
- 清洁生产审核是提高劳动者素质的有效途径。

5. 技术改进

- 清洁生产审核是一套包括发现和实施无/低费方案，以及产生、筛选和逐步实施技改方案在内的完整程序，其鼓励采用节能、低耗、高效的清洁生产技术；
- 清洁生产审核的可行性分析，使企业的技改方案更加切合实际并能充分利用国内外最新信息。

6. 管理上的改进

由于管理者关心员工的福利，可以增强职工的参与热情和责任感。

（二）清洁生产审核所需投入

实施清洁生产会对组织产生正面良好的影响，但也需要组织相应的投入并承担一定的风险，主要体现在以下几个方面：

（1）需要管理人员、技术人员和操作工人必要的时间投入；

（2）需要一定的监测设备和监测费用投入；

（3）承担聘请外部专家费用；

（4）承担编制审核报告费用；

（5）承担实施中/高费清洁生产方案可能产生不利影响的风险，包括技术风险和市场风险。

二、组建审核小组

计划开展清洁生产审核的企业，首先要在本企业内组建一个有权威的审核小组，这是顺利实施企业清洁生产审核的组织保证。

（一）审核小组组长

审核小组组长是审核小组的核心，一般情况下，最好由企业高层领导人兼任组长，或由企业高层领导任命一位具有如下条件的人员担任，并授予必要权限。

（1）具备企业的生产、工艺、管理与新技术的相关知识和经验；

（2）掌握污染防治的原则和技术，并熟悉有关的环保法规；

（3）了解审核工作程序，熟悉审核小组成员情况，具备领导和组织才能并善于和其他部门合作等。

（二）审核小组成员

审核小组的成员数目根据企业的实际情况来定，一般情况下需要3～5位全时从事审核工作的人员。审核小组成员应具备以下条件：

（1）具备企业清洁生产审核的知识或工作经验；

（2）掌握企业的生产、工艺、管理等方面的情况及新技术信息；

（3）熟悉企业的废弃物产生、治理和管理情况以及国家和地区环保法规和政策等；

（4）具有宣传、组织工作的能力和经验。

视组织的具体情况，审核小组中还应包括一些非全时制的人员，视实际需要，人数可有几人到十几人不等，也可随着审核的不断深入，及时补充所需的各类人员。例如，当组织内部缺乏必要的技术力量时，可聘请外部专家以顾问形式加入审核小组；到了评估阶段，进行物料平衡时，审核重点的管理人员和技术人员应及时介入，以利于工作的深入开展。外部专家的作用为：传授清洁生产的基本思想，传授清洁生产审核每一步骤的要点和方法。能破除习惯思想发现明显的清洁生产机会，能及时发现工艺设备和实际操作问题，能提出解决问题的建议，能提供国内外同行业技术水平和污染排放的参照数据，能及时发现污染严重的环节和提出解决问题的建议。审核小组的成员在确定审核重点的前后应及时调整。审核小组必须有一位成员来自本企业的财务部门。该成员不一定全时制投入审核，但要了解审核的全部过程，不宜中途换人。

来自企业财务部门的审核成员，应该介入审核过程中一切与财务计算有关的活动，准确计算企业清洁生产审核的投入和收益，并将其详细地单独列账。中小型企业和不具备清洁生产审核技能的大型企业，其审核工作要取得外部专家的支持。如果审核工作有外部专家的帮助和指导，本企业的审核小组还应负责与外部专家的联络、研究外部专家的建议并尽量吸收其有用的意见。

在组建审核小组时，各组织可按自身的工作管理惯例和实际需要灵活选择其形式。例如，成立由高层领导组成的审核领导小组，负责全盘协调工作，在该领导小组之下再组建主要由技术人员组成的审核工作小组，具体负责清洁生产审核工作。

审核小组成员职责与投入时间等应列表说明，表中要列出审核小组成员的姓名、在小组中的职务、专业、职称、应投入的时间，以及具体职责等。

（三）明确任务

由于领导小组负责对实施方案做出决定并对清洁生产审核的结果负责，因此，充分明确领导小组和审核小组的任务是重要的。

审核小组的任务包括：

（1）制订工作计划；

（2）开展宣传教育——人员培训及其他形式；

（3）确定审核重点和目标；

（4）组织和实施审核工作；

（5）编写审核报告；

（6）总结经验，并提出持续清洁生产的建议。

三、制订工作计划

制订一个比较详细的清洁生产审核工作计划，有助于审核工作按一定的程序和步骤进行。只有组织好人力与物力，各司其职，协调配合，审核工作才会获得满意的效果，企业的清洁生产目标才能逐步实现。

　　审核小组成立后，要及时编制审核工作计划表，该表应包括审核过程的所有主要工作，包括这些工作的序号、内容、进度、负责人姓名、参与部门名称、参与人姓名以及各项工作的产出等。

四、开展宣传教育

　　广泛开展宣传教育活动，争取企业内各部门和广大职工的支持，尤其是现场操作工人的积极参与，是清洁生产审核工作顺利进行和取得更大成效的必要条件。

（一）确定宣传的方式和内容

　　高层领导的支持和参与固然十分重要，但如果没有中层干部和操作工人的实施，清洁生产审核仍很难取得重大成果。只有当全厂上下都将清洁生产思想自觉地转化为指导本岗位生产操作实践的行动时，清洁生产审核才能顺利持久地开展下去。也只有这样，清洁生产审核才能给企业带来更大的经济效益和环境效益、推动企业技术进步、给企业带来更大的经济效益和环境效益、推动企业技术进步、更大程度地支持企业高层领导的管理工作。

　　宣传可采用下列方式：

　　（1）利用企业现行各种例会；

　　（2）下达开展清洁生产审核的正式文件；

　　（3）内部广播；

　　（4）电视、录像；

　　（5）黑板报；

　　（6）组织报告会、研讨班、培训班；

　　（7）企业内部局域网；

　　（8）开展各种咨询等。

　　宣传教育内容一般为：

　　（1）技术发展、清洁生产以及清洁生产审核的概念；

　　（2）清洁生产和末端治理的内容及其利与弊；

　　（3）国内外企业清洁生产审核的成功实例；

　　（4）清洁生产审核中的障碍及其克服的可能性；

　　（5）清洁生产审核工作的内容与要求；

　　（6）本企业鼓励清洁生产审核的各种措施；

　　（7）本企业各部门已取得的审核效果，它们的具体做法等；

　　（8）清洁生产方案的产生及其可能的效益与意义。

　　宣传教育的内容要随审核工作阶段的变化而做相应调整。

（二）克服障碍

企业开展清洁生产审核往往会遇到不少障碍，不克服这些障碍则很难达到企业清洁生产审核的预期目标。各个企业可能有不同的障碍，首先需要调查摸清可能遇到的障碍，以便进行工作，但一般有四种类型的障碍，即思想观念障碍、技术障碍、资金和物资障碍以及政策法规障碍。四者中思想观念障碍是最常遇到的，也是最主要的障碍。审核小组在审核过程中要自始至终地把及时发现不利于清洁生产审核的思想观念障碍，并把尽早解决这些障碍当做一件大事抓好。

企业清洁生产审核中常见的一些障碍及解决方法见表 6-1。

表 6-1　企业清洁生产审核常见障碍及解决方法

障碍类型	障碍表现	解决方法
思想观念障碍	1. 清洁生产审核无非是过去环保管理办法的"老调重弹" 2. 中国的企业真有清洁生产潜力吗？ 3. 没有资金、不更新设备，一切都是空谈 4. 清洁生产审核工作比较复杂，是否会影响生产？ 5. 企业内各部门独立性强，协调困难	1. 讲透清洁生产审核与过去的污染预防政策、八项管理制度、污染物流失总量管理、三分治理七分管理之间的关系 2. 用事实说明中国大部分企业的巨大清洁生产潜力、中央号召"两个转变"的现实意义 3. 用国内外实例讲明无/低费方案巨大而现实的经济效益与环境效益，阐明无/低费方案与设备更新方案的关系，强调企业清洁生产审核的核心思想是"从我做起、从现在做起" 4. 讲清审核的工作量和它可能带来的各种效益之间的关系 5. 由厂长直接参与，由各主要部门领导与技术骨干组成审核小组，授予审核小组相应职权
技术障碍	1. 缺乏清洁生产审核技能 2. 不了解清洁生产工艺	1. 聘请并充分向外部清洁生产审核专家咨询、参加培训班、学习有关资料等 2. 聘请并充分向外部清洁生产工艺专家咨询
资金和物资障碍	1. 没有进行清洁生产审核的资金 2. 缺乏物料平衡现场实测的计量设备 3. 缺乏资金，难以实施需较大投资的清洁生产工艺	1. 企业内部挖潜，与当地环保、工业、经贸等部门协调解决部分资金问题，先筹集审核所需资金，再由审核效益中拨还 2. 积极向企业高层领导汇报 3. 由无/低费方案的效益中积累资金（企业财务要为清洁生产的投入和效益专门建账）
政策法规障碍	1. 实施清洁生产无现行的具体的政策法规 2. 实施清洁生产与现行的环境管理制度中的规定有矛盾	1. 用清洁生产优于末端治理的成功经验促使国家和地方尽快制定相关的政策与法规 2. 同上

第二节 预审核

预审核是清洁生产审核的初始阶段，是发现问题和解决问题的起点。主要任务是从清洁生产审核的八个方面着手，调查组织活动、服务和产品中最明显的废物和废物流失点；能耗和物耗最多的环节和数量；原料的输入和产出；物料管理状况；生产量、成品率、损失率；管线、仪表、设备的维护与清洗等。以此为基础确定审核重点。同时对发现的问题找出对策，实施明显的简单易行的无/低费废物削减方案。

在审核准备阶段已经成立了审核小组并制定了评价的总体目标。在预审核阶段将要开展以下活动，以确定审核的重点区域，包括主要的污染源和低效率的环境与能源操作，根据审核计划的管理目标设定具体目标。预审核工作程序如图 6-2 所示。

一、组织现状调研

本阶段搜集的资料，是全厂的和宏观的，主要通过收集资料、查阅档案与有关人士座谈等来进行。主要内容包括：

（一）企业概况

（1）企业发展简史、规模、产值、利税、组织结构、人员状况和发展规划等。

（2）企业所在地的地理、地质、水文、气象、地形和生态环境等基本情况。

（二）企业的生产状况

（1）企业主要原辅料、主要产品、能源及用水情况，要求以表格形式列出总耗及单耗，并列出主要车间或分厂的情况。

（2）企业的主要工艺流程。以框图表示主要工艺流程，要求标出主要原辅料、水、能源及废弃物的流入、流出和去向。

（3）企业设备水平及维护状况，如完好率、泄漏率等。

（三）企业的环境保护状况

（1）主要污染源及其排放情况，包括状态、数量、毒性等。

（2）主要污染源的治理现状，包括处理方法、效果、问题及单位废弃物的年处理费等。

（3）"三废"的循环和综合利用情况，包括方法、效果、效益以及存在的问题。

（4）企业涉及的有关环保法规与要求。如排污许可证，区域总量控制，行业排放标准等。

（四）企业的管理状况

包括从原料采购和库存、生产及操作直到产品出厂的全面管理水平。

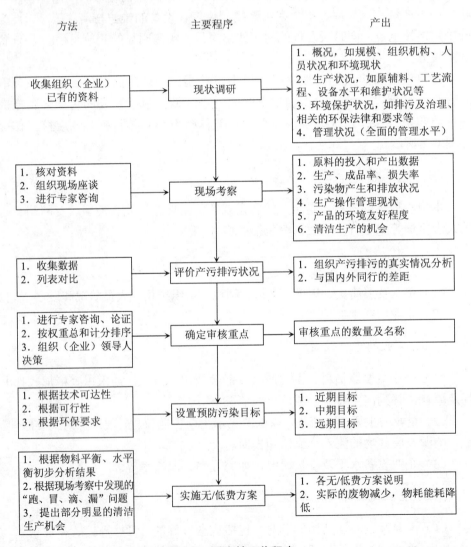

图 6-2　预审核工作程序

二、进行现场考察

随着生产的发展，一些工艺流程、装置和管线可能已做过多次调整和更新，这些可能无法在图纸、说明书、设备清单及有关手册上反映出来。此外，实际生产操作和工艺参数控制等往往和原始设计及规程不同。因此，需要进行现场考察，以便对现状调研的结果加以核实和修正，并发现生产中的问题。同时，通过现场考察，在全厂范围内发现明显的无/低费清洁生产方案。

（一）现场考察内容

（1）对整个生产过程进行实际考察。即从原料开始，逐一考察原料库、生产车间、成品库直到"三废"处理设施。

（2）重点考察各产污排污环节，水耗和（或）能耗大的环节，设备事故多发的环节或部位。

（3）考察实际生产管理状况，如岗位责任制执行情况，工人技术水平及实际操作状况，车间技术人员及工人的清洁生产意识等。

（二）现场考察方法

（1）核查分析有关设计资料和图纸、工艺流程图及其说明、物料衡算、能（热）量衡算的情况，设备与管线的选型与布置等；另外，还要查阅岗位记录、生产报表（月平均及年平均统计报表）、原料及成品库存记录、废弃物报表、监测报表等。

（2）与工人和工程技术人员座谈，了解并核查实际的生产与排污情况，听取意见和建议，发现关键问题和部位；同时，征集无/低费方案。

三、评价产污排污状况

在对比分析国内外同类企业产污排污及能源、原材料利用状况的基础上，对本企业的产污原因进行初步分析，并评价企业执行环保能源法规的情况。

（一）对比国内外同类企业产污排污状况

在资料调研、现场考察及专家咨询的基础上，汇总国内外同类工艺、同等装备、同类产品先进企业的生产、消耗、产污排污及管理水平，与本企业的各项指标相对照，并列表说明。

（二）初步分析产污及能源利用效率低的原因

（1）对比国内外同类企业的先进水平，结合本企业的原料、工艺、产品、设备等实际状况，确定本企业的理论产污排污及能源利用效率水平。

（2）调查汇总企业目前的实际产污排污及能源利用效率状况。

（3）从影响生产过程的八个方面出发，对产污排污的理论值与实际状况之间的差距进行初步分析，并评价在现状条件下，企业的产污排污及能源利用状况是否合理。

（三）评价企业环保执法状况

评价企业执行国家及当地环保法规及行业排放标准的情况，包括达标情况、缴纳排污费及处罚情况等。

（四）做出评价结论

对比国内外同类企业的产污排污及能源利用效率水平，对企业在现有原料、工艺、产品、设备及管理水平下，其产污排污状况的真实性、合理性，及有关数据的可信度，予以初步评价。

四、确定审核重点

通过前面三步的工作，已基本探明了企业现存的问题及薄弱环节，可从中确定出本轮审核的重点。审核重点的确定，应结合企业的实际综合考虑。

本节内容主要适用于工艺复杂、生产单元多、生产规模大的大中型企业，对工艺简单、产品单一的中小企业，可不必经过备选审核重点阶段，而依据定性分析，直接确定审核重点。

（一）确定备选审核重点

首先根据所获得的信息，列出企业主要问题，从中选出若干问题或环节作为备选审核重点。

企业生产通常由若干单元操作构成。单元操作指具有物料的输入、加工和输出功能并能完成某一特定工艺过程的一个或多个工序或工艺设备。原则上，所有单元操作均可作为潜在的审核重点。根据调研结果，通盘考虑企业的财力、物力和人力等实际条件，选出若干车间、工段或单元操作作为备选审核重点。

1. 原则

（1）污染严重的环节或部位；

（2）消耗大的环节或部位；

（3）环境及公众压力大的环节或问题；

（4）有明显的清洁生产机会；

应优先考虑作为备选审核重点。

2．方法

将所收集的数据，进行整理、汇总和换算，并列表说明，以便为后续步骤"确定审核重点"服务。填写数据时，应注意：

（1）消耗及废弃物量应以各备选重点的月或年的总发生量统计；

（2）能耗一栏根据企业实际情况调整，可以是标煤、电、油等能源形式。

（二）确定审核重点

采用一定方法，把备选审核重点排序，从中确定本轮审核的重点。同时，也为今后的清洁生产审核提供优选名单。本轮审核重点的数量取决于企业的实际情况。一般一次选择一个审核重点。识别审核重点的方法有很多种，可以概括为：

（1）简单比较。根据各备选重点的废弃物排放量和毒性及消耗等情况，进行对比、分析和讨论，通常污染最严重、消耗最大、清洁生产机会最明显的部位定为第一轮审核重点。

（2）权重总和计分排序法。工艺复杂、产品品种和原材料多样的企业往往难以通过定性比较确定出重点。此外，简单比较一般只能提供本轮审核的重点，难以为今后的清洁生产提供足够的依据。为提高决策的科学性和客观性，采用半定量方法进行分析。

常用方法为权重总和计分排序法。

权重是指各个因素具有权衡轻重作用的数值，统计学中又称"全数"。此数值的多少代表了该因素的重要程度。权重总和计分排序法是通过综合考虑各因素的权重及其得分，得出每一个因素的加权得分值，然后将这些加权得分值进行叠加，以求出权重总和，再比较各权重总和值来做出选择的方法。

确定权重因素应考虑下述原则：

（1）重点突出，主要为实现组织清洁生产、污染预防目标服务；

（2）因素之间避免相互交叉；

（3）因素含义明了，易于打分；

（4）数量适当（五个左右）。

权重因素的种类包括：

1．基本因素

（1）环境方面。减少废物、有毒有害物质的排放量；或使其改变组分，易降解，易处理，减小有害性（如毒性、易燃性、反应性、腐蚀性等）；对工人安全和健康的危害，以及其他不利环境影响较小；遵循环境法规，达到环境标准。

（2）经济方面。减少投资；降低加工成本；降低工艺运行费用；降低环境责任费用（排污费、污染罚款、事故赔偿费）；物料或废物可循环利用或应用；产品质量提高。

（3）技术方面。技术成熟，技术水平先进；可找到有经验的技术人员；国内同行业有成功的例子；运行维修容易。

（4）实施方面。对工厂当前正常生产以及其他生产部门影响小；施工容易，周期短，占空间小；工人易于接受。

2．附加因素

（1）前景方面。符合国家经济发展政策，符合行业结构调整和发展政策，符合市场需求。

（2）能源方面。水、电、汽、热的消耗减小；或水、汽、热可循环利用或回收利用。

根据各因素的重要程度，将权重值简单分为三个层次：高重要性（权重值 8～10）；中等重要性（权重值为 4～7）；低重要性（权重值 1～3）。从已进行的清洁生产工作来看，对各权重因素值（W）规定如下范围较合适：

- 废物量 $W=10$
- 环境代价 $W=8～9$
- 废物的毒性 $W=7～8$
- 清洁生产的潜力 $W=4～6$
- 车间的关心与合作程度 $W=1～3$
- 发展前景 $W=1～3$

根据我国清洁生产的实践及专家讨论结果，在筛选审核重点时，通常考虑下述几个因素；对各因素的重要程度，即权重值（W），可参照以下数值：

- 废弃物量　　　　　　$W=10$
- 主要消耗　　　　　　$W=7～9$
- 环保费用　　　　　　$W=7～9$
- 市场发展潜力　　　　$W=4～6$
- 车间积极性能　　　　$W=1～3$

注：（1）上述权重值仅为一个范围，实际审核时每个因素必须确定一个数值，一旦确定，在整个审核过程中不得改动。

（2）可根据企业实际情况增加废弃物毒性因素等。

（3）统计废弃物量时，应选取企业最主要的污染形式，而不是把水、气、渣累计起来。

（4）除表 6-2 所列三种污染形式外，还可根据实际增补，如 COD 总量项目。

审核小组或有关专家，根据收集的信息，结合有关环保要求及企业发展规划，对每个备选重点，就上述各因素，按备选审核重点情况汇总表（类似于表 6-3）提供的数据或信息打分，分值（R）从 1～10，以最高者为满分（10 分）。将打分与权重值相乘（$R \times W$），并求所有乘积之和（$\sum R \times W$），即为该备选重点总得分排序，最高者即为本次审核重点，依此类推，参见表 6-2 所给例子。

表 6-2　某厂权重总和计分排序法确定审核重点

因素	权重值 W（1～10）	备选审核重点得分					
		一车间		二车间		三车间	
		R（1～10）	$R \times W$	R（1～10）	$R \times W$	R（1～10）	$R \times W$
废弃物量	10	10	100	6	60	4	40
主要消耗	9	5	45	10	90	8	72
环保费用	8	10	80	4	32	1	8
废弃物毒性	7	4	28	10	70	5	35
市场发展潜力	5	6	30	10	50	8	40
车间积极性	2	5	10	10	20	7	14
总分 $\sum R \times W$			293		322		209
排序			2		1		3

如某厂有三个车间为备选重点（表 6-3）。厂方认为废水为其最主要污染形式，其数量依次为一车间为 1 000 t/a，二车间为 600 t/a，三车间为 400 t/a。因此，废弃物量一车间最大，定为满分（10 分），乘权重后为 100；二车间废弃物量是一车间的 6/10，得分即为 60，三车间则为 40，其余各项得分依此类推，把得分相加即为该车间的总分。打分时应注意：

（1）严格根据数据打分，以避免随意性和倾向性。

（2）没有定量数据的项目，集体讨论后打分。

表6-3　某厂备选审核重点情况汇总

序号	备选审核重点名称	废弃物量/(t/a)		主要消耗							环保费用/(万元/a)					
		水	渣	原料消耗		水耗		能耗		小计/(万元/a)	厂内末端治理费	厂外处置费	排污费	罚款	其他	小计
				总量/(t/a)	费用/(万元/a)	总量/(万t/a)	费用/(万元/a)	标准煤总量/(t/a)	费用/(万元/a)							
1	一车间	1 000	6	1 000	30	10	20	500	6	56	40	20	60	15	5	140
2	二车间	600	2	2 000	50	25	50	1 500	18	118	20	0	40	0	0	60
3	三车间	400	0.2	800	40	20	40	750	9	89	5	0	10	0	0	15

注：以工业用水2元/t，标准煤120元/t计算。

五、设置清洁生产目标

设置定量化的硬性指标，才能使清洁生产真正落实，并能据此检验与考核，达到通过清洁生产预防污染的目的。

（一）原则

（1）容易被人理解、易于接受且易于实现；

（2）清洁生产目标是针对审核重点的定量化、可操作并有激励作用的指标。要求不仅有减污、降耗或节能的绝对量，还要有相对量指标，并与现状对照。

（3）具有时限性，要分近期和远期。近期一般指到本轮审核基本结束并完成审核报告时为止，见表6-4。

（二）依据

（1）根据外部的环境管理要求，如达标排放、限期治理等；

（2）根据本企业历史最好水平；

（3）参照国内外同行业、类似规模、工艺或技术装备的厂家的水平；

（4）参照同行业清洁生产标准或行业清洁生产评价体系中的水平指标。

表6-4为某化工厂一车间设置的清洁生产目标。

表6-4　某化工厂一车间的清洁生产目标

序号	项目	现状	近期目标（1996年年底）		远期目标（1996年年底）	
			绝对量/（t/a）	相对量/%	绝对量/（t/a）	相对量/%
1	多元醇A得率	68%	—	增加1.8	—	增加3.2
2	废水排放量	150 000 t/a	削减30 000	削减20	削减60 000	削减40
3	COD排放量	1 200 t/a	削减250	削减20.8	削减600	削减50
4	固体废物排放量	80 t/a	削减20	削减25	削减80	削减100

六、提出和实施无/低费方案

预审核过程中，在全厂范围内各个环节发现的问题，有相当部分可迅速采取措施解决。这些无须投资或投资很少，容易在短期（如审核期间）见效的措施，称为无/低费方案。另一类需要投资较高、技术性较强、投资期较长的方案叫中/高费方案。

预审核阶段的无/低费方案，是通过调研，特别是现场考察和座谈，而不必对生产过程做深入分析便能发现的方案，是针对全厂的；而审核阶段的无/低费方案，是必须深入分析物料平衡结果才能发现的，是针对审核重点的。

（一）目的

贯彻清洁生产边审核边实施的原则，以及时取得成效、滚动式地推进审核工作。

（二）方法

座谈、咨询、现场查看、散发清洁生产建议表，及时改进、及时实施、及时总结，对于涉及重大改变的无/低费方案，应遵循企业正常的技术管理程序。

常见的无/低费方案列举如下：

1. 原辅料及能源

（1）采购量与需求相匹配；

（2）加强对原料质量（如纯度、水分等）的控制；

（3）根据生产操作调整包装的大小及形式。

2. 技术工艺

（1）改进备料方法；

（2）增加捕集装置，减少物料或成品损失；

（3）改用易于处理、处置的清洗剂。

3. 过程控制

（1）选择在最佳配料比下进行生产；

（2）增加检测计量仪表；

（3）校准检测计量仪表；

（4）改善过程控制及在线监控；

（5）调整优化反应的参数，如温度、压力等。

4. 设备

（1）改进并加强设备的定期检查和维护工作，减少跑、冒、滴、漏；

（2）及时修补完善输热、输汽管理线的隔热保温；

5. 产品

（1）改进包装及其标志或说明；

（2）加强库存管理。

6. 管理

（1）清扫地面时改用干扫法或拖地法，以取代水冲洗法；

（2）减少物料溅落并及时收集；

（3）严格岗位责任制及操作规程。

7．废弃物

（1）冷凝液的循环利用；

（2）现场分类、收集可回收的物料与废弃物；

（3）余热利用；

（4）清污分流。

8．员工

（1）加强对员工技术与环保意识的培训；

（2）采用各种形式的精神与物质激励措施。

第三节　审　核

　　本阶段是对组织审核重点的原材料、生产过程以及浪费的产生进行审核。审核是通过对审核重点的物料平衡、水平衡、能量衡算及价值流分析，分析物料、能量流失和其他浪费的环节，找出废弃物产生的原因，查找物料储运、生产运行、管理以及废弃物排放等方面存在的问题，寻找与国内外先进水平的差距，为清洁生产方案的产生提供依据。

　　本阶段工作重点是实测输入输出物流，建立物料平衡，分析废弃物产生原因。审核程序如图 6-3 所示。

一、准备审核重点资料

收集审核重点及其相关工序或工段的有关资料，绘制工艺流程图。

（一）收集资料

1．收集基础资料

（1）工艺资料

● 　工艺流程图；

● 　工艺设计的物料、热量平衡数据；

● 　工艺操作手册和说明；

● 　设备技术规范和运行维护记录；

● 　管道系统布局图；

● 　车间内平面布置图。

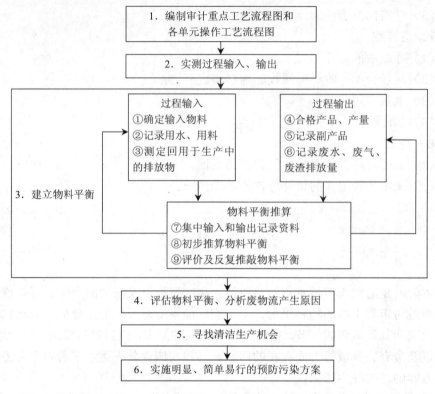

图 6-3　审核程序

（2）原材料和产品及生产管理资料
- 产品的组成及月、年度产量表；
- 物料消耗统计表；
- 产品和原材料库存记录；
- 原料进厂检验记录；
- 能源费用；
- 车间成本费用报告；
- 生产进度表。

（3）废弃物资料
- 年度废弃物排放报告；
- 废弃物（水、气、渣）分析报告；
- 废弃物管理、处理和处置费用；
- 排污费；
- 废弃物处理设施运行和维护费用。

（4）国内外同行业资料

● 国内外同行业单位产品原辅料消耗情况（审核重点）；

● 国内外同行业单位产品排污情况（审核重点）。

列表与本企业情况比较。

2．现场调查

补充与验证已有数据。

（1）不同操作周期的取样、化验；

（2）现场提问；

（3）现场考察、记录。

● 追踪所有物流；

● 建立产品、原料、添加剂及废弃物等物流的记录。

（二）编制审核重点的工艺流程图

为了更充分和较全面地对审核重点进行实测和分析，首先应掌握审核重点的工艺过程和输入、输出物流情况。工艺流程图以图解的方式整理、标示工艺过程及进入和排出系统的物料、能源以及废物流的情况。审核重点的工艺流程如图 6-4 所示。

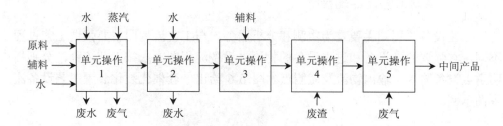

图 6-4 审核重点的工艺流程

（三）编制单元操作工艺流程图和功能说明表

当审核重点包含较多的单元操作，而一张审核重点流程图难以反映各单元操作的具体情况时，应在审核重点工艺流程图的基础上，分别编制各单元操作的工艺流程图（标明进出单元操作的输入、输出物流）和功能说明表。图 6-5 为对应图 6-4 单元操作 1 的工艺流程示意图。表 6-5 为某啤酒厂审核重点（酿造车间）各单元操作功能说明表。

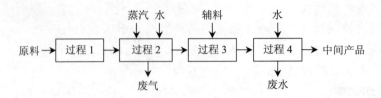

图 6-5 单元操作 1 的详细工艺流程

表 6-5 各单元操作功能说明

单元操作名称	功能简介
粉碎	将原辅料粉碎成粉、粒，以利于糖化过程中物质分解
糖化	利用麦芽所含酶，将原料中高分子物质分解制成麦汁
麦汁过滤	将糖化醪中原料溶出物质与麦糖分开，得到澄清麦汁
麦汁煮沸	灭菌、灭酶、蒸出多余水分，使麦汁浓缩至要求浓度
旋流澄清	使麦汁静置，分离出热凝固物
冷却	析出冷凝固物，使麦汁吸氧、降到发酵所需温度
麦汁发酵	添加酵母发酵麦汁成酒液
过滤	去除残存酵母及杂质，得到清亮透明的酒液

（四）编制工艺设备流程图

工艺设备流程图主要是为实测和分析服务。与工艺流程图主要强调工艺过程不同，它强调的是设备和进出设备的物流。设备流程图要求按工艺流程，分别标明重点设备输入、输出物流及监测点。图 6-6 给出一套催化裂化装置工艺设备流程图示例。

二、实测输入输出物流

审核人员要了解与每一个操作相关的功能和工艺变量，核对单元操作和整个工艺的所有资料（包括原材料、中间产品、产品的物料管理与操作方式），为以后的审核工作所用。

对于复杂的生产工艺流程，可能一个单元操作就表明一个简单的生产工艺流程（特别对那些主要工艺来说，单元操作更是如此），必须将其一一列出、分析，并绘制审核重点的输入与输出示意图（图 6-7）。

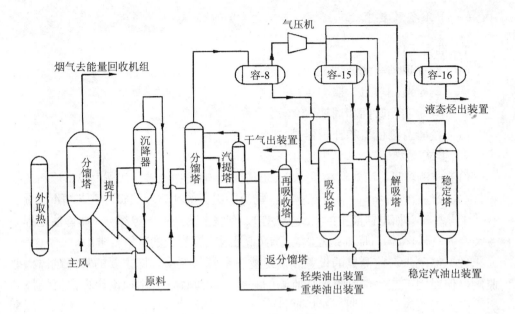

图 6-6 某煤油厂催化装置工艺设备流程

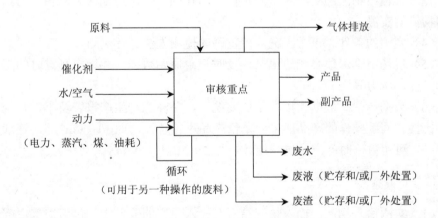

图 6-7 审核重点的输入与输出

（一）准备及要求

1. 准备工作

（1）制订现场实测计划。

● 确定监测项目、监测点；

● 确定实测时间和周期。

（2）校验监测仪器和计量器具。

2. 要求

（1）监测项目。应对审核重点全部的输入、输出物流进行实测，包括原料、辅料、水、产品、中间产品及废弃物等。物流中组分的测定根据实际工艺情况而定，有些工艺要测（如电镀液中的 Cu、Cr 等），有些工艺则不一定都测（如炼油过程中各类烃的具体含量），原则是监测项目应满足对废弃物流的分析要求。

（2）监测点。监测点的设置须满足物料衡算的要求，即主要的物流进出口要监测，但对因工艺条件所限无法监测的某些中间过程，可用理论计算数值代替。

（3）实测时间和周期。对周期性（间歇）生产的企业，按正常一个生产周期（一次配料由投入到产品产出为一个生产周期）进行逐个工序的实测，而且至少实测三个周期。

对于连续生产的企业，应连续（跟班）监测 72 h。

输入、输出物流的实测注意同步性。即在同一生产周期内完成相应的输入和输出物流的实测。

（4）实测的条件。正常工况，按正确的检测方法进行实测。

（5）现场记录。边实测边记录，及时记录原始数据，并标出测定时的工艺条件（温度、压力等）。

（6）数据单位。数据收集的单位要统一，并注意与生产报表及年、月统计表的可比性。间歇操作的产品，采用单位产品进行统计，如 t/t、t/m^3 等；连续生产的产品，可用单位时间产量进行统计，如 t/a、t/月、m/d 等。

（二）实测

（1）实测输入物流。输入物流指所有投入生产的输入物，包括进入生产过程的原料、辅料、水、汽以及中间产品、循环利用物等。

● 数量；

● 组分（应有利于废物流分析）；

● 实测时的工艺条件。

（2）实测输出物流。输出物流指所有排出单元操作或某台设备、某一管线的排出物，包括产品、中间产品、副产品、循环利用物以及废弃物（废气、废渣、废水等）。

- 数量；
- 组分（应有利于废物流分析）；
- 实测时的工艺条件。

将输入、输出的取样分析结果标在单元操作工艺流程图上。计算厂外废物流。废物运送到厂外处理前有时还需在厂内贮存。在贮存期要防止有泄漏和新的污染产生；废物在运送到厂外处理过程中，也要防止跑、冒、滴、漏，以免产生二次污染。

（三）汇总数据

汇总各单元操作数据。将现场实测的数据经过整理、换算并汇总在一张或几张表上，具体可参照表6-6。

表6-6　各单元操作数据汇总

单元操作	输入物					输出物					去向
	名称	数量	成分			名称	数量	成分			
			名称	浓度	数量			名称	浓度	数量	
单元操作1											
单元操作2											
单元操作3											

注：（1）数量按单位产品的量或单位时间的量填写。

（2）成分指输入物和输出物中含有的贵重成分或（和）对环境有毒、有害成分。

（3）汇总审核重点数据。在单元操作数据的基础上，将审核重点的输入和输出数据汇总成表，使其更加清楚明了，表的形式可参照表6-7。对于输入、输出物料不能简单加和的，可根据组分的特点自行编制类似表格。

表6-7　审核重点输入、输出数据汇总

输入		输出	
输入物	数量	输出物	数量
原料1		产品	
原料2		副产品	
辅料1		废水	
辅料2		废气	
水		废渣	
合计		合计	

三、建立物料平衡

进行物料平衡的目的，旨在准确地判断审核重点的废弃物流，定量地确定废弃物的数量、成分以及去向，从而发现过去无组织排放或未被注意的物料流失，并为产生和研究清洁生产方案提供科学依据。

从理论上讲，物料平衡应满足：输入＝输出。

（一）进行预平衡测算

根据物料平衡原理和实测结果，考察输入、输出物流的总量和主要组分达到的平衡情况。一般说来，如果输入总量与输出总量之间的偏差在5%以内，则可以用物料平衡的结果进行随后的有关评估与分析；但对于贵重原料、有毒成分等来说，平衡偏差应更小或应满足行业要求；如果偏差不符合上述要求，则须检查造成较大偏差的原因，可能是实测数据不准或存在无组织物料排放等情况，这种情况下应重新实测或补充监测。

（二）编制物料平衡图

物料平衡图是针对审核重点编制的，即用图解的方式将预平衡测算结果标示出来。但在此之前须编制审核重点的物料流程图，即把各单元操作的输入、输出标在审核重点的工艺流程图上。图 6-8 和图 6-9 分别为某啤酒厂审核重点（酿造车间）的物料流程图和物料平衡图。当审核重点涉及贵重原料和有毒成分时，物料平衡图应标明其成分和数量，或每一成分单独编制物料平衡图。

物料流程图以单元操作作为基本单位，各单元操作用方框图表示，输入画在左边，主要的产品、副产品和中间产品按流程提示，而其他输出则画在右边。

物料平衡图以审核重点的整体为单位。输入画在左边，主要的产品、副产品和中间产品标在右边，气体排放物标在上边，循环和回用物料标在左下角，其他输出则标在下边。

从严格意义上说，水平衡是物料平衡的一部分。水若参与反应，则是物料的一部分。但在许多情况下，它并不直接参与反应，而是作为清洗和冷却之用。在这种情况下并当审核重点的耗水量较大时，为了了解耗水过程并寻找减少水耗的方法，应另外编制水平衡图。

注：有些情况下，审核重点的水平衡并不能全面反映问题或水耗在全厂占有重要地位，可考虑就全厂编制一个水平衡图。

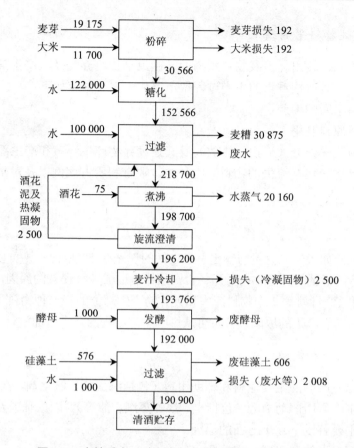

图 6-8 审核重点（酿造车间）物料流程（单位：kg/d）

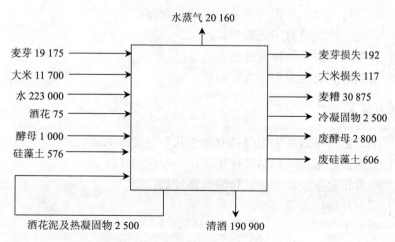

图 6-9 审核重点（酿酒车间）物料平衡（单位：kg/d）

（三）阐述物料平衡结果

在实测输入、输出物流及物料平衡的基础上寻找废弃物及其产生部位，阐述物料平衡结果，对审核重点的生产过程做出评估，主要内容如下：

（1）物料平衡的偏差；

（2）实际原料利用率；

（3）物料流失部分（无组织排放）及其他废弃物产生环节和产生部位；

（4）废弃物（包括流失的物料）的种类、数量和所占比例以及对生产和环境的影响部位。

四、分析废弃物产生及能耗、物耗高的原因

一般说来，如果输入总量与输出总量之间的误差在 5%以内，则可以用物料平衡的结果进行随后的有关评估与分析；否则须检查造成较大误差的原因，重新进行实测和物料平衡。针对每一个物料流失和废弃物产生部位的每一种物料和废弃物进行分析，找出它们产生的原因。分析可从影响生产过程的八个方面进行。

（一）原辅料和能源

原辅料指生产中的主要原料和辅助用料（包括添加剂、催化剂、水等）；能源指维持正常生产所用的动力源（包括电、煤、蒸汽、油等）。因原辅料及能源导致产生废弃物主要有以下几个方面的原因：

（1）原辅料不纯和（或）未净化；

（2）原辅料储存、发放、运输的流失；

（3）原辅料的投入量和（或）配比的不合理；

（4）原辅料及能源的超定额消耗；

（5）有毒、有害原辅料的使用；

（6）未利用清洁能源和二次资源。

（二）技术工艺

因技术工艺而导致产生废弃物有以下几个方面的原因：

（1）技术工艺落后，原料转化率低；

（2）设备布置不合理，无效传输线路过长；

（3）反应及转化步骤过长；

（4）连续生产能力差；

（5）工艺条件要求过严；

（6）生产稳定性差；

（7）需使用对环境有害的物料。

（三）设备

因设备而导致产生废弃物有以下几个方面的原因：

（1）设备破旧、漏损；

（2）设备自动化控制水平低；

（3）有关设备之间配置不合理；

（4）主体设备和公用设施不匹配；

（5）设备缺乏有效维护和保养；

（6）设备的功能不能满足工艺要求。

（四）过程控制

因过程控制而导致产生废弃物主要有以下几个方面的原因：

（1）计量检测、分析仪表不齐全或监测精度达不到要求；

（2）某些工艺参数（如温度、压力、流量、浓度等）未能得到有效控制；

（3）过程控制水平不能满足技术工艺要求。

（五）产品

产品包括审核重点内生产的产品、中间产品、副产品和循环利用物。因产品而导致产生废弃物主要有以下几个方面的原因：

（1）产品储存和搬运过程中的破损、漏失；

（2）产品的转化率低于国内外先进水平；

（3）不利于环境的产品规格和包装。

（六）废弃物

因废弃物本身具有的特性而未加利用导致产生废弃物主要有以下几个方面的原因：

（1）对可利用废弃物未进行再用和循环使用；

（2）废弃物的物理化学性能不利于后续的处理和处置；

（3）单位产品废弃物产生量高于国内外先进水平。

（七）管理

因管理而导致产生废弃物主要有以下几个方面的原因：

（1）有利于清洁生产的管理条例、岗位操作规程等未能得到有效执行；

（2）现行的管理制度不能满足清洁生产的需要：

● 岗位操作规程不够严格；

● 生产记录（包括原料、产品和废弃物）不完整；

● 信息交换不畅；

● 缺乏有效的奖惩办法。

（八）员工

因员工而导致产生废弃物主要有以下几个方面的原因：

（1）员工的素质不能满足生产需求：

● 缺乏优秀管理人员；

● 缺乏专业技术人员；

● 缺乏熟练操作人员；

● 员工的技能不能满足本岗位的要求。

（2）缺乏对员工主动参与清洁生产的激励措施。

五、提出和实施无/低费方案

主要针对审核重点。根据废弃物产生原因分析，提出并实施无/低费方案。

第四节　实施方案的产生和筛选

实施方案的产生和筛选是企业进行清洁生产审核工作的第四个阶段。本阶段的目的是通过方案的产生、筛选、研制，为下一阶段的可行性分析提供足够的中/高费清洁生产方案。本阶段的工作重点是根据评估阶段的结果，制订审核重点的清洁生产方案；在分类汇总基础上（包括已产生的非审核重点的清洁生产方案，主要是无/低费方案），经过筛选确定出 2 个以上中/高费方案供下一阶段进行可行性分析；同时对已实施的无/低费方案进行实施效果核定与汇总；最后编写清洁生产中期审核报告。

一、产生方案

清洁生产方案的数量、质量和可实施性直接关系到企业清洁生产审核的成效，是审核过程的一个关键环节，因而应广泛发动群众征集、产生各类方案。

（一）广泛采集，创新思路

在全厂范围内利用各种渠道和多种形式，进行宣传动员，鼓励全体员工提出清洁生产方案或合理化建议。通过实例教育，克服思想障碍，制定奖励措施以鼓励创造性思想和方案的产生。

（二）根据物料平衡和针对废弃物产生原因分析产生方案

进行物料平衡和废弃物产生原因分析的目的就是要为清洁生产方案的产生提供依据。因而方案的产生要紧密结合这些结果，只有这样才能使所产生的方案具有针对性。

（三）广泛收集国内外同行业先进技术

类比是产生方案的一种快捷、有效的方法。应组织工程技术人员广泛收集国内外同行业的先进技术，并以此为基础，结合本企业的实际情况，制订清洁生产方案。

（四）组织行业专家进行技术咨询

当企业利用本身的力量难以完成某些方案的产生时，可以借助于外部力量，组织行业专家进行技术咨询，这对启发思路、信息畅通将会很有帮助。

（五）全面系统地产生方案

清洁生产涉及企业生产和管理的各个方面，虽然物料平衡和废弃物产生原因分析将大大有助于方案的产生，但是在其他方面可能也存在着一些清洁生产机会，因而可从影响生产过程的八个方面全面系统地产生方案。如图6-10所示。

（1）原辅材料和能源替代；

（2）技术工艺改造；

（3）设备维护和更新；

（4）过程优化控制；

（5）产品更换或改进；

（6）废弃物回收利用和循环使用；

（7）加强管理；

（8）员工素质的提高以及积极性的激励。

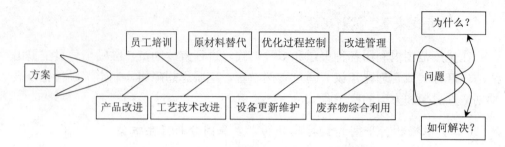

图 6-10　影响生产过程的八个方面结构

二、分类汇总方案

对所有的清洁生产方案，不论是已实施的还是未实施的，不论是属于审核重点的还是不属于审核重点的，均按原辅材料和能源替代、技术工艺改造、设备维护和更新、过程优化控制、产品更换或改进、废弃物回收利用和循环使用、加强管理、员工素质的提高以及积极性的激励八个方面列表简述其原理和实施后的预期效果。

三、筛选方案

在进行方案筛选时可采用两种方法，一是用比较简单的方法进行初步筛选，二是采用权重总和计分排序法进行筛选和排序。

（一）初步筛选

初步筛选是要对已产生的所有清洁生产方案进行简单检查和评估，从而分出可行的无/低费方案、初步可行的中/高费方案和不可行方案三大类。其中，可行的无/低费方案可立即实施；初步可行的中/高费方案供下一步进行研制和进一步筛选；不可行的方案则搁置或否定。

（1）确定初步筛选因素。初步筛选因素可考虑技术可行性、环境效果、经济效益、实施难易程度以及对生产和产品的影响等几个方面。

① 技术可行性。主要考虑该方案的成熟程度，如是否已在企业内部其他部门采用过或同行业其他企业采用过，以及采用的条件是否基本一致等。

② 环境效果。主要考虑该方案是否可以减少废弃物的数量和毒性，是否能改善工人的操作环境等。

③ 经济效果。主要考虑投资和运行费用能否承受得起，是否有经济效益，能否减少废弃物的处理处置费用等。

④ 实施的难易程度。主要考虑是否在现有的场地、公用设施、技术人员等条件下即可实施或稍做改进即可实施，实施的时间长短等。

⑤ 对生产和产品的影响。主要考虑在方案的实施过程中对企业正常生产的影响程度以及方案实施后对产量、质量的影响。

（2）进行初步筛选：在进行方案的初步筛选时，可采用简易筛选方法，即组织企业领导和工程技术人员进行讨论来决策。方案的简易筛选方法基本步骤如下：第一步，参照前述筛选因素的确定方法，结合本企业的实际情况确定筛选因素；第二步，确定每个方案与这些筛选因素之间的关系，若是正面影响关系，则打"√"，若是反面影响关系则打"×"；第三步，综合评价，得出结论。具体参照表 6-8。

表 6-8 方案简易筛选方法

筛选因素	方案编号				
	F_1	F_2	F_3	…	F_n
技术可行性	√	×	√	…	
环境效果	√	√	√	…	√
经济效益	√	√	×	…	×
⋮	⋮	⋮	⋮	…	√
结 论	√	×	×	…	

（二）权重总和计分排序

权重总和计分排序法适合于处理方案数量较多或指标较多、相互比较有困难的情况，一般仅用于中/高费方案的筛选和排序。

方案的权重总和计分排序法基本同预审核重点的权重总和计分排序法，只是权重因素和权重值可能有些不同。权重因素和权重值的选取可参照以下因素执行。

（1）环境效果。权重值 $W = 8 \sim 10$。主要考虑是否减少了对环境有害物质的排放量及其毒性；是否减少了对工人安全和健康的危害；是否能够达到环境标准等。

（2）经济可行性。权重值 $W = 7 \sim 10$。主要考虑费用效益比是否合理。

（3）技术可行性。权重值 $W = 6 \sim 8$。主要考虑技术是否成熟、先进；能否找到有经验的技术人员；国内外同行业是否有成功的先例；是否易于操作、维护等。

（4）可实施性。权重值 $W = 4 \sim 6$。主要考虑方案实施过程对生产的影响大小；施工难度，施工周期；工人是否易于接受等。

具体方法参照表 6-9。

表6-9　方案的权重总和计分排序

权重因素	权重值（W）	方案得分								
		方案1		方案2		方案3		…		方案n	
		R	$R×W$	R	$R×W$	R	$R×W$		R	$R×W$
环境效果										
经济可行性										
技术可行性										
可实施性										
总分（$\Sigma R×W$）	—									
排序	—									

（三）汇总筛选结果

按可行的无/低费方案、初步可行的中/高费方案和不可行方案列表汇总方案的筛选结果。

四、研制方案

经过筛选得出的初步可行的中/高费清洁生产方案，因为投资额较大，而且一般对生产工艺过程有一定程度的影响，因而需要进一步研制，主要是进行一些工程化分析，从而提供两个以上方案供下一阶段做可行性分析。

（一）内容

方案的研制内容包括以下四个方面：

（1）方案的工艺流程详图；

（2）方案的主要设备清单；

（3）方案的费用和效益估算；

（4）编写方案说明。

对每一个初步可行的中/高费清洁生产方案均应编写方案说明，主要包括技术原理、主要设备、主要的技术及经济指标和可能的环境影响等。

（二）原则

一般说来，对筛选出来的每一个中/高费方案进行研制和细化时都应考虑以下几个原则：

1．系统性

考察每个单元操作在一个新的生产工艺流程中所处的层次、地位和作用，以及与其他单元操作的关系，从而确定新方案对其他生产过程的影响，并综合考虑经济效益和环境效果。

2. 综合性

一个新的工艺流程不仅要综合考虑其经济效益和环境效果，还要照顾到排放物的综合利用及其利与弊，以及促进在加工和利用产品的过程中自然物流与经济物流的转化。

3. 闭合性

闭合性是指一个新的工艺流程在生产过程中物流的闭合性。物流的闭合性是指清洁生产和传统工业生产之间的原则区别，即尽量在工艺流程中对生产过程中的载体，如水、溶剂等，实现闭路循环，达到无废水或最大限度地减少废水的排放。

4. 无害性

清洁生产工艺应该是无害（或至少是少害）的生态工艺，要求不污染空气、水体和地表土壤（或轻污染）；不危害操作工人和附近居民的健康；不损坏风景区、休憩地的美学价值；生产的产品要提高其环保性，使用可降解原材料和包装材料。

5. 合理性

合理性旨在合理利用原料，优化产品的设计和结构，降低能耗和物耗，减少劳动量和劳动强度等。

五、继续实施无/低费方案

经过分类和分析，对一些投资费用较少、见效较快的方案，要继续贯彻边审核、边削减污染物的原则，组织人员、物力实施经筛选确定的可行的无/低费方案，以扩大清洁生产的发展。

六、核定并汇总无/低费方案的实施效果

对已实施的无/低费方案，包括在预审核和审核阶段所实施的无/低费方案，应及时核定其效果并进行汇总分析。核定及汇总的内容包括方案序号、名称、实施时间、投资、运行费、经济效益和环境效果。

七、编写清洁生产中期审核报告

清洁生产中期审核报告在方案产生和筛选工作完成之后进行，是对前面所有工作的总结。清洁生产中期审核报告的内容如下：

1. 前言 筹划和组织

1.1 审核小组

1.2 审核工作计划

1.3 宣传和教育

要求图表：

● 审核小组成员表

● 审核工作计划表

2. 预评估

2.1 企业概况

包括产品、生产、人员及环保等概况。

2.2 产污和排污现状分析

包括国内外情况对比，产污原因初步分析以及组织的环保执法情况等。

2.3 确定审核重点

2.4 清洁生产目标

要求图表：

● 企业平面布置简图

● 企业的组织机构图

● 企业主要工艺流程图

● 企业输入物料汇总表

● 企业产品汇总表

● 企业主要废物特性表

● 企业历年废物流情况表

● 企业废物产生原因分析表

● 清洁生产目标一览表

3. 评估

3.1 审核重点概况

包括审核重点的工艺流程图、工艺设备流程图和各单元操作流程图。

3.2 输入、输出物流的测定

3.3 物料平衡

3.4 废物产生原因分析

要求图表：

● 审核重点平面布置图

● 审核重点组织机构图

● 审核重点工艺流程图

- 审核重点各单元操作工艺流程图
- 审核重点单元操作功能说明表
- 审核重点工艺设备流程图
- 审核重点物流实测准备表
- 审核重点物流实测数据表
- 审核重点物料流程图
- 审核重点物料平衡图
- 审核重点废物产生原因分析表

4. 方案产生和筛选

4.1 方案汇总

包括所有的已实施、未实施，可行、不可行的方案。

4.2 方案筛选

4.3 方案研制

主要针对中/高费方案。

4.4 无/低费方案的实施效果分析

要求图表:

- 方案汇总表
- 方案权重总和计分排序表
- 方案筛选结果汇总表
- 方案说明表
- 无/低费方案实施效果的核定与汇总表

第五节　实施方案的确定（可行性分析）

实施方案的确定是企业进行清洁生产审核工作的第五个阶段。本阶段的目的是对筛选出来的中/高费清洁生产方案进行分析和评估，以选择最佳的、可实施的清洁生产方案。本阶段工作重点是：在结合市场调查和收集一定资料的基础上，进行方案的技术、环境、经济的可行性分析和比较，从中选择和推荐最佳的可行方案。

最佳的可行方案是指在技术上先进适用、在经济上合理有利，又能保护环境的最优方案。

一、市场调查

清洁生产方案涉及以下情况时，须首先进行市场调查（否则不需要市场调研），为方案的技术与经济可行性分析奠定基础：

（1）拟对产品结构进行调整；

（2）有新的产品（或副产品）产生；

（3）将得到用于其他生产过程的原材料。

（一）调查市场需求

（1）国内同类产品的价格、市场总需求量；

（2）当前同类产品的总供应量；

（3）产品进入国际市场的能力；

（4）产品的销售对象（地区或部门）；

（5）市场对产品的改进意见。

（二）预测市场需求

（1）国内市场发展趋势预测；

（2）国际市场发展趋势分析；

（3）产品开发、生产、销售周期与市场发展的关系。

（三）确定方案的技术途径

通过市场调查和市场需求预测，可能会对原来方案中的技术途径和生产规模做相应调整。在进行技术、环境、经济评估之前，要最后确定方案的技术途径。每一方案中应包括2～3种不同的技术途径，以供选择，其内容应包括以下几个方面：

（1）方案技术工艺流程详图；

（2）方案实施途径及要点；

（3）主要设备清单及配套设施要求；

（4）方案所达到的技术经济指标；

（5）可产生的环境、经济效益预测；

（6）对方案的投资总费用进行技术评估。

二、技术评估

技术评估的目的是说明方案中所推选的技术与其他技术相比有其先进性；在本企业生产中有实用性；而且在具体技术改造中有可行性和可实施性。技术评估应着重评价以下几方面：

（1）方案设计中采用的工艺路线、技术设备在经济合理的条件下的先进性、适用性；

（2）与国家有关的技术政策和能源政策的相符性；

（3）技术引进或设备进口要符合我国国情，引进技术后要有消化吸收能力；

（4）资源的利用率和技术途径合理；

（5）技术设备操作上安全、可靠；

（6）技术成熟（如国内有实施的先例）。

三、环境评估

清洁生产方案都应该有显著的环境效益，但也要防止在实施后会对环境有新的影响，因此对生产设备的改进、生产工艺的变更、产品及原材料的替代等清洁生产方案，必须进行环境评估，环境评估是方案可行性分析的核心。评估应包括以下内容：

（1）资源的消耗与资源可永续利用要求的关系；

（2）生产中废弃物排放量的变化；

（3）污染物组分的毒性及其降解情况；

（4）污染物的二次污染；

（5）操作环境对人员健康的影响；

（6）废弃物的复用、循环利用和再生回收。

环境评估要特别重视：

（1）产品和过程的生命周期分析；

（2）固、液、气态废物和排放物的变化；

（3）能源的污染；

（4）对人员健康的影响；

（5）安全性。

四、经济评估

本阶段所指的经济评估是从企业的角度，按照国内现行市场价格，计算出方案实施后在财务上的获利能力和清偿能力，它应在方案通过技术评估和环境评估后再进行，若前二者不通过则不必进行方案的经济评估。经济评估的基本目标是要说明资源利用的优势，它是以项目投资所能产生的效益为评价内容，通过计算方案实施时所需投入的各种费用和所节约的费用以及各种附加的效益，并通过分析比较以选择最少耗费和经济效益最佳的方案，为投资决策提供科学的依据。

（一）清洁生产经济效益的统计方法

清洁生产既有直接的经济效益也有间接的经济效益，要完善清洁生产经济效益的统计方法，独立建账，明细分类。清洁生产的经济效益包括图 6-11 中几方面的收益。

（二）经济评估方法

经济评估主要采用现金流量分析和财务动态获利性分析方法。
主要经济评估指标为：

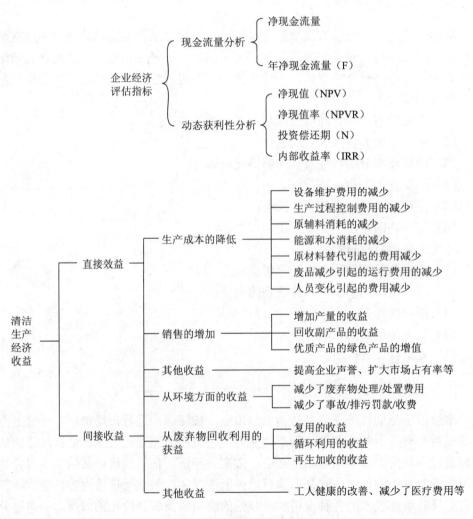

图 6-11　清洁生产经济收益

（三）经济评估指标及其计算

（1）总投资费用（I）

在项目有政策补贴或其他来源补贴的时候：

$$总投资费用（I）=总投资-补贴$$

总投资 $\begin{cases}项目建设投资\\建设期利息\\项目流动资金\end{cases}$ $\begin{cases}固定资产\\无形资产\\开办费\\不可预见费\end{cases}$

（2）年净现金流量（F）。从企业角度出发，企业的经营成本、工商税和其他税金，以及利息支付都是现金流出。销售收入是现金流入，企业从建设总投资中提取的折旧费可由企业用于偿还贷款，故也是企业现金流入的一部分。

净现金流量是现金流入和现金流出之差额，年净现金流量就是一年内现金流入和现金流出的代数和：

$$年净现金流量（F）=销售收入-经营成本-各类税+年折旧费$$
$$=年净利润+年折旧费$$

（3）投资偿还期（N）。这个指标是指项目投产后，以项目获得的年净现金流量来回收项目建设总投资所需的年限。可用下列公式计算：

$$N=\frac{I}{F}$$

式中：I——总投资费用；

　　　F——年净现金流量。

（4）净现值（NPV）。净现值是指在项目经济寿命期内（或折旧年限内）将每年的净现金流量按规定的贴现率折现到计算期初的基年（一般为投资期初）现值之和。

其计算公式为：

$$NPV=\sum_{j=1}^{n}\frac{F}{(1+i)^{j}}-I$$

式中：i——贴现率；

　　　n——项目寿命周期（或折旧年限）；

　　　j——年份。

净现值是动态获利性分析指标之一。

（5）净现值率（NPVR）。净现值率为单位投资额所得到的净收益现值。如果两个项目投资方案的净现值相同，而投资额不同，则应以单位投资能得到的净现值进行比较，即以净现值率进行选择。其计算公式是：

$$NPVR = \frac{NPV}{I} \times 100\%$$

净现值和净现值率均按规定的贴现率进行计算确定，它们还不能体现出项目本身内在的实际投资收益率。因此，还需采用内部收益率指标来判断项目的真实收益水平。

（6）内部收益率（IRR）。项目的内部收益率（IRR）是在整个经济寿命期内（或折旧年限内）累计逐年现金流入的总额等于现金流出的总额，即投资项目在计算期内，使净现值为零的贴现率。可按下式计算：

$$NPV = \sum_{j=1}^{n} \frac{F}{(1+IRR)^j} - I = 0$$

计算内部收益率的简易方法可用试差法。

$$IRR = i_1 + \frac{NPV_1(i_2 - i_1)}{NPV_1 + |NPV_2|}$$

式中：i_1—— 当净现值 NPV_1 为接近于零的正值时的贴现率；

i_2—— 当净现值 NPV_2 为接近于零的负值时的贴现率。

NPV_1、NPV_2 分别为试算贴现率 i_1 和 i_2 对应的净现值。i_1 与 i_2 可查表获得。i_1 与 i_2 的差值为 1%～2%。

（四）经济评估准则

（1）投资偿还期（N）应小于定额投资偿还期（视项目不同而定）。定额投资偿还期一般由各个工业部门结合企业生产特点，在总结过去建设经验和统计资料的基础上，统一确定的回收期限，有的也是根据贷款条件而定。一般：

中费项目　　　　$N<3$ 年

较高费项目　　　$N<5$ 年

高费项目　　　　$N<10$ 年

只有投资偿还期小于定额偿还期，项目投资方案才可接受。

（2）净现值为正值：$NPV \geqslant 0$。当项目的净现值大于或等于零时（为正值）则认为此项目投资可行；如净现值为负值，就说明该项目投资收益率低于贴现率，则应放弃此项目投资；在对两个以上投资方案进行选择时，应选择净现值为最大的方案。

（3）净现值率最大。在比较两个以上投资方案时，不仅要考虑项目的净现值大小，而且要求选择净现值率为最大的方案。

（4）内部收益率（IPR）应大于基准收益率或银行贷款利率：IRR$\geq i$。内部收益率是项目投资的最高盈利率，也是项目投资所能支付贷款的最高临界利率，如果贷款利率高于内部收益率，则项目投资就会出现亏损。因此。内部收益率反映了实际投资效益，可用以确定能接受投资方案的最低条件。

五、推荐可实施方案

汇总列表比较各投资方案的技术、环境、经济评估结果，确定最佳可行的推荐方案，再按国家或地方的程序，进行项目实施前的准备，其间大致经过如下步骤：

（1）编写项目建议书；

（2）编写项目可行性研究报告；

（3）财务评价；

（4）技术报告（设备选型、报价）；

（5）环境影响评价；

（6）投资决策。

第六节　方案实施

方案实施是企业清洁生产审核的第六个阶段。目的是通过推荐方案（经分析可行的中/高费最佳可行方案）的实施，使企业实现技术进步，获得显著的经济效益和环境效益；通过评估已实施的清洁生产方案成果，激励企业推行清洁生产。本阶段工作重点是：总结前几个审核阶段已实施的清洁生产方案的成果，统筹规划推荐方案的实施。

一、组织方案实施

（一）统筹规划

可行性分析完成之后，从统筹方案实施的资金开始，直至正常运行与生产，这是一个非常烦琐的过程，因此有必要统筹规划，以利于该段工作的顺利进行。建议首先应该把其间所做的工作一一列出，制订一个比较详细的实施计划和时间进度表。需要筹划的内容有：

（1）筹措资金；

（2）设计；

（3）征地、现场开发；

（4）申请施工许可；

（5）兴建厂房；

（6）设备选型、调研设计、加工或订货；

（7）落实配套公共设施；

（8）设备安装；

（9）组织操作、维修、管理班子；

（10）制订各项规程；

（11）人员培训；

（12）原辅料准备；

（13）应急计划（突发情况或障碍）；

（14）施工与企业正常生产的协调；

（15）试运行与验收；

（16）正常运行与生产。

需要指出的是，在时间进度表中，还应列出具体的负责单位，以利于责任分工。统筹规划时建议采用甘特图形式制订实施进度表。某建材企业的实施方案进度见表 6-10。

表 6-10　某建材企业的实施方案进度表

内容	20___年												负责单位
	1月	2月	3月	4月	5月	6月	7月	8月	9月	10月	11月	12月	
1. 设计	■	■	■										专业 设计院
2. 设备考察			■	■									环保科
3. 设备选型、订货				■	■								环保科
4. 落实公共设施服务				■	■	■							电力车间
5. 设备安装							■						专业安装队
6. 人员培训								■					烧成车间
7. 试车							■	■	■				环保科
8. 正常生产										■	■	■	烧成车间

注：实施方案名称：采用微震布袋除尘器回收立窑烟尘。

（二）筹措资金

（1）资金的来源。资金的来源有两个渠道：

① 企业内部自筹资金：企业内部资金包括两个部分，一是现有资金，二是通过实施清洁生产无/低费方案，逐步积累资金，为实施中/高费方案做好准备。

② 企业外部资金，包括：

● 国内借贷资金，如国内银行贷款等；

● 国外借贷资金，如世界银行贷款等；

● 其他资金来源，如国际合作项目赠款、环保资金返回款、政府财政专项拨款、发行股票和债券融资等。

（2）合理安排有限的资金。若同时有数个方案需要投资实施，则要考虑如何合理有效地利用有限的资金。

在方案可分别实施且不影响生产的条件下，可以对方案实施顺序进行优化，先实施某个或某几个方案，然后利用方案实施后的收益作为其他方案的启动资金，使方案滚动实施。

（三）实施方案

推荐方案的立项、设计、施工、验收等，按照国家、地方或部门的有关规定执行。无/低费方案的实施过程还要符合企业的管理要求和项目的组织、实施程序。

二、汇总已实施的无/低费方案的成果

已实施的无/低费方案的成果有两个主要方面：环境效益和经济效益。通过调研、实测和计算，分别对比各项环境指标，包括物耗、水耗和电耗等资源消耗指标以及废水量、废气量和固废量等废弃物产生指标在方案实施前后的变化，从而获得无/低费方案实施后的环境效果；分别对比产值、原材料费用、能源费用、公共设施费用、水费、污染控制费用、维修费、税金以及净利润等经济指标在方案实施前后的变化，从而获得无/低费方案实施后的经济效益，最后对本轮清洁生产审核中无/低费方案的实施情况做一个阶段性总结。

三、评价已实施的中/高费方案的成果

为了积累经验，进一步完善所实施的方案，对已实施的方案，除了要在方案实施前做必要、周详的准备，并在方案的实施过程中进行严格的监督管理外，还要对已实施的中/高费方案成果进行技术、环境、经济和综合评价。将实施产生的

效益与预期的效益相比较，用来进一步改进实绩。对于计划实施的方案，应给出方案预计产生的效益分析汇总。

（一）技术评价

主要评价各项技术指标是否达到原设计要求，若没有达到要求，如何改进等。内容主要包括：

（1）生产流程是否合理；

（2）生产程序和操作规程有无问题；

（3）设备容量是否满足生产要求；

（4）对生产能力与产品质量的影响如何；

（5）仪表管线布置是否需要调整；

（6）在自动化程度和自动分析测试及监测指示方面还需哪些改进；

（7）在生产管理方面还需做什么修改或补充；

（8）设备实际运行水平与国内、国际同行的水平有何差距；

（9）设备的技术管理、维修、保养人员是否齐备。

（二）环境评价

环境评价主要对中/高费方案实施前后各项环境指标进行追踪并与方案的设计值相比较，考察方案的环境效果以及企业环境形象的改善。通过方案实施前后的数字，可以获得方案的环境效益；又通过方案的设计值与方案实施后的实际值的对比，即将方案理论值与实际值进行对比，可以分析两者差距，相应地可对方案进行完善。

环境评价包括以下 6 个方面的内容：

（1）实测方案实施后，废物排放是否达到审核重点要求达到的预防污染目标，废水、废气、废渣、噪声的实际削减量；

（2）内部回用/循环利用程度如何，还应做的改进；

（3）单位产品产量和产值的能耗、物耗、水耗降低的程度；

（4）单位产品产量和产值的废物排放量，排放浓度的变化情况，有无新的污染物产生，是否易处置、易降解；

（5）产品使用和报废回收过程中还有哪些环境风险因素存在；

（6）生产过程中有害于健康、生态、环境的各种因素是否得到消除以及应进一步改善的条件和待解决的问题。

可按表 6-11 的格式列表对比进行环境评价。

表 6-11　环境效果对比情况

	方案实施前	设计的方案	方案实施后
废水量			
水污染量			
废气量			
大气污染物量			
固废量			
能耗			
物耗			
水耗			
……			

（三）经济评价

经济评价是评价中/高费清洁生产方案实施效果的重要手段。分别对比产值、原材料费用、能源费用、公共设施费用、水费、污染控制费用、维修费、税金以及净利润等经济指标在方案实施前后的变化以及实际值与设计值的差距，从而获得中/高费方案实施后所产生的经济效益的情况。

（四）综合评价

通过对每一中/高费清洁生产方案进行技术、环境、经济三方面的分别评价，可以对已实施的各个方案成功与否做出综合、全面的评价结论。

四、分析总结已实施方案对企业的影响

无/低费和中/高费清洁生产方案经过征集、设计、实施等环节，使企业面貌有了改观，因此有必要进行阶段性总结，以巩固清洁生产成果。

（一）汇总环境效益和经济效益

将已实施的无/低费和中/高费清洁生产方案成果汇总成表，内容包括实施时间、投资运行费、经济效益和环境效果，并进行分析。

（二）对比各项单位产品指标

虽然可以定性地从技术工艺水平、过程控制水平、企业管理水平、员工素质等众多方面考察清洁生产带给企业的变化，但最有说服力、最能体现清洁生产效益的是考察、审核前后企业各项单位产品指标的变化情况。

通过定性、定量分析，企业可以从中体会清洁生产的优势，总结经验以利于在企业内推行清洁生产；另外也要利用以上方法，从定性、定量两方面与国内外同类型企业的先进水平，进行对比，寻找差距，分析原因以利改进，从而在深层次上寻求清洁生产的机会。

（三）宣传清洁生产成果

在总结已实施的无/低费和中/高费方案清洁生产成果的基础上，组织宣传材料，在企业内广为宣传，为继续推行清洁生产打好基础。

第七节 持续清洁生产

持续清洁生产是企业清洁生产审核的最后一个阶段，目的是使清洁生产工作在企业内长期、持续地推行下去。本阶段工作重点是建立推行和管理清洁生产工作的组织机构、建立促进实施清洁生产的管理制度、制订持续清洁生产计划以及编写清洁生产审核报告。

一、建立和完善清洁生产组织

清洁生产是一个动态的、相对的概念，是一个连续的过程，因而须有一个固定的机构、稳定的工作人员来组织和协调这方面的工作，以巩固已取得的清洁生产成果，并使清洁生产工作持续地开展下去。

（一）明确任务

企业清洁生产组织机构的任务有以下 4 个方面：
（1）组织协调并监督实施本次审核提出的清洁生产方案；
（2）经常性地组织对企业职工的清洁生产教育和培训；
（3）选择下一轮清洁生产审核重点，并启动新的清洁生产审核；
（4）负责清洁生产活动的日常管理。

（二）落实归属

清洁生产机构要想起到应有的作用，及时完成任务，必须落实其归属问题。企业的规模、类型和现有机构等千差万别，因而清洁生产机构的归属也有多种形式，各企业可根据自身的实际情况具体掌握。可考虑以下几种形式：
（1）单独设立清洁生产办公室，直接归属厂长领导；

（2）在环保部门中设立清洁生产机构；

（3）在管理部门或技术部门中设立清洁生产机构。

不论是以何种形式设立的清洁生产机构，企业的高层领导都要有专人直接领导该机构的工作，因为清洁生产涉及生产、环保、技术、管理等各个部门，必须有高层领导的协调才能有效地开展工作。

（三）确定专人负责

为避免清洁生产机构流于形式，确定专人负责是很有必要的。该职员须具备以下能力：

（1）熟练掌握清洁生产审核知识；

（2）熟悉企业的环保情况；

（3）了解企业的生产和技术情况；

（4）较强的工作协调能力；

（5）较强的工作责任心和敬业精神。

二、建立和完善清洁生产管理制度

清洁生产管理制度包括把审核成果纳入企业的日常管理轨道、建立激励机制和保证稳定的清洁生产资金来源。

（一）把审核成果纳入企业的日常管理

把清洁生产的审核成果及时纳入企业的日常管理轨道，是巩固清洁生产成效、防止走过场的重要手段，特别是对通过清洁生产审核产生的一些无/低费方案，如何使它们形成制度显得尤为重要。

（1）把清洁生产审核提出的加强管理的措施文件化，形成制度；

（2）把清洁生产审核提出的岗位操作改进措施，写入岗位的操作规程，并要求严格遵照执行；

（3）把清洁生产审核提出的工艺过程控制的改进措施，写入企业的技术规范。

（二）建立和完善清洁生产激励机制

在奖金、工资分配、提升、降级、上岗、下岗、表彰、批评等诸多方面，充分与清洁生产挂钩，建立清洁生产激励机制，以调动全体职工参与清洁生产的积极性。

（三）保证稳定的清洁生产资金来源

清洁生产的资金来源可以有多种渠道，如贷款、集资等，但是清洁生产管理制度的一项重要作用是保证实施清洁生产所产生的经济效益，全部或部分地用于清洁生产和清洁生产审核，以持续滚动地推进清洁生产。建议企业财务对清洁生产的投资和效益单独建账。

三、制订持续清洁生产计划

清洁生产并非一朝一夕就可完成，因而应制订持续清洁生产计划，使清洁生产有组织、有计划地在企业中进行下去。持续清洁生产计划应包括：

（1）清洁生产审核工作计划：指下一轮的清洁生产审核。新一轮清洁生产审核的启动并非一定要等到本轮审核的所有方案都实施以后才进行，只要大部分可行的无/低费方案得到实施，取得初步的清洁生产成效，并在总结已取得的清洁生产经验的基础上，即可开始新的一轮审核。

（2）清洁生产方案的实施计划：指经本轮审核提出的可行的无/低费方案和通过可行性分析的中/高费方案。

（3）清洁生产新技术的研究与开发计划：根据本轮审核发现的问题，研究与开发新的清洁生产技术。

（4）企业职工的清洁生产培训计划。

四、编制清洁生产审核报告

编制清洁生产审核报告的目的是总结本轮清洁生产审核成果，为组织落实各种清洁生产方案、持续清洁生产计划提供一个重要的平台。以下是对编制清洁生产审核报告的要求，其中提到的图、表参见附录8。

前言

项目的基本情况，包括名称、成立背景、产品等，以及企业被审核之前在该行业的清洁生产审核现状。

第1章　审核准备

基本同"中期审核报告"，只需根据实际工作进展加以补充、改进和深化。

第2章　预审核

基本同"中期审核报告"，只需根据实际工作进展加以补充、改进和深化。

第3章　审核

基本同"中期审核报告"，只需根据实际工作进展加以补充、改进和深化。

第4章　方案产生和筛选

基本同"中期审核报告"，只需根据实际工作进展加以补充、改进和深化，但"10.4 无/低费方案的实施效果分析"中的内容归到第六章中编写。

第 5 章　可行性分析

5.1　市场调查和分析

仅当清洁生产方案涉及产品结构调整、产生新的产品和副产品以及得到用于其他生产过程的原材料时才需编写本书，否则不用编写。

5.2　环境评估

5.3　技术评估

5.4　经济评估

5.5　确定推荐方案

本章要求有如下图表：

● 方案经济评估指标汇总表（工作表 5-3）;

● 方案简述及可行性分析结果表（工作表 5-4）。

第 6 章　方案实施

6.1　方案实施情况简述

6.2　已实施的无/低费方案的成果汇总

6.3　已实施的中/高费方案的成果验证

6.4　已实施方案对企业的影响分析

本章要求有如下图表：

● 已实施的无/低费方案环境效果对比一览表（工作表 6-2）;

● 已实施的无/低费方案环境效益对比一览表（工作表 6-3）;

● 已实施的中/高费方案环境效果对比一览表（工作表 6-4）;

● 已实施的中/高费方案环境效益对比一览表（工作表 6-5）;

● 已实施的清洁生产方案实施效果的核定与汇总表（工作表 6-6）;

● 审核前后企业各项单位产品指标对比表（工作表 6-7）。

第 7 章　持续清洁生产

7.1　清洁生产的企业

7.2　清洁生产的管理制度

7.3　持续清洁生产计划

结论

结论包括以下内容：

● 企业产污、排污现状（审核结束时）所处水平及其真实性、合理性评价；

● 是否达到所设置的清洁生产目标；

● 已实施的清洁生产方案的成果总结；

● 拟实施的清洁生产方案的效果预测。

思考题

清洁生产审核的工作程序分为哪几个阶段？各个阶段的主要工作内容和工作重点有哪些？

第七章

清洁生产相关科学方法

清洁生产并不是孤立的，很多相关科学方法的发展都与清洁生产密切关联，形成交集。

生态设计（Eco-design）是指将环境因素融入产品设计中，旨在改善产品在整个生命周期内的环境性能，降低其环境影响，实现从源头上预防污染的目的。绿色化学研究如何降低或避免化学产品设计、制造与应用中有害物质的使用与产生，使所设计的化学产品或过程更加环境友好；环境标志则从消费角度，促使产品不仅质量合格，而且在生产、使用和处理处置过程中符合环境保护要求，与同类产品相比，具有低毒少害、节约资源等环境优势。这些科学方法的实践和发展不但丰富了清洁生产的内容，也为清洁生产开辟了更广阔的视野。

第一节　生态设计

一、生态设计的产生及概念

从工业革命开始，尤其是 20 世纪，经济发展速度超过了历史上任何时期。人类在消耗自然资源、生产制造大量产品的同时，又给生态环境带来了不利影响，地矿资源过度开采，生物种类不断减少，自然环境、水、空气遭到污染，全球温度升高，大气臭氧层被破坏，沙漠范围扩大等问题的接踵而至，使人类看到，科技发展和工业化在推动社会进步的同时，也带来了一定的负面影响，并对地球这一生命支持系统构成了严重威胁。为了实现人类社会的可持续发展和造福子孙后代，保护自然资源、保护和绿化环境已刻不容缓，重新建立"人—社会—环境"之间的和谐发展机制成为必然。人类的这种生态意识渗透进设计领域，便产生了生态设计，保护环境、节约能源成为设计中需要考虑的重要因素。

产品设计是一个将人的某种目的或需要转换为一个具体的物理形式或工具的过程。传统的产品设计理论与方法，是以人为中心，从满足人的需求和解决问题为出发点进行的，主要考虑市场消费需求、产品质量、成本、制造技术的可行性等技术和经济因子，而没有将生态环境因子作为产品开发设计的一个重要指标。

生态设计是 20 世纪 90 年代初荷兰公共机关和联合国环境规划署（UNEP）提出的一个环境管理领域的新概念，它融入了经济、环境、管理和生态学等多学科理论，是推行循环经济发展模式的有效途径。生态设计也称绿色设计或生命周期设计或环境设计，是指应用生态学的思想，在产品开发阶段综合考虑与产品相关的生态环境问题，设计出既对环境友好又能满足人的需求的一种新的产品设计方法。设计者应把环境问题看做是与经济效益、产品功能、产品质量、产品外观和公司形象等同样重要的事情，从而帮助确定设计的决策方向。生态设计要求在产品开发的所有阶段均考虑环境因素，从产品的整个生命周期着眼减少对环境的影响，最终引导产生一个更具有可持续性的生产和消费系统。

二、生态设计内涵

产品的生态设计是关于产品设计的一个新概念，是清洁生产的一个很重要的组成部分。生态设计主要包含两方面的含义：① 从保护环境角度考虑，较少资源消耗、实现可持续发展战略；② 从商业角度考虑，降低成本、减少潜在的责任风险，以提高竞争能力。

1．环境方面

从降低环境负荷的角度实现可持续发展只有两条途径可走。① 进行生产过程的污染预防，即进行清洁生产审核和推行清洁生产技术来减少生产过程中的污染物产生；② 进行产品的生态设计，从真正的源头开始实现污染预防，构筑新的生产和消费系统。荷兰进行产品生态设计的案例也表明，生态设计可减少 30%～50%的环境负荷。

2．商业方面

生态设计在商业方面的影响主要表现在以下几点：

（1）可降低生产成本，包括原材料和能源的消耗及环保投入。

（2）可减少责任风险。产品的生态设计要求尽量不用或少用对环境不利的物质，以起到预防的作用，减少企业潜在的责任风险。

（3）可提高产品质量。生态设计提出高水平的环境质量要求，如产品的实用性、运行可靠性、耐用性以及可维修性等，这些方面的改善都将有利于改善产品对环境的影响。

（4）可刺激市场需求。随着消费者环境意识的提高，对环境友好产品的需求将越来越强烈，这是产品生态设计的一个市场。

总之，产品的生态设计可以提高企业的环境形象，无论是在环境方面还是在商业方面均将有可能给企业提供赢得竞争的机会。

产品生态设计需要设计人员、生态学家、环境学家共同参与，通力合作。未来的"生态工厂"将是工业生产的标准模式，而产品生态设计也将是未来产品开发的主流。

生态设计引入了下列新的思想和方法：

（1）从"以人为本"的产品设计转向既考虑人的需求，又考虑生态系统的安全的生态设计。

（2）在产品开发概念阶段，就引进生态环境变量，并结合传统的设计因子如成本、质量、技术可行性、经济有效性等进行综合考虑。

（3）将产品的生态环境特性看做是提高产品市场竞争力的一个重要因素，但并不完全忽略其他因子。因为产品的生态特性是包含在产品中的潜在特性，如果仅仅考虑生态因子，产品就很难进入市场，其结果就是产品的潜在生态特性无法实现。

三、生态设计的核心

对工业设计而言，生态设计的核心是"3R"，即 Reduce、Reuse 和 Recycle。

首先，Reduce（减量化）包含了从 4 个方面减少物质浪费与环境破坏可能的内容：① 产品设计中的减小体量，即从复杂臃肿的产品结构与功能中减去不必要的部分，以求得最精粹的功能与结构形式，使产品形式不断趋于小型化和简洁化；② 产品在生产中减少消耗；③ 产品流通中的降低成本，如减轻需要移动的产品的质量以减少为此而付出的能源消费；④ 产品消费中的减少污染。

其次，Reuse（再利用）包含了 3 个方面的要求：① 产品部件结构自身的完整性；② 产品主体的可替换性结构的完整性，也就是要求产品主体具有对零部件的可替换性结构；③ 产品功能的系统性。

最后，Recycle（再循环）是"3R"原则中呼声最高、反应最热烈、进展也最明显的一个发展趋势，要求设计者尽量使用可再生资源，充分利用循环再生产品并使产品具有循环再生性。

四、生态设计程序

产品的生态设计程序的总体结构和一般的传统设计大致相同，但由于增加了环境要求，其内容则更为丰富。生态设计的程序大致可分为七个阶段：

（1）筹划和组织。获得管理层的承诺，尤其是最高管理层的承诺；组建项目小组，最后制订计划并做出预算。

（2）选择产品。选择合适的产品进行生态设计。首先需制定选择产品的准则，随后进行选择并确定详细的设计概要。

（3）建立生态设计战略。对产品的生命周期造成的主要环境问题进行分析，而后进行内部和外部的"强—弱"分析，以确定生态设计的内部推动力和外部推动力。对已提出的方案按生态设计战略要求进行汇总和分析，确定哪些方案与内外部的推动力相符合；最终确定本次生态设计的战略，并列出设计要求清单。

（4）产品筛选和产品创意。产生满足设计要求的方案。

（5）细化构思。将产品创意进一步开发形成产品构想，并进行深入分析以确定推荐方案。

（6）实施。对新产品进行详细的设计，并做好正式投产前的准备工作。

（7）建立后续活动。在基本完成生态设计工作之后进行后评估，以总结经验并指导后续生态设计工作，并制订后续的生态设计计划。

五、生态设计实施原则

在生态设计具体实施上，就是将工业生产过程比拟为一个自然生态系统，对系统的输入（能源与原材料）与产出（产品与废物）进行综合平衡。可以概括出以下七项实施原则。

1. 选择环境影响低的材料

设计中选择环境友好的原材料来降低最终对环境的影响。

（1）更清洁的原材料。即在生产、使用和最终处置过程中产生很少有害废物的材料。

（2）可更新的材料。避免使用一些不可再生的材料，或者需要很长时间才能自然再生的材料，寻找这些可枯竭材料的替代物。

（3）低能源成分材料。高能源成分的材料是指在开采或生产过程中需要消耗大量能量的材料，除非这些材料给产品带来其他的正面环境影响，否则不应该考虑这些材料。

（4）再利用材料。再利用材料是指在其他产品上使用过的材料，如果合适，应尽量重复使用这些材料。

（5）可再循环的材料。如果可能，应尽量使用可再循环的材料，这类材料的使用可以减少对初级原材料的使用，节约能源和资源。但前提条件是必须有配套的材料收集系统，同时，应考虑保证再循环材料的质量。选择使用的材料的种类越少，材料的收集和再利用就越容易。

2. 减少材料的使用

减少材料的使用是指通过产品的生态设计，在保证其技术生命周期的前提下，尽可能少地使用材料的数量。

主要方法包括：质量的减少，通过技术而不是加大尺寸来实现产品的坚固性。通过设计而不是加大产品尺寸来提高产品质量形象。

减少尺寸可以减少运输和储备的空间，减少由于需要运输而带来的环境压力。如产品的折叠设计可以减少包装物的使用和用于运输和储藏的空间。

3．生产技术的最优化

生产技术优化的目标是减少辅助材料（无危险的材料）和能源的使用，从而最小化原材料的损失和废物的产生。不仅在本公司进行生产技术的最优化，还应要求供应商一同参与，共同改善整个供应链的环境绩效。生产技术的最优化可以通过以下方式实现：

（1）选择替换技术。即选择需要较少有害添加剂和辅助原料的清洁技术，选择产品较少排放物的技术，以及能最有效使用材料的过程，如粉末油漆代替喷涂。

（2）减少生产步骤。即通过技术上的改进减少不必要的生产工序，如采用不需另行表面处理的材料等。

（3）选择能耗小和使用清洁能源的技术及采用提高设备能源效率的技术等。

（4）减少废物的生产。这可以通过设计上的改进而使需要的材料最少、生产过程产生的废料最少、内部循环使用生产残留物等方法实现。

（5）生产过程的整体优化。这包括通过生产过程的改进而使废物在特定的区域形成，从而便于废物的控制和处置以及清洁工作的进行；改革公司的内政管理，以建立完善的闭环生产系统，提高材料的利用效率。

4．营销系统的优化

这一战略追求的是确保产品以更有效的方式从工厂输送到零售商和用户手中。这往往与包装、运输和后勤系统有关。具体的措施包括：

（1）采用更少的、更清洁的和可再使用的包装，以减少包装废物的生产。节约包装材料的使用和减轻运输的压力，如建立有效的包装回收机制和减少塑料包装物的使用以及在保证包装质量的同时尽可能减少包装物的质量和尺寸等。

（2）采用节能的运输模式。不同的运输方式所产生的环境影响各不相同，如空中运输的环境影响要比海上运输的环境影响大得多。同时避免对环境有害的运输方式。

（3）采用可更有效利用能源的后勤系统。这包括要求采购部门尽可能地在本地寻找供应商，以避免长途运输的环境影响，提高营销渠道的效率；尽可能同时大批量出货，以避免单件小批量运输。采用标准运输包装，提高运输效率。

5．消费过程的环境影响

产品最终是用来使用的，维护和修理也是同样的目的。应该通过生态设计的实施尽可能减少产品在使用过程中可能造成的环境影响，使用过程中减少环境影响就是为了满足用户绿色消费的需求，即用户在使用过程中不浪费资源和材料，也不用寻找更为环境友好的替代品。具体的措施包括：

（1）降低产品使用过程中的能源消费。如使用耗能最低的元件，设置自动关闭电源的装置；对需要移动的产品在设计时应尽量减轻产品的质量以减少为此而产生的能源消费；对需要加热使用的产品应设计良好的隔热性能等。

（2）使用清洁能源。

（3）减少易耗品的使用。许多产品的使用过程需消耗大量的易耗品，应该通过设计上的改进来减少这类易耗品的消耗。

（4）使用环境友好的易耗品，通过设计上的改进使消费清洁的易耗品成为可能，并确保这类易耗品的可能环境影响尽量小。

（5）减少能源和资源的浪费，通过产品设计鼓励用户更为有效地使用产品和减少废物。这包括通过清晰的指令说明和正确的设计，避免客户对产品的误用；设计不需要使用辅助材料的产品，如数码相机代替传统相机等；设计鼓励环境友好行为的产品。

6．初始生命周期的优化

初始生命周期的优化应考虑三个生命周期的优化，即技术生命周期、美学生命周期和产品的生命周期，这样可以尽量延长产品的使用时间，从而可以使用户推迟购买新产品，避免产品过早地进入处置阶段，提高产品的利用效率。具体的措施包括：

（1）提高产品的可靠性和耐久性。这可以通过完美的设计，高质量材料的选择和生产过程严格控制的一体化来实现。

（2）便于修复和维护。可以通过设计和生产工艺上的改进减少维护或使维护及维修更容易实现。此外，完善的售后服务体系和对易损部件的清晰标注也是必需的。

（3）采用标准的模式化产品结构。应通过设计的努力使产品的标准化程度增加，在部分部件被淘汰时，可以通过及时更新来延长整个产品的生命周期，如计算机主机板的插槽设计结构使计算机的升级换代成为可能。

（4）采用经典设计。这个原则的目标就是避免流行设计可能带来的一些问题，即产品很快过时，使用者需要很快替换产品。如通过外观设计，保证产品的美学生命周期长于技术生命周期。

（5）加强产品和用户之间的联系。这指的是通过设计的努力使产品在较长时间内都能满足客户的需求，包括一些潜在的需求；确保对产品的维护和保养成为企业的一种意愿而不是一种责任，以及在产品功能上设计附加价值，这样消费者就不愿意替换它。

7. 产品末端处置系统的优化

产品末端处置系统指的是在初始生命周期结束后对产品的处理和处置。产品末端处置系统的优化指的是再利用有价值的产品零部件和确保正确的废物管理，从而减少在制造过程中材料和能源的再投入，减少产品的环境影响，同时防止出现危险。如果无法形成材料和能源的闭环，必须设计安全的废物处置系统。具体的措施包括：

（1）产品的再利用。这个原则的焦点是再使用整个产品，要求同时设计开发回收和再循环系统，越能保持产品原始的形态，就越能实现其环境优势。

（2）再制造和再更新。许多产品即使包含一些有价值的零部件，仍然会被送入焚烧炉或者垃圾填埋场。因此，应当考虑零部件能够按原有或者其他目的再加以使用，通过再制造和再更新可以使这些零部件继续发挥原有的功能或为其找到新的用途。这就要求设计过程中注意应用标准零部件和使用易拆卸的连接方式。

（3）材料的再循环。由于投资小见效快，再循环是一种基本普遍的方法。再循环的重要性非常容易在企业内部或外部同时得到认可。设计上的改进可以增加可再循环材料的使用比例，从而减少最终进入废物处置阶段的材料的数量，节省废物处置成本，并通过销售或利用可再循环材料创造经济效益。

实现产品再循环必须建立相应的回收和循环系统。如果没有回收基础设施，产品可再循环就成了空话。"热循环"不应认做再循环。但是，必须明确的是，再循环实际上是一个末端解决方法，因此不应优先考虑。有几种层次的再循环，综合起来形成一个"再循环梯级"：初级再循环、二级再循环和三级再循环。应该优先考虑初级再循环，然后是二级和三级再循环。

（4）安全焚烧。当无法进行再利用和再循环时，可以采取安全焚烧的方法获取能量，但应通过焚烧设计上的改进减少最终进入外部环境的有害废物数量。

（5）正确的废物处理。只有在以上策略都无法应用的情况之下，才能采取这一策略，并应注意处置的正确方式，以避免有害废物的渗透危害地下水和土壤；同时进入这一阶段的材料比率应为最低。

产品生态设计不仅适合新产品开发，同时也适合现有产品的改良与开发。在工业企业产品设计中，必须考虑工业企业的行业背景与产品生命周期，并运用生态设计方法。

六、生态设计与清洁生产的关系

从降低环境负荷的角度看，实现可持续发展只有两条途径可走。① 进行生产过程的污染预防，即通过清洁生产审核和推行清洁生产技术来减少生产过程中的污染物产生。清洁生产应用于工业生产时，强调同时考虑与一个生产系统相关的所有环境因素，相对地它更强调生产过程本身而不是产品。②进行产品的生态设计，根据对拟生产的产品的生命周期的分析，通过产品设计的改进来减少产品的环境影响，构筑新的生产和消费系统。从这个意义上讲，生态设计是将清洁生产理念引入产品设计的结果。

七、产品生态设计发展展望

就全球范围而言，产品生态设计的理论研究与实践探索都处于初级阶段，而且具有很大的国别差异性。但作为实现可持续发展战略的重要技术手段，生态设计必将随着经济发展模式的转变而日益受到重视。

从发展趋势看，著名的生态设计学家荷兰 Delft 大学 Han Brezet 教授把生态设计区分为四种与产品有关的生态设计类型，定义了基于生态效率改善及其时序的不同生态设计类型的具体内容，实质上代表了在国家层面上产品生态设计的未来发展方向及时序。类型 1 是对现行产品的改善。类型 2 是产品再设计，即产品概念将保持不变，但该产品的组成部分被进一步开发或用其他东西代替。类型 3 是产品概念革新，改变满足产品功能的方式，如从纸质信息交换变成电子函件。类型 4 是系统革新，出现了新的产品和服务，需要改变有关的基础设施和组织，如传统农业向生态农业的转变等。由于不同国家对产品生态设计的研究起点与研究水平有很大的差异，所以，国家之间在同一时期开展的生态设计类型也不同。从总体来看，发展中国家在未来一定时期仍停留在对类型 1（改善现行产品）的研发，而发达国家则可能是研发类型 2、类型 3，甚至是类型 4。

在企业层面，目前发达国家许多大公司已制订了详细的生态设计战略目标，但最佳实践、框架和模式的实例仍然很少。生态设计还没有真正成为产品设计师的自觉行动。专家认为，由于设计成本和企业组织的惰性存在，在未来一定时期，法律约束和消费者施压仍然是企业推行产品生态设计的重要动力。

在学术界，生态设计的研究内容将不断丰富和深入。研究领域由"生态设计"向"为可持续性而设计（DFS）"或"可持续产品设计（SPD）"方向推进。

第二节　绿色化学

一、绿色化学的定义及产生背景

绿色化学是 20 世纪 90 年代出现的一个多学科交叉的研究领域。绿色化学的口号最早产生于化学工业非常发达的美国。1990 年，美国通过了一个"防止污染行动"的法令。1991 年后，"绿色化学"由美国化学会（ACS）提出并成为美国环保局（EPA）的中心口号。

绿色化学自在美国诞生后不久即传入中国。1995 年，中科院化学部确定了"绿色化学与技术"的院士咨询课题；1996 年召开了"工业生产中的绿色化学与技术"研讨会；1997 年，国家自然科学基金委员会与中石化集团公司共同资助了"九五"重大基础研究项目"环境友好石油化工催化化学与化学工程"。从此，绿色化学逐渐引起了人们的注意。

"绿色化学"（Green Chemistry）又称"环境无害化学"（Environmentally Benign Chemistry）、"环境友好化学"（Environmentally Friendly Chemistry）、"清洁化学"（Clean Chemistry）。它是从源头上防止污染的化学，是能最大限度地从资源合理利用、环境保护及生态平衡等方面满足人类可持续发展的化学，是在现代化学基础上，与物理、生物、材料及信息科学交叉而形成的新兴学科。绿色化学的核心是尽可能少地排放废弃物，甚至做到"零排放"。其研究目的为：通过利用一系列的原理与方法来降低或除去化学产品设计、制造与应用过程中有害物质的使用与产生，使所设计的化学产品或过程更加环境友好。绿色化学包括所有可以降低对人类健康与环境产生负面影响的化学方法、技术与过程。

绿色化学致力于研究经济技术上可行的、对环境不产生污染的、对人类无害的化学品的设计、制造和使用；研究经济技术上可行的、对环境不产生污染的、对人类无害的化学过程的设计和应用。简言之，绿色化学就是把化学知识、化学技术和化学方法应用于所有的化学品和化学过程，以减少直到消除对人类健康和环境有害的反应原料的使用、反应过程的利用、反应产物的生产和使用及反应溶剂的使用，尽可能不生成副产物，以更加充分地利用资源和适应可持续发展的需要。或者说，绿色化学就是利用化学原理和方法来减少或消除对人类健康、社区安全、生态环境有害的反应原料、催化剂、溶剂和试剂、产物及副产物的新兴学科，是一门从源头上、从根本上减少或消除污染的化学。

二、绿色化学的科学思想和基本内涵

绿色化学的诞生与环境保护密不可分，当传统的生产方式对环境造成的破坏日益严重的时候、当"先污染后治理"的治污模式不再适应经济可持续发展要求的时候，"零排放""清洁生产"等概念应运而生。正是在这种背景下，绿色化学的科学思想逐渐形成和完善，它的基本出发点就是要遵循工业生态学原理，考虑产品的生命周期全过程，从生产的原料开始，一直到产品的生产、使用、副产品的回收利用和废弃物的处置等各个环节上防止对环境造成污染。具体地说，就是选用无毒、无害原料和可再生资源，进行原子经济反应或高选择性反应，使用的溶剂、催化剂等都是无毒、无害的，得到的产品是环境友好产品，化学合成路线尽量选择常温、常压、简单、安全的方法，反应的能量利用率应达到最高。

传统的环境保护方法是治理污染，或者说是污染的末端治理，也就是研究已有污染物对环境的污染情况，研究治理这些已经产生了的污染物的原理和方法，是一种治标的方法。绿色化学的目标是在化学过程中不产生污染，即将污染消除于其产生之前。实现这一目标后就不需要治理污染，因其根本就不产生污染，是一种从源头上治理污染的方法，是一种治本的方法。

绿色化学的最大特点在于它是在始端就采用污染预防的科学手段，因而过程和终端均为零排放或零污染。它研究污染的根源——污染的本质在哪里，而不是去对终端或过程污染进行控制或处理。绿色化学关注在现今科技手段和条件下能降低对人类健康和环境产生负面影响的各个方面和各种类型的化学过程。绿色化学主张在通过化学转换获取新物质的过程中充分利用每个原子，具有"原子经济性"，因此，它既能够充分利用资源，又能够实现防止污染。

反应的"原子经济性"是绿色化学的核心内容之一。它的目标是在设计化学合成时使原料分子中的原子更多或全部变成最终希望的产品中的原子。这样，才能保证尽量少地产生或不产生废物。当反应的原子利用率达到100%时，就不会产生副产物或废物，从而真正实现"零排放"。原子经济性给我们指出了实现清洁生产的途径，同时也是评判一个化学反应是否为绿色、是否环境友好的依据。原子经济性的概念是1991年美国著名有机化学家Trost提出的，即用原子利用率衡量反应的原子经济性，为高效的有机合成、最大限度地利用原料分子的每一个原子，使之结合到目标分子中，达到零排放。绿色化学的内涵主要体现在五个"R"上，第一是Reduction——"减量"，即减少"三废"排放；第二是Reuse——"重复使用"，诸如化学工业过程中的催化剂、载体等，这是降低成本和减废的需要；第三是Recycling——"回收"，可以有效实现"省资源、少污染、减成本"的要求；第四是Regeneration——"再生"，即变废为宝，是节省资源、能源，减少污染的有效途径；第五是Rejection——"拒用"，指对一些无法替代，又无法回收，有毒副作用及污染作用明显的原料，拒绝在化学过程中使用，这是杜绝污染的根本方法。

绿色化学的基本思想可应用于化学、化工的所有领域，既可对一个总过程进行全面的绿色化学设计，也可以对一系列过程中的某些单元操作进行绿色化学设计和对化学品进行绿色化学设计。比如，对化学合成、催化剂、反应条件、分离分析和监测等也可分别进行绿色化学设计。

从科学观点看，绿色化学是化学基础内容的更新，从环境友好、经济可行的绿色化学产品的设计出发，发展对环境友好、符合原子经济性的起始原料化学，提高化学反应的产率和选择性，或从新的起始原料出发，发展原子经济性的、高选择性的新反应来完成绿色目标产物的合成。从经济观点看，绿色化学为我们提供了合理利用资源和能源、降低生产成本而且符合经济可持续发展的原理和方法。从环境观点看，绿色化学提供从源头上消除污染的原理和方法，把现有化学和化工生产的技术路线从"先污染，后治理"改变为"不产生污染，从源头上根除污染"。

总之，绿色化学就是要用最少的资源、能源，生产尽可能多的产品，产生尽可能少的废弃物，从而满足经济可持续发展的要求。

三、绿色化学的研究内容

一般来说，一个化学反应主要受四个方面的影响：① 原料或起始物的性质；② 试剂或合成路线的特点；③ 反应条件；④ 产物或目标分子的性质。众所周知，这四个因素相互紧密联系，而且在一定条件下息息相关。因此，这四个方面也是绿色化学所研究的方面。

目前绿色化学的研究重点是：① 设计或重新设计对人类健康和环境更安全的化合物，这是绿色化学的关键部分；② 探求新的、更安全的及对环境更友好的化学合成路线和生产工艺，这可从研究、变换基本原料和起始化合物以及引入新试剂入手；③ 改善化学反应条件、降低对人类健康和环境的危害，减少废弃物的生产和排放。绿色化学着重于"更安全"这个概念，不仅针对人类的健康，还包括整个生命周期中对生态环境、动物、水生生物和植物的影响；而且除了直接影响之外，还要考虑间接影响，如转化产物或代谢物的毒性等。

四、绿色化学研究原则

绿色化学的目标是从根本上切断污染源，而不是被动地治理环境污染。目前公认它的研究要符合以下 12 条原则。

1．预防环境污染（Prevention）

应当防止废物的生成，而不是废物产生后再处理。这既能带来经济效益又能带来环境效益。通过有意识地设计不产生废物的反应，减少分离、治理和处理有毒物质的步骤。

2．原子经济性（Atom Economy）

绿色化学的主要特点是原子经济性。原子经济性的目标是使原料分子中的原子更多或全部地进入最终的产品之中。最大限度地利用了反应原料，最大限度地节约了资源，最大限度地减少了废物的排放，因而最大限度地减少了环境污染，以适应可持续发展的要求。

3．无害化学合成（Less Hazardous Chemical Synthesis）

尽量减少化学合成中的有毒原料和有毒产物，只要可能，反应和工艺设计应考虑使用更安全的替代品。

4．设计安全化学品（Designing Safer Chemicals）

使化学品在被期望功能得以实现的同时，其毒性降到最低。

5．使用安全溶剂和助剂（Safer Solvents and Auxilialles）

尽可能不使用助剂（如溶剂、分离试剂等），在必须使用时，采用无毒、无害的溶剂代替挥发性有毒有机物做溶剂已成为绿色化学的研究方向。

6．提高能源效率（Design for Energy Efficiency）

合成方法必须考虑过程中耗能对成本与环境的影响，应设法降低能源消耗，最好采用在常温常压下进行的合成方法。

7．使用可再生原料（Use of Renewable Feedstocks）

在经济合理和技术可行的前提下，选用可再生资源代替消耗资源，如用酶为催化剂，用以生物质（生物体中的有机物）为原料的可再生资源代替不可再生的资源如石油，以符合生态循环的要求。

8．减少衍生物（Reduce Derivatives）

应尽可能减少不必要的衍生物，以减少这些不必要的衍生步骤需要添加的试剂和可能产生的废物。

9．新型催化剂的开发（Catalysis）

尽可能选择高选择性的催化剂。高选择性的催化剂在选择性和减少能量方面优于化学计量反应。高选择性使其所产生的废物减少，催化剂在降低活化能的同时，也使反应所需能量降到最低。

10．降解设计（Design for Degradation）

在设计化学品时应优先考虑在它完成本身的功能后，能否降解为良性物质。

11．预防污染中的实时分析（Rral-Analysis for Pollution Prevention）

进一步开发可进行实时分析的方法，实现在线监测。在线监测可以优化反应条件，有助于产率的最大化和有毒物质产生的最小化。

12．防止意外事故发生的安全工艺（Inherently Safer Chemistry for Accident Prevention）

采用安全生产工艺，使化学意外事故的危险性降到最低限度。

五、绿色化学的工艺与技术

绿色化学的实际应用可以分成绿色化学工艺和绿色化学技术。那些仅仅经过改变工艺条件或设计新的合成路线就能实现绿色化而不需要特殊设备的过程可称之为绿色化学工艺。迄今为止，在无机化学、有机化学、高分子材料等领域都有一些成功的绿色化学工艺应用于工业生产。另一类是指必须借助最先进的技术设备才能实现绿色化，这涉及一些高新技术如超临界流体技术、高能辐射技术、等离子体技术、超高压技术、仿酶催化技术和基因工程技术等，这些技术在精细化工、电子材料和生物材料等领域有广泛的用途。

绿色化学近年来的研究主要是围绕化学反应原料、催化剂、溶剂和产品的绿色化开展的，如图 7-1 所示。

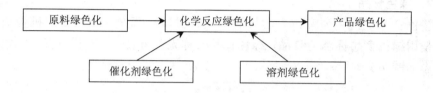

图 7-1　无毒、无害绿色化学

目前绿色化学与化工领域已开展了的研究有：可替代的原料、试剂、溶剂、新型催化剂与合成过程等。在某些领域中研究已经取得了一定的成果，而且部分实现了工业化生产。如通过对废弃的物质进行处理，将其转化为动物饲料和有机化学品；利用无毒、无害的原料代替剧毒的光气、氢氰酸生产有机原料；利用生物技术以废弃物为原料生产常用的有机原料；采用超临界 CO_2 代替有机溶剂作为油漆和涂料的喷雾剂。

六、生活中的绿色化学

1. 绿色材料

绿色材料是指在原材料采取、产品制造、使用或者是再循环及废料处理等环节上对人类环境负荷最小并有利于人类健康的材料。中国绿色材料标志如图 7-2 所示。

图 7-2　中国绿色材料标志

在我们日常生活使用的材料中，有些存在着许多有毒、有害物质，其所造成的危害，严重影响着我们的生存环境和身体健康，如普遍使用或经常接触的木制家具、人造板及其制品、内墙涂料、装饰壁纸、地毯、卫生陶瓷、聚氯乙烯卷材、地板、大理石地板及台面、颜料、染料、塑料制品、洗涤用品、化妆品、皮革和服装等。

这些有毒有害物质主要包括：游离甲醛、苯、甲苯及二甲苯、挥发性有机物、氨和重金属。

2．绿色食品

绿色食品是指无公害、无污染的安全、优质、营养，经过专门机构认定，许可使用绿色食品标志的食品。绿色食品又称无公害食品、有机食品。绿色食品的标志如图 7-3 所示。

图 7-3　绿色食品标志

第三节　创新模式

一、有效益的环境成本管理（EoCM）

从 2002 年 11 月起，德方援助 460 万欧元，启动了"浙江省企业环保咨询"项目，中德政府在危险废物管理和工业生态效益方面展开了为期 5 年的技术合作。其中，"有效益的环境成本管理（EoCM）"是"浙江省企业环保咨询"项目引入浙江省的第一个环境管理工具。

该工具是由 GTZ（德国技术合作公司）"促进发展中国家企业环境管理的示范项目"开发的系列环境管理工具之一，2004 年在浙江省成功开展了培训及企业试点工作。

EoCM 是德国人菲舍尔 1997 年开发的旨在降低企业非产品产出的一种成本管理工具，其最大特点就是能将成本管理的焦点集中于企业生产的物料流和能源流，通过持续减少生产工序阶段的非产品产出，降低生产成本，实现经济收益。

所谓的"非产品产出"（Non-Product Output，NPO），是指企业在生产过程中未能转化为最终产品的原材料、能源和水，包括不合格的产品、固体废物、废水、废气和消耗的能源。

根据测算，NPO 的投入成本、加工成本、处置成本构成 NPO 总成本，一般占生产总成本的 10%～30%。

作为一套成熟的企业管理方法，它不仅曾在德国各类企业中成功得到了运用，而且还在许多发展中国家得到了推广。

这一管理工具共包含 6 个步骤：物料流程分析、成本和环境影响分析、原因分析、措施研制、措施实施、评估并融入企业机制。它能使企业通过更新管理理念，系统、持续地减少 NPO。此外，在实施 EoCM 中，还能培养企业内部的团队精神，使员工们为了共同的目标更加密切地合作，有利于提高公司的整体管理绩效。从而在经济效益、环境效益和组织效益三方面为企业创造"三赢"效应。

通过实施 EoCM，到 2004 年年底止，参加试点的浙江省 7 家企业已取得了明显的"三赢"效益。在经济效益上，共节约 904 万元。如果将计划实施的措施也包括在内，节约额将达到 2 000 万元，约占企业总成本的 5%；在环境效益上，通过对 NPO 的确定和分析，7 家试点企业共减少废水、废气和固体废物分别为 11.08 万 t、1 400 t 和 4 710 t；在组织效益上，企业引入了更加透明的奖惩制度，制定了减少 NPO 指标并将员工的绩效考核与其挂钩，企业整体对 NPO 概念及其与生产之间的关系有了更深的理解和认识。

二、清洁生产污染防治"对标"

为落实大气污染防治行动计划，强力推进重点行业污染治理，加快实现河北省大气污染防治目标，河北省环保厅将"对标管理"思想引入清洁生产污染防治领域，并以冀环办发[2014]14 号文件形式印发了《关于印发河北省钢铁水泥电力玻璃行业清洁生产污染防治对标行动实施方案的通知》，在全省钢铁、水泥、电力、玻璃行业（以下简称"四个行业"）全面开展清洁生产污染防治"对标"和创建"清洁生产标杆企业"行动。强调推进"四个行业"清洁生产污染防治"对标"、创建"清洁生产标杆企业"，是全面深入贯彻落实省委、省政府关于提前完成"十二五"确定的治污减排约束性目标任务的治本措施；是提升"四个行业"污染防治水平、减少污染物排放、改善大气环境质量的重要保障；是践行科学发展观、生态文明建设理念，从根本上破解资源环境约束，促进经济转型升级的长效手段。通过实现"四个行业"清洁生产污染防治"对标"和创建"清洁生产标杆企业"，从根本上解决"四个行业"突出的环境问题，提升企业治污减排管理水平，为全省提前完成节能减排任务起到积极示范作用，做到早动工早见效，对提前完成的企业给予适当资金补贴，逾期未完成的按照国家及河北省有关规定进行处理。

"四个行业"以外的重点行业，同步开展强制性清洁生产审核工作，鼓励企业开展污染防治"对标"以及创建"清洁生产标杆企业"活动。

思考题

1. 什么是生态设计？如何理解生态设计的内涵？
2. 如何将清洁生产的理念引入产品设计？
3. 什么是绿色化学？其内涵和研究原则有哪些？
4. 发展绿色化学的意义何在？
5. 学科交叉对清洁生产工作的意义有哪些？

第八章

清洁生产审核案例

第一节　UNEP实施清洁生产工作程序

联合国环境规划署（UNEP）编制的清洁生产工作程序包括：计划编制、预评估（质量检查）、评估（数量检查）、评价和可行性研究、实施和持续监控五个阶段，UNEP清洁生产工作流程见图8-1。

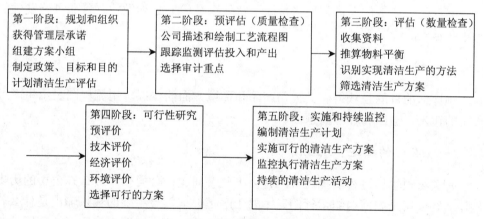

图 8-1　UNEP清洁生产工作流程（1996）

一、规划和组织

内容包括方案编制，制订环境对策和工作计划。目标是制订方案、创建系统和资源分配等。

（一）获得管理层承诺

从全世界的公司经验来看，清洁生产会带来环境效益和经济效益的提高。尽管如此，还需要让公司的各管理层了解到这一信息。如未获得管理层承诺，清洁生产评估只能是短期行为。

（二）组建方案小组

方案小组组建得越早越好，它负责安排评估工作。承担的任务是：分析检查现行情况；计划和开展清洁生产的初始工作；清洁生产的评价；清洁生产的执行和维护情况。

（三）制定政策、确定目标

努力做好环境政策的制定工作，列出评估工作的指导原则；目的是减少物料的消耗和废物的产生；目标是制定一个企业能接受的、可行的、随时可测的和具有激励作用的清洁生产指标体系和方案。

（四）制定清洁生产评估计划

方案小组应为实施清洁生产方案制订较详尽的工作计划和时间表。给每项任务分配责任，使工作人员都能清楚地了解什么是他们必须做的。预测可能发生的问题和延误的情况等。

二、预评估

预评估的目的是获得有关公司产品和环境方面的概况，用流程图表示生产过程中的输入、输出和环境问题。

（一）公司的描述和流程图

有关公司输出过程的描述应回答以下几个问题：公司生产什么？公司的历史是什么？公司是如何组织运行的？主要工序是哪些？最主要的输入输出是什么？作为公司活动的部分生产过程，可以用较详细的工艺流程图来表示。流程图的制作是评估中关键的一步，它将作为评估中物料和能源平衡的基础。工艺流程图要特别注意那些传统的工艺流程图忽视的问题，如物料储存、辅助操作、设备维修、排放蒸汽中难以识别的物质等。

（二）跟踪检查

应对生产过程进行从头到尾的跟踪检查。在跟踪检查过程中，与操作人员的沟通非常重要，因为他们往往能够辨别废物的来源，找到清洁生产的机会；将跟踪检查过程中遇到的问题列举出来，如果有明显的解决办法应记录下来。应特别注意那些无成本或低成本的解决方法，并应立即实施。跟踪检查过程中应考虑的问题是：有管理不善的迹象吗？有可察觉的迸溅或泄漏现象吗？有无刺激眼、鼻、喉的怪味？噪声严重吗？有没有包装裸露？包装容器上是否标明包装物品和所含有毒成分等。

（三）确定重点

预评估阶段的最后一步是为下一步找到重点，应对所有工序和所有操作单元进行评估，但是出于时间和资金的限制，有必要选择最重要的方面和工序。一般情况下，清洁生产评估应注重以下生产过程：产生大量废弃物的工序；使用和生产有毒化学试剂和材料的工序；耗资量大的工序；清洁生产收益明显的工序；涉及的每个人都认为是有明显问题的工序。整理预评估工作中收集到的信息，以便评估能跟上最新的发展。

三、评估

评估阶段的目的是收集材料，评价公司有关环境的表现以及公司的生产效率，收集有关管理活动的资料，制定有关目标和制定每月及每年的目标。

（一）收集资料

收集物料消耗、废物、废气排放的数据资料很重要，这些资料应以产量规模为单位表示出来，如每吨产品加工过程中的耗水量或加工每吨产品产生的有机物的量等。

（二）物料平衡

从事物料平衡工作的目的是为了了解原材料的消耗和生产中检修的费用，以及生产过程中的损耗量和废弃物的排放量。物料平衡的原则是"某一车间或工序的物料输入量等于其输出量"，因此要规定一定的判断标准，说明可接受的精确度。物料平衡须事先识别定量未知的损耗量及废弃物的排放量，以预测其来源及原因。物料平衡还可用于识别有关输入、输出的花费，将这些花销罗列出来用于管理，可以加速清洁生产的实施。

（三）识别清洁生产机会

识别清洁生产机会依据的是方案小组成员和公司全体成员的知识和创造力，但更多的是来自于他们的经验：许多清洁生产的解决办法是通过对产生问题的原因进行细致分析得到的。识别清洁生产机会的另一种方法是召开"灵感"会议，在那里，不同部门的人聚集在一起，在轻松的环境下探讨专门问题的解决办法。

（四）记录和分类

一旦提出或记录下来清洁生产的机会，就应将它们分为立即实施和需要进行下一步调查研究两类。依据工作单位或工序的不同或依据输入输出量的类型和组织所选内容，立即实施那些无花费或低花费的清洁生产机会。

四、评价和可行性研究

评价和可行性研究阶段的目的是评价已提出的清洁生产机会，并选择其中适合的加以实施，所有在评估阶段选择出的机会都应根据其技术、经济及环境价值对其进行评价。而研究的深度则应根据方案的类型决定，复杂的方案自然要比简单的方案需要更周密的考虑。

（一）预评价

预评价的最快、最简单的方法是成立小组，这个小组包括方案小组和全体管理人员，他们要对可能的解决办法逐一进行讨论。这一过程应该明确哪些方案可行，哪些需要更多的信息。

（二）技术评价

技术评价是对清洁生产方案技术的先进性、成熟性、可操作性和可实施性等进行系统的研究和分析。对产品、生产过程和安全性的潜在影响进行评价。另外，当所选的清洁生产方案较大程度地改变了现行的做法时，便需做实验或进行试运行等。

（三）经济评价

经济评价的内容是：预期的成本和收益是多少？估计所需的资金投入是多少？资金节约的情况如何？环境成本、废料处理成本、材料成本或生产质量改进所需的开销等。目的是评价清洁生产费用的效率。经济是否允许，通常是决定一个清洁生产机会是否被实施的关键性评价尺度。在进行经济评价时，费用可分为资金投资和工作成本。评价一个方案经济可行性的标准尺度有经济回收期，净现值和内部回收率。

（四）环境评价

环境评价的内容信息是：废弃物的排放量及其中有毒物质的改变；能源消耗量的改变；材料消耗量的改变；降低废物、废气污染能力的改变；再生原材料利用程度的改变；废料、蒸汽和废气再利用能力的改变：生产对环境影响的改变等。目的是确定所选清洁生产方案对环境的积极和消极影响。

（五）选择可行的方案

与管理密切结合，才能选出最有前途的方案。采用权重加和的方法对可以彼此替代的选择进行评价即比较等级分析，根据评价标准对每一种选择的表现从 1 到 10 打分，根据每一条标准的权重进行加和，得到最后得分。得分最高的选择最有可能适于实施。所有简单、免费或低成本的机会理所当然地应该尽快实施。

五、实施和持续监控

评价最后阶段的目的是确保所选清洁生产的实施，并对资源的消耗和对废物产生的减少进行持续的监控。

（一）准备实施计划

为确保所选清洁生产的实施，需要制订一份详细的行动计划：将开展的活动；活动开展的方式；所需资源（资金和人力）；活动负责人；制定一份具有里程碑意义的时间表。

（二）实施所选的清洁生产方案

同其他投资方案一样，清洁生产方案的实施涉及操作步骤和（或）工序的更改，还可能需要更新设备。所以，公司应采用与实施其他方案相同的步骤实施清洁生产方案。另外，要特别注意人员培训，如果没有足够的人员培训工作的支持，方案可能失败。

（三）监控清洁生产的表现

对清洁生产方案的实施效果进行评估很重要。表明效果提高的典型指标有：每单位产量废弃物的减少；每单位产量资源消耗（包括能源）的减少；收益能力的提高等。要进行定期的监控以确保是否出现了有利的变化以及公司是否向着目标前进。

（四）坚持清洁生产活动

为使清洁生产在组织生根并发展，方案小组绝不能在实施了一些清洁生产方案后就放松了。只有当清洁生产融入了公司正式的环境管理系统或环境质量管理总方案，成为管理的一部分时，清洁生产才算取得了最大的成功。清洁生产评估和环境管理系统是相互兼容的：清洁生产方案着重于技术方面，而环境管理系统关心的是制定一个管理框架，但它同样需要技术的支持。

第二节 某炼油企业清洁生产审核范例

一、企业概况

某炼油厂于××××年建成投产。它位于某市西南 50 km，现有职工 6 000 多人，固定资产 40 亿元，1997 年工业总产值 32.5 亿元。拥有常减压、催化裂化等 20 套生产装置，年加工原油 656.8 万 t，生产汽油、柴油、煤油、润滑油、石蜡等 60 多种产品。

该炼油厂虽然在环境保护方面做了大量的工作，但在生产中每年产生的工业废弃物比较多，位居"全国 3 000 家重点污染企业"之列。1997 年，排放废水 595.69 万 t，废气 55 亿 m^3，废渣 2 067 t，废水处理费用 1 928 万元，上缴排污费 247 万元。可见，该炼油厂清洁生产的潜力还很大，任务还很重。当前，由于社会公众的环境意识不断提高，末端治理费用不断增加。由于末端治理是生产的额外负担，企业得不到回报。而实施清洁生产则可以减少甚至在某些地方消灭污染物的产生，这样，不仅可以减少末端治理设施的建设投资，而且可以减少日常的运行费用，较好地解决企业在经营和环保领域的矛盾。

二、清洁生产审核

（一）筹划与组织

1. 取得高层领导的支持与参与

炼油厂的领导都非常重视和支持清洁生产工作，要求各部门、各基层单位密切配合，积极推行清洁生产，以提高企业的现代化管理水平，实现可持续发展，达到环境效益和经济效益的"双赢"。炼油厂厂长亲自担任审核小组的组长，全面负责全厂的清洁生产工作，协调各车间和各部门，做好清洁生产的各项工作。

2. 组建清洁生产工作小组，制订工作计划

炼油厂为了有计划地进行清洁生产工作，成立了"炼油厂清洁生产审核领导小组"和清洁生产工作小组，小组成员都具备清洁生产审核知识，熟悉企业的生产、工艺、环保和管理等情况，主要由生产部门、技术部门、环保部门以及审核车间的相关人员组成。

　　审核领导小组成立以后,根据中石化集团公司清洁生产审核工作进度的要求,制订了本次清洁生产的审核工作计划,见表8-1。在实际工作中,审核小组可根据具体情况,进行调整,以达到清洁生产的目标。

表8-1　炼油厂清洁生产审核工作计划

序号	阶　段	时间进度	工作内容	负责人	参与单位及个人
1	筹划组织	5.5—5.10	成立清洁生产领导小组	×××	厂领导及环保处、二蒸馏
		5.11—5.15	制订审核工作计划	×××	车间负责人和技术人员,
		5.16—5.20	宣传动员	×××	审核小组成员,全厂职工
2	预评估	5.21—5.30	收集全厂资料、现场考查	×××	环保处
		6.1—6.10	确定审核重点、目标	×××	生产技术部门
		6.11—6.15	提出并实施无/低费方案	×××	各车间
3	评估	5.21—5.30	现场调查	××	二蒸馏车间
		6.1—6.10	收集资料	×××	二蒸馏车间,环保处
		6.11—6.15	物料平衡评估和完善	××	二蒸馏车间,环保处
4	产生方案与筛选	6.16—6.20	产生方案	×××	领导小组成员、二蒸馏车间、环保处
		6.21—6.20	方案筛选	×××	领导小组成员、二蒸馏车间
		7.1—7.15	编写中期报告	×××	二蒸馏车间、环保处
5	可行性分析	8.11—8.20	可行性分析	×××	领导小组成员、二蒸馏车间
			选定实施方案	×××	
6	方案实施	8.21—9.20	方案实施	×××	二蒸馏车间
			制订后续工作计划	×××	环保处
			编写终期报告	×××	环保处

3. 开展宣传教育,克服障碍

（1）企业开展宣传教育培训的情况

　　炼油厂从××××年开始,就对职工进行清洁生产的宣传教育。通过各种会议、广播、黑板报、电视录像、下达文件、组织学习以及印发宣传材料等多种形式进行全员教育,引导全厂广大职工参与。

（2）企业开展清洁生产会遇到的障碍和解决办法

　　发达国家的企业前些年开始进行清洁生产审核,取得了很大的经济效益和环境效益,而我国是在近几年才开始推行清洁生产的,社会和企业对清洁生产的认识还十分模糊,对清洁生产能够带来的效益还不了解。这给清洁生产工作带来很大的困难。炼油厂在清洁生产审核过程中可能遇到的障碍及其解决办法见表8-2。

表 8-2　障碍及其解决办法

障碍类型	具体问题及解决办法	解 决 办 法
观念障碍	1. 认为环境保护不会产生经济效益 2. 不了解清洁生产 3. 习惯于搞末端治理	1. 进行宣传教育，讲述预防污染的技术和知识 2. 提供类似企业清洁生产审核取得成功的经验和经济效益
机构障碍	管理机构的官僚作风	加强协调合作
技术障碍	预防污染缺乏可行的技术	组织技术调研
经济障碍	资金不足	1. 企业内部挖掘、积累资金 2. 寻求政府部门的支持与合作
政策障碍	国家现行政策法规缺乏对清洁生产的支持	用成功经验促进国家尽快制定相关的政策和法规

（二）预评估

1. 企业概况

炼油厂的主要环境问题是生产过程中产生和排放的大量含油、含碱和含硫废水。上年排放的废水总量为 595.69 万 t；废水处理费达 1 927.6 万元，占废物处理费的 90%以上。由此可见，设法削减废水的产生量，可获得明显的经济效益和环境效益。

（1）企业基本情况。

（2）全厂工艺流程，见图 8-2。

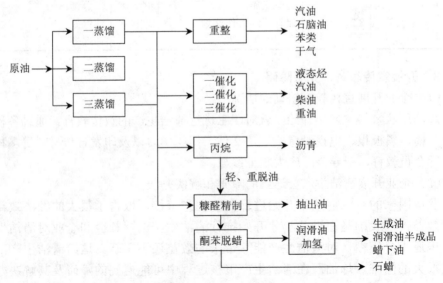

图 8-2　全厂工艺流程

（3）企业原、辅材料调查结果见表8-3。

表8-3　企业原、辅材料调查结果　　　　单位：t

编号	原、辅材料名称	采购数量	消耗数量	库存数量	备注
1	原料油	6 778 992	6 568 817	210 175	—
2	燃料气	286 492	264 840	210 894	自产189 242
3	蒸汽	1 640 712	3 963 216	510 480	自产2 832 984
4	新鲜水	16 680 000	14 520 000	2 160 000	

（4）企业产品调查结果见表8-4。

表8-4　企业产品调查结果　　　　单位：t

编号	产品种类	生产数量	销售数量	库存数量
1	汽油	1 270 608	646 780	622 828
2	煤油	6 396	5 866	530
3	柴油	1 091 902	1 051 200	40 702
4	润滑油	120 704	103 295	17 409
5	石蜡	70 372	56 233	14 139

2．企业废弃物产生、处理现状及分析

炼油厂的主要污染物有污水、固体废弃物和废气。污水包括含油污水、含硫污水和含碱污水。其中，含油污水先经过隔油，在进入射流式浮选机浮选后，排入公司污水处理厂进行处理；含硫污水经脱硫制硫装置后去污水处理厂；含碱污水也有专门的管线排入公司污水处理厂。固体废弃物包括废催化剂、废活性炭和碱渣。废催化剂和废活性炭送往公司堆埋场，碱渣经提酚装置处理后排污水处理厂。废气包括燃烧炉烟气和废蒸汽，这部分排放到大气中。该厂主要生产装置外排污水 COD 情况见表8-5。

表8-5　炼油厂各生产装置1997年外排污水 COD 平均值　　　　单位：mg/L

生产装置	COD 平均值	生产装置	COD 平均值
一蒸馏装置	420	新糠醛装置	418
二蒸馏装置	484	老糠醛装置	465
三蒸馏装置	325	加氢装置	249
一催化装置	216	内烷装置	217
二催化装置	340	制硫装置	320
酮苯装置	180	联合装置	142
铂重整装置	581		

3. 确定审核重点

炼油厂正常运行的有 14 套生产装置（包括刚刚开车成功的第三套重油催化裂化装置）。由于二催化、酮苯、一蒸馏和加氢等车间都已进行过清洁生产审核，三催化刚刚开车，运行还不稳定，所以也不参加此次权重排序。审核小组在现场调查和认真研究所收集资料的基础上，按照权重加和排序法，对剩下的 9 套装置进行评分。因为由表 8-6 可以看出，除审核过的车间，二蒸馏车间的得分最高。所以，二蒸馏车间被确定为这次清洁生产的审核重点。

表 8-6　炼油厂确定审核重点权重排序

因素	权重 W 1—10	一催化 R	一催化 $R×W$	一蒸馏 R	一蒸馏 $R×W$	二蒸馏 R	二蒸馏 $R×W$	三蒸馏 R	三蒸馏 $R×W$	制硫 R	制硫 $R×W$	重整 R	重整 $R×W$	新糠醛 R	新糠醛 $R×W$	老糠醛 R	老糠醛 $R×W$	丙烷 R	丙烷 $R×W$
废物量	10	10	100	8	80	8	80	5	50	5	50	3	30	3	30	3	30	3	30
废物毒性	10	10	100	7	70	7	70	7	70	6	60	7	70	4	40	4	40	2	20
环境代价	8	4	32	7	56	6	48	4	32	3	24	4	32	4	32	4	32	3	24
能耗	8	6	48	8	64	8	64	5	40	7	56	4	32	4	32	4	32	4	32
清洁生产潜力	5	3	15	5	25	5	25	2	10	2	10	2	10	2	10	2	10	1	5
车间合作态度	3	2	6	3	9	3	9	3	9	3	9	3	9	3	9	3	9	3	9
发展前景	3	2	6	3	9	6	18	1	3	2	6	1	3	2	6	2	6	1	3
总分		—	307	—	313	—	314	—	214	—	215	—	186	—	159	—	159	—	123
排序		—	3	—	2	—	1	—	5	—	4	—	6	—	7	—	7	—	9

4. 设置清洁生产目标

结合该厂的经济情况、环境状况及二蒸馏车间的实际情况，提出此次清洁生产的总目标。

（1）降低二蒸馏车间耗电量，近期目标降低 20%，远期目标降低 50%。

依据：常一线、常二线中泵的电机加变频调速器，可以大大减少耗电量，而且机泵电机加装变频调速器将要在整个车间，甚至全厂加以推广。常减压工艺流程见图 8-3。

（2）降低二蒸馏车间蒸汽消耗量。近期目标降低 30%，远期目标降低 50%。

依据：蒸汽发生器加副线，可以减少蒸汽发生及热量消耗。

（3）降低二蒸馏车间含油污水排放量，近期目标降低 10%，远期目标降低 20%。

依据：该装置的含油废水主要来自电脱盐含油污水和"三项"水，可采取节水技术降低废水排放量。

（4）降低二蒸馏车间含油废水中油含量和 COD 浓度。近期降低 10%，远期降低 20%。

依据：通过加强生产管理和污染物监测，逐步降低废水中的污染物浓度。

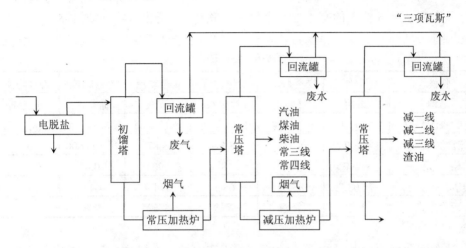

图 8-3　常减压工艺流程

（三）评估

1. 审核重点概括

二蒸馏装置是炼油厂重要的生产装置之一，加工能力为 250 万 t/a。装置于 1969 年建成投产，1970 年 8 月经扩大加工能力的改造，成为年加工能力 300 万 t/a 的常减压蒸馏装置。

装置共分电脱盐、初馏、常压、减压、司炉五个单元操作，见表 8-7。

二蒸馏装置以原油为原料，根据油品的相对挥发度不同，通过蒸馏即可切割出不同馏分的油品。

表 8-7　单元操作

工序号	单元操作	功能
1	电脱盐	除去原油中的无机盐和水
2	初馏	提供含砷量低的铂重整料，同时蒸出原油中的水
3	常压	分馏出汽油、煤油、柴油等直馏产品
4	减压	在减压状态下，分馏出各种馏分的蜡油
5	司炉	加热拔头油和常压塔底重油

2．输入、输出物流的测定和确定

（1）物料输入

该车间从外部输入的有原油、燃料气、软化水、蒸汽等，见表8-8。

表8-8　物料输入

特性	1 号物流	2 号物流	3 号物流	4 号物流	5 号物流	6 号物流
名称	原油	燃料气	软化水	蒸汽	循环水	破乳剂
来源	大庆油	催化瓦斯	锅炉车间	锅炉车间	循环水车间	服务公司
年消耗/（t/a）	1 424 989	8 374	78 840	63 878	11 100 000	67
价格/（元/t）	1 460	1 000	8	90	0.4	
年成本/万元	7 903.7	837.4	63.1	574.9	444	100.5
运输方式	管输	管输	管输	管输	管输	桶装

该车间包括电脱盐、初馏、常压、减压和司炉五个操作单元，操作单元物流输入见表8-9。

表8-9　操作单元物流输入（年总量）　　　　单位：t/a

操作单元	物料			能源		
	原料	辅料	水	气	电/（kWh/a）	蒸汽
电脱盐	原油 24 989	破乳剂 67	软化水 78 840		92 160	
初馏	原油 2 424 989		循环水 400 000		18 615	242 500
常压	拔头油 31 386		循环水 3 700 000		55 845	7 200
减压	常底重油 1 516 404		循环水 7 000 000		103 075	60 624
司炉	燃料油 11 524			瓦斯气 8 374	8 615	2 625

（2）产品输出情况

该车间主要产品有：催化重整原料、汽油、煤油、柴油、减压蜡油、渣油等。产品输出情况见表8-10，各操作单元物料输出见表8-11。

表 8-10 产品输出

特性	名称	年产量/(t/a)	流量/(t/h)	价格/（元/t）	年收入/万元	运货方式	储存方式
1 号物流	催化重整原料	93 603	10.70	1 782	16 680	油罐车	罐存
2 号物流	汽油	127 889	14.62	1 782	22 789	油罐车	罐存
3 号物流	煤油	63 242	7.23	1 782	11 269	油罐车	罐存
4 号物流	柴油	406 495	46.47	1 782	72 437	油罐车	罐存
5 号物流	常三线	143 307	16.38	1 426	20 435	管输	罐存
6 号物流	常四线	77 830	8.90	1 069	8 320	管输	罐存
7 号物流	减一线	86 350	9.87	1 248	10 776	管输	罐存
8 号物流	减二线	242 261	27.69	1 248	30 234	管输	·罐存
9 号物流	减二线	137 516	15.72	1 426	19 609	管输	罐存
10 号物流	减四线	129 589	14.82	1 604	20 786	管输	罐存
11 号物流	瓦斯	4 603	0.53	356	163	管输	放空
12 号物流	渣油	909 164	103.94	835	48 640	油罐车	罐存

表 8-11 各操作单元物料输出（年总量）   单位：t/a

操作单元	产品		循环利用		废物排放	
	名称	数量	名称	数量	名称	数量
电脱盐	脱盐原油	2 424 989	—	—	废水	26 250
初馏	铂料	93 603	循环水	400 000	废水	35 000
	瓦斯	1 500				
	拔头油	2 331 386				
常压	瓦斯	2 000	循环水	3 700 000	废水	35 000
	汽油	127 889				
	煤油	63 242				
	柴油	406 495				
	常三线	143 307				
	常四线	77 830				
	常底重油	1 516 404				
减压	瓦斯	1 103	循环水	7 000 000	废水	35 000
	减一线	86 350				
	减二线	242 261				
	减三线	137 516				
	减四线	129 589				
	燃料油	11 524				
	渣油	909 164				
司炉	—	—	—	—	烟火	65 625×10⁴ m³（标准状况）
					过热蒸汽	17 500

（3）废物排放情况

该车间产生的废物种类主要有：废水、废蒸汽和烟气，见表 8-12。

表 8-12　废物流

特性	1 号物流	2 号物流	3 号物流	4 号物流
名称	电脱盐含油废水	含油废水	加热炉烟气	过热蒸汽放空
来源	电脱盐脱水	"三项"脱水及其他	加热炉	自发蒸汽
数量/（t/h）	3	12	75 000 m³/h（标准状况）	2
成分和含量	废水	废水	烟气	水蒸气
排放去向	污水处理厂	污水处理厂	大气	大气
处理费用单价/（元/t）	5	5	—	—
年处理费/万元	13.1	52.5	—	—

表 8-13　各操作单元水资源用耗（年总量）　　　　　单位：t/a

操作单元	用水总量	软化水	循环水	用途说明
电脱盐	78 840	78 840		溶解原油中盐，以便脱盐
初馏	400 000	—	400 000	冷却水
常压	3 700 000	—	3 700 000	冷却水
减压	7 000 000	—	7 000 000	冷却水
司炉	0			

各操作单元回收或废物循环利用情况见表 8-14。

表 8-14　各操作单元回收或废物循环利用情况（年总量）　　　　　单位：t/a

操作单元	瓦斯气	循环水
电脱盐	—	
初馏	—	400 000
常压	—	3 700 000
减压	—	7 000 000
司炉	4 603	—

3. 建立物料平衡

该车间物料输入主要包括：原油、燃料气、软化水、蒸汽等，总计 1 563 t/h。物料输出主要有汽油、煤油、柴油、蜡油、渣油、烟气、含油废水等，总计

1 562.87 t/h。物料损失为 0.597 6 t/h。其中一部分由含油废水带走；一部分以蒸汽排放形式进入大气；另一部分经加热炉烟气排入大气，见图 8-4。

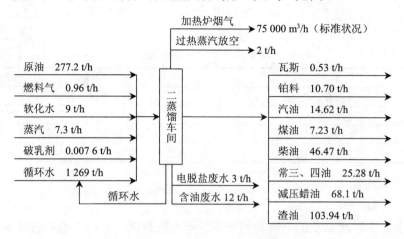

图 8-4　二蒸馏车间物料平衡

4．建立能量平衡

该车间能源输入项目主要包括原料带入、蒸汽、水、电等，合计 1 228×10⁴ kcal/h（5 140×10⁴ kJ/h）；加热炉燃烧热合计 3 615×10⁴ kcal/h（15 133×10⁴ kJ/h）；能源输出包括产品带出、产生蒸汽、外装置取热等，合计 1 318×10⁴ kcal/h（5 517×10⁴ kJ/h）；能源损失主要包括加热炉烟气排放、过热蒸汽排放、散热及其他热损失，合计 3 525×10⁴ kcal/h（14 756×10⁴ kJ/h），见图 8-5。

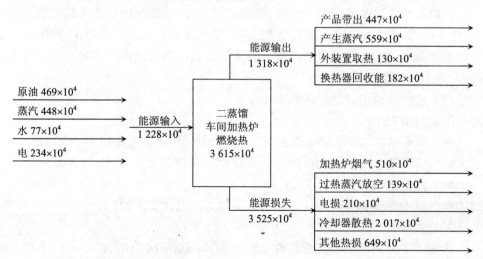

图 8-5　二蒸馏车间能源平衡图（单位：kcal/h，1 kcal=4.186 05 kJ）

5．物料和能量损失的原因分析

（1）评估废物产生的原因

该车间工艺过程中产生的废物种类主要有废水和废气等，见表 8-15。

表 8-15　废物种类和来源

种类	来源
电脱盐含油废水	电脱盐脱水
含油废水	"三项"脱水及机泵冷却水等
加热炉烟气	燃料的燃烧，经烟囱排入大气
过热蒸汽放空	自发蒸汽调节压力手段，经放空排入大气

① 物料方面

● 进料

由于大庆原油品质的下降和加工多种非大庆原油，原料含盐、含硫量增加，为防止装置设备的腐蚀加上后道工序对原料的要求，必须常年启用电脱盐系统，造成了能耗、物耗和排出污染物的增加。

● 水

由于原料品质的原因，常项汽油等轻质油品及碱渣等重质油对设备管线腐蚀严重，造成冷却器易泄漏，污染循环水水质，增加了含油污水量。

②工艺方面

由于在设备、工艺流程上存在着不足，装置的能耗尚有一定的潜力可挖，须在今后的工艺完善中解决。

由以上的物料平衡及能量平衡的统计而知，二蒸馏车间每年排放的废水量是 131 250 t，主要是由电脱盐脱水及"三项"脱水带来；废蒸汽量是 17 500 t，主要是由于过热蒸汽的发汽量调节手段没有余地造成；烟气量是 75 000 m³/h（标准状况），是加热炉燃烧排放的。

（2）废物排放造成的经济损失

①物料损失

● 电脱盐含油污水年排放量 26 250 t，处理费用单价 5 元/t，合计 13.125 万元；

● 含油废水年产量 105 000 t，处理费用单价 5 元/t，合计 52.5 万元；

● 过热蒸汽放空年产量 17 500 t，蒸汽单价 90 元/t，合计 157.5 万元；

● 以上为废物排放造成的直接经济损失，总计 223.125 万元。

②能量损失

二蒸馏车间的能量损失总计有 $3\,525 \times 10^4$ kcal/h（$14\,756 \times 10^4$ kJ/h），其中有治理可能的是过热蒸汽放空（139×10^4 kcal/h，582×10^4 kJ/h）、电损（210×10^4 kcal/h，

879×10^4 kJ/h）及加热炉烟气（510×10^4 kcal/h，2 135×10^4 kJ/h）等。

③其他损失

给环境造成的污染带来的损失，如过热蒸汽放空造成的噪声污染等。

（四）方案的产生和筛选

1．方案的产生、汇总

清洁生产小组通过对审核重点进行物料衡算及物料、能量损失分析，组织企业全体员工，针对审核重点在生产管理、生产过程控制、生产工艺及设备、原材料、产品及能源、资源的充分利用等方面存在的问题，提出合理化建议，产生清洁生产方案。同时清洁生产审核领导小组召集有关专家进行创意讨论，共产生24项方案，进行汇总，见表8-16。

表8-16　清洁生产方案汇总

方案类型	编号	方案	方案分类
加强内部管理	1	加强用水管理，树立节水意识	A
	2	加强与环境监测部门的联系，准确及时地监控废物的排放情况	A
	3	加强巡回检查，及时发现问题，杜绝跑冒事故的发生	A
	4	提高职工的主人翁意识和环境意识，使广大职工积极参与清洁生产工作	A
	5	提高管理水平，延长装置开工周期，从而减少因装置开停工造成的物料损耗	A
	6	优化操作，降低加热炉尾气中的污染物含量	A
	7	加强设备维护，防止设备破损造成物料泄漏	A
	8	加强设备的维修管理，积极回收待修设备内残存的物料	A
	9	加强装置停工管理，积极回收管线、设备内残存的物料	A
	10	加强机泵使用后的废润滑油的回收工作	A
技术改造	11	改造空冷系统，回收软化水	B
	12	蒸汽发生器加副线	B
	13	加热炉对流室加吹灰器	B
	14	电脱盐注水系统改造	B
	15	将加热炉空气预热器改为热管式	B
	16	减压抽真空系统改造，减少蒸汽和水量	B
	17	增加注破乳剂泵	B
	18	常一线、常二线中泵加电机变频调速器	B
	19	质量在线仪表采样系统改造	B
	20	增加注阻垢剂设施	B
研究开发	21	开发先进控制系统	C
	22	开发高效燃烧器，降低燃料耗量	C
	23	继续研究减压塔高效填料新技术	C
	24	完善DCS仪表操作系统	C

2．方案筛选

（1）方案分类

对征集的 24 项清洁生产方案进行分类：

A 类，属无/低费方案，可立即组织实施，共 10 项；

B 类，可能有很好的经济效益，但需进一步做可行性分析，共 10 项；

C 类，目前难以实施，可做长远计划，暂时搁置，共 4 项。

对于 A 类方案，由于投资小、效益明显，审核小组应立即提交车间和有关部门组织实施。对于 B 类方案，则准备做进一步的筛选和可行性分析。对于 C 类方案，列入长远计划，在条件成熟时组织实施。

（2）B 类方案的筛选

将 B 类方案按权重加和的方法进行评估，见表 8-17。

通过表 8-17 可看出，方案 18 得分最高，其次是方案 17 和方案 12。因此，审核小组决定对方案 12、方案 17、方案 18 进行进一步评价。

表 8-17　B 类方案评估结果

标准	权重	方案得分（1~10）									
	1~10	F11	F12	F13	F14	F15	F16	F17	F18	F19	F20
减少环境危害	10	4	4	4	6	3	4	4	5	4	8
经济可行	8	5	5	1	2	2	2	7	7	4	2
技术可行	8	6	5	3	7	6	6	5	6	4	5
易于实施	6	5	7	2	5	4	6	8	7	2	4
节约能源	5	1	5	1	1	1	1	5	6	1	1
发展前景	4	6	2	6	2	2	2	4	4	6	6
总　分	—	187	195	113	183	131	153	225	242	145	189
排　序	—	5	3	10	6	9	7	2	1	8	4

3．方案研制

（1）方案 12：蒸汽发生器加副线

方案性质：降低软化水取热量。

方案流程：减三、常四蒸汽发生器加副线。

影响内容：减少蒸汽发生量。

目前，蒸汽发生量过剩，多余的蒸汽只有从放空排至大气，既增加了软化水及高温热量的损耗，又产生了极强的噪声。因此，蒸汽发生器加副线，既可减少取热量，降低蒸汽发生量，又可减小环境噪声，有极好的经济效益和环境效益。

（2）方案17：增加注破乳剂泵

方案性质：用泵来代替人工操作加注破乳剂。

方案流程：增加一台注破乳剂泵。

影响内容：大幅度节约破乳剂损耗，降低工人劳动强度，解决破乳剂跑冒问题，减少环境污染。

目前，注破乳剂是由人工用桶加注，既造成了破乳剂的浪费，又污染了环境。如果改用泵来代替人工操作，既减少了浪费，又减少了环境污染，同时也大大降低了工人的劳动强度。

（3）方案18：常一线、常二线中泵加电机变频调速器

方案性质：改变电机转速。

方案流程：电机增加变频调速器。

影响内容：降低耗电量。目前，泵的电机是按额定转速满负荷运转，由控制阀改变流量，这样就产生了电能损耗。电机增加变频调速器后可改变电机转速，达到节电的目的。

（五）可行性分析

1．技术评估

（1）方案12：蒸汽发生器加副线。该方案只需增加两个阀门，一段管线，简单可行。

（2）方案17：增加注破乳剂泵。该方案安全可靠，技术成熟，有足够的空间安装所需设备。

（3）方案18：常一线、常二线中泵加电机变频调速器。该项技术已趋成熟，并已广泛推广应用，安全可靠。

2．环境评估

（1）方案12：蒸汽发生器加副线

该方案实施后，可大大减少蒸汽发生量，原来蒸汽喷出的噪声非常大，加副线后，基本消灭了环境噪声，明显改善了环境。

（2）方案17：增加注破乳剂泵

原来加注破乳剂都是人工加入，既造成很大浪费，又污染了周围环境，改用注破乳剂泵后，已经改善了周围环境，不再有随地都是破乳剂的现象。

（3）方案18：常一线、常二线中泵加电机变频调速器。泵加电机变频调速器不会污染环境。

3. 方案的经济可行性分析

（1）方案 12：蒸汽发生器加副线

①总投资费用

购置设备：3 万元

物料与场地准备：0.16 万元

建设和安装：0.5 万元

合计：3.66 万元

②年运行费总节省金额（P）

节约软化水节省金额：12 975 t×8 元/t=10.38 万元

合计：10.38 万元

③年增现金流量（F）

年折旧费（D）$=\dfrac{I}{Y}=\dfrac{3.66}{10}=0.366$ 万元（折旧期为 10 年）

应纳税利润（T）：$P-D=10.38-0.366=10.014$ 万元

净利润（E）：$10.014×（1-33\%）=6.709$ 万元（33%的利税）

年增现金流量（F）：$E+D=6.709+0.366=7.075$ 万元

④偿还期（N）$=\dfrac{I}{F}=\dfrac{3.66}{7.075}=0.52$ 年

⑤净现值（NPV）：43.81 万元（利率 8%，折旧期 10 年）

⑥内部收益率（IRR）：

$i_1=193\%$，$NPV_1=0.005\ 6$

$i_2=194\%$，$NPV_2=-0.012\ 8$

IRR=193.30%

⑦经济评估结果：偿还期短，内部投资收益率高，经济可行。

（2）方案 17：增加注破乳剂泵

①总投资费用

购置设备：4 万元

与公共设施连接费用：0.2 万元

物料与场地准备：0.3 万元

建设和安装：0.5 万元

合计：5 万元

②年运行费总节省金额（P）

节约破乳剂金额：2.073 t×1.5 万元/t=3.11 万元

③年增现金流量（P）

年折旧费（D）：0.5 万元（折旧期为 10 年）

应纳税利润（T）：$P-D=3.11-0.5=2.61$ 万元

净利润（E）：$2.61×（1-33\%）=1.75$（33%的利税）

年增现金流量（P）：$E+D=1.75+0.5=2.25$ 万元

④偿还期（N）：2.22 年

⑤净现值（NPV）：10.10 万元（利率 8%，折旧期 10 年）

⑥内部收益率（IRR）

$i_1=43\%$，$NPV=0.087\,25$

$i_2=44\%$，$NPV=-0.020\,75$

IRR $=43.81\%$

⑦经济评估结果：偿还期短，内部投资收益率高，经济可行

（3）方案 18：常一线、常二线中泵加电机变频调速器

①总投资费用

购置设备：16 万元

物料与场地准备：3 000 元

建设和安装：2 000 元

合计：16.5 万元

②年运行费总节省金额（P）

节电：8.99 万元

合计：8.99 万元

③年增现金流量（F）

年折旧费（D）：1.65 万元（折旧期为 10 年）

应纳税利润（T）：$P-D=8.99-1.65=7.34$ 万元

净利润（E）：$7.34×（1-33\%）=4.92$ 万元（33%的利税）

年增现金流量（F）$=E+D=4.92+1.65=6.57$ 万元

④偿还期（N）：2.51 年

⑤净现值（NPV）：27.58 万元（利率 8%，折旧期 10 年）

⑥内部收益率（IRR）

$i_1=38\%$，$NPV=0.102\,4$

$i_2=39\%$，$NPV=-0.278\,7$

IRR $=38.27\%$

⑦经济评估结果：偿还期短，内部投资收益率高，经济可行。

清洁生产方案经济评估结果见表 8-18。

表8-18 清洁生产方案经济评估结果

方案	总投资 I/万元	年收益 P/万元	年增现金流量/万元	偿还期 N/年	净现值 NPV/万元	内部投资收益率 IRR/%
F12	3.66	10.38	7.075	0.52	43.81	193.30
F17	5	3.11	2.25	2.22	10.1	43.81
F18	16.5	8.99	6.57	2.51	27.58	38.27
合计	25.16	22.48	15.895	—	81.49	—

4. 确定推荐实施方案

通过技术、环境，经济等方面的评估，确认上述三个方案是可行的，不仅能节约能源、保护环境，而且能获得可观的经济效益。因此，审核小组决定将这三项方案推荐给厂领导及有关部门，建议在二蒸馏车间当年检修期间组织实施。

（六）方案实施

1. 方案实施情况简述

（1）制订实施计划

本次清洁生产活动共征集24项清洁生产方案，其中 A 类方案（10项）已经组织实施；3 项 B 类已通过技术、环境、经济可行性分析，近期内由二蒸馏车间主任负责组织实施，由厂检修车间进行施工；其余 7 项 B 类方案列入远期行动计划；4 项 C 类方案暂时搁置。见表8-19。

（2）筹措资金

三项方案同时实施，总贷款25.16万元。0.52 年后方案12还清贷款，2.22 年后方案17还清贷款，2.51 年后方案18还清贷款。累计获利40.27万元，见表8-20，利率按8%计算。

表8-19 废物削减行动计划

计划类别	编号	方案内容	完成时间
已实施	1	加强用水管理，树立节水意识	已实施
	2	加强与环境监测部门的联系	已实施
	3	加强巡回检查，及时发现问题，杜绝跑冒事故的发生	已实施
	4	提高职工的主人翁意识和环境意识	已实施
	5	提高管理水平，延长装置开工周期	已实施
	6	优化操作，降低加热炉尾气中的污染物含量	已实施
	7	加强设备维护，防止设备破损造成物料泄漏	已实施
	8	加强设备的维修管理，积极回收待修设备内残存的物料	已实施
	9	加强装置停工管理，积极回收管线、设备内残存的物料	已实施
	10	加强机泵使用后的废润滑油的回收工作	已实施

计划类别	编号	方案内容	完成时间
近期计划	12	蒸汽发生器加副线	1998 年
	17	增加注破乳剂泵	1998 年
	18	常一线、常二线加电机变频调速器	1998 年
远期计划	11	改造空冷系统，回收软化水	1999 年
	13	加热炉对流室加吹灰器	1999 年
	14	电脱盐注水系统改造	2000 年
	15	将加热炉空气预热器改为热管式	2000 年
	16	减压抽真空系统改造，减少蒸汽和水量	2000 年
	19	质量在线仪表回样系统改造	2000 年
	20	增加注阻垢剂设施	2001 年
暂时搁置	21	开发先进控制系统	
	22	开发高效燃烧器，降低燃料耗量	
	23	继续研究减压塔高效填料技术	
	24	完善 DCS 仪表操作系统	

表 8-20　还贷计划　　　　　　　　　　　　　　　　　　单位：万元

项目	投资	第一年		第二年		第三年	
		还贷	还息	还贷	还息	还贷	还息
方案 12	3.66	3.66	0.29	—	—	—	—
方案 17	5	2	0.16	2	0.16	1	0.08
方案 18	16.5	7	0.56	7	0.56	2.5	0.2
合　计	25.16	还贷 25.16 万元，利息 2.01 万元					
累　计	投资第三年后，还清贷款 25.16 万元，利息 2.01 万元，并获余利 40.27 万元						

2. 已实施方案成果汇总

（1）清洁生产目标完成情况见表 8-21。

（2）经济效益汇总见表 8-22。

（3）环境效益汇总见表 8-23。

（4）清洁生产方案分类汇总见表 8-24。

表 8-21　清洁生产目标完成情况评估数据

污染预防目标	审核前水平	目前水平	近期方案实施后	远期方案实施后
降低蒸汽消耗/（t/h）	16	16	11	6
每小时降低耗电量/10^4 kWh	234	212	180	117
降低软化水消耗/（t/h）	15	15	10	10
减低破乳剂消耗/（kg/h）	10	8	8	8
减少含油废水量/（t/h）	15	13.7	13.7	12.1
降低含油废水质量浓度/（mg/L）	322	300	260	186
污染物（COD）质量浓度/（mg/L）	484	480	432	379

表 8-22 经济效益汇总 单位：万元

方案类型	已实施方案	近期计划方案	远期计划方案	总计
节约能源	—	14.77	—	14.77
节约软化水	7.0	10.51	—	17.51
节约破乳剂	—	3.11	—	3.11
减少废水处理费	1.75	3.42	7.62	12.79
合计	8.75	31.81	7.62	48.18

表 8-23 环境效益汇总

方案	削减废水/ （万 t/a）	占总量 百分比/%	削减 COD/ （t/a）	占总量 百分比/%	减少蒸汽/ （万 t/a）	占总量 百分比/%
已实施方案	1.14	8.7	0.48	0.8		
近期方案	0.32	2.4	10.70	4.4	31.3	4.4
远期方案	2.54	19.3	12.60	21.7		
合计	4.00	28	23.80	26.9	31.3	4.4

表 8-24 清洁生产方案分类汇总

方案类型		数量	方案
按实施进度归纳	已实施	10	1，2，3，4，5，6，7，8，9，10
	计划实施	3	12，17，18
	可行	7	11，13，14，15，16，19，20
	待研究	4	21，22，23，24
	不可行	—	—
按污染预防技术归纳	产品更新	—	—
	原材料替代	13	12～24
	技术改造	10	1～10
	加强管理	1	11
	废物循环利用	—	—
按所需投资归纳	费用未知	4	21～24
	无/低费用	10	1～10
	中费用	7	12，13，14，16，17，18，20
	高费用	3	11，15，19
按偿还期归纳	未知	—	—
	0～6 个月	4	21～24
	6～12 个月	11	1～10，12
	12～48 个月	2	17，18
	>48 个月	7	11，13，14，15，16，19，20
按环境效益归纳	节约能源	4	12，13，15，18
	节水	3	1，11，16
	节约原材料	9	3，5，7，8，9，10，14，17，22
	削减废水污染负荷	3	2，4，6
	提高产量与质量	5	19，20，21，23，24

（七）持续清洁生产

1. 关于清洁生产组织的完善

为了实现可持续发展，持续推行清洁生产，该厂建立了稳定的清洁生产组织机构，并在今后的工作中逐渐进行完善。

清洁生产小组的任务如下：

（1）组织协调并监督实施审核提出的清洁生产方案；

（2）经常性地组织对企业职工进行清洁生产的教育和培训；

（3）选择下一轮清洁生产审核重点，并启动新的清洁生产审核；

（4）负责清洁生产活动的日常管理。

炼油厂清洁生产小组的组织机构见表 8-25。

表 8-25　清洁生产小组的组织机构

组织机构名称：			炼油厂清洁生产小组	
姓名	分工	部门职务、职称	职责	备注
×××	组长	生产厂长	组织协调、全面负责	—
×××	副组长	环保处处长	具体负责组织协调各阶段工作	—
×××	副组长	技术处处长	技术负责	—
××	成员	财务处处长	负责解决清洁生产方案的资金问题	—
×××	成员	企管处处长	将清洁生产审核与企业管理相结合	—
×××	成员	环保处工程师	收集资料，撰写审核报告	—

2. 建立、完善清洁生产管理制度

（1）把审核成果纳入企业的日常管理

①把企业清洁生产审核提出的加强管理的措施文件化，形成制度。

②把企业清洁生产审核提出的岗位操作改进措施，写入岗位的操作规程，并要求严格遵照执行。

③把企业清洁生产审核提出的工艺过程控制的改进措施，写入企业的操作技术规范。

（2）建立和完善清洁生产激励机制

把奖金、工资分配、提升、降级、下岗等诸多方面，充分与清洁生产挂钩，建立清洁生产激励机制，以调动全体职工参与清洁生产的积极性。

三、小结

炼油厂成功地在二蒸馏车间实施了清洁生产审核工作，并取得了一定的经济效益和环境效益，为在全厂推广清洁生产审核起到了推动作用。虽然在企业内部推行清洁生产还存在一些困难，但随着企业改革的不断深入、企业管理水平的进一步提高，清洁生产将会越来越受到企业的欢迎，也将会发挥越来越大的经济效益和社会效益。

本次清洁生产审核过程中，所提出的方案基本上都是一些投资小、效益大、在企业内部值得推广的方案。但由于时间的问题，还有一些方案未能实施，将在今后的工作中继续完成。

今后的工作中，炼油厂要把清洁生产审核作为一项长期的工作，有步骤、有计划地进行，为企业走可持续发展的道路作出更大的努力。

第三节　某汽车公司清洁生产审核范例

一、某汽车公司基本概况

某汽车有限公司是一家合资整车生产经营企业。公司成立于 2003 年 7 月，注册资本 2 亿美元，年产值近 200 亿元，公司现有在册员工 2 607 人，其中具有中专以上学历的员工占 70%左右。具有整车生产能力 12 万辆。

公司以绿色工厂为目标建设，采取水性涂料喷涂，将有害物质（VOC）降到原来的 1/10。在工厂排污方面，通过加强循环使用及净化功能，各项指标大大优于国家标准。通过生产工序的短流程化，降低了水、电、气等能源的消耗。同时，导入新的摩擦输送链生产线，大幅降低了作业环境噪声。大量运用辅助设备及机械手减轻了人工搬运物件的工作负荷。诸多新技术、新系统的运用，使更高品质、更高效率的绿色工厂得以实现。

公司正在创建环境友好型企业，为此于 2006 年 12 月通过了 ISO 14001：2004 环境管理体系认证，并于 2007 年 2 月至 7 月对全公司各生产部门进行了清洁生产审核，以进一步降低能耗、物耗、减少污染物的产生和排放，提高企业环境保护水平，全面达到环境友好型企业的要求。

二、清洁生产审核程序

（一）审核准备

1．获得企业高层领导的支持和参与

公司高层非常重视清洁生产审核工作，认识到清洁生产审核是推进企业清洁生产工作的重要手段，总经理亲自对此做出部署，公司发文要求各单位、部门积极参与审核。公司派出 4 名专业技术人员参加国家清洁生产中心举办的清洁生产审核师培训班，并通过了资格考核；同时还聘请了清洁生产审核专家对公司 44 名有关人员进行清洁生产审核培训，各职能部门、生产车间主要负责人、技术骨干、环保员等人员均参加了培训。清洁生产工作由环境管理委员会全面负责，各部门、车间领导各负其责，公司全体干部、职工全面参与。

2．组建企业清洁生产审核小组

以环境管理代表、副总经理担任此次清洁审核领导小组负责人，清洁生产审核工作小组长设在规划发展科，各科环保员任联络员；聘请了清洁生产审核专家和汽车行业专家进行指导。

清洁生产咨询机构成立了公司清洁生产审核项目组，指导企业开展清洁生产审核工作。

3．审核工作计划

在专家小组的具体指导下，公司清洁生产审核小组按手册要求编制了详细的审核计划，见表 8-26。

表 8-26　清洁生产审核工作计划

阶段	工作内容	完成时间	责任部门	考核部门	产出
1．筹划和组织	1．取得领导支持 2．组建审核小组 3．制订工作计划 4．开展宣传教育	2007 年 2 月	审核小组	审核小组	1．领导的参与 2．审核小组 3．审核工作计划 4．障碍的克服
2．预评估	1．进行现状调研 2．进行现场考察 3．评价产污状况 4．确定审核重点 5．设置清洁生产目标 6．提出和实施无/低费方案	2007 年 3 月	审核小组、相关部门	审核小组	1．现状调查结论 2．审核重点 3．清洁生产目标 4．现场考察产生的无/低费方案的实施

阶段	工作内容	完成时间	责任部门	考核部门	产出
3. 评估	1. 准备审核重点资料 2. 实测输入、输出物流 3. 建立物料平衡 4. 分析废弃物产生原因 5. 提出和实施无/低费方案	2007年4月	审核小组、相关部门	审核小组	1. 物料平衡 2. 废弃物产生原因 3. 审核重点无/低费的方案
4. 方案产生和筛选	1. 产生方案 2. 筛选方案 3. 研制方案 4. 继续实施无/低费方案 5. 核定并汇总无/低费方案实施效果	2007年4月	审核小组、相关部门	审核小组	1. 各类清洁生产方案的汇总 2. 推荐的供可行性分析的方案 3. 中期评估前无/低费方案实施效果的核定与汇总
5. 可行性分析	1. 进行市场调查 2. 进行技术评估 3. 进行环境评估 4. 进行经济评估 5. 推荐可实施方案	2007年5月	审核小组、相关部门	审核小组	1. 市场调查和市场需求预测结果 2. 技术、环境和经济评估结果 3. 推荐的可实施方案
6. 方案实施	1. 组织方案实施 2. 汇总已实施的无/低费方案的成果 3. 验证已实施的中/高费方案的成果 4. 分析总结已实施方案对企业的影响	2007年5月	审核小组、相关部门	审核小组	1. 推荐方案的实施 2. 已实施方案的成果分析结论
7. 持续清洁生产	1. 建立和完善清洁生产组织 2. 建立和完善清洁生产管理制度 3. 制订持续清洁生产计划 4. 编制清洁生产审核报告	2007年6月	审核小组	审核小组	1. 清洁生产组织机构 2. 清洁生产管理制度 3. 持续清洁生产计划 4. 清洁生产审核报告
8. 审核验收	1. 总结本轮企业清洁生产审核成果 2. 清洁生产工作总结 3. 验收准备 4. 申报清洁生产审核验收	2007年7月	审核小组、相关部门	公司环境管理委员会	1. 企业现状 2. 存在的问题 3. 企业自查、自改，实施清洁生产方案前后对比以及取得的成果

4. 开展宣传与教育

由于清洁生产的思想是一项新的立足于整体预防环境战略的创造性思想，与以前末端治理为主的环境保护策略有着根本的区别，又涉及工艺、财务、节能、降耗等多部门和生产的全过程。因此，审核领导小组和工作小组的同志，利用各种例会、电视录像、知识讲座以及下达文件，组织学习，广泛开展宣传教育活动，以提高全员对清洁生产审核的认识，使全体职工更进一步认识到清洁生产的重要性，提高了自觉参与清洁生产工作的积极性和责任感。

（二）预评估

1. 企业现状调查

公司生产工艺单元主要包括：发动机铸造、发动机加工、发动机装配、冲压件生产、压铸件生产、注塑件生产、焊装、涂装、总装、质量检测等。公司总工艺流程图及涂装科工艺流程图见图 8-6、图 8-7。

公司在产品制造过程中主要消耗物料及年消耗量（2006 年）为：钢材（8 703 964 t）、涂料（912 666 t）、稀释剂（2 279 117 kg）、密封胶（575 390 t）、汽油（481 t）、柴油（70 t）、天然气（519 万 m³）、水（684 907 m³）等。主要消耗部位发生在冲压科、涂装科、合成树脂科、焊装科和检验科，其中涂装科是物料消耗的重点部位。

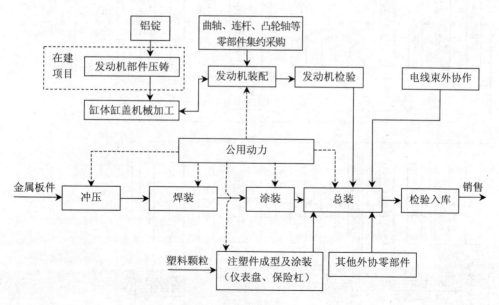

图 8-6　公司总生产工艺流程

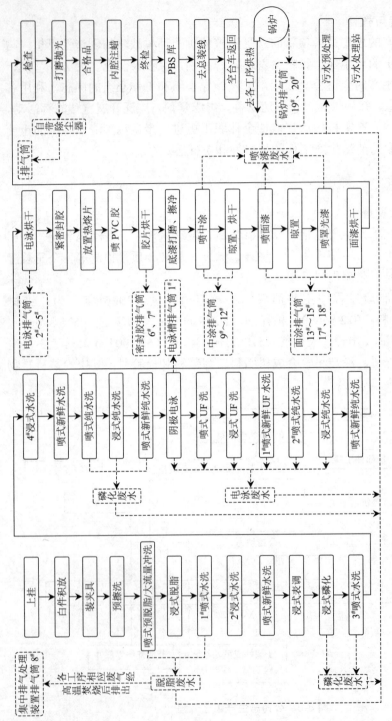

图 8-7 涂装科生产工艺流程

2006 年全年耗水量 685 121 t，单车耗水量 10.38 t，耗电量 54.24×10^6 kWh，单车耗电 852 kWh，万元产值综合能耗 0.221 4 t 标准煤，以上数据表明，企业在物耗、能耗状况上处于较先进水平。产生"三废"情况如下：

（1）废水：产生的废水包括生产废水和生活废水，生产废水主要是涂装科、合成树脂科涂装车间及机械加工科产生的工艺废水。各工艺废水性质如下：

①脱脂废水：来自涂装科前处理的预脱脂、脱脂及脱脂后的清洗工序，主要污染物为化学需氧量、石油类、悬浮物、碱性物质，排往污水处理站处理。

②磷化废水：来自涂装科表调、磷化及磷化后水洗等工序，主要污染物为化学需氧量、锌、磷酸盐、悬浮物、镍、表面活性剂等；磷化废水先经过车间镍预处理后，再排往污水处理站统一处理。

③电泳废水：来自涂装科电泳及电泳后清洗工序，主要污染物为化学需氧量、生化需氧量、石油类、悬浮物等，排往污水处理站处理。

④喷漆废水：来自中涂、面漆的水旋式喷漆室循环水，主要污染物为化学需氧量、生化需氧量、石油类、悬浮物等。这些废水平时经过分离槽处理作为喷漆室的循环水使用，每半年更换一次，排放至污水处理站处理。

⑤机械加工科加工缸体、缸盖的切削液，主要污染物有化学耗氧物质及石油类污染物的清洗废水、废润滑油、乳化液等，经过车间处理后排放至污水处理站处理。

生活废水主要是公司两个食堂清洗蔬菜及餐具的废水，经过隔油沉淀池后，排放到污水处理站处理。

公司污水排放总量 31.3 万 t/a，其中污染物有化学需氧量（COD）23.8 t/a，氨氮 0.23 t/a。

（2）废气：公司产生的大气污染物主要来源于工艺废气和燃料燃烧废气两大类，此外还有餐饮油烟废气。

工艺废气包括含漆雾废气、各烘干炉/脱臭炉有机废气、焊烟废气、含尘废气等，其中最主要的为涂装科及合成树脂科涂装车间的涂装废气。各类废气性质如下：

①含漆雾废气：含漆雾废气主要产生在涂装科和合成树脂科的中涂、面漆工序中的喷漆、补漆等工位。由于使用的中层、面层涂料几乎不含苯，仅含有少量的甲苯、二甲苯，因而该工序产生的含漆雾废气中主要污染物有甲苯、二甲苯、非甲烷总烃、丙烯酸漆雾、聚氨酯漆雾等。

中涂和面漆喷涂均在水旋室内进行，采用机械和手工喷涂相结合的方式进行喷涂，产生的漆雾由来自喷漆室上方的强风压入带有漆雾净化剂的旋流水中，聚在一起形成结块漆渣浮在水面而使废气得到净化。

②电泳烘干/脱臭炉有机废气：电泳烘干室燃烧器使用天然气，燃烧后废气通过排气筒高空排放。

公司废气排放量 $3.66×10^9$ m³/a，其中主要污染物有二氧化硫 0.748 t/a、烟尘（粉尘）5.3 t/a、甲苯 4.07 t/a、二甲苯 3.61 t/a。

（3）固体废物：公司产生的固体废物主要有包装废料、焊接残渣、磷化渣、聚氯乙烯废渣、油漆废渣、废油、废有机溶剂、污泥、废油棉纱、金属边角料以及其他垃圾。全年固体废物总量 9 057 t，废油和有机溶剂 3 万 L，其治理情况见表 8-27。

表 8-27　固体废物的产生和治理情况

固体废物名称	产生数量	毒性分析	处置方式
废钢铁	6 294 t	一般工业固废	100%回收
废塑料	301 t	一般工业固废	100%回收
废油、有机溶剂	30 400 L	危险废物	交有资质单位回收使用
废漆渣、磷化渣	464.17 t	危险废物	交有资质单位回收处置
污水处理站污泥	761.97 t	危险废物	交有资质单位回收处置
其他固体废物	1 237 t	一般工业固废	100%回收

工厂建有较完善的污水处理设施和除尘、废气处理设施，其中在涂装科建有含镍废水预处理装置一套，采用中和、混凝沉淀、压滤工艺，产生镍渣固废和经预处理合格的水，装置处理能力为 10 t/h；一套混凝/气浮漆渣分离装置，产生漆渣固废和循环水；在合成树脂科建有喷漆废水预处理装置一套；在机械加工科建有乳化液前处理装置一套，装置处理能力为 30 m³/d。公司建有综合污水处理站，采用混凝、隔油、气浮、CASS 生物处理等联合工艺，处理合格后排入市政管网，装置处理能力为 1 440 m³/d，日处理量平均为 1 200 m³/d。

2. 产污原因初步分析

根据资料调研和现场考察情况，初步分析污染物产生的原因如下：

（1）生产过程工艺污水的产生主要发生在涂装科和合成树脂科涂装工位，其产生的原因主要为：①制备纯水过程中产生的浓水，被作为废水排放了；②在工件的表面处理工艺中，需要用到洗涤水和工艺水，洗涤水部分作为工艺水的补充，多余的部分作为废水排放，工艺水中部分指标超标后，需要不定期更换排放；③在对喷涂中废涂料的收集、处理工艺中，部分废涂料成分转移至用水中，产生废水。

（2）废气产生部位主要发生在涂装科、注塑件涂装工位、焊装科、检测科和燃气锅炉，其中涂装废气主要是对工件的涂装表面进行干燥的过程中产生的废蒸汽，经 RTO 炉煅烧后排放，该部分由于采用了 RTO 炉回收 VOC，使其实际排放中的污染物成分浓度较低；焊装科废气主要为焊装烟尘，由焊接工艺所致，由于采用了有效的除尘装置，其中的排尘量得到了控制。

固体废物种类较多，性质复杂，其产生的原因分别与工艺技术、设备和管理有关，改善工艺、改进设备运行状况、加强物料消耗和固体废物管理是减少其产生的主要途径。

3. 确定审核重点

对全厂主要生产岗位进行了考察，确定备选审核重点，各备选审核重点基本情况见表 8-28。

表 8-28　备选审核重点基本情况

车间序号	车间名称	主要消耗物料	主要废弃物
1	冲压	钢材、电、油	钢材余料、废油
2	焊装	焊材、电、油	废气、废渣、废油
3	涂装	涂料、密封胶、溶剂、化学药剂、水	废水、废气、固废
4	合成树脂	合成树脂、涂料、密封胶、溶剂、化学药剂、水	废水、废气、固废
5	机械加工	铝材、水、电、乳化剂	铝材余料、废水、废气
6	发动机装配	电、水	废水、固废
7	总装	机电配件、油、电	废水、固废
8	整车检验	油、水	废水、废气
9	锅炉	天然气、水、化学药剂	废水、废气、固废

在现场考察，对产排污情况初步评价的基础上，清洁生产审核小组研究了本轮清洁生产审核的重点。

审核重点评价、选择的因素包括：①产生废弃物的种类和数量；②主要物料的消耗量；③能源、水的消耗量；④工艺技术、设备的改进；⑤清洁生产的机会等。

经过审核小组和专家对备选重点分别评价、打分，采用权重总和计分排序法选择审核重点。经过审核小组成员和专家评分（R），选定涂装科为本轮清洁生产审核的重点，权重总和计分排序结果见表 8-29。

4. 设置清洁生产目标

根据企业的情况，结合汽车行业清洁生产标准，审核小组研究设置了公司清洁生产目标，见表 8-30。目标项目的选择主要从减少物料、能源消耗，削减污染物产生量等方面考虑。

表 8-29　权重总和计分排序结果

因素	权重 W (1~10)	备选审核重点计分									
		车间 1		车间 2		车间 3		车间 4		车间 5	
		R	$R×W$	R	$R×W$	R	$R×W$	R	$R×W$	R	$R×W$
废弃物			70		50		100		80		70
主要物料消耗	10	7	42	5	42	10	90	8	63	7	54
能源、水耗	9	6	49	6	35	10	63	7	49	6	42
工艺、设备	7	7	24	5	24	9	36	7	42	6	30
清洁生产机会	6	4	20	4	20	6	45	7	40	5	35
总分 $\sum R×W$	5	4	205	4	171	9	334	8	274	7	231
排序			4		5		1		2		3

因素	权重 W (1~10)	备选审核重点计分							
		车间 6		车间 7		车间 8		车间 9	
		R	$R×W$	R	$R×W$	R	$R×W$	R	$R×W$
废弃物	10	2	20	3	30	6	60	5	50
主要物料消耗	9	3	27	4	36	3	27	3	27
能源、水耗	7	3	21	3	21	5	35	6	42
工艺、设备	6	2	12	3	18	4	24	3	18
清洁生产机会	5	2	10	3	15	4	20	4	20
总分 $\sum R×W$			90		120		166		157
排序			9		8		6		7

表 8-30　企业清洁生产目标

序号	项目	现状 (2006 年)	近期目标 (2007 年)		远期目标	
			目标值	减少率/%	目标值	减少率/%
1	耗水量/（t/台）	10.38	8.00	23.0	7.27	30.0
2	耗电量/（kWh/台）	852	700	18.0	597	30.0
3	综合能耗/（t 标准煤/万元）	0.221 4	0.199 3	10.0	0.177 1	20.0
4	COD 排放量/（t/a）	23.8	22.6	5.0	1.7	10.0
5	涂料（涂装）/（kg/台）	13.83	13.28	4.0	13.14	5.0
6	密封胶/（kg/台）	8.72	8.28	5.0	7.85	10.0

5. 提出并实施清洁生产无/低费方案

公司在全员范围通过发放清洁生产方案征集表广泛收集有关清洁生产方案，经过汇总、整理，提出了 45 项无/低费方案，从中筛选出 36 项可行的方案，按计划部署实施。可行的无/低费方案分类见表 8-31。

表 8-31　可行的无/低费方案汇总

序号	方案名称	类别区分	方案责任人	预计效果	
				环境效果	经济效果/元
1	WAX 削减	液态蜡		7.194	141 946
2	表调使用时间延长	水		1 042	2 554
		表调剂		2.139	14 976
3	上涂色漆 WS 削减	WS		0.601	14 116
4	中涂涂料损失削减	WS		0.449	39 968
		中涂涂料		0.212	9 835
5	中涂涂料排放的削减	中涂涂料		5.430	223 611
6	分离槽成本控制	K3100		14.301	379 200
		K4500		4.301	195 017
7	镍处理成本控制	K8000		3.575	213 911
8	液态蜡炉开启、关闭时间调整	电		4 752	3 326
		气		5 280	11 616
9	星期日分离槽停止运行	水		2 880	7 056
		电		131 808	92 266
10	周末中涂空调开动时间减少	电		122 196	85 537
		气			
11	周末面漆空调开动时间减少	电		82 464	57 725
		气			
12	烤炉定点开启和关闭	电		166 716	116 701
		气		132 924	292 433
13	输送全面实现软停机	电		33 779	23 645
14	CCR 周末停止电源	电		885	619
15	星期天不生产时，ED 循环泵停止一台	电		83 250	58 275
16	WIPE 前压缩空气吹扫自动控制	电		4 966	4 074
17	照明控制改善	电		269 280	188 496
18	前处理水洗槽更换频次降低	水		5 400	3 780
19	休息室换气风扇只开一半	电		1 620	1 134
20	前处理过滤袋再利用	过滤袋/个		294	20 668
21	无纺布再利用	无纺布/m		3 204	1 442
22	节约遮蔽纸	遮蔽纸			2 160
23	节约高温胶带	高温胶带		1 365	24 733
24	密封胶抹布使用量	抹布/条		3 132	36 018
25	更改研磨方法	砂纸			234 960

序号	方案名称	类别区分	方案责任人	预计效果	
				环境效果	经济效果/元
26	生产停止时关闭 3# 空调	电		22 590	23 719
27	回收贴膜工位剩余卷膜，用于 TUP 遮膜	膜			9 600
28	焊装科压缩空气削减	电		36 586	52 265
29	总装玻璃胶适量化	玻璃胶		6.750	86 400
30	设施管理科中水回用到压泥机	水		22 590	55 345
31	冲压照明控制系统改善	电		11 177	7 824

注：表中环境效果栏中的单位：电：kWh；气：m³；物料：t。

（三）评估

1. 审核重点概况

通过预评估确定了涂装科为本次审核重点，审核小组对该部位进行了细致的考察，进一步收集了其平面布置图、组织机构图、工艺流程图、物料平衡资料、水平衡资料、生产管理资料等。

涂装科有一条车体涂装生产线，涂装主要工艺单元见图 8-8。

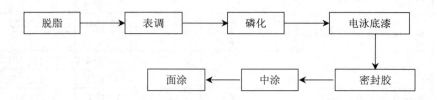

图 8-8　涂装主要工艺单元

（1）脱脂工序。脱脂指用热碱液清洗和有机溶剂清洗，碱液由强碱、弱酸、聚合碱性盐（如磷酸盐、硅酸盐等）、表面活性剂（阳离子型或非离子型）等适当配制而成。

（2）表调工序。金属表面调整，浸入槽内进行化学反应，使金属表面粗糙。

（3）磷化工序。磷化处理是通过化学反应在金属表面形成一层磷化膜，可提高涂层的附着力、耐蚀性和耐水性。磷化处理后再进行 3 次水洗。

（4）电泳工序。车身接通高压直流电正极，溶液接通负极，数分钟后漆的成分就均匀地吸附在车身的内外表面甚至夹层内所有接触液面的地方。

（5）密封胶工序。密封胶主要粘贴在有焊装车间焊接打点的位置；以保证下面的喷涂效果。

（6）中涂工序。通过中涂增加车身的鲜亮性及丰满度，其作为上涂的填充可增加电泳涂层与上涂的结合紧密性。

（7）面涂工序。通过面涂色漆、清漆增加车身的鲜亮性、装饰性、耐久性及防腐性。

2．实测输入、输出物流

对审核重点制订了输入、输出物流的实测计划，计划内容包括实测项目、测试点布设、责任部门、负责人、测试仪器及设备的准备、实测时间及周期等。实测工作由涂装科负责组织，严格按照审核要求，完成连续实测及数据统计。由于工艺决定了部分物料的统计周期较长，因此本次实测结果统计时间单位为1个月，在该生产周期内实际生产车辆数为 9 220 台，物料数量单位均归整为千克。

3．物料平衡

涂装科物料平衡图见图 8-9，该平衡图未计入循环水和工艺辅料。涂装科输入、输出物料平衡结果见表 8-32，产生废弃物清单见表 8-33。工厂水平衡图见图 8-10。

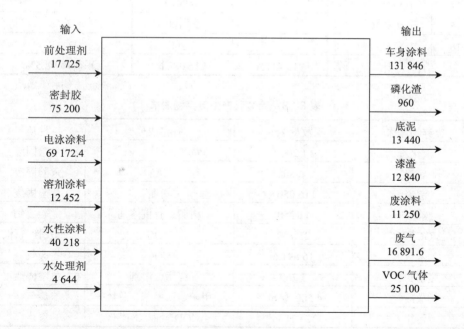

图 8-9 涂装科物料平衡（单位：kg）

表 8-32　涂装科输入、输出物料平衡结果　　　　　　　　单位：kg

序号	物料名称	输入	输出	备注
1	脱脂剂			
2	表调剂	17 725		
3	磷化剂			
4	密封胶	75 200		
5	电泳涂料	69 172.4		
6	溶剂涂料	12 452		
7	水性涂料	40 218		
8	水处理药剂	4 644		
9	车身涂料		131 846	
10	磷化渣		960	按含水 20%折算干重
11	底泥		13 440	按含水 20%折算干重
12	漆渣		12 840	按含水 20%折算干重
13	废涂料		11 250	
14	RTO 炉排放废气		16 891.6	
15	回收 VOC 气体		25 100	
16	其他废料		3 760	
	合　计	219 411.4	216 087.6	平衡率 98.5%

表 8-33　涂装科产生废弃物清单

废弃物名称	数量/kg	有害成分	性质
磷化渣	1 200	PO_4^{3-}、Ni^{2+}、Zn^{2+}	危险固废
底泥	16 800	LAS	危险固废
漆渣	16 050	树脂	危险固废
废涂料	11 250	树脂、有机溶剂	危险废物
VOC 气体	25 100	VOC	挥发性气体
水气	16 891.6	VOC	废气
废密封胶	3 760	树脂、溶剂	危险固废
排放废气	4 500 万 m^3	甲苯、二甲苯、总烃	废气
污水	22 931 m^3	COD、油、Ni^{2+}	废水

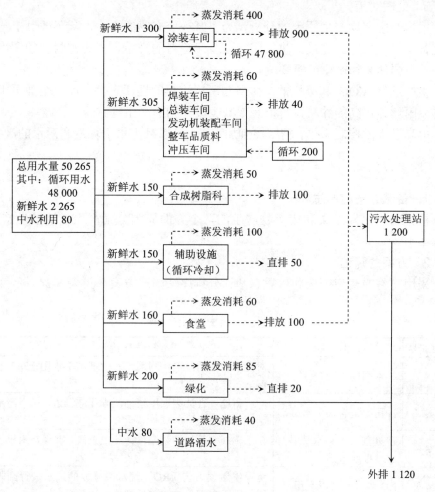

图 8-10　工厂水平衡（单位：m^3）

4. 废弃物产生原因分析

根据物料平衡结果分析废弃物产生的原因如下：生产过程产生的废弃物与原材料、工艺技术、设备、过程控制、人员、管理、产品和废弃物特性八个方面有关，其中对工件的表面处理工艺和涂装废涂料的收集、处理工艺是废水产生的主要原因。干燥尾气经过 RTO 炉回收 VOC 后，排放废气中污染物成分浓度均较低，对环境影响较小。固体废物种类较多，性质复杂，其产生的原因分别与工艺技术、设备和管理有关，改善工艺、改进设备运行状况、加强物料消耗和固体废物管理是减少固体废物产生的主要途径。

5. 处理对策

根据对废弃物产生原因的分析，为了减少废弃物的产生，除了改进工艺、提高设备运行状况外，通过改进管理、减少废涂料的产生、提高密封胶的利用率，也是减少固体废物产生的重要途径。

生产过程 VOC 和废气的产生量与所用涂料的性质有关，如果全部采用水性涂料或固体分较高的涂料，可以有效减少废弃物的产生量。

提高过程的控制水平，精密控制加水量，可以减少水消耗量和污水的产生量。

（四）方案的产生与筛选

1. 备选方案的产生

根据物料平衡结果和废弃物产生的八个方面原因分别产生了清洁生产中/高费方案 10 项。

2. 方案的筛选

采用简易的初步筛选和权重总和计分排序法筛选方案。见表 8-34。

表 8-34　方案筛选的结果

方案编号	方案名称	方案内容
方案一	中水回用工程	对污水管网的改造，回用污水处理站中水用于车间卫生、保洁、绿化和道路冲洗
方案二	冲压地坑含油废水处理	冲压科地坑含油废水用泵抽至乳化液管道，送至污水处理站处理排放
方案三	前处理 No.3 水洗补加自动控制改造	在水洗补水管处加装流量计和电磁阀，实现补水投加自动控制
方案四	RO 浓水回收再利用	将反渗透膜工艺（RO）纯水机排放的浓水进行回收再利用，用于车间保洁、前处理槽清洗等

（五）方案可行性分析

方案一：中水回用工程

（1）技术评估与分析。

该方案通过对污水管网的改造，回用污水处理站中水用于车间卫生、保洁、绿化和道路冲洗，主要需要解决的技术问题是：管网覆盖范围广，管道输送距离长，因此沿程和局部水力损失较大。对管网所需工作压力与投资所能满足的流速之间的拟合曲线表明，在采用 DN150 管径的情况下，保证工作压力 0.4 MPa 可以满足输送水力损失的要求。

（2）环境评估与分析。

方案实施可使全厂中水回用率由 23%提高到 48%，每年节约新鲜水用量
63 486 t，减少综合污水排放量 6 万 t，并使城市污水处理站年减少处理 6 万 t 污
水，节约污水处理费用 4.2 万元，可产生明显的环境效益、社会效益。此外，在
减少污水排放的同时也减少了 COD 排放量 4.56 t/a，使 COD 总量下降近 19%。中
水回用技术是国家环保政策大力提倡的节水、减污技术，也是清洁生产的典型方
案。以上分析表明该方案的环境效益明显，是较好的清洁生产方案，应尽快予以
实施。

（3）经济评估与分析。

方案实施所产生的经济效益主要由节约新鲜水的用量产生，年节水 63 486 t，
按自来水单价 2.45 元/t 计算，产生经济效益 155 541 元/a。方案一各项经济评价指
标见表 8-35。

表 8-35　方案一各项经济评价指标

指标名称	指标	备注
总投资费用/万元	151.3	—
年节省总金额/万元	15.6	按正常生产年份数据计算
设备年折旧费/万元	7.8	按设备 10 年、土建 20 年计算
年应税利润/万元	8.6	—
年净利润/万元	7.1	—
年增加现金流量/万元	14.9	—
投资偿还期/年	11.3	—
净现值/万元	15	—
净现值率/%	9.91	—
内部收益率/%	7.96	—

由上述指标可以看出，项目投资回收期为 11.3 年，考虑到项目可运行时间长，
故其投资回收期可行。项目的净现值大于零，其内部收益率大于银行利率，盈利
能力基本满足了行业要求，故项目在经济上是可行的。

（六）方案的实施

1. 中/高费方案实施计划

公司根据清洁生产审核确定的中/高费方案，下发了《关于实施清洁生产项目
的决定》的文件，提出实施"中水回用工程""冲压地坑含油废水处理""前处理
No.3 水洗补加自动控制改造""RO 浓水回收再利用"等清洁生产方案。为此制订
了清洁生产方案实施计划和时间进度表。

公司财务部门落实了清洁生产项目的资金来源，规划发展科对各方案研究了实施对策。

目前"中水回用工程""冲压地坑含油废水处理""前处理 No.3 水洗补加自动控制改造"等项目已实施完成。"RO 浓水回收再利用"方案正在计划实施，已进入前期准备阶段。

2．已实施方案的效果

到清洁生产审核现场工作结束为止，共实施了 34 个清洁生产方案，其中无/低费方案 31 个，中/高费方案 3 个。实施方案共投入资金 154.8 万元。

已实施方案的技术指标均达到了原设计要求，取得了良好的环境效益和经济效益，全面完成了本次清洁生产审核中提出的清洁生产近期目标任务。依据各方案实施的实际效果数据，对取得的效益统计如下：

（1）环境效益

年节约水 74 054 t，节电 1.3×10^6 kWh，节约其他物料约 67 t，万元产值综合能耗从 0.221 4 t 标煤下降为 0.112 3 t 标煤（同比下降近 50%）；COD 排放从 23.8 t 下降为 19.1 t，减少 4.7 t（同比削减 20%）。

（2）经济效益

年净增经济效益 203.17 万元，其中年节约原材料费 102.17 万元、能源费 91 万元、其他 10 万元。

（3）技术进步

通过实施清洁生产方案，公司的生产技术有了明显的提高，整体水平达到同行业先进水平。审核目标完成情况详见表 8-36。

表 8-36　企业清洁生产审核目标完成情况

序号	项　目	审核前	审核目标		目标完成情况	
			目标值	减少率/%	审核后	完成率/%
1	耗水量/（t/台）	10.38	8.00	23.0	7.69	113
2	耗电量/（kWh/台）	852	700	18.0	559	191
3	综合能耗/（t 标煤/万元）	0.221 4	0.199 3	10.0	0.112 3	507
4	COD 排放量/（t/a）	23.8	22.6	5.0	19.1	400
5	涂料（涂装）/（kg/台）	13.83	13.28	4.0	13.14	125
6	密封胶/（kg/台）	8.72	8.28	5.0	7.85	200

3．企业清洁生产水平评价

参照《国家清洁生产标准—汽车制造业（涂装）》（HJ/T 293—2006）从生产

工艺与设备、原材料指标、资源能源利用指标、污染物产生指标和环境管理指标五个方面对公司清洁生产状况进行了评价，结果见表 8-37。表中一级为国际清洁生产先进水平，二级为国内清洁生产先进水平，三级为国内清洁生产基本水平。

表 8-37 公司清洁生产主要指标及其评价

指标		一级	二级	三级	公司指标	评价
一、生产工艺及装备要求						
1．基本要求		（1）禁止使用《淘汰落后生产能力、工艺和产品的目录》中规定的内容；（2）优先采用《国家重点行业清洁生产技术导向目录》规定的内容；（3）禁止使用火焰法除旧漆；严格限制使用干喷砂除锈			符合	+
2．涂装前处理	脱脂设施	有脱脂液维护与调整设施（如油水分离器、磁性分离器等）			符合	+
	磷化设施	有磷化液维护与调整设施（如磷化液除渣设施等）			符合	+
	温度控制	有自动温控系统			符合	+
	工艺安全	符合 GB 7692 涂漆前处理工艺安全			符合	+
3．底漆	电泳漆加料	有自动补加装置		人工调输漆	有自动补加装置	一级
	温度控制	有自动温控系统			符合	+
	电泳漆回收	有三级回收，RO反渗透装置、全封闭冲洗（无废水排放）	有二级回收电泳漆装置	有一级回收电泳漆装置	有三级回收	一级
4．中涂	漆雾处理	有自动漆雾处理系统		有漆雾处理系统	有自动漆雾处理系统	一级
	喷漆室	采用节能型设施，废溶剂有效回收；符合 GB 14444 喷漆室安全技术规定			符合	+
	烘干室	有脱臭装置，符合 GB 14443 涂层烘干室安全技术		符合 GB 14443	符合	一级
5．面漆	漆雾处理	有自动漆雾处理系统		有漆雾处理系统	有自动漆雾处理系统	一级
	喷漆室	采用节能型设施，废溶剂有效回收；符合 GB 14444 喷漆室安全技术规定			符合	+
	烘干室	有脱臭装置，符合 GB 14443 涂层烘干室安全技术		符合 GB 14443	符合	三级

指标		一级	二级	三级	公司指标	评价
二、原材料指标						
1．基本要求		（1）禁止使用含苯的涂料、稀释剂和溶剂；禁止使用含铅白的涂料；禁止使用含红丹的涂料；禁止使用含苯、汞、砷、铅、镉、锑和铬酸盐的底漆。 （2）严禁在前处理工艺中使用苯；禁止在大面积除油和除旧漆中使用甲苯、二甲苯和汽油。 （3）限制使用含二氯乙烷的清洗液；限制使用含铬酸盐的清洗液。			符合	+
2．涂装前处理	脱脂剂	采用无磷、低温或生物分解型脱脂剂	采用低磷、低温脱脂剂	采用高效、中温脱脂剂	采用低磷、低温脱脂剂	二级
	磷化液	（1）不含亚硝酸盐； （2）不含第一类金属污染物； （3）采用低温、低锌、低渣磷化液	采用低温、低锌、低渣磷化液		采用低温、低锌、低渣磷化液	二级
3．底漆		（1）水性漆（或水性涂料）； （2）无铅、无锡、节能型阴极电泳漆； （3）节能型粉末涂料		（1）水性漆（或水性涂料）； （2）阴极电泳漆； （3）粉末涂料	水性漆	一级
4．中涂		（1）涂料固体分＞75%； （2）水性涂料； （3）节能型粉末涂料	（1）涂料固体分＞70%； （2）水性涂料； （3）节能型粉末涂料	（1）涂料固体分＞60%； （2）水性涂料； （3）粉末涂料	水性漆	一级
5．面漆		（1）涂料固体分＞75%； （2）水性涂料； （3）节能型粉末涂料； （4）紫外线固化涂料	（1）涂料固体分＞70%； （2）水性涂料； （3）节能型粉末涂料； （4）紫外线固化涂料	（1）涂料固体分＞60%； （2）水性涂料； （3）粉末涂料； （4）紫外线固化涂料	50%	—
三、资源能源利用指标						
1．耗新鲜水量/（m^3/m^2）		≤0.1	≤0.2	≤0.3	0.054	一级
2．水循环利用率/%		≥85	≥70	≥60	97	一级
3．耗电量/（kWh/m^2）	2C2B 涂层	≤15	≤18	≤22	7.0	一级
	3C3B 涂层	≤20	≤23	≤27		
	4C4B 涂层	≤25	≤28	≤32		
	5C5B 涂层	≤30	≤33	≤37		

指标		一级	二级	三级	公司指标	评价
四、污染物产生指标						
1．废水产生量/（m³/m²）		≤0.09	≤0.18	≤0.27	0.068	一级
2．COD 产生量/（g/m²）		≤100	≤150	≤200	27	一级
3．总磷产生量/（g/m²）		≤5	≤10	≤20	8	二级
4．有机废气产生量/（g/m²）	2C2B 涂层	≤30	≤50	≤70	59.2	二级
	3C3B 涂层	≤40	≤60	≤80		
	4C4B 涂层	≤50	≤70	≤90		
	5C5B 涂层	≤60	≤80	≤100		
5．废漆渣产生量/（g/m²）		≤20	≤50	≤80	37.8	二级
五、环境管理指标						
1．环境法律法规标准		符合国家和地方有关环境法律、法规，污染物排放达到国家和地方排放标准、总量控制指标和排污许可证管理要求			符合	+
2．生产过程环境管理		生产过程无跑、冒、滴、漏，有工艺过程管理			符合	+
3．环境管理	环境审核	完成清洁生产审核并建立 ISO 14001 环境管理体系		完成清洁生产审核，有齐全的管理规章制度和岗位职责	完成清洁生产审核并建立 ISO 14001 环境管理体系	一级
	环境管理机构	建立并有专人负责			符合	+
	环境管理制度	健全、完善并纳入日常管理		有较完善的环境管理制度	健全、完善并纳入日常管理	一级
	环境设施运行管理	记录运行数据并建立环保档案		记录运行数据并进行统计	记录运行数据并建立环保档案	一级
	污染源监测系统	符合国家环保总局[3]和当地环保局对主要污染物在线监测要求，同时具有主要污染物分析条件		具有主要污染物分析条件	符合国家环保总局和当地环保局对主要污染物在线监测的要求，同时具有主要污染物分析条件	一级
	信息交流	具备计算机网络管理系统		定期交流	具备计算机网络管理系统	一级
4．相关方环境管理		完成清洁生产审核并建立 ISO 14001 环境管理体系	完成清洁生产审核，有齐全的管理规章制度和岗位职责	有管理规章和岗位职责	完成清洁生产审核并建立 ISO 14001 环境管理体系	一级

注：（1）取 2007 年一个月数据计算：生产总台数 9 220 台，涂装总面积 424 120 m²；（2）表中偏差栏"+"表示符合标准，"–"表示不符合标准；（3）现为环境保护部。

表中评价结果表明，公司清洁生产水平较高，主要指标均达到了国家一级、二级水平，其中"二（5）"面漆一项未达到标准所要求的"固体分"。

（七）持续清洁生产

1. 组织机构

在整个清洁生产过程中，由于领导小组重视，各有关部门紧密配合，审核工作得以顺利完成并取得一定的成效，公司领导和员工也对清洁生产的意义和方法有了更深刻的理解。公司清洁生产领导小组决定将清洁生产管理职能归属公司规划发展科，经常性地对职工进行清洁生产教育和培训，选择和确立下一轮清洁生产审核重点，以便有计划地开展清洁生产活动。

2. 规章制度

公司将系列改进方案纳入了领导小组的管理范围，定期进行考核，有效地防止了清洁生产流于形式和走过场。为了持续地推动清洁生产，公司在财务上采用单独建账，统计清洁生产产生的经济效益，并从中抽出部分资金建立奖励基金，用来激励和保障清洁生产活动的持续进行。

3. 新目标与规划

企业推行清洁生产是一个不间断的实施过程，因此必须根据企业的实际情况制订持续清洁生产计划，使清洁生产有组织有计划地持续进行下去，以便在全公司范围推行清洁生产。

通过审核也发现公司某些生产环节还存在一些问题，如：①机加车间乳化液吹洗现在采用敞开式，造成车间环境污染，现场气味较重，建议改为封闭式吹洗方式，并对废气进行处理排放；②涂装工艺中面漆现在采用的溶剂漆固体分为50%，未达到《清洁生产标准—汽车制造业（涂装）》（HJ/T 293—2006）的指标要求，建议改用水性涂料、节能粉末涂料或固体分＞70%的涂料。

根据清洁生产方案实施计划，本次清洁生产审核完成后，企业将进行下一轮清洁生产工作，完成中远期清洁生产目标任务（表 8-38），争创清洁生产先进企业，实现企业经济效益与环境效益的协调发展。

表 8-38　企业清洁生产新目标

序号	项目	现状（2007 年）	新目标值	
			目标值	增减率/%
1	耗水量/（t/台）	7.69	7.31	5
2	耗电量/（kWh/台）	559	525	4
3	综合能耗/（t 标煤/万元）	0.112 3	0.107 8	4
4	COD 排放量/（t/a）	19.1	18.5	3

第四节 某化肥企业清洁生产审核案例

一、某化肥企业简介

该化肥厂是 1995 年建设的重点化肥企业之一，为氮磷化肥中型综合型企业。1999 年以来，工厂形成了年产 3 万 t 合成氨（半成品）、10 万 t 碳酸氢氨、1.5 万 t 半水物湿法磷酸（半成品）、3 万 t 磷酸铵的生产能力。拥有固定资产 12 326 万元，1999 年实现工业总产值达到 7 791 万元，销售收入达到 9 093 万元。工厂现有职工 913 人，其中专业技术人员 196 人。

由于磷肥生产本身的特点，加上磷肥工业又是一个老工业：原料 P_2O_5 含量贫富不齐、生产工艺落后，设备陈旧，大多缺乏严格的过程控制和仪表检测，产品单一，结构不合理以及企业管理水平不高等，形成了企业长期以来沿用高消耗、低效益的粗放型生产方式，使化肥工业不断发展的同时，对环境造成了严重污染。

二、清洁生产审核程序

（一）审核准备

该企业按照要求首先组建了清洁生产审核小组，并由企业的法人——厂长任审核小组的组长。小组成员有：厂总工、技术开发部主任、财务部部长、造气车间主任、磷铵厂厂长、硫酸厂厂长、安环科科长。为确保小组在管理职能和技术力量上的权威性，小组成员进行了明确的责任分工。为了提高审核小组的综合能力，清洁生产专家对企业管理者和审核小组成员进行了专门的培训，提高了他们对清洁生产的认识，克服了种种障碍，并掌握了清洁生产审核的方法和程序。同时，审核小组也通过黑板报、各种例会、工作会等形式对企业的全体员工开展了广泛的宣传和教育，增强了他们的清洁生产意识，从而为顺利开展清洁生产审核工作奠定了良好的基础。

（二）预审核

通过对企业近 3 年生产状况、管理水平及整个生产过程的调查结果的分析和评估，根据企业部门原材料和能源的消耗情况、废物的排放情况及存在的清洁生产机会，审核小组筛选出磷铵分厂、合成氨分厂、硫酸分厂为本轮审核的备选审核重点。采用权重总和计分排序法，从污染物产生量、资源消耗量、污染处置费用、清洁生产潜力及公众压力和车间积极性5个方面，对这3个备选审核重点分别进行了打分，最终确定磷酸车间为本轮审核的审核重点，并设置了审核重点的清洁生产目标，重点控制废水中氟量、总磷量及废水总量的排放，至2000年年底三项指标均削减100%。

审核小组还注重"边审核、边实施"的原则，通过在全厂范围内散发清洁生产建议表，征集无/低费清洁生产方案，并组织实施这些无/低费方案，获得了良好的效果和显著的效益。例如，矿粉输送漏风维修，矿仓布袋收尘器的维修，氟吸收塔管道的维修，氟硅酸循环泵和喷头的维修等。审核小组对这些典型的案例进行了总结和宣传以激励全体员工参与到这项工作中来，并增强他们对清洁生产的信心。

（三）审核

磷酸车间生产过程可以分为6个单元操作：溶解、结晶、初滤、一洗、二洗和三洗。由于受市场的影响，企业生产处于非正常状态，产量变幅较大，无代表性；同时半水物湿法磷酸工艺特殊，虽属连续性生产工艺，但日开车时间一般仅在22.5 h左右，且连续开车7 d左右便需进行检修。因而，造成短时实测数据偏差大。为此，本轮审核输入、输出物流的数据主要依据该化肥厂磷酸车间重点的物料平衡图，包括主物料平衡图、反应工段的物料平衡图及过滤工段的物料平衡图，见图8-11、图8-12和图8-13。从图8-11可以看出，生产系统工艺水平较高：原料消耗基本合理，主要物料损耗为243.01 kg/h，发生于过滤工段，占总物料的0.41%；无明显的浪费现象，固体废物磷石膏产生于过滤工段，气体废物（含F气体）产生于反应工段。

针对审核重点，除建立物料平衡外，还建立了水平衡和氟平衡。水平衡图和氟平衡图分别见图8-14和图8-15。

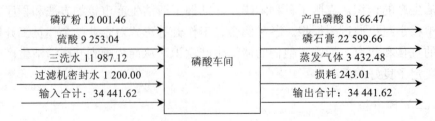

图8-11　审核重点主物料平衡（单位：kg/h）

图 8-12　反应工段物料平衡（单位：kg/h）

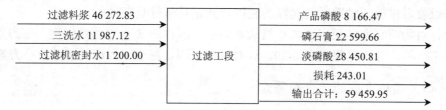

图 8-13　过滤工段物料平衡（单位：kg/h）

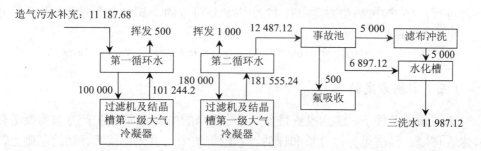

图 8-14　重点审核水平衡（单位：kg/h）

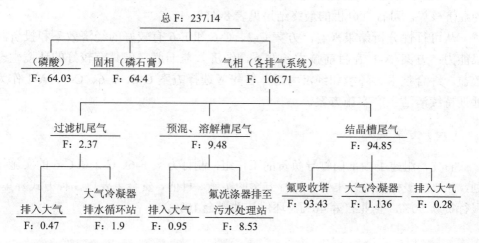

图 8-15　重点审核氟平衡（单位：kg/h）

从水平衡图可以看出：磷酸生产外部以造气污水作为补水，内部以第一循环水补充给予第二循环水，且设事故池以供滤布冲洗和水化槽用水，水损失不大，用水属基本合理用水。从氟平衡图可以看出：矿石中的氟经过反应工段及过滤工段后，半水磷酸（半成品）中带走氟 64.03 kg/h，占总量氟的 27.99%；从固废中带走的氟为 66.03 kg/h，占总量氟的 28.0%。从气相中逸出的氟，包括转变为氟硅酸的氟为 106.71 kg/h，占总量氟的 45.0%，因此主要的氟污染为气氟，经过氟吸收塔吸收后排放，说明系统对氟的利用和处置是可行且有效的。

针对物料平衡结果，审核小组从影响生产过程的 8 个方面对废物产生的原因进行了分析，分析结果见表 8-39。针对这些原因，提出了相应的清洁生产方案。

（四）实施方案的产生和筛选

根据评估阶段对废物产生原因的分析，本轮审核共提出清洁生产方案 36 个，其中无/低费方案 17 个，中/高费方案 19 个。经过初步筛选，所有 17 个无/低费方案均可行，19 个中/高费方案中有 12 个方案是可行的，其余 7 个方案为不可行方案，见表 8-40。

审核小组对于初步筛选出的可行的中/高费方案进行了进一步研究。

（五）实施方案的确定

为在预定条件下，达到投资目标，筛选出来的中/高费清洁生产方案需要进行技术、环境、经济可行性分析和评估。本轮审核中，首先在技术评估的基础上，筛选出了 10 个技术上可行的方案做环境评估，环境评估的结果是：方案 A-1、C-2、C-6 和 F-6 为最佳环境方案，针对这 4 个环境、技术均可行的方案又进行了详尽的经济核算。可行性分析的最终结果见表 8-41。

从可行性分析结果来看，方案 C-2、C-6 和 F-6 有较好的经济效果和投资回报能力；方案 A-1 在目前技术条件下，经济效益一般，但具有较好的环境生态效益。综合技术、环境和经济考虑，首先应选择方案 C-2、F-6、C-6、A-1 作为远期持续清洁生产实施方案。

（六）方案实施

首先，组建了由部门领导负责的工作组，制订方案 F-6、C-2 和 C-6 的实施计划，并通过多种渠道筹集资金进行方案的实施。目前，资金主要以 3 种方式筹集：银行贷款 50%，企业自筹 40%，环保补助资金 10%。

表8-39　产排污原因初步分析

主要废物产生位置	主要废物	原因分析						
		原辅材料和能源	技术工艺	设备	过程控制	产品/废物特性	管理	员工
溶解槽	废气	磷矿粉粒径大，矿粉配比应改进。高品位应合理利用，矿酸比控制不严，造成原材料浪费和"三废"排放	预混不均匀，溶解槽腐蚀，顶部漏气	P_2O_5含量，反应温度条件、硫酸浓度控制不严放	溶解反应粗不完全	含F气体产生	管理力度不够	操作人员水平较低
结晶槽	废气	溶解料浆溶解偶有不佳	溶解不充分，与H_2SO_4反应不完全 顶部会漏气，时常被硅胶阻塞	温度控制不严	H_3PO_4 $CaSO_4 \cdot 1/2H_2O$	产生HF气体和硅胶	管理力度不够	员工操作控制水平不高
三洗	磷石膏	来料中结晶不完全	洗泵易腐蚀 喷洗头易阻	水洗水量控制不严，影响洗涤效果	磷石膏	磷石膏未综合利用	对磷石膏厂内管理力度不够	操作水平不高
过滤	水雾 废水	结晶料损失	半水法工艺属试验工艺，不成熟 洗涤水水压高，造成喷溅	水压不稳	过滤料含水量高	滤料中含P_2O_5	应增加警示标识的点数	员工缺乏自我保护意识
氟吸收塔	废气	进入塔中气体含F和硅胶。二级吸收—级除沫吸收率不高	管道和塔体易被硅胶阻塞。氟硅酸循环泵易坏，氟吸收塔喷头易阻塞	循环吸收氟硅酸的浓度控制不严，造成吸收率下降	H_2SiF_6	含F气体及硅胶SiF_4	管理力度不够	劳动强度大

主要废物产生位置	主要废物	原因分析							
		原辅材料和能源	技术工艺	设备	过程控制	产品废物特性	管理	员工	
焚硫炉	废气	燃硫产生的废气未利用造成热能浪费，溶硫含杂质	二转二吸后，用氨水吸收 SO_2	焚硫炉供料口易逸漏	溶硫炉中蒸汽温度控制不严	SO_2 废热	SO_2 废热	管理力度不够	员工操作水平不高
锅炉	废气	煤中含灰分和硫分	无脱硫过程	旋风和水膜除尘器运行不稳定	水膜除尘，水压不稳定	蒸汽	TSP、SO_2、煤渣	除尘设备缺乏专门管理人员	操作人员操作及维护能力差
合成氨	废气、废水	用煤造气，碳化脱硫产生 SO_2 和 TSP	造气、碳化造气污染大	设备使用年久，跑、冒、滴、漏严重	碳铵露天堆放，NH_3 挥发，影响产品质量和污染环境	液氨	含 NH_4^+-N、SS 废水有 NH_3 气味	管理力度及维护措施不够，有跑、冒、滴、漏的现象	操作人员水平高
氨化反应釜	废气	磷酸浓度和氨量的配比控制不精确	用水喷淋洗涤尾气中的 NH_3 不完全	喷头易阻塞	反应条件控制不严	产品中偶有杂质含量高，由此产生不合格产品	产生含 NH_3 废气	管理力度不够	操作水平不高

表 8-40　清洁生产方案目标

初选结果	方案编号	方案名称
可行的无/低费方案	A-2	硫酸用量控制
	C-1	矿粉输送漏风维修
	C-3	氟吸收塔维修
	C-4	氟吸收管道维修
	C-5	氟硅酸循环泵和喷头维修
	D-2	硫酸计量控制
	D-4	氟硅酸浓度控制
	D-5	磷酸浓度与 NH_3 投加量控制
	F-5	设备冲洗及事故排水循环使用
	G-1	严格岗位责任及操作规程
	G-2	设置质量控制科
	G-3	完善奖惩制度
	G-5	加强全厂环境卫生管理
	G-6	开展 ISO 9002 质量体系认证
	H-1	管理水平提高培训
	H-2	岗位技能培训
	H-3	员工合理化建议给予奖励
可行的中/高费方案	A-1	磷矿粉配比优化
	A-3	磷酸车间水循环使用
	B-1	结晶及溶解废气深化处理
	B-2	氨化反应釜含 NH_3 尾气，改用水喷淋为用酸洗回收
	B-3	增加磷酸改良剂和消泡剂
	C-2	矿粉仓收尘改造
	C-6	10 t 锅炉烟气除尘改造
	D-1	控制矿粉 P_2O_5 含量及粒径
	D-3	控制结晶温度
	D-6	扩大碳铵产品仓库
	E-1	改副产品氟硅酸为氟硅酸钠
	F-6	全厂逐级补水
不可行方案（时机不成熟或有技术、资金难度的方案）	E-2	增加液氨产量
	E-3	开发饲料钙
	E-4	改碳铵为硫铵
	F-1	磷石膏生产水泥熟料和硫酸
	F-2	磷石膏生产建材材料
	F-3	磷石膏生产硫酸铵
	F-4	磷石膏生产氢钙

表 8-41　可行性分析的最终结果

方案内容	方案名称			
	A-1	C-2	C-6	F-6
	原料配比优化	改变矿粉输送条件，改造除尘设备	改造除尘设备	废水资源化
获得何种效益	经济效益 环境效益	经济效益 环境效益	环境效益	经济效益 环境效益
国内外同行业水平	成熟	先进成熟可靠	成熟可靠	国内外先进
方案投资	150 万元	8.0 万元	35.0 万元	1 250 万元
影响下列废物	固废	粉尘	烟尘	废水
影响的废物和添加剂	稳定原料品质	无	无	无
影响产品	无	无	无	无
技术评估简述	技术成熟	先进成熟可靠	成熟可靠	先进成熟可靠
环境评估简述	环境生态效益较好	环境效益明显	环境效益明显	环境效益尤为突出
经济评估简述	一般	良	良	优

（七）持续清洁生产

为了持续清洁生产，在现有清洁生产审核小组和安全环保科的基础上，建立清洁生产环保科，作为持续推行清洁生产的常设机构，负责日常的清洁生产和环保工作，直接由厂长领导。为使清洁生产有计划、有组织地持续进行，审核小组制订了清洁生产计划，见表 8-42。此外还把清洁生产纳入日常生产管理中，以检验清洁生产的成效。

表 8-42　持续清洁生产计划

计划分类	主要内容	开始时间	结束时间	负责部门
下一轮清洁生产审核工作计划	（1）确定新一轮的审核重点，并提出新的清洁生产目标 （2）进一步实测输入、输出物流，进行物料衡算 （3）产生方案，分析筛选方案，组织方案的实施 （4）对方案实施效果进行汇总，分析方案对企业的影响	2000 年 11 月	2000 年 11 月	技术开发部

计划分类	主要内容	开始时间	结束时间	负责部门
本轮审核清洁生产方案的实施计划	（1）逐步实施已发现和寻找的无/低费方案	2000 年 11 月	2001 年 5 月	技术开发部和环保科
	（2）分析、评估和实施可行性分析通过的中/高费方案	2001 年 5 月	2001 年 12 月	
企业职工的清洁生产培训计划	对职工讲解清洁生产基本概念、方法，清洁生产的背景及发展趋势，提高职工清洁生产方法学理论水平。同时结合本厂已取得的清洁生产成果，培训职工发现、分析问题的能力等	每年两次		技术开发部和环保科

三、清洁生产审核成效

作为一种新的环境保护概念，清洁生产与传统的末端治理有着本质的区别。它将整体预防的环境战略持续应用于生产过程中。它从末端治理的被动反应转变为主动行动，通过采用一系列清洁生产技术和方法实现经济发展和环境保护的"双赢"，如原材料和能源的替代、技术工艺和设备的改进、加强管理等。

与传统的末端治理不同，清洁生产强调企业全体员工的参与。为确保清洁生产的顺利实施并获得最大的成效，号召企业全体员工共同参与、提高全体员工环保意识十分必要。因此，企业的管理者应注重通过多种方式对员工进行教育和培训。此外，建立相应的奖惩制度激发员工的工作积极性也很重要，这些都对清洁生产方案的实施有很好的促进作用。

通过这一轮清洁生产审核，该化肥厂取得了较为显著的环境效益、经济效益和社会效益。审核前，该厂存在着管理混乱，维护保养差，物耗、能耗高，员工素质、能力不高，污染相对严重，对清洁生产的认识不足等问题。通过清洁生产培训及审核，企业管理者、审核小组成员及员工对清洁生产、清洁生产的效益、清洁生产审核的方法和程序都有了更加深入的了解。本轮审核中，审核小组共提出清洁生产方案 36 个，其中无/低费方案 17 个、中/高费方案 19 个。所有的无/低费方案均得到实施，19 个中/高费方案经过初步筛选、可行性分析，最终确定实施 F-6、C-2 和 C-6。通过这些清洁生产方案的实施，基本达到了预期的目标。企业审核前后取得的清洁生产成效见表 8-43、表 8-44。

表 8-43 已实施清洁生产方案的环境效果和清洁生产目标对比

序号	项目	目标（削减量）/（t/a）	实际削减量/（t/a）	实际/目标/%
1	废水排放量	36 000	36 000	100
2	废水氟排放量	61.2	61.2	100
3	废水总磷排放量	1.94	1.94	100
4	废气氟排放量	100	173.9	173.9
5	磷铵生产磷矿消耗/（t/t）	19	57.0	300
6	工艺能耗/（kg/t）	8	0.05	0.63

表 8-44 审核前后企业各基本单位产品指标对比

单位产品指标	审核前	审核后	差值	国内先进水平	国外先进水平
单位产品磷酸原料消耗/kg	2 049	1 992	57.0	√	
单位磷酸产品耗水量/t	1.96	1.61	0.35	√	
磷酸耗煤/t	0	0	0		
单位产品耗能/kWh	602	599	3	√	
单位产品耗汽/m³	0	0	0		
单位产品排水量/m³	1.15	0	1.15		

第五节 某化工公司清洁生产审核案例

一、某化工公司简介

某化工公司是专门从事钛白粉生产的企业，公司占地面积 8 600 余 m^2，建筑面积 6 000 余 m^2，现有员工 242 人，专业技术人员 38 人，固定资产 2 400 万元，年产值 6 460 万元，年总利税 1 608 万元。企业主要生产锐钛型钛白粉，装置年生产能力 8 000 t。

企业主要生产车间有一车间（酸解、冷冻浓缩工段）、二车间（水解、水洗、煅烧工段）和动力车间（水、电、汽、冷工段）3 个。主要生产装置包括酸解锅、冷冻锅、水解锅、转窑、雷蒙粉碎机、洗涤过滤装置、煅烧炉、锅炉等。

生产过程中产生的污染物主要有废水（生产废水和生活废水，总废水量为 1 664 t/d、527 410 万 t/a）、废气（二氧化硫和烟尘，废气排放量为 20 820.81 万 m^3/a）、灰渣。企业建有污水处理装置和粉尘吸收、除尘装置，实现达标排放。企业已通过了 ISO 14001：1996 国际环境管理体系认证。公司于 2006 年 5 月至 12 月进行了首轮清洁生产审核。

二、清洁生产审核程序

（一）筹划和组织

1. 审核小组

（1）获得企业高层领导的支持和参与

公司高层非常重视清洁生产审核工作，总经理亲自对该工作作出部署，由一名副总经理亲自带队参加武汉市组织的清洁生产审核培训班的学习，为企业培训了 6 名清洁生产审核骨干。同时还聘请了清洁生产审核专家对公司有关人员进行清洁生产审核培训，总经理、副总经理、各职能部门（车间）的管理人员等均参加了培训。由总经理、副总经理全面负责，各部门车间和有关科室领导各负其责，公司全体干部、职工全面参与。

（2）组建企业清洁生产审核小组

成立了以总经理为组长、副总经理为副组长的清洁生产审核领导小组和由副总经理为主任的清洁生产办公室，以此为核心全面开展公司清洁生产审核工作。审核领导小组由 11 名人员组成，成员包括生产部、公司办、安环科、行保科、市场部、财务部等职能部门的第一负责人、各生产车间主任等。聘请了清洁生产审核专家和化工行业专家进行指导。

2. 审核工作计划

在专家小组的具体指导下，公司清洁生产审核小组按手册要求编制了详细的审核计划，分为筹划与组织、预评估、评估、方案的产生与筛选、可行性分析、方案实施 6 个步骤进行。审核计划包括阶段、工作内容、完成时间、责任部门等，同时对前几个阶段工作制订了详细的时间进度计划，使该工作能够稳步推进。

3. 宣传和教育

由公司办公室、安环科负责清洁生产的宣传动员工作，利用宣传栏、广播、计算机网络、标语、专题会议等多种形式进行清洁生产宣传，同时公司还编写了清洁生产宣传手册，员工人手一册，结合安全生产月活动，要求员工自学，组织考试，成绩记入当月考核计分，此外，还编辑了企业宣传专集宣传清洁生产的知识。在专家的指导下召开了多次清洁生产专题会，并对公司员工进行了清洁生产知识培训。通过上述宣传教育活动在全企业形成了良好的清洁生产氛围，提高了员工清洁生产的积极性，员工全员参与，各车间纷纷要求在本单位开展清洁生产审核，为本轮清洁生产审核提供了坚实的保证。

（二）预评估

1. 企业现状调查

（1）生产状况

生产工艺采用硫酸法生产工艺。主要生产装置包括酸解锅、冷冻锅、水解锅、洗涤过滤装置、转窑、雷蒙粉碎机、锅炉等。

（2）生产原料及产品

生产所用原料主要为钛矿和硫酸，其中硫酸属腐蚀类危险化学品，钛矿年消耗量约 20 000 t，全部外购，硫酸年消耗量约 27 600 t，由总公司自产供给。

生产的产品钛白粉为白色颜料，主要用于涂料、塑料、橡胶、油墨、造纸和医药食品等行业，属安全型颜料。副产硫酸亚铁（绿矾），用于生产水处理剂、氧化铁等。近几年来产品销售较好，市场供不应求，总公司正计划扩大生产能力。

（3）企业管理状况

企业上级机构为武汉青江化工股份有限公司，企业实行独立核算，根据市场需求和装置能力组织生产。公司设有生产部、市场部、财务部和公司办等管理机构，其规章制度较完善，管理规范。2004 年年初通过了 ISO 9000：2000 和 ISO 14001：1996 认证，产品质量和环境保护水平在国内同行业处于领先地位。

目前，影响企业的发展问题主要是生产能力不能满足市场需求，由于生产场地在市区，制约了其产能的扩大。总公司正计划在异地新建 2 万 t 的生产装置，以满足市场需求。同时通过清洁生产提高环境保护管理水平，以适应国家对环境日益严格的要求。

2. 产污和排污现状分析

（1）产污和排污现状

公司生产过程中产生的废弃物有废水、废气、固废。

废水年排放量 527 410 t，其中污染物主要为废硫酸和铁，工厂建有污水处理站，采用空气氧化、中和沉淀方法处理后，达标排放。

废气年排放量 20 821 万 m^3，其中污染物主要为粉尘、SO_2、硫酸雾等，建有尾气处理装置，采用吸收、电除尘工艺处理后达标排放。

固废年产生量 42 082 t，主要含量为二水硫酸钙、氢氧化铁，目前全部综合利用，但只有 30%被水泥厂使用（资源化）。另有炉渣、石灰渣 5 710 t 全部外售。

工厂建有锅炉除尘和噪声防护设施。

（2）产污原因初步分析

工厂排放污水主要为酸解尾气处理废水和产品洗涤用水，与生产工艺技术、设备、管理等因素有关。目前工厂将大部分工艺水进行了循环套用，通过废酸浓缩回收了大部分废酸，但仍有部分废酸进入排放水（进入污水处理站收集终端池中）。由于过滤洗涤设备存在滤布穿漏等，增加了耗水量。

主要废气排放部位是煅烧工段，由于采用燃煤供热，导致 SO_2 的排放。采用湿法除尘，使部分粉尘进入废水，转移了污染物。

固废主要是由处理含硫酸的废水产生的，全部利用。但由于该固废除主成分硫酸钙外，还含有较多的铁、钛等，资源化价值有限。

（3）环保执法情况

工厂采用的环保标准为：

①污水排放（pH、COD、SS、石油类、NH_3-N）执行《污水综合排放标准》（GB 89780—1996）表 2 中二级标准限值。

②锅炉废气排放（烟尘、SO_2、林格曼黑度）执行《锅炉废气污染物排放标准》（GB 13271—2001）表 1、表 2、表 3 中的 I 时段三类区标准限值。

③工艺尾气排放（粉尘、SO_2、硫酸雾）执行《大气污染物综合排放标准》（GB 16297—1996）表 1 中三级标准限值。

④噪声排放实行《工业企业厂界噪声排放标准》（GB 12348—90）中Ⅲ类和Ⅳ类标准。

公司水、气、声污染物排放全部达标，年排污费 9.51 万元。近 3 年来无重大污染事故发生。

（4）综合评价

公司环境设施运行正常，有关环保监测的记录数据真实可靠。在目前工艺条件下，其废水、废气、固废的排放量基本合理。近 3 年来，工厂推行循环工艺，使每吨产品的原材料消耗量，水、电、煤耗量均呈逐年下降趋势，在同行业中处于先进水平。

3. 确定审核重点

在现场考察，对产污、排污情况初步评价的基础上，审核领导小组研究了本轮清洁生产审核的重点（见表 8-45）。

审核小组综合考虑了废弃物的产生量，物料、水、电、煤的消耗量，工艺技术、设备的改进，清洁生产的机会等因素，选定一车间的冷冻、浓缩工段和二车间的水洗、煅烧工段为审核重点，权重总和计分排序见表 8-46。

表 8-45　备选审核重点情况说明

序号	工段名称	所属车间	主要消耗物料	主要废弃物
1	冷冻机房	动力车间	电、油	废机油
2	空压机房	动力车间	电、油	废机油
3	锅炉	动力车间	煤、水	固废、废气
4	黑磨	一车间	钛矿、电	粉尘
5	酸解	一车间	硫酸、水	废水、废气
6	冷冻、浓缩	一车间	钛液、水、蒸汽	废水、固废
7	水解	二车间	钛液、水、碱	废水
8	废酸浓缩	二车间	稀废酸、蒸汽	废水、固废
9	水洗、煅烧	二车间	偏钛酸、硫酸、水、煤	废水、废气、固废

表 8-46　权重总和计分排序法确定审核重点

因素	权重 W (1~10)	备选审核重点计分									
		工段 1		工段 2		工段 3		工段 4		工段 5	
		R	$R×W$	R	$R×W$	R	$R×W$	R	$R×W$	R	$R×W$
废弃物量	10	4	40	3	30	5	50	4	40	8	80
主要消耗	9	4	36	4	36	6	54	5	45	7	63
工艺技术、设备	8	3	24	3	24	4	32	4	32	5	40
清洁生产机会	8	3	24	3	24	5	40	5	40	4	32
总分∑$R×W$			124		114		176		157		215
排序			8		9		5		6		4

因素	权重 W (1~10)	备选审核重点计分							
		工段 6		工段 7		工段 8		工段 9	
		R	$R×W$	R	$R×W$	R	$R×W$	R	$R×W$
废弃物量	10	10	100	4	40	9	90	10	100
主要消耗	9	8	72	5	45	6	54	8	72
工艺技术、设备	8	5	40	3	24	8	64	10	80
清洁生产机会	8	9	72	3	24	6	48	10	80
总分∑$R×W$			284		133		256		332
排序			2		7		3		1

4. 清洁生产目标

根据企业和审核重点的情况，研究设置了公司清洁生产目标，见表 8-47。

表 8-47 企业清洁生产目标

序号	项目	现状（2005 年）	近期目标		中期目标	
			目标值	减少率/%	目标值	减少率/%
1	耗水量/（t/t 钛白）	90.864	85.00	6.45	82.00	9.75
2	耗电量/（kWh/t 钛白）	1 159.63	1 115.00	3.85	1 110.00	4.28
3	耗标煤/（t/t 钛白）	1.134	1.00	11.82	0.90	20.63
4	综合能耗/（t 标煤/万元）	1.43	1.20	16.08	1.10	23.08
5	COD 排放量/（kg/t 钛白）	4.1	2.0	51.22	1.7	58.54
6	SO_2 排放量/（kg/t 钛白）	12.4	8.0	35.48	6.5	47.58
7	钛损失率/%	14.15	14.00	1.06	13.50	4.59

5. 清洁生产无/低费方案

公司在全员范围通过发放"清洁生产方案征集表"广泛收集清洁生产方案，经过汇总、整理，提出了 78 项无/低费方案，从中筛选出 44 项可行的方案，按计划部署实施。可行的无/低费方案分类见表 8-48。

表 8-48 可行的清洁生产无/低费方案

类型	编号	工段编号	方案名称	方案简介	预计投资	预计效果		实施时间
						环境效益	经济效益	
原辅材料管理	A1	①	钛铁矿回收	要求运输时对撒落的矿粉回收	无费	减少固废，节约资源	—	2006 年 7 月
	A2	②	铁粉回收	控制包装袋的质量，防止铁粉洒落并及时回收利用	无费	减少固废，节约资源	每周回收铁粉 50 kg，每年节约 5 200 元	
	A3	⑧	完善锅炉煤质验收制度	完善煤的验收制度，由锅炉试烧，不合要求的煤不予接收，以提高煤的热值，确保供汽量	无费	节约能源的消耗	有明显的经济效益	2006 年 7 月
工艺技术过程控制优化改进	B1	③	冷冻压滤滤渣打浆回酸解利用	制作安装打浆槽，将冷钛液压滤后的滤饼打浆后制成小度水，泵送酸解利用	2 万元	减少钛损失，减少水污染	年收率可提高 0.3%，年可节约资金 9.6 万元	2006 年 3 月

类型	编号	工段编号	方案名称	方案简介	预计投资	预计效果		实施时间
						环境效益	经济效益	
工艺技术过程控制优化改进	B2	④	水解岗位安装保压装置	安装自动保压装置，避免压力过高造成扑锅漫溢的情况	1 万元	减少因扑锅造成物料泄漏而产生的环境污染，节约蒸汽耗量	提高产品质量，增加效益	2006 年 9 月
	B3	⑥	偏钛酸回收	水洗、压滤进料中洒落的物料及时回收再利用，提高产品收率，降低固废量	无费	减少固废 1.1 t/a	每年回收物料 1.1 t 左右，增加效益 6 600 元	2006 年 7 月
	B4	④	纤维素投放方式改变	将纤维素设在放料储槽中添加，减少水解锅壁结垢	无费	由 1 个半月延长到一季度铲 1 次锅，减少酸性固废排放量 400 kg/a	减少物料的损失 400 kg/a，增加经济效益 2 000 元/a	2006 年 7 月
	B5	⑤	废酸水再利用	压滤滤饼由原来用回收水冲洗打浆改为废水冲洗打浆，可以减少废水的重复处理量	5 000 元	减轻污水处理站负荷，增强水污染应急处理能力	减少污水处理量 200 m³/d，节约运行成本 13.2 万元/a	2006 年 9 月
	B6	⑩	废除中转泵	优化工艺流程：由地池—泵—凉水塔—冷凝器—地池，改为泵—凉水塔—冷凝器—地池，节约一套中转泵的运行费用	2.5 万元	节电	减少一台 15 kW 电机的运行，年节约电费 42 768 元	2006 年 3 月
设备维护与保养	C1	②	酸解、加料各管汇集	将酸解加水管、加稀酸管、加小度水管等管道汇集一起直接与酸解锅连接，减少跑、冒、滴、漏	1 000 元	减少钛损失，减少水污染	年收率可提高 0.1%，年可节约资金 2.8 万元	2006 年 7 月
	C2	②	上料圆池加高	沉降往冷冻上料过度圆池加高到与沉降池等高，减少漫溢	1 000 元		年收率可提高 0.1%，年可节约资金 2.8 万元	2006 年 8 月

类型	编号	工段编号	方案名称	方案简介	预计投资	预计效果		实施时间
						环境效益	经济效益	
设备维护与保养	C3	②	加强酸解尾气设备管理	加强酸解尾气设备的维护保养，定期更换循环水泵，定期检修尾气蝶阀，减少尾气排放	无费	减少设备泄漏造成的污染	—	2006年7月
	C4	③	浓缩冷却水的循环装置更新	将浓缩冷却水的装置更新为100 t凉水塔，降低水耗	4万元	减少污水排放，节约用水	年节约资金7.8万元	2006年3月
	C5	⑥	水洗池安装水平衡管	一洗、二洗水洗池的溢流口分别串接，达到各水洗池的水平衡使用，防止漫水，降低水单耗	2 500元	节约用水，减少废水排放	降低吨产品水耗2 t，一年节约用水1.6万 t，降低生产成本3.9万元	2006年7月
	C6	④⑤⑥	新增节水器具	合理使用设备冷却水，安装电磁阀，做到开泵开水、停泵停水	1 500元	节约用水，减少废水排放		2006年10月
	C7	⑥	水回用	将制备纯水后的硬水排放管道和转窑压滤进料的压滤水排放管道进行改造，水全部回用	300元	节约用水，减少废水排放		2006年7月
	C8	⑤	冷却水循环使用	将废酸浓缩预热器和冷却器以及熟化釜中的冷却水管道改造。在外部冷却后重新循环使用，节约水资源并减少废水排放	2 500元	节约用水，减少废水排放		2006年8月
	C9	⑥	窑尾改造	对回转窑窑尾沉降室的折流板和导料筒进行改造	3.5万元	降低粉尘产生量	提高产品收率0.15%左右，增加效益6万元	2006年8月
	C10	⑥	叶滤机改造	叶片之间加固定杆防止连片穿滤，提高水利用率，减少垮片，减少挖池子时物料的浪费，提高产品收率	950元	降低废水中SS浓度	减少物料穿滤流失量，年减少1.1 t物料流失，增加效益6 600元	2006年8月

类型	编号	工段编号	方案名称	方案简介	预计投资	预计效果		实施时间
						环境效益	经济效益	
设备维护与保养	C11	⑥	叶片吊架材质更新	叶片架上用聚丙烯（PP）材质取代铜材固定叶片，延长使用寿命，降低成本，减少固废排放	16 200 元	减少重金属对水体的污染，节约贵重资源	年节约资金3.68 万元	2006 年8 月
	C12	⑦	加强设备检修管理	提高检修水平，减少设备返修率，降低维修过程中的固废产生	无费	减少设备故障、泄漏造成的污染	提高设备完好率，延长运行周期，降低消耗	2006 年7 月
	C13	⑦		选购质量优质的备件（如橡胶衬套），降低更换频次，减少固废排放	无费	减少橡胶固废的排放量，节约资源	减少磨锤橡胶衬套消耗56 个/月，降低费用1.4 万元/a	2006 年8 月
	C14	⑧	改善 2# 锅炉的燃烧状态	将低压头的轴流式鼓风机改为高压头的离心式鼓风机，改进锅炉的燃烧状态	2 500 元	节煤、降低污染物的产生量	33.4 万元	2006 年3 月
	C15	⑧	提高锅炉吸热效率	加强管理，烟管表面定期吹灰，提高软水质量，烟管内部尽量少结或不结垢，提高锅炉的吸热效率	无费	节煤、降低污染物的产生量		2006 年8 月
	C16	⑧	2# 锅炉烟道的改进	拆除原烟道，重新砌筑新烟道，提高锅炉烟气热量的利用率	3 万元			2006 年3 月
	C17	⑩	冷冻机房盐水管道改造	合理布置冷冻机房盐水的输送管道，增加一套回水管道，提高换热效率，节约能源	5 000 元	节电	经济效益明显	2006 年8 月
	C18	⑩	冷冻机房凉水塔的更新	增加凉水塔的散热面积，由 100 t/h 改为 200 t/h，提高地池循环水的利用率，降低自来水的补充量	4.5 万元	节水、减少废水排放	节水 4 000 t，9 760 元	2006 年3 月

类型	编号	工段编号	方案名称	方案简介	预计投资	预计效果		实施时间
						环境效益	经济效益	
废物处理与综合利用	D1	①②	废包装物回收利用	矿粉包装袋、除尘布袋、滤布回收，集中外售或重复使用	无费	减少固废，节约资源	年外售 60 万条，增加效益 3 万元	2006 年 7 月
	D2	②	酸解废水回收利用	每年 1 月、2 月、11 月、12 月将酸解尾气喷淋水回酸解利用	1 000 元	减少污水排放，节约用水	年增效益 1 646 元	2006 年 10 月
	D3	③	冷冻小度水回酸解利用	将冷冻洗锅水、洗分离池废水收集，回酸解利用	5 000 元	减少污水排放，节约用水	每天节水 15 t，年增效益 1.2 万元	2006 年 1 月
	D4	⑤	水合二氧化钛回收	废酸循环地池的浆料定期及时回收利用	13 200 元	减少固废排放，提高资源利用	年回收物料 24 t，增加效益 15.6 多万元	2006 年 7 月
	D5	⑥	废油回用	将转窑托轮润滑采用空压机的废油润滑	无费	节约资源	年节约油耗 2.2 t，16 万元	2006 年 8 月
	D6	⑦	废油回收	加强润滑油器管理，加强废油回收，防止泄漏污染环境	无费	节约资源	产生经济效益	2006 年 7 月
	D7	⑧	锅炉降噪工程	两台锅炉引风机房进风处增设消声器，房门采用隔声门，烟囱管由 $\phi350\ mm$ 增加到 $\phi550\ mm$	11.5 万元	7# 点厂界噪声降至 55 dB 以下	—	2006 年 3 月
	D8	⑨	空压机冷却水的再利用	3 台空压机的冷却用水收集到楼上水箱，利用回收水冲厕所、洗手和洗澡等	5 万元	节水、减少废水排放	70 122.7 元	2006 年 7 月
管理与员工	E1	①	提高磨矿员工素质	定期检查除尘布袋，减少因除尘布袋破损而导致的粉尘泄漏	无费		有明显经济效益	2006 年 7 月
	E2	①	提高拖矿员工素质	往黑磨运输钛铁矿时应仔细，避免包装袋破裂，对运输矿粉有奖有罚，减少运输过程中矿粉的洒落	无费	减少固废，节约资源	有明显经济效益	2006 年 7 月

类型	编号	工段编号	方案名称	方案简介	预计投资	预计效果		实施时间
						环境效益	经济效益	
管理与员工	E4	③	提高维修员工素质	加强设备管理，减少跑、冒、滴、漏	无费	减少钛损失，减少水污染	有明显经济效益	2006年7月
	E5	④	减少油品污染	加强设备管理，减少油品的泄漏，对油棉纱头及时回收处理	无费	减少油品对土地和水资源的污染	有一定经济效益	2006年7月
	E6	⑤	提高废酸浓缩岗位员工素质	加强岗位培训，规范岗位操作，保证压滤滤饼厚度和提高滤饼含固量	无费	减少滤饼中的酸含量从而减少污水处理量	减少中和用石灰量，浓废酸收率提高到50%以上	2006年7月
	E7	⑦	提高粉碎岗位员工素质	加强设备日常维护，检查滤袋及滤布与设备的软连接处的漏点，减少粉尘排放	无费	保持良好的工作环境，减少粉尘排放，减少粉尘对人体的影响	有明显经济效益	2006年7月
	E8	⑨	加强管理，控制空压机冷却水用量	加强管理，严格控制冷却水用量，针对各班的用水量进行考核，节约资源	无费	节水，减少废水排放	有明显经济效益	2006年7月
	E9	⑨	控制空压机注油量	严格控制曲轴箱内油面位置，控制注油器的注油量，减少 13# 压缩机油的用量	无费	减少资源的消耗和废油的排放量	3 613.5元	2006年7月
	E10	⑩	杜绝异常操作	加强制冷工的培训力度，提高员工的素质，精心操作。杜绝机组内润滑油串入系统的现象	无费	节约资源，减少废油的排放量	经济效益明显	2006年7月

工段编号：①黑磨，②酸解，③冷冻浓缩，④水解，⑤废酸浓缩，⑥水洗煅烧工段，⑦粉碎，⑧锅炉，⑨空压机房，⑩冷冻机房。

　　产生的清洁生产无/低费方案包括原辅料与能源、工艺技术、设备、过程控制、管理、人员、产品及废弃物八个方面。这些无/低费方案实施后，对实现公司清洁生产目标将发挥重要的作用，以达到"节能、降耗、减污、增效"的目的。

为了保证这些方案有效地实施,公司清洁生产领导小组制订了方案实施计划,将每个方案落实到部门、车间和班组。按预测效果分解指标到每个方案,并与部门、车间、班组的效益考核挂钩,各部门安排专人负责方案的实施,使计划落到实处。

（三）评估

1. 审核重点概况

通过预评估确定了一车间冷冻浓缩工段和二车间水洗煅烧工段为本次审核重点,审核小组对两个工段进行了细致的考察,进一步收集了平面布置图、组织机构图、工艺流程图、物料平衡资料、水平衡资料和生产管理资料等。

两个工段的工艺流程分别如下:

① 冷冻浓缩工段:该工段为间歇操作过程,经沉降后的干净钛液进入冷冻锅进行自来水、冷冻水二级降温,结晶析出硫酸亚铁,硫酸亚铁经增稠、离心分离进行固-液分离后得到硫酸亚铁副产品（绿矾）;钛液经分离池分离、压滤机过滤得到符合工艺要求的稀钛液。分离尾水进入尾水储罐供酸解回用。稀钛液用蒸汽浓缩获得水解所需的浓钛液。工艺流程见图 8-16。

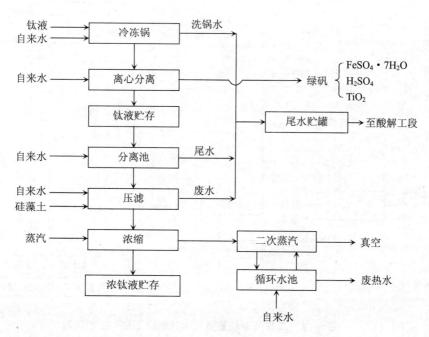

图 8-16　一车间审核重点（冷冻浓缩工段）工艺流程

② 水洗煅烧工段：水洗分为二级水洗，水解好的物料转入一洗吸浆池，将预涂好纸浆的摩尔机组叶片放入吸浆池内真空挂片。挂片后送入一洗水洗池进行水洗，一洗合格后将叶片上物料垮下打浆送入漂白岗位。在送入漂白罐中的浆料中加入浓硫酸，铝粉并用，直接蒸汽加热，保温一定时间后完成漂白操作，浆料送入二洗吸浆池。将预涂好纸浆的摩尔机组叶片放入二洗吸浆池内真空挂片后，送入二洗水洗池进行水洗，二洗合格后将叶片上物料垮下打浆送入盐处理岗位。在盐处理锅中通过测定浆料比重，计算吨位后按配方比例加入碳酸钾、磷酸，搅拌数小时后，完成盐处理操作，得到合格偏钛酸料浆，送入料仓。

将料仓中偏钛酸料浆送入窑尾的压滤机中进行脱水操作，使偏钛酸含固量满足工艺要求，送入窑中进行煅烧。煅烧中采用自制冷煤气作为能源对偏钛酸进行脱水脱硫等操作。煅烧中产生的尾气经文氏管、泡沫塔以及电除雾器处理后再由烟囱外排。煅烧好的物料呈颗粒状从窑头落料口进入冷却窑进行冷却。冷却后的物料送入磨机进行分级粉碎，入袋包装得到合格钛白粉产品。工艺流程见图 8-17。

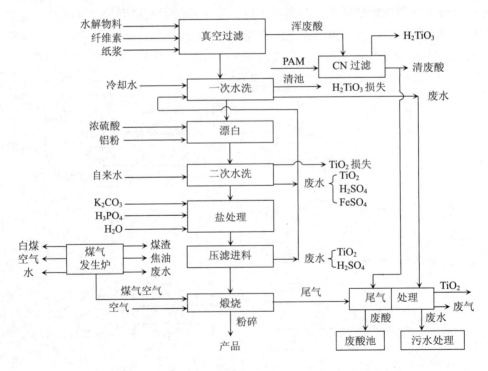

图 8-17 二车间审核重点（水洗煅烧工段）工艺流程

2．实测输入、输出物流

对两个审核重点制订了输入、输出物流的实测计划，计划内容包括实测项目、测试点布设、责任部门、负责人、测试仪器及设备的准备、实测时间及周期等。实测工作由生产部和安环科负责组织，严格按照审核要求，在 4 d 内完成连续实测。对实测结果进行了相关计算、汇总。

3．物料平衡

（1）一车间审核重点（冷冻浓缩工段）物料平衡

①物料平衡图、水平衡图和能量平衡图。

冷冻浓缩工段物料平衡图、水平衡图和冷冻单元增加换热器后的能量平衡图分别见图 8-18、图 8-19 和图 8-20。

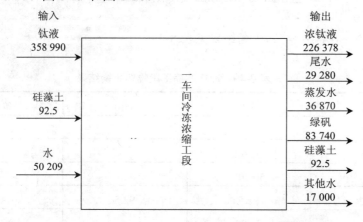

图 8-18　一车间冷冻浓缩工段物料平衡（单位：kg/d）

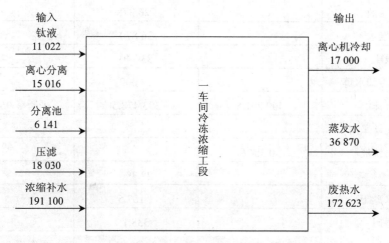

图 8-19　一车间冷冻浓缩工段水平衡（单位：kg/d）

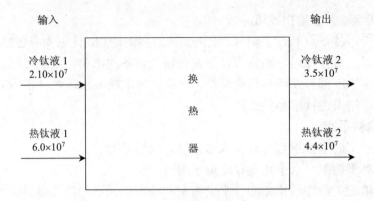

图 8-20　冷冻单元增加换热器后的能量平衡

②物料平衡结果：物料平衡结果见表 8-49。

表 8-49　冷冻浓缩工段物料平衡结果　　　　　　单位：kg/d

物料	输入	输出	备注
（1）总物料平衡			
钛液	351 690		
水	50 209		
硅藻土	92.5	92.5	
盘存	7 300		
尾水		29 280	
浓钛液		226 378	
蒸发水		36 870	
绿矾		83 740	
离心机冷却水等		17 000	
合计	409 291.5	393 478.5	平衡率 96.14%
（2）二氧化钛平衡			
原料钛液	30 384.9		
浓钛液贮存		28 396	
尾水贮罐		1 167.5	
绿矾		338.1	
合计	30 384.9	29 901.6	平衡率 98.41%

物料	输入	输出	备注
（3）硫酸亚铁平衡			
原料钛液	68 930.8		
浓钛液贮存		23 306.2	
尾水贮罐		3 908.2	
绿矾		41 154.2	
合计	68 930.8	68 368.6	平衡率 99.18%
（4）水平衡			
钛液	11 022		
离心分离	15 016		
分离池	6 141		
压滤	18 030		
浓缩补水	191 100		
离心机冷却		17 000	
蒸发水		44 978	
废热水		172 623	
合计	241 309	234 601	平衡率 97.22%

③物料平衡结果分析。

物料平衡结论：总物料的输入/输出和各主要物料的输入/输出均已平衡，输出对输入的平衡率分别为：总物料 96.14%；二氧化钛 98.41%；硫酸亚铁 99.18%；水 97.22%。

二氧化钛总输入 30 384.9 kg/d，其中 28 396 kg/d 以浓钛液（产品）形式输出，占 93.5%；绿矾（副产品）中含 338.1 kg/d，为副产品杂质；有 1 167.5 kg/d 随尾水返回酸解工段回用到工艺中，得到利用。

硫酸亚铁总输入 68 930.8 kg/d，其中 23 306.2 kg/d 以浓钛液（产品）形式输出，占 33.8%；41 154.2 kg/d 进入副产品绿矾，占 59.7%；3 908.2 kg/d 随尾水返回酸解工段回用到工艺中。

工艺用水无外排，均得到回用。浓缩产生蒸汽 36 870 kg/d，外排热水 172 623 kg/d 至酸解工段作为工艺用水。

④废弃物清单：见表 8-50。

表 8-50 冷冻浓缩工段废弃物清单 单位：kg/d

废弃物名称	类型	数量	产生部位	备注
蒸汽	废气	36 870	钛液浓缩	
废热水	废水	172 623	二次蒸汽冷却	

⑤废弃物产生原因分析。

冷冻浓缩工段废弃物产生原因见表 8-51。其中蒸汽的产生与原辅料和能源、技术工艺、设备及废弃物特性有关。废热水的产生与技术工艺、设备和废弃物特性有关，废热水已循环至工艺中。该工段所产生的二次蒸汽携有大量热源但未回收利用。

表 8-51 冷冻浓缩工段废弃物产生原因分析

废弃物产生部位	废弃物名称	影 响 因 素							
		原辅材料和能源	技术工艺	设备	过程控制	产品	废弃物特性	管理	员工
钛液浓缩	蒸汽	★	★				★		
二次蒸汽冷却	废热水		★	★			★		

⑥能量平衡结果：见表 8-52。

表 8-52 冷冻单元增加换热器能量平衡结果 单位：kJ/d

	输入	输出
冷钛液进	2.1×10^7	
热钛液进	6.0×10^7	
冷钛液出		3.5×10^7
热钛液出		4.4×10^7
合计	8.1×10^7	7.9×10^7
平衡率	97.5%	

（2）二车间审核重点（水洗煅烧工段）物料平衡

①物料平衡图、水平衡图分别见图 8-21 和图 8-22。

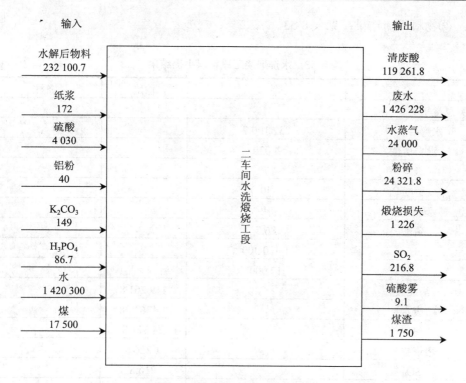

图 8-21 二车间水洗煅烧工段物料平衡（单位：kg/d）

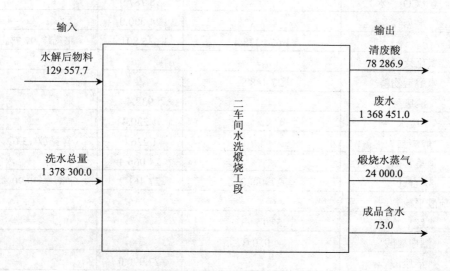

图 8-22 二车间水洗煅烧工段水平衡（单位：kg/d）

②物料平衡结果：见表8-53。

表 8-53　水洗煅烧工段物料平衡结果　　　　　　单位：kg/d

物料名称	输入	输出	备注
（1）总量平衡			
水解后物料	232 100.7		
漂白硫酸	4 030		
纸浆	172		
铝粉	40		
碳酸钾	149		
磷酸	86.7		
自来水	1 420 300		
煤	17 500		
清废酸		119 261.8	
废水		1 426 228	
粉碎		24 321.8	
煅烧损失		1 226.0	
SO_2		216.8	
硫酸雾		9.1	
煤渣		1 750.0	
废气（CO_2、水）		38 787.9	
水蒸气		24 000.0	
合计	1 674 378.4	1 635 801.4	平衡率97.7%
（2）二氧化钛平衡			
水解后物料	27 488.8		
清废酸		938.4	
废水		1 230.4	
煅烧损失		1 226.0	（含排放15.6）
落窑品		24 066.4	
合计	27 488.8	27 461.2	平衡率99.90%
（3）硫酸平衡			
水解后物料	52 154.3		
漂白硫酸	4 030.0		
清废酸		27 990.0	
废水		27 131.5	
合计	56 184.3	55 121.5	平衡率98.11%

物料名称	输入	输出	备注
（4）硫酸亚铁平衡			
水解后物料	22 900.0		
清废酸		12 057.8	
废水		10 678.9	
合计	22 900.0	22 736.7	平衡率 99.29%
（5）水平衡			
水解后物料	129 557.7		
给水总量	1 378 300.0		
清废酸		78 286.9	
废水		1 368 451.0	
煅烧水蒸气		24 000.0	
成品含水		73.0	
合计	1 507 857.7	1 470 810.9	平衡率 97.54%

③物料平衡结果分析。

物料平衡结论：总物料输入/输出和各主要物料输入/输出均已平衡，输出对输入的平衡率分别为：总物料 97.7%；二氧化钛 99.90%；硫酸 98.11%；硫酸亚铁 99.29%；水 97.54%。

二氧化钛总输入 27 488.8 kg/d，其中 24 066.4 kg/d 进入产品，占 87.5%；清废酸中含 938.4 kg/d，为未水解的可溶性钛，有 156.4 kg/d 随返回一车间的清废酸一起回用到工艺中，得到利用，其余 782 kg/d 在废酸浓缩过滤时，进入固废；废水中所含 1 230.4 kg/d 以胶体钛和料液洗涤过滤过程中的穿滤的钛为主，全部随废水进入污水处理站，最后进入废渣；煅烧损失 1 226 kg/d，是在煅烧过程中被蒸汽带出。用清废酸和水两级喷淋吸收的钛，其中清废酸中含 971.76 kg/d，进入废酸过滤的固废；水中 238.65 kg/d 进入污水处理站。

产生清废酸 27 990 kg/d，其中 4 665 kg/d 直接返回一车间回用，其余进入废酸浓缩工序可回收硫酸 11 662.5 kg/d，另外 11 662.5 kg/d 进入废水，入污水处理站，进入固废。

本工段产生排放废水的环节主要有水洗、煅烧尾气吸收等，二次水洗、压滤等环节产生的废水得到了回用。

④废弃物清单：见表 8-54。

表 8-54 水洗煅烧工段废弃物清单

废弃物名称	类型	数量/（kg/d）	产生部位	备注
二氧化钛（1）	固废	1 753.76	过滤、煅烧	
二氧化钛（2）	废水	1 469.05	水洗	
废硫酸	废水	11 662.5	过滤	
硫酸亚铁	废水	15 736.7	水洗、过滤	
废水	废水	1 446 810.8	水洗、吸收	
SO_2	废气	216.768	煅烧	
水蒸气	废气	24 000	煅烧	
煤渣	固废	1 750	煅烧	

⑤废弃物产生原因分析：见表 8-55。

表 8-55 水洗煅烧工段废弃物产生原因分析

废弃物名称	影响因素							
	原辅材料和能源	技术工艺	设备	过程控制	产品	废弃物特性	管理	员工
二氧化钛（1）	★	★				★		
二氧化钛（2）		★	★			★	★	★
废硫酸		★				★		
硫酸亚铁	★	★				★		
废水		★	★				★	★
SO_2	★					★		
煤渣	★					★		
水蒸气		★						

　　二氧化钛（1）是物料过滤液中的可溶性的钛和用清废酸喷淋吸收煅烧粉尘二氧化钛，在废酸浓缩时以固废形式产出的废弃物。该废弃物与所采用的原辅材料、技术工艺和废弃物特性有关。本工艺中采用钛铁矿生产钛白粉，必须用硫酸溶矿，物料经水解生成二氧化钛，在工艺要求的控制水解条件下，有部分钛以可溶性形态存在于水解液中，不能进入产品，而在浓缩回收废酸时沉降下来，经过滤成为固废；由于该固废成分复杂，不能作为产品回收。煅烧尾气用清废酸回收热量并

浓缩废酸，同时吸收的二氧化钛粉尘也成为固废。

二氧化钛（2）是以颗粒形态进入废水中的钛，与技术工艺、设备、管理、员工素质和废弃物的特性有关。过滤设备的效率较低、易穿滤、操作过程的泄漏等是产生该废弃物的主要原因。

废硫酸的产生与工艺技术和废弃物特性有关，目前所采用的工艺已将废硫酸的产生和排放量降到了较低的程度，通过对废硫酸的浓缩使其得到了回收。

硫酸亚铁主要由原料液带入，在工艺中未被回收利用，主要与硫酸亚铁的回收经济价值不大有关。同时硫酸亚铁进入污水处理有一定的絮凝作用，对污水处理有利。

水洗煅烧工段是钛白粉生产流程中的主要用水环节，产生大量的过滤和洗涤废水，目前的单位耗水量为 59 t/t 产品，达到国内先进水平，但在设备优化、提高工艺管理水平和严格操作规程等方面还有余地，可以进一步降低单位产品耗水量。

SO_2 和煤渣的排放与煅烧所采用的燃料和煤有关，由于该厂地处市区，环境保护要求日益严格，因此其能源结构需要做出调整，以减少或消除 SO_2 的排放。

4. 评估

（1）对原辅材料、能源的评估

该公司原辅材料合格率为 91.21%，总收率为 85.99%，居国内同行业先进水平。

生产中使用饱和蒸汽、煤、电力作为能源，耗煤 0.75 t/t 产品，耗电 1 116.62 kWh/t 产品，与国内先进水平接近。其中煅烧所用燃煤有待调整。

（2）对生产工艺的评估

该公司采用的硫酸法生产工艺生产钛白粉属较为成熟的工艺，能够保证产品质量，目前国内外采用该工艺较多。另有氯化法生产工艺，国内较少采用。公司各装置的重要工艺参数较为优化。由于采用间歇法操作，过程控制的自动化程度有待加强。

（3）对设备运行维护的评估

该公司主要设备完好率为 95%，主要设备可利用率为 91%，主要生产设备故障停机率为 3.0%，维修费用率为 55%，处于行业内先进水平。

（4）对废弃物的评估

目前，该厂钛白粉废水、COD、SS 的排放量均较高，各车间生产噪声污染较严重。而废气、固废产生量比较少，且综合利用程度较高，故对环境造成的危害不大。

（5）对产品质量的评估

该公司产品质量执行并达到国家标准要求，出厂产品合格率为 100%。但生产过程中由于管理、技术等原因经常导致不合格品的重新加工处理，而且本公司现有产品主要为中低档产品，产品附加值较低，因此，企业生产效益并不理想。

（四）方案的产生和筛选

1. 备选方案的产生

（1）按物料平衡结果产生方案

从物料平衡结果可见，一车间冷冻浓缩工段，所产生的废弃物主要是二次蒸汽和热水，其中热水返回了酸解工段，因此，该工段主要问题是如何对二次蒸汽的热量进行回收利用。为此提出二次蒸汽热量回收的方案。

物料平衡结果显示，二车间洗涤煅烧工段的主要问题包括：①产品二氧化钛的损失；②过滤和洗涤过程的水耗问题，目前的单位耗水量为 59 t/t 产品，还可进一步降低单位产品耗水量；③燃料结构需要调整，以减少或消除 SO_2 的排放。为此提出的方案有：①改造过滤设备，减少二氧化钛的泄漏损失；②控制洗涤过程，降低单位产品耗水量；③实施煤改气工程，减少 SO_2 的排放。

（2）系统地产生方案

① 原辅材料和能源：采用优质矿源，提高矿的有效含量，降低矿中无效成分，从而降低酸解产生的残渣，节省铁粉等辅料的用量，减少泥浆的产生；改变能源结构，实施煤改气工程。

② 工艺技术：采用氯气法生产工艺，提高原料收回率。

③ 设备：增设 DrM 增稠机和 DrM 过滤机，提高原料的回收率；增加回收二次蒸汽热量的换热器；将离心机改为圆盘过滤机；增加凉水塔的散热面积，提高地池循环水的利用率，降低自来水的补充量。

④ 过程控制：提高洗涤、过滤过程的控制水平，减少单位产品耗水量。

⑤ 人员：将单位产品的能耗、水耗作为车间、班组的绩效考核指标。

⑥ 管理：根据冷冻工段的工艺要求，对夏、冬冷凝器蒸发量和压缩量进行合理配置，提高设备的使用效率，减少能耗。

⑦ 产品：改变产品结构，提高产品的附加值，增加效益。

⑧ 废弃物：采用先进的除尘设备，提高污水处理固废的利用率。

2. 方案汇总

见表 8-56。

表 8-56 提出的清洁生产方案汇总

编号	方案名称	方案简介	预计效果	
			环境效益	经济效益
		无费方案		
A1	钛铁矿回收	要求运输时对洒落的矿粉进行回收	减少固废,节约资源	
A2	铁粉回收	控制包装袋的质量,防止铁粉洒落并及时回收利用	减少固废,节约资源	每周回收铁粉 50 kg,每年节约 5 200 元
C12	加强设备检修管理	提高检修水平,减少设备返修率,降低维修过程中的固废产生	减少设备故障、泄漏造成的污染	提高设备完好率,延长运行周期,降低消耗
C13		选购质量优质的备件(如橡胶衬套),降低更换频次,减少固废排放	减少橡胶固废的排放量,节约资源	减少磨锤橡胶衬套消耗 56 个/月,降低费用 1.4 万元/a
A3	完善锅炉煤质验收制度	完善煤的验收制度,由锅炉试烧,不合要求的煤不予接收,以提高煤的热值,确保供汽量	节约能源的消耗	有明显的经济效益
B3	偏钛酸回收	水洗、压滤进料中洒落的物料及时回收再利用,以提高产品收率,降低固废量	减少固废 1.1 t/a	每年回收物料 1.1 t 左右,增加效益 6 600 元
C15	提高锅炉吸热效率	加强管理,烟管表面定期吹灰,提高软水质量,烟管内部尽量少结或不结垢,提高锅炉的吸热效率	节煤、降低污染物的产生量	
D1	废包装物回收利用	矿粉包装袋、除尘布袋、滤布回收,集中外售或重复使用	减少固废,节约资源	年外售 60 万条,增加效益 3 万元
C3	加强酸解尾气设备管理	加强酸解尾气设备的维护保养,定期更换循环水泵,定期检修尾气蝶阀,减少尾气排放	减少设备泄漏造成的污染	—
D5	废油回用	将转窑托轮润滑采用空压机的废油润滑	节约资源	年节约油耗 2.2 t、16 万元
D6	废油回收	加强润滑油器管理,加强废油回收,防止泄漏污染环境	节约资源	产生经济效益
E1	提高磨矿员工素质	定期检查除尘布袋,减少因除尘布袋破损导致的粉尘泄漏	减少固废,节约资源	有明显经济效益
E2	提高拖矿员工素质	往黑磨运输钛铁矿时应仔细,避免包装袋破裂;对运输矿粉有奖有罚,减少运输过程中矿粉的洒落		有明显经济效益
E4	提高维修员工素质	加强设备管理,减少跑、冒、滴、漏	减少钛损失,减少水污染	有明显经济效益

编号	方案名称	方案简介	预计效果	
			环境效益	经济效益
E5	减少油品污染	加强设备管理，减少油品的泄漏，对油棉纱头及时回收处理	减少油品对土地和水资源的污染	有一定经济效益
E6	提高废酸浓缩岗位员工素质	加强岗位培训，规范岗位操作，保证压滤滤饼厚度和提高滤饼含固量	减少滤饼中的酸含量从而减少污水处理量	减少中和用石灰量，浓废酸收率提高到50%以上
E7	提高粉碎岗位员工素质	加强设备日常维护，检查滤袋及滤布与设备的软连接处的漏点，减少粉尘排放	保持良好的工作环境，减少粉尘排放，减少粉尘对人体的影响	有明显的经济效益
E8	加强管理，控制空压机冷却水用量	加强管理，严格控制冷却水用量，针对各班的用水量进行考核，节约资源	节水，减少废水排放	有明显的经济效益
E9	控制空压机注油量	严格控制曲轴箱内油面位置，控制注油器的注油量，减少13#压缩机油的用量	减少资源的消耗和废油的排放量	3 613.5元
E10	杜绝异常操作	加强制冷工的培训力度，提高员工的素质，精心操作，杜绝机组内润滑油串入系统的现象	节约资源，减少废油的排放量	经济效益明显
B4	纤维素投放方式改变	将纤维素设在放料储槽中添加，减少水解锅壁结垢	由1个半月延长到一季度铲1次锅，减少酸性固废排放量400 kg/a	减少物料损失400 kg/a，增加经济效益2 000元/a
低费方案				
B1	冷冻压滤滤渣打浆回酸解利用	制作安装打浆槽，将冷钛液压滤后的滤饼打浆后制成小度水，泵送酸解利用	减少钛损失，减少水污染	年收率可提高0.3%，年可节约资金9.6万元
B2	水解岗位安装保压装置	安装自动保压装置，避免压力过高造成扑锅漫溢的情况	减少因扑锅造成物料泄漏对环境的污染，节约蒸汽耗量	提高产品质量，增加效益
B5	废酸水再利用	压滤滤饼由原来用回收水冲洗打浆改为用废水冲洗打浆，可以减少废水的重复处理量	减轻污水处理站负荷，增强水污染应急处理能力	减少污水处理量200 m³/d，节约运行成本13.2万元/a
B6	废除中转泵	优化工艺流程：由地池—泵—凉水塔—冷凝器—地池，改为泵—凉水塔—冷凝器—地池，节约一套中转泵的运行费用	节电	减少一台15 kW电机的运行，年节约电费42 768元

编号	方案名称	方案简介	预计效果	
			环境效益	经济效益
C1	酸解、加料各管汇集	将酸解加水管、加稀酸管、加小度水管等管道汇集一起直接与酸解锅连接，减少跑、冒、滴、漏	减少钛损失，减少水污染	年收率可提高 0.1%，年可节约资金 2.8 万元
C2	上料圆池加高	沉降室往冷冻上料过度圆池加高到与沉降池等高，减少漫溢		年收率可提高 0.1%，年可节约资金 2.8 万元
C4	浓缩冷却水的循环装置更新	将浓缩冷却水的装置更新为 100 t 凉水塔，降低循环水降温，降低水耗	减少污水排放，节约用水	年节约资金 7.8 万元
C5	水洗池安装水平衡管	一洗、二洗水洗池的溢流口分别串接，达到各水洗池的水平衡使用，防止漫水，降低水单耗	节约用水，减少废水排放	
C6	新增节水器具	合理使用设备冷却水，安装电磁阀，做到开泵开水、停泵停水	节约用水，减少废水排放	降低水耗 2 t/t 产品，一年节约用水 1.6 万 t，降低生产成本 3.9 万元
C7	水回用	将制备纯水后的硬水排放管道和转窑压滤进料的压滤水排放管道进行改造，水全部回用	节约用水，减少废水排放	
C8	冷却水循环使用	将废酸浓缩预热器和冷却器以及熟化釜中的冷却水管道改造。在外部冷却后重新循环使用，节约水资源并减少废水排放	节约用水，减少废水排放	
C9	窑尾改造	对回转窑窑尾沉降室的折流板和导料筒进行改造	降低粉尘产生量	提高产品收率 0.15%左右，增加效益 6 万元
C10	叶滤机改造	叶片之间加固定杆防止连片穿滤，提高水利用率，减少垮片，减少挖池子时物料的浪费，提高产品收率	降低废水中 SS 浓度	减少物料穿滤流失量，年减少 1.1 t 物料流失，增加效益 6 600 元
C11	叶片吊架材质更新	叶片架上用 PP 材质取代铜材固定叶片，延长其使用寿命，降低成本，减少固废排放	减少重金属对水体的污染，节约贵重资源	年节约资金 3.68 万元
C14	改善 2#锅炉的燃烧状态	将低压头的轴流式鼓风机改为高压头的离心式鼓风机，改进锅炉的燃烧状态	节煤、降低污染物的产生量	33.4 万元
C16	2#锅炉烟道的改进	拆除原烟道，重新砌筑新烟道，提高锅炉烟气热量的利用率	节煤、降低污染物的产生量	

编号	方案名称	方案简介	预计效果	
			环境效益	经济效益
C17	冷冻机房盐水管道改造	合理布置冷冻机房盐水的输送管道，增加一套回水管道，提高换热效率，节约能源	节电	经济效益明显
C18	冷冻机房凉水塔的更新	增加凉水塔的散热面积，由 100 t/h 改为 200 t/h，提高地池循环水的利用率，降低自来水的补充量	节水、减少废水排放	节水 4 000 t，9 760 元
D2	酸解废水回收利用	每年 1 月、2 月、11 月、12 月将酸解尾气喷淋水回酸解利用	减少污水排放，节约用水	年增效益 1 646 元
D3	冷冻小度水回酸解利用	将冷冻洗锅水、洗分离池废水收集，回酸解利用	减少污水排放，节约用水	每天节水 15 t，年增效益 1.2 万元
D4	水合二氧化钛回收	废酸循环地池的浆料定期及时回收利用	减少固废排放，提高资源利用率	年回收物料 24 t，增加效益 15.6 万多元
D7	锅炉降噪工程	两台锅炉引风机房进风处增设消声器，房门采用隔声门，烟囱管由 $\phi350$ mm 增加到 $\phi550$ mm	7# 点厂界噪声降至 55 dB 以下	—
D8	空压机冷却水的再利用	3 台空压机的冷却用水收集到楼上水箱，利用回收水冲厕所、洗手和洗澡等	节水、减少废水排放	70 122.7 元
中费方案				
M1	增加热过滤装置	冷冻上料前增加过滤和降温装置	降低能耗	节约生产成本 32 万元/a
M5	污水处理站综合改造工程	将堤内中和曝气池迁至堤外，增加污水处理能力，降低 COD 和 SS 浓度	降低 COD 和 SS 浓度	提高红石膏的品质和综合利用效益
M6	冷冻工段工艺管理改进	根据冷冻工段的工艺要求，对夏、冬冷凝器蒸发量和压缩量进行合理配置，提高设备的使用效率，减少能耗	降低能耗	节约生产成本
M8	除尘设备	采用先进的除尘设备	提高除尘效率	减少物料损失
M9	固废利用	提高污水处理固废的综合利用率	固废综合利用	提高红石膏的利用效率
M11	引进圆盘过滤机	将离心机改为圆盘过滤机	减少水耗	减少物料损失
M12	循环水地池改造	增加凉水塔的散热面积，提高地池循环水的利用率，降低自来水的补充量	降低水耗	减少运行成本

编号	方案名称	方案简介	预计效果	
			环境效益	经济效益
高费方案				
M2	白磨系统改造	采用布袋收尘器回收粉尘，降低钛白粉的损失	减少粉尘排放	每年回收产品 44 t，利润 30 万元
M3	燃煤改天然气	实施煤改气工程，减少 SO_2 的排放	减少 SO_2 排放 35 t/a，废水排放 3 万 t/a，COD 削减 7%	年增加产量 1 000 t，利润 63.2 万元
M4	氯气法生产工艺	采用氯气法生产工艺，提高原料回收率	减少物料消耗	提高产品收率
M7	改变产品结构	改变产品结构，提高产品的附加值，增加效益	提高矿产资源效率	增加产品销售收入
M10	引进 DrM 增稠机	增设 DrM 增稠机，提高原料的回收率，增加装置产能	提高废酸回收率	减少物料损失

3. 方案的筛选和研制

（1）方案的筛选

①简易的初步筛选

采用简易方法对提出的方案进行了初步筛选，结果见表 8-57。

表 8-57　简易的初步筛选结果

筛选因素	备选方案											
	M1	M2	M3	M4	M5	M6	M7	M8	M9	M10	M11	M12
环境可行性	√	√	√	√	√	√	√	√	√	√	√	√
经济可行性	√	√	√	√	√	√	√	×	√	√	√	√
技术可行性	√	√	√	×	√	√	√	√	√	√	√	√
可实施性	√	√	√	√	√	√	×	√	√	√	√	√
结论	√	√	√	×	√	√	×	×	×	√	√	√

②权重总和计分排序筛选

对采用简易方法筛选的初步可行方案用权重总和计分排序方法进行进一步筛选，结果见表 8-58。

表 8-58　方案权重总和计分排序结果

因素	权重 W (1～10)	方案得分 R（1～10）							
		M1	M2	M3	M5	M6	M10	M11	M12
减少环境危害	10	5	9	10	8	5	6	5	6
经济可行性	8	6	8	7	8	9	8	6	6
技术可行性	7	8	9	9	5	6	8	8	7
易于实施	5	8	6	6	7	6	7	7	7
发展前景	5	6	10	10	8	6	10	6	6
节约能源	5	10	—	5	4	7	—	2	3
总分	$\sum W \times R$	274	297	329	269	264	260	229	237
排序		3	2	1	4	5	6	8	7

筛选结果表明，方案的优先顺序为：M3、M2、M1、M5、M6、M10、M12、M11。经审核小组研究，确定前 3 个方案为本轮清洁生产方案，进一步研制和评估。这 3 个方案见表 8-59。

表 8-59　方案筛选的结果

方案编号	方案名称	方案内容
方案一	转窑人工煤气改天然气工程	实施转窑人工煤气改天然气工程，减少 SO_2 的排放
方案二	增加热过滤装置	在一车间钛液浓缩单元，增加一台换热器，回收二次蒸汽的热量，减少能耗
方案三	白磨系统改造	采用布袋收尘器回收粉尘，解决粉尘泄漏，节约天然气，提高产品质量，改善现场环境，降低钛白粉的损失

（2）方案的研制

①方案一：转窑人工煤气改天然气工程

方案简述：公司自产的人工煤气为发生炉煤气，以无烟煤为原料在煤气发生炉内燃烧，通过鼓入空气和蒸汽生产煤气（主要燃烧成分为 CO 和 H_2）。生成的煤气经冷却、洗涤、除尘、除雾后通过高压煤气总管送往两条转窑作燃料使用。人工煤气存在的主要问题是：a. 由 SO_2、含焦油固废、洗涤废水、噪声带来的环境污染较重；b. 消耗煤、电、水等资源较多；c. 工艺、装置较复杂，存在安全隐患；d. 影响产品质量。

方案实施内容包括：

a. 停用人工煤气，采用天然气：包括停用人工煤气系统，天然气开户（年供气能力不小于 280 万 m^3）及管道铺设（含安全、计量、调压装置安装，由市天然气公司总承包），所需管道、设备全部从国外进口。

b. 更换燃烧器：原 2 台煤气燃烧器改为具有国内领先水平的全自动天然气燃烧器（型号分别为 TLG350 和 TLG200）。

c. 两条转窑内耐火材料改造，将原 200 mm 厚耐火材料拆除，重新砌筑 150 mm 厚的新型耐火保温材料。

方案投资费用：天然气管网建设费用约为 40 万元；购置两条转窑配套的天然气燃烧器及安装费用：约 20 万元；两条转窑重新砌筑耐火材料需投资：40 万元；流动资金及其他费用：40 万元；获得专项补贴：20 万元；合计总投资：约 120 万元。

②方案二：增加热过滤装置

现工艺存在如下问题：冷冻上料时的温度为 55℃左右，冷冻后（浓缩前）的钛液温度为 20℃左右，黏度大，钛液过滤效果较难保证，一旦酸解钛液质量有波动，冷钛液过滤速度减缓，冷冻效果会因此降低，离心分离后亚铁质量将难以保证。另外，冷冻时热钛液需要降温，后续过程的冷钛液需要升温，因没有热交换，能量在此流失，所以会影响企业效益提高。

技术改造方案：在沉降室往冷冻锅上料中间加一台压滤机和换热器，利用压滤机将沉降后的钛液过滤，得到杂质含量较少的钛液，由此提高冷冻效果和硫酸亚铁质量，滤饼打浆送污水处理站处理。利用冷冻后（浓缩前）温度 20℃左右的钛液来降低冷冻上料温度为 55℃左右的钛液，将进冷冻锅钛液的温度降到 40～45℃，从而提高浓缩进料温度，缩短冷冻周期，节约电能和蒸汽。

方案实施内容：增加一台换热器，由于钛液具有腐蚀性，因此换热器的材料必须用防腐的钛材；钛材价格昂贵，因此换热器要求紧凑；又由于单位体积的换热面积高，所以选用板式换热器。冷钛液储槽用钢衬玻璃钢，中间隔开，将压滤后的冷钛液和经换热器后的热钛液分开，以保证降温效果。作为热过滤的压滤机，其对滤室容积的要求较低。考虑到当温度较低时有亚铁颗粒析出及压滤机出液流量不能太低等因素，推荐选用兴源的 XAZ80/1000—UK 型压滤机，其滤室容积为 1.215 m^3，可满足年产 10 000 t 钛白粉、杂质和亚铁颗粒质量浓度不超过 37.8 g/L 的钛液的过滤要求。

主要设备：冷钛液储槽 30 m^3 1 台；板式换热器 18 m^2 1 台；压滤机 1 台；泵 2 台；打浆槽 1 台。

方案投资费用：冷钛液储槽 4 万元；板式换热器 7 万元；泵及电机 1 万元；防腐 2.5 万元；压滤机 13 万元；打浆槽 2 万元；滤布 1 万元；管道 1.5 万元；其他 2 万元；建设期利息及流动资金 9 万元，共计 43 万元。

③方案三：白磨系统改造

目前存在的问题：a. 磨机回风箱正压运行粉尘泄漏对现场环境及收率的影响；b. 系统闭路循环设备温升高，维修量大，开车率低；c. 旋风分离器在现工况下易堵，人工敲击工作量大且有安全隐患。

技术改造项目方案：采用布袋收尘器回收粉尘，解决粉尘泄漏，节约天然气，提高产品质量，改善现场环境，降低钛白粉的损失。

工艺流程见图 8-23。

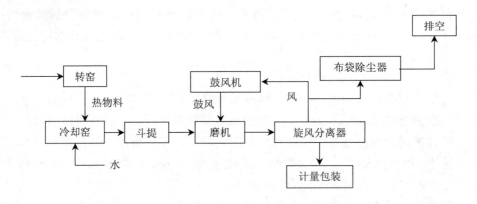

图 8-23　方案三工艺流程

方案实施内容：添置主要设备：a. 1150 风冷窑；b. 5R 磨机；c. 460 m² 布袋收尘器；d. 微粉锤磨机；e. 料斗仓。

方案投资费用：设备投资费用 105 万元。其中，5R 雷蒙磨机 28 万元；460 m² 布袋收尘器 16 万元；3 m³ 单螺杆空压及油水分离器 5 万元；管式输送机 8 万元；1150 风冷窑 22 万元；微粉锤磨机 10 万元，30 m³ 料斗 3 万元，电器仪表 13 万元。其他费用 5 万元（包括结构制造安装费 4 万元，未预见工程费 1 万元）。合计投资约 110 万元。

4. 核定和汇总无/低费方案实施效果

三个车间无/低费方案实施效果分别见表 8-60、表 8-61、表 8-62。

表 8-60　一车间无/低费方案实施效果的核定与汇总

编号	方案名称	实施时间	投资/元	经济效益	环境效果
A1	钛铁矿回收	2006 年 7 月	—	有一定的经济效益	减少固废，节约资源
A2	铁粉回收	2006 年 7 月	—	年节约资金 4 600 元	减少固废，节约资源，每年可回收铁粉 2 300 kg
B1	冷冻压滤滤渣打浆回酸解循环使用	2006 年 3 月	19 292.94	2006 年同期收率比 2005 年同期上升 0.82%，年增效益 30.49 万元	减少钛损失，减少水污染
C1	酸解、加料各管汇集	2006 年 7 月	1 000		减少钛损失，减少水污染
C2	上料圆池加高	2006 年 7 月	1 000		减少钛损失，减少水污染
D3	冷冻小度水回酸解利用	2006 年 1 月	5 000		减少污水排放，节约用水，减少钛损失
C4	浓缩冷却水的循环装置更新	2006 年 3 月	36 240.70	2006 年同期水耗比 2005 年同期降低 2 t，年增效益 3.79 万元	减少污水排放，节约用水
D2	酸解废水回收利用	2006 年 10 月	1 000		减少污水排放，节约用水
C3	加强酸解尾气设备管理	2006 年 7 月	—		减少设备泄漏造成的污染
D1	废包装物回收利用	2006 年 7 月	—	年增效益 4.5 万元	减少固废（年外售 23 万条，每条 30 g，折合 6.9 t）
E1	提高磨矿员工素质	2006 年 7 月	—	有明显经济效益	减少固废，节约资源
E2	提高拖矿员工素质	2006 年 7 月	—	有明显经济效益	
E4	提高维修员工素质	2006 年 7 月	—	有明显经济效益	减少钛损失，减少水污染
小计			63 533.64	39.24 万元	年减少固废 6.9 t 年节水 18 574 t 年节约钛矿 167.7 t 年节约铁粉 2.3 t

表 8-61　二车间无/低费方案实施效果的核定与汇总

方案编号	方案名称	实施时间	投资/元	经济效益	环境效果
B2	水解岗位安装保压装置	2006 年 9 月	9 465	提高产品质量，增加效益	减少因扑锅造成物料泄漏对环境的污染，节约蒸汽耗量
B3	偏钛酸回收	2006 年 7 月	—	增加经济效益	减少固废 1.1 t/a
B4	纤维素投放方式改变	2006 年 7 月	—	增加经济效益	减少酸性固废的排放量约 400 kg/a

方案编号	方案名称	实施时间	投资/元	经济效益	环境效果
B5	废酸水再利用	2006 年 9 月	3 500	每天减少污水处理量 400 m³，节约运行成本 26.4 万元/a	减轻污水处理站负荷，增强水污染应急处理能力
C5	水洗池安装水平衡管	2006 年 7 月	2 500	增加经济效益	节约用水，减少废水排放
C6	新增节水器具	2006 年 10 月	450	增加经济效益	节约用水，减少废水排放
C7	水回用	2006 年 7 月		增加经济效益	节约用水，减少废水排放
C8	冷却水循环使用	2006 年 8 月	24 000	增加经济效益	节约用水，减少废水排放
C9	窑尾改造	2006 年 8 月	35 000	增加经济效益	降低粉尘产生量
C10	叶滤机改造	2006 年 8 月	950	增加经济效益	降低废水中 SS 浓度
C11	叶片吊架材质更新	2006 年 8 月	6 480	降低费用 1.432 万元	减少重金属对水体的污染，节约贵重资源
C12	加强设备检修管理	2006 年 7 月	—	降低费用 8 800 元/a	减少设备故障泄漏造成的污染，减少橡胶固废的排放量，节约资源
D4	水合二氧化钛的回收	2006 年 8 月	13 200	增加经济效益	减少固废排放 12 t，提高资源利用
D5	废油回用	2006 年 7 月	—	降低费用 1.6 万元	节约资源 2.2 t/a
D6	废油回收	2006 年 8 月	—	产生经济效益 360 元	资源再循环
E5	减少油品污染	2006 年 7 月	—	有一定经济效益	减少油品对土地和水资源的污染
E6	提高废酸浓缩员工素质	2006 年 7 月	—	有一定经济效益	减少滤饼中的酸含量，从而减少污水处理量
E7	提高粉碎岗位员工素质	2006 年 7 月	—	有一定经济效益	保持良好的工作环境，减少粉尘排放，减少粉尘对人体的影响
小计			95 545	增加经济效益 50.768 万元	减少固废 13.5 t/a，节约用水 2.218 5 万 t/a，节约用油 2.2 t/a

表 8-62 动力车间无/低费方案实施效果的核定与汇总

方案编号	方案名称	实施时间	投资/元	经济效益	环境效果
C14	改善 2# 锅炉的燃烧状态	2006 年 3 月	2 500	2006 年 3—11 月锅炉燃煤在 2005 年的基础上节约 1 269.5 t，节约资金 1 269.5×407.1=516 813.45 元，年节约煤煤 1 551.6 t，年节资金 1 551.6×407.1=631 656.4 元	年节煤 1 551.6 t、降低污染物的产生量
C15	提高锅炉的吸热效率	2006 年 8 月	—		
C16	2# 锅炉烟道的改进	2006 年 3 月	15 384.61		
A3	完善锅炉煤质验收制度	2006 年 1 月	—	有一定的经济效益	节约能源的消耗
D7	锅炉降噪工程	2006 年 3 月	100 616.53		
D8	空压机冷却水的再利用	2006 年 3 月	36 229.39	2006 年 7—11 月与 2005 年同期相比节约水费 52 613.72 元	减少污水排放，节约用水 51 751.2 t
E8	加强管理，控制空压机冷却水用量	2006 年 7 月	—	有一定的经济效益	减少污水排放，节约用水
E9	控制空压机注油量，节约机油用量	2006 年 7 月	—	年节约资金 14×0.7×80=784 元	减少废油排放、回收废油 23×0.7×175=2 817.5 kg
B6	废除中转泵	2006 年 3 月	23 509.00	减少一台 15 kW 电机的运行，年节约电费 42 768 元	年节电 90 995.7 kWh
E10	杜绝异常操作	2006 年 7 月	—	有一定的经济效益	减少废油排放
C17	冷冻机房盐水管道改造	2006 年 3 月	4 839.30	有一定的经济效益	—
C18	冷冻机房凉水塔的更新	2006 年 3 月	44 600.00	2006 年 3—11 月与 2005 年同期相比节约水费 212 589 元，年节约资金 2 631.19 元	减少污水排放，年节约用水 1 289.8 t
	小 计		227 678.83	783 412.03 元	节水：53 041 t 节电：90 995.7 kWh 节煤：1 551.6 t 7# 点降噪：7.8 dB（A）

（五）方案的可行性分析

1. 方案一：转窑人工煤气改天然气工程

（1）技术评估与分析

天然气为清洁能源，采用天然气作为燃料属政府鼓励推广项目，改燃后人工煤气装置停用，节约白煤 6 000 t/a、水 4 万 t/a 和电 48 万 kWh/a。项目主要工程内容包括：①改变燃料系统：停用人工煤气，采用天然气，包括停用人工煤气系统、天然气开户（年供气能力不小于 280 万 m^3）及管道铺设（含安全、计量、调压装置安装），所需管道、设备全部从国外进口。②更换燃烧器：原 2 台煤气燃烧器改为江西航海仪器厂生产的具有国内领先水平的全自动天然气燃烧器（型号分别为 TLG350 和 TLG200）。③两条转窑内耐火材料改造，将原 200 mm 厚耐火材料拆除，重新砌筑 150 mm 厚新型耐火保温材料。以上工程方案技术成熟、可靠，经改造后的转窑在采用清洁能源、提高热效率、工艺控制等方面具有先进性。

天然气由管道输送，无须燃料储存设备。在供给燃烧前也无须燃料加工制备设备，使系统大为简化，设备占地面积大为减小，燃烧系统设备更为简单，因而需要维修保养的项目相对较少。

天然气系统控制的自动化程度和安全性高，操作比较简化，劳动强度低。系统启动快，减少了预备工作带来的各种消耗。

天然气气压稳定，对产品的质量影响小，能保证产品质量。

目前公司的基础设施具备实施该项目的条件，安排项目在大修期间进行可不影响正常生产。

以上分析表明，该方案在技术上具有可行性。

（2）环境评估与分析

由于天然气主要成分是 CH_4，其含硫量[总硫（以硫计）≤200 mg/m^3，硫化氢≤20 mg/m^3（GB 17820—1999《天然气》中天然气的技术指标）] 和含氮量均比自产煤气的含量低，所以燃烧后产生的烟气中粉尘量极少，排放出的烟气比较容易达到国家对燃烧设备所要求的标准。预计全年减少 SO_2 排放量 35 t 左右，可以大大减轻对环境的污染，符合清洁生产的要求。

改燃后，人工煤气装置停用，可节约白煤 6 000 t/a、水 4 万 t/a、电 48 万 kWh/a，新装置无废水、固废排放，并可减少噪声污染。同时可避免产生员工中毒和设施爆炸等不安全因素。

方案实施后产生的主要环境效益：减少 SO_2 排放 35 t/a，同比下降 27%以上；减少废水排放 3 万 t/a，COD 削减 7%；减少固废 1 000 t/a。

以上分析表明该方案的环境效益明显，是较好的清洁生产方案，应尽快予以实施。

（3）经济评估与分析

转窑采用燃烧天然气，能充分发挥现有装置的生产能力，产量与过去相比可增加 1 000 t。同时，由于天然气燃烧值大，在煅烧过程中能充分燃烧，可以提高产品质量，从而进一步提高经济效益。

经测算，钛白粉的单位产品直接材料成本为 5 359 元，直接工资成本为 367 元，直接制造费用为 1 640 元，总成本为 7 366 元。增加产量 1 000 t，总成本 736.6 万元；销售单价按近期市场价格（不含增值税），钛白粉销售价格为 8 888 元/t。经测算，增加 1 000 t 钛白粉，销售收入总金额为 888.8 万元。据此计算项目 10 项经济评价指标，见表 8-63。

表 8-63　方案一各项经济评价指标

指标名称	指标值	备注
总投资费用/万元	120	含建设期 3 个月
年节省总金额/万元	152.2	按正常生产年份数据计算
设备年折旧费/万元	12	按 10 年生产经营期计算
年应税利润/万元	140.2	
年净利润/万元	63.2	
年增加现金流量/万元	75.2	
投资偿还期/年	1.6	
净现值/万元	470	
净现值率/%	390	
内部收益率/%	53	

由上述指标可以看出，项目投资偿还期为 1.6 年，项目财务内部收益率大于行业基准收益率，财务净现值远大于零，盈利能力满足了行业要求，项目在经济上是可行的。

（4）可行性分析结论

本项目采用清洁的能源并进行节能改造，符合国家清洁生产的有关规定。项目实施后可以节能、降耗、减污、增效，完全符合清洁生产审核的中/高费项目条件，本项目可行。

2．方案二：增加热过滤装置

（1）技术评估与分析

由于钛液具有腐蚀性，换热器的材料须选用防腐的钛钢材，但钛材价格昂贵；技术上选用板式换热器，其结构紧凑，单位体积的换热面积高。

冷钛液储槽用钢衬玻璃钢，中间隔开，将压滤后的冷钛液和经换热器后的热钛液分开，以保证降温效果。

作为热过滤的压滤机，其对滤室容积的要求较低。考虑到当温度较低时有亚铁颗粒析出及压滤机出液流量不能太低等因素，推荐选用兴源 XAZ80/1000—UK

型压滤机，其滤室容积为 $1.215 m^3$，可满足年产 10 000 t 钛白粉、杂质和硫酸亚铁颗粒质量浓度不超过 37.8 g/L 的钛液过滤要求。

以上分析表明，该项目技术上可行。

（2）环境评估与分析

该项目是一个典型的节能方案，从能量衡算结果可见，每年可回收热量、节约冷量合计 $1.0×10^{10}$ kJ，折算节约综合能耗 340 t 标煤/a。本项目的实施可提高产品质量，且不增加废水产生量。

以上分析表明，该项目环境效益明显可行。

（3）经济评估与分析

本项目所产生经济效益由节约能耗产生，其 10 项经济评价指标见表 8-64。

表 8-64　方案二各项经济评价指标

指标名称	指标值	备注
总投资费用/万元	43	含建设期 1.5 个月
年节省总金额/万元	32.6	按正常生产年份数据计算
设备年折旧费/万元	3.4	按 10 年生产经营期计算
年应税利润/万元	29.2	
年净利润/万元	19.6	
年增加现金流量/万元	23	
投资偿还期/年	1.9	
净现值/万元	163.2	
净现值率/%	380	
内部收益率/%	51	

（4）可行性分析结论

本项目对生产工艺及设备进行改造，采用节能的方案，是一个好的清洁生产方案。项目在技术上成熟可靠，实施后的环境效益、经济效益好，完全符合清洁生产审核的中/高费项目条件，本项目可行。

3.　方案三：白磨系统改造

（1）技术评估与分析

本方案采用布袋收尘器回收粉尘，其除尘效率较高，工艺技术成熟，可解决由于磨机回风箱正压运行粉尘泄漏对现场环境及收率的影响；系统闭路循环设备温升高，维修量大，开车率低；旋风分离器在现有工况下易堵，人工敲击工作量大且有安全隐患等问题。

以上分析表明，该项目技术上可行。

（2）环境评估与分析

本项目实施后可每年减少粉尘排放 44 t，改善现场工作环境，减少员工因敲击风管道及旋风分离器而进行登高作业造成的安全隐患，不增加废水、固废的排放，项目的环境效益良好。

以上分析表明，该项目环境上可行。

（3）经济评估与分析

该项目实施后，在产能不变的情况下减少粉尘的排放，可以多收尘 44 t/a，提高产品收率 0.5%，产生良好的经济效益，其 10 项经济评价指标见表 8-65。

表 8-65　方案三各项经济评价指标

指标名称	指标值	备注
总投资费用/万元	137.6	含建设期 2 个月
年节省总金额/万元	66	按正常生产年份数据计算
设备年折旧费/万元	13.7	按 10 年生产经营期计算
年应税利润/万元	52.3	
年净利润/万元	31.8	
年增加现金流量/万元	45.5	
投资偿还期/年	3	
净现值/万元	244	
净现值率/%	177	
内部收益率/%	29	

（4）可行性分析结论

本项目对白磨系统进行改造，采用布袋除尘装置回收粉尘，减少粉尘排放，提高产品收率，是一个好的清洁生产方案。项目在技术上成熟可靠，实施后的环境效益、经济效益好，完全符合清洁生产审核的中/高费项目条件，本项目可行。

（六）方案的实施

1. 中/高费方案实施计划

公司根据清洁生产审核确定的中/高费方案，下发了《关于实施清洁生产项目的决定》文件，提出实施"白磨磨机系统改造""增加热过滤装置""转窑人工煤气改天然气节能改造"等清洁生产方案。为此制订了清洁生产方案实施计划和时间进度表。

公司财务部门落实了清洁生产项目的资金来源，技术生产部门对各方案研究、制订了实施对策。

目前"转窑人工煤气改天然气节能改造""增加热过滤装置"等项目已实施完成，其他方案正在实施，部分设备已经购置，资金已全部足额落实到位，在 2007 年 6 月前全部实施完成。

2. 已实施方案的效果

到清洁生产审核现场工作结束为止，共实施了 48 个清洁生产方案，其中无/低费方案 44 个，完成了 1 个高费方案、1 个中费方案，正在实施 2 个高费方案。

实施无/低费方案共投入资金 38.676 万元，中/高费方案共投入资金 376.9 万元。

已实施方案的技术指标均达到了原设计要求，取得了良好的环境效益和经济效益，全面完成了本次清洁生产审核中提出的清洁生产近期目标。取得的效益统计如下：

（1）环境效益

年节约新鲜水 9.79×10^4 t、节电 4.1×10^5 kWh、节煤 2 315.71 t、节约综合能耗 3 655 t 标煤（同比下降 16%）；COD 排放量减少 14.586 t（同比下降 5.0%），SO_2 排放量减少 26.0 t（同比下降 35%）。

（2）经济效益

年净增产量 1 223.55 t，年增净收益 362.91 万元。其中，年节约原材料费 115.2 万元、能源费 113.54 万元、水费 11.81 万元，共 240.55 万元；新增产量增加销售利润 122.36 万元。

（3）技术进步

通过实施清洁生产方案，公司的生产技术有了明显的提高，整体水平达到同行业先进水平。

（七）持续清洁生产（略）

第六节 某商贸超市清洁生产审核案例

一、企业概况

某购物中心总建筑面积 2.4 万 m^2，营业面积 2 万 m^2，购物中心共有员工 500 人，其中管理人员 100 人，全店年销售额约 3 亿元，提供数千种商品，包括生鲜及包装食品、日用品、办公用品、服装、床品、电器、家居等各种品类，可满足个人家庭生活的一站式购物需求和商业客户的核心商品需求。

二、清洁生产审核

（一）审核准备

1. 获得高层领导的支持和参与

清洁生产作为一种污染预防的新思路，将环境保护与企业的生产运营有机结合，是加强企业内部管理、增强企业活力、改进企业形象、提高企业经济和环境效益的综合性管理手段。

公司高层非常重视和支持清洁生产审核工作，要求各部门单位密切配合，积极推行清洁生产，以提高企业的现代化管理水平，实现可持续发展。超市总经理亲自担任审核小组组长，全面负责超市的清洁生产工作，协调各部门，做好清洁生产的各项工作。

2. 组建清洁生产审核小组

为了使清洁生产审核工作顺利开展，切实解决问题，找出降低成本、减少污染的途径，按照环保部《企业清洁生产审核手册》的规定；为了更好地推行清洁生产审核工作，超市决定组建由各部门主要负责人参与的清洁生产审核领导小组，以及由清洁生产主要负责人及各部门专门技术人员参与的清洁生产审核工作小组。

3. 审核工作计划

经过清洁生产审核小组认真研究，制订了分阶段的清洁生产审核工作计划，见表 8-66。

表 8-66　某超市清洁生产审核工作计划

阶段	工作内容	完成时间	责任部门
1. 审核准备	1. 制订清洁生产审核工作计划 2. 设置清洁生产组织机构，明确各人员工作职责 3. 清洁生产启动会 4. 开展清洁生产宣传培训	2013 年 7 月	审核小组 咨询机构
2. 预审核	1. 划定部室清洁生产管理职责 2. 收集企业基础数据及资料 3. 确定购物中心能源消耗、物料消耗以及污染物产生量 4. 走访购物中心现场，寻找清洁生产潜力及存在的问题 5. 确定购物中心审核重点与清洁生产目标	2013 年 7—8 月	审核小组 咨询机构

阶段	工作内容	完成时间	责任部门
3. 审核	1. 对审核重点进行电力平衡测算及分析 2. 对审核重点进行水平衡测算及分析 3. 对审核重点进行清洁生产潜力分析	2013 年 8 月	审核小组 咨询机构
4. 方案的产生与筛选	1. 开展清洁生产方案征集活动 2. 对产生的清洁生产备选方案进行分类、汇总 3. 对清洁生产无/低费方案进行筛选 4. 对可行性中/高费方案进行整理汇总与初步筛选	2013 年 7—8 月	审核小组
5. 可行性分析	1. 对筛选的初步可行的中/高费方案进行可行性分析 2. 讨论确定实施的中/高费清洁生产方案	2013 年 8 月	审核小组
6. 方案实施	1. 组织实施无/低费清洁生产方案 2. 核实已实施方案实际效果，初步预测待实施方案实施效果 3. 进行效果汇总 4. 制订拟实施方案实施计划 5. 采集当前清洁生产指标数据，与目标表进行对比，分析存在差距的原因	2013 年 7—9 月	审核小组
7. 持续清洁生产	1. 编制持续清洁生产工作计划 2. 建立和完善清洁生产管理制度与激励机制 3. 编写清洁生产审核报告	2013 年 9—10 月	审核小组 咨询机构

4. 开展宣教培训

（1）企业开展宣传教育培训的情况

由于清洁生产的思想是一项新的立足于整体预防环境战略的创造性思想，与以前末端治理为主的环境保护策略有着根本的区别，又涉及多部门和购物中心运行的全过程。因此，为了使购物中心全体职工对清洁生产有充分的认识和理解，将清洁生产思想和行动贯穿于本岗位实际生产操作过程中，购物中心内部采用了下达文件、开座谈会、结合岗位培训、张贴宣传标语等各种形式进行广泛深入的宣传。

（2）企业开展清洁生产会遇到的障碍和解决办法

清洁生产障碍是影响清洁生产实施的各种不利因素。购物中心开展清洁生产审核的过程中，往往会遇到各种各样的障碍，因此，要求首先转变原有的思想观念，深刻理解清洁生产的意义，克服各种不利因素。本次审核借鉴其他清洁生产工作的经验，结合该购物中心的实际情况，对在开展清洁生产工作中可能遇到的各类障碍问题进行了充分的预测，并提出了相应的对策和措施，见表8-67。

表 8-67　障碍及其解决办法

障碍类型	具体问题及解决办法	解决办法
观念障碍	1. 对清洁生产认识不足 2. 审核工作太复杂，太严格 3. 怀疑是否有清洁生产的必要	1. 进行宣传教育，讲述预防污染的技术和知识，分析清洁生产的潜在效益 2. 提供类似企业清洁生产审核取得成功的经验和经济效益
机构障碍	1. 部门独立性强，协调困难 2. 未建立清洁生产的管理制度	1. 加强协调合作 2. 加强培训，建立清洁生产、污染预防的理念
技术障碍	1. 基础资料不足 2. 预防污染缺乏可行的技术	组织技术调研
经济障碍	1. 资金不足 2. 担心提高购物中心运行成本，降低其竞争力	优先实施效益好、投入低的清洁生产方案，降低生产成本、提高员工的积极性
政策障碍	1. 国家现行政策法规缺乏对清洁生产的支持 2. 现行的环境管理制度对清洁生产的要求不够	充分总结清洁生产经验，用成功经验促进国家尽快制定相关的政策和法规

（二）预评估

1. 企业概况

购物中心主要为顾客提供自助式商品选购服务，店内提供数千种商品，包括生鲜及包装食品、日用品、办公用品、服装、床品、电器、家居等各种品类，可满足个人家庭生活的一站式购物需求和商业客户的核心商品需求。

（1）基本情况：经调查，2010—2012 年，购物中心三年耗电量较为平稳，年电耗维持在 960 万 kWh 左右。购物中心能源消费主要是用电，达到总能耗的 94%；其次是天然气，主要供熟食区配套厨房使用。

（2）企业原辅材料调查结果见表 8-68。

表 8-68　企业原辅材料调查结果　　　　　　　　单位：kg

序号	原辅材料	2010 年	2011 年	2012 年
1	蔬菜	28 860	23 285	27 951
2	肉类	45 955	40 839	44 433
3	面粉	8 895	9 149	8 834
4	食用油/L	3 384	3 083	3 130
5	清洁剂	1 282	1 044	1 582
6	消毒剂	638	653	689
7	循环水处理药剂	413	446	468

2. 企业废弃物产生、处理现状及分析

购物中心的主要污染物有生活污水、固体废物、废气和噪声。生活污水主要来源于公共区域洗手间及熟食区等，目前，此部分废水经隔油处理后，与其他生

活污水一起排入市政管网收集至市政污水处理厂处理。废气主要为熟食区后厨烹调过程中产生的油烟废气，目前厨房油烟经过静电油烟净化器处理后达标排放。购物中心固体废物包括生活垃圾、餐厨垃圾与危险废物三类。

3. 确定审核重点

审核小组通过对购物中心各部门的水耗、能耗、物耗及排放情况等状况进行分析之后，确定将购物中心水耗与购物中心电耗作为本轮清洁生产审核的重点。

4. 设置清洁生产目标

通过对购物中心实际情况的全面分析，在确定将购物中心水耗与电耗作为本次清洁生产审核重点后，为减少污染物产生量，减少能耗、水耗，审核小组确定了以下清洁生产目标，见表 8-69。

表 8-69　清洁生产目标设置汇总一览

指标名称	基准值（2012 年）	近期目标（2013 年）		远期目标（2015 年）	
		目标值	相对值/%	目标值	相对值/%
单位营业面积日水耗/[L/（m²·d）]	17.78	17.4	2.13	17.0	4.39
单位建筑面积年综合电耗/[kWh/（m²·a）]	399.63	375.0	6.16	370.0	7.41

5. 预审核阶段产生方案

审核小组针对购物中心使用的物料和能源，分析其物流和能流的运行方式及排放的污染物，采取清洁生产技术措施，保证达到节能、降耗、减污、增效的目标，提出明显易见的清洁生产方案。

（三）评估

1. 审核重点——电耗

（1）购物中心电耗概况

购物中心用能结构中 94% 为电能，6% 为天然气，本节将重点分析购物中心的电力消耗与节电潜力。

购物中心电耗由市政供电网提供，购物中心变配电系统目前配备两台1 600 kVA SCB9 型变压器。为分析购物中心年耗电规律，审核小组列出购物中心近三年耗电量和营业额（见表 8-70），并绘制出购物中心年耗电量与年营业额的双轴曲线图（见图 8-24）。

表 8-70　购物中心 2010—2012 年耗电量数据

年份	2010	2011	2012
年耗电量/kWh	9 823 440	9 469 600	9 513 360

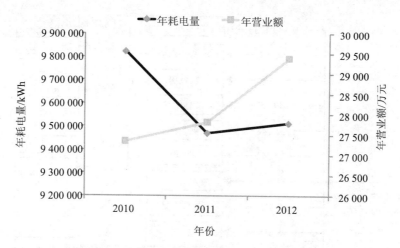

图 8-24　购物中心年耗电量与年营业额双轴曲线

（2）建立能量平衡

审核小组在预审核阶段分析了购物中心 2012 年电耗的区域分布，耗电量最大区域为中央空调冷水机组，占年总耗电量的 31.26%，其次为冷冻冷藏柜和照明用电，分别占年总耗电量的 20.31% 和 17.19%。为详细分析购物中心用电情况，审核小组绘制了购物中心电力流向图，见图 8-25。

2. 审核重点——水耗

（1）购物中心水耗概况

购物中心用水全部来自市政供水，用水量大的部位主要为一楼熟食区、冷冻鱼肉的化冻、循环水冷却塔补水等。

根据预审核阶段的分析，购物中心一楼用水最多，占年用水量的 76.7%，这是因为主要耗水部门熟食区位于一楼，二楼用水主要为公共卫生间用水。

（2）建立能量平衡

审核小组实测了购物中心审核年度夏季半个月的用水数据，并绘制了水平衡图，见图 8-26。

（四）方案的产生和筛选

1. 方案的产生、汇总

清洁生产小组从原辅材料和能源、技术工艺、设备、过程控制、产品、废弃物、管理和员工八个方面提出清洁生产方案。初步研制出 32 项备选清洁生产方案，并根据投资额和购物中心的资金状况，确定 2 万元以下为低费方案，2 万～4 万元为中费方案，4 万元以上为高费方案。备选方案具体情况汇总见表 8-71。

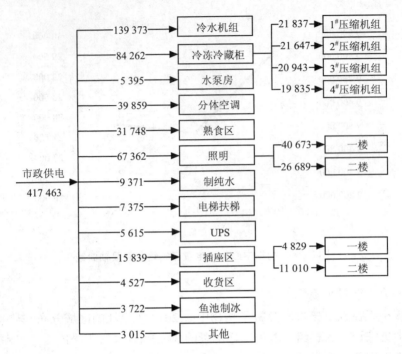

图 8-25 购物中心电耗实测流向（单位：kWh）

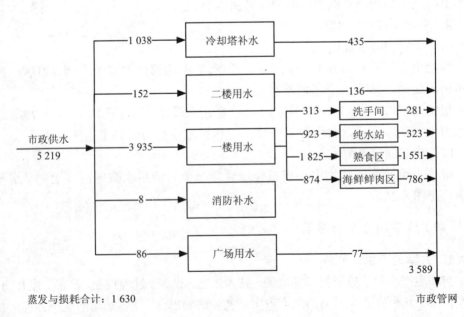

蒸发与损耗合计：1 630

图 8-26 购物中心水平衡（单位：m³）

表8-71　清洁生产方案汇总

序号	方案名称	方案内容	估算投资/万元	方案分类	经济效益	环境效益
F1	定期清洁灯具及附件	灯具及反光罩等附件每半年清洁一次，维持灯管光输出效率及美观	1.6	低费	—	维持灯管光输出效率及美观
F2	出水点加装节水器	卫生间等公共出水点加装节水器，减少水资源消耗量	0.06	低费	节省水费	节水、减少废水产生
F3	岛柜加透明盖板	岛柜安装透明盖板，减少冷量外泄，又不影响顾客购物	2.2	中费	节省电费	节电
F4	低温展示柜加透明胶帘	低温展示柜安装透明胶帘，减少冷量外泄，影响顾客购物，减少展示柜能耗	1.5	低费	节省电费	节电
F5	灶头使用节水球阀	灶头旁边安装节水型球阀，避免常流水，节约用水量	0.1	低费	节省水费	节水、减少废水产生
F6	餐厨垃圾合规处理	餐厨垃圾与非餐厨垃圾分开收集，并将餐厨垃圾交由有相关资质的单位处理	1.8	低费	—	避免环境污染
F7	危废合规处理	废含汞荧光灯、含废机油抹布等应按危废处理，并交由有相关资质的单位处理	0.6	低费	—	避免环境污染
F8	熟食区后厨预混炉头改造	利用空气预混燃烧技术，燃气在燃烧前先与足够的空气完全混合，使燃气的能量得到充分释放，提高热效率	2.08	中费	节省燃气费	减少天然气消耗
F9	泡沫洗手液代替传统洗手液	部分公共区域洗手液更换成泡沫洗手液，减少洗手液用量，降低废水中表面活性剂含量	0	无费	—	减少废水中阴离子表面活性剂（LAS）的产生量
F10	LED照明灯具替换	将卖场一般照明用T5荧光灯和局部照明用射灯逐步替换成LED节能灯具，减少照明用电	4.2	高费	节省电费	节电

序号	方案名称	方案内容	估算投资/万元	方案分类	经济效益	环境效益
F11	蒸汽发生器替代蒸柜	利用高效的蒸汽发生器替代现有蒸柜，提高蒸汽利用效率，减少能耗	0.8	低费	节省燃气费	减少天然气消耗
F12	小客流时段停开一组扶梯	在客流较小时段停开一组扶梯，减少扶梯耗电量	0	无费	节省电费	节电
F13	增加温湿度计监测点位	在原有3个温湿度监测点基础上新增3个监测点，加大监测密度，提高卖场温湿度监测准度	0.03	低费	—	—
F14	过渡季节新风调节	过渡季及冬季采用混合新风或全新风模式运行，降低冷水机负荷，减少电力消耗	0	无费	节省电费	节电
F15	冷库加胶帘并合理控制开门次数	冷库加胶帘，减少冷量外泄；存入和取货提前计划好，合理控制冷库开门次数和时间	0.05	低费	节省电费	节电
F16	根据照度值调整灯具开启数量	图书服装等区域照度实测值约680lx，超出《超市节能规范》标准值的36%，可关闭1/3灯管开启数量	0	无费	节省电费	节电
F17	办公用品重复使用	使用可更换笔芯的签字笔和循环使用硒鼓、纸张双面打印，增加办公文袋等办公用品的重复使用次数	0	无费	节省采购费	减少浪费，提高资源利用效率
F18	叉车托盘维修	对损坏的叉车托盘进行维修，提高托盘使用寿命，降低托盘损耗率	0	无费	节省采购费	减少固废产生量，提高资源利用效率
F19	使用护板和打包带代替打包膜	使用护板和打包带代替打包膜，减少一次性打包膜使用量	0	无费	节省采购费	减少固废产生量
F20	冷库定期清霜	定期对冷库结霜区域进行清霜作业，提高冷库运行效率，减少冷库电耗	0	无费	节省电费	节电
F21	使用指纹电子存包柜	使用指纹电子存包柜替代传统条码纸存包柜，减少用纸量	5.1	高费	—	减少固废产生量

序号	方案名称	方案内容	估算投资/万元	方案分类	经济效益	环境效益
F22	循环水冷却塔风机变频	根据冷却塔进水温度和水量的变化，调整冷却塔风机转速，降低风机电耗	6.5	高费	节省电费	节电
F23	楼顶建设光伏电站	在楼顶大面积空旷地安装光伏发电系统，充分利用太阳能，减少电力消耗费用	68.0	高费	节省电费	充分利用太阳能
F24	中央空调蓄冷改造	增加一台600 RT的双工况主机，并配备制冰机与动态蓄冰槽，双工况主机利用夜间低谷电价蓄冰制冷，减少空调运行费用	80.0	高费	节省电费	—
F25	岛柜融霜系统改造	将岛柜电除霜装置替换成高温制冷剂除霜系统，降低电耗的同时，提高机组运行效率	2.1	中费	节省电费	节电
F26	碳氢制冷剂替换	将挂式和柜式空调R22型制冷剂替换成R290型碳氢制冷剂，提高能效，减少电耗	1.5	低费	节省电费	节电
F27	循环水高频定向集垢	购置循环水高频定向集垢装置，处理冷却塔循环水，防止循环水结垢，提高冷却效率，减少补水	5.5	高费	节省电费、水费	节电、节水
F28	纯水站浓水回用	将纯水站制纯水产生的浓水收集起来，回用干冲厕、地面清洗或绿化等用途	0.5	低费	节省水费	节水、减少废水产生
F29	冷凝器在线清洗	冷水机组加装冷凝器在线清洗装置，利用自动发射的海绵球体清洗冷凝器管束，提高机组效率	7.5	高费	节省电费、水费	节电、节水
F30	冷水机组停机前仅开冷水泵	下班前冷水机停机后仅开冷水泵，充分利用停机后冷冷水冷量，减少电耗	0	无费	节省电费	节电
F31	生鲜区域加装残渣过滤网	生鲜区域加装残渣过滤网沟，减少残渣随污水流入地沟，减轻污水处理负荷	0.05	低费	—	减轻污水处理负荷
F32	广告招牌节能改造	将200支T8广告招牌灯替换成LED灯，年减少用电量约8 800 kWh	0.8	低费	节省电费	节电

注：0<低费<2万元，2万元≤中费<4万元，4万元≤高费。

2. 方案筛选

为了保证所提出的方案的可行性，审核小组从技术可行性、环境可行性、经济可行性等方面对这些方案进行评估。将方案分为无费、低费、中费、高费四类。

考虑到购物中心淡旺季、周转资金、对服务品质的影响待验证等诸多因素，方案初步筛选结果见表 8-72。

表 8-72　方案初步筛选结果汇总

筛选结果	序号	方案名称	方案分类	结论
可行的无/低费方案	F1	定期清洁灯具及附件	低费	立即实施
	F2	出水点加装节水器	低费	立即实施
	F5	灶头使用节水球阀	低费	立即实施
	F6	餐厨垃圾合规处理	低费	立即实施
	F7	危废合规处理	低费	立即实施
	F9	泡沫洗手液代替传统洗手液	无费	立即实施
	F12	小客流时段停开一组扶梯	无费	立即实施
	F13	增加温湿度计监测点位	低费	立即实施
	F14	过渡季节新风调节	无费	立即实施
	F15	冷库加胶帘并合理控制开门次数	低费	立即实施
	F16	根据照度值调整灯具开启数量	无费	立即实施
	F17	办公用品重复使用	无费	立即实施
	F18	叉车托盘维修	无费	立即实施
	F20	冷库定期清霜	无费	即实施
	F30	冷水机组停机前仅开冷水泵	无费	立即实施
	F31	生鲜区域加装残渣过滤网	低费	立即实施
	F32	广告招牌节能改造	低费	立即实施
初步可行的中/高费方案	F3	岛柜加透明盖板	中费	进一步评估
	F8	熟食区后厨预混炉头改造	中费	进一步评估
	F10	LED 照明灯具替换	高费	进一步评估
暂时搁置的方案	F4	低温展示柜加透明胶帘	低费	暂时搁置
	F11	蒸汽发生器替代蒸柜	低费	暂时搁置
	F26	碳氢制冷剂替换	低费	暂时搁置
	F28	纯水站浓水回用	低费	暂时搁置
	F21	使用指纹电子存包柜	高费	暂时搁置
	F23	楼顶建设光伏电站	高费	暂时搁置
	F24	中央空调蓄冷改造	高费	暂时搁置
	F27	循环水高频定向集垢	高费	暂时搁置
	F29	冷凝器在线清洗	高费	暂时搁置
不可行的方案	F19	使用护板和打包带代替打包膜	无费	否定
	F22	循环水冷却塔风机变频	高费	否定
	F25	岛柜融霜系统改造	中费	否定

（五）可行性分析

1. 技术评估

审核小组经过对初步筛选出的 3 项中/高费方案进行研制后，对确定的 3 项中/高费方案进行了可行性分析，具体如下。

（1）F3 岛柜加透明盖板：对 4 座低温岛柜进行改造，加装双层中空玻璃滑盖。

（2）F10 LED 照明灯具替换：LED 射灯光电转化效率极高，在同等照度的情况下，LED 射灯功率仅为金卤射灯的五分之一左右。LED 射灯的设计寿命大于 10 000 h，远超金卤射灯的 3 000 h，极大地降低了后期的维护成本。

（3）F8 熟食区后厨预混炉头改造：省气、火猛、低温、低噪声、降低 CO 排放。

2. 环境评估

（1）F3 岛柜加透明盖板：加装滑盖后省电约 20%，环境效益明显。

（2）F10 LED 照明灯具替换：一支金卤射灯含汞量为 20~25 mg，LED 射灯不含汞；在同等照度的情况下，本方案实施后可削减电耗 98 430 kWh/a。

（3）F8 熟食区后厨预混炉头改造：减少天然气用量，减少 CO_2 等温室气体的排放。同时，由于燃烧时间缩短，可改善后厨的工作环境；降低厨房噪声，减少 CO 排放，减少厨师职业病发作可能性。

3. 可行性分析

（1）F3 岛柜加透明盖板：购物中心有 4 座大型岛柜，每座岛柜玻璃滑盖的采购和安装费用约 5 500 元，该方案的实施共计花费 2.2 万元，方案实施后，年可节省用电 26 万 kWh，折合费用 26 万元。此方案的财务分析情况见表 8-73。

表 8-73　岛柜加透明盖板方案经济评估

类别	项目	公式	数值
基本数据	总投资费用 I/万元	—	2.2
	年运行费总节省金额 P/万元	—	26.0
	贴现率/%	—	5
	折旧期 n/年	—	10
	各项应纳税总和/%	—	30
过程数据	年折旧费 D/万元	I/n	0.22
	应税利润 T/万元	$P-D$	25.78
	年增现金流量 F/万元	$P-0.015\times(P-D)$	18.27
评估数据	投资偿还期 N/年	I/F	0.12
	净现值 NPV/万元	$\sum_{j=1}^{n}\dfrac{F}{(1+i)^j}-I$	138.8
	内部收益率 IRR/%	$i_1+\dfrac{\mathrm{NPV}_1(i_2-i_1)}{\mathrm{NPV}_1+\left|\mathrm{NPV}_2\right|}$	830.27

（2）F10 LED 照明灯具替换：本方案采用 20 支 LED 射灯替换金卤射灯，1 000 支 LED 灯管替换 T5 荧光灯，其中 LED 射灯按照单价 200 元/支计算，LED 灯管单价 38 元/支，此方案预计投资 4.2 万元。方案实施后可削减电耗 98 430 kWh/a，节省电费约 9.843 万元。此方案的财务分析情况见表 8-74。

表 8-74 LED 照明灯具替代方案经济评估

类别	项目	公式	数值
基本数据	总投资费用 I/万元	—	4.2
	年运行费总节省金额 P/万元	—	9.843
	贴现率/%	—	5
	折旧期 n/年	—	3
	各项应纳税总和/%	—	30
过程数据	年折旧费 D/万元	I/n	1.4
	应税利润 T/万元	$P-D$	8.443
	年增现金流量 F/万元	$P-0.015\times（P-D）$	7.3
评估数据	投资偿还期 N/年	I/F	0.57
	净现值（NPV）/万元	$\sum_{j=1}^{n}\dfrac{F}{(1+i)^{j}}-I$	15.7
	内部收益率（IRR）/%	$i_1+\dfrac{\mathrm{NPV}_1(i_2-i_1)}{\mathrm{NPV}_1+\left\vert\mathrm{NPV}_2\right\vert}$	164.66

（3）F8 熟食区后厨预混炉头改造：购物中心共有 2 个炒灶和 6 个汤灶，每个改造投入 2 600 元/个炉灶，方案共计投入 2.08 万元。购物中心炒灶和汤灶年用气量约 4 万 m^3，节气量以 15% 计算，年减少用气量 6 000 m^3。天然气价格按 4.8 元/m^3 计算，年产生经济效益约 2.88 万元。此方案的财务分析情况见表 8-75。

表 8-75 熟食区后厨预混炉头改造方案经济效益评估

类别	项目	公式	数值
基本数据	总投资费用 I/万元	—	2.08
	年运行费总节省金额 P/万元	—	2.88
	贴现率/%	—	5
	折旧期 n/年	—	10
	各项应纳税总和/%	—	30
过程数据	年折旧费 D/万元	I/n	0.208
	应税利润 T/万元	$P-D$	2.67
	年增现金流量 F/万元	$P-0.015\times（P-D）$	2.078
评估数据	投资偿还期 N/年	I/F	1.0
	净现值（NPV）/万元	$\sum_{j=1}^{n}\dfrac{F}{(1+i)^{j}}-I$	13.97
	内部收益率（IRR）/%	$i_1+\dfrac{\mathrm{NPV}_1(i_2-i_1)}{\mathrm{NPV}_1+\left\vert\mathrm{NPV}_2\right\vert}$	99.83

4．确定推荐实施方案

根据备选方案技术、环境、经济评估效果，审核小组确定了本轮审核期间拟实施的清洁生产方案，分别有 8 项无费方案、9 项低费方案、2 项中费方案、1 项高费方案，见表 8-76。

表 8-76　本轮审核期间拟实施方案汇总

筛选结果	序号	方案名称	方案分类
无/低费方案	F1	定期清洁灯具及附件	低费
	F2	出水点加装节水器	低费
	F5	灶头使用节水球阀	低费
	F6	餐厨垃圾合规处理	低费
	F7	危废合规处理	低费
	F9	泡沫洗手液代替传统洗手液	无费
	F12	小客流时段停开一组扶梯	无费
	F13	增加温湿度计监测点位	低费
	F14	过渡季节新风调节	无费
	F15	冷库加胶帘并合理控制开门次数	低费
	F16	根据照度值调整灯具开启数量	无费
	F17	办公用品重复使用	无费
	F18	叉车托盘维修	无费
	F20	冷库定期清霜	无费
	F30	冷水机组停机前仅开冷水泵	无费
	F31	生鲜区域加装残渣过滤网	低费
	F32	广告招牌节能改造	低费
中/高费方案	F3	岛柜加透明盖板	中费
	F8	熟食区后厨预混炉头改造	中费
	F10	LED 照明灯具替换	高费

（六）方案实施

1．方案实施情况简述

购物中心在清洁生产审核过程中，比较注重方案的付诸实施，无/低费方案贯彻"边审核、边实施"的原则，及时将审核成果转化为经济与环境效益，滚动式地推动审核工作深入开展。截至 2013 年 10 月，本次审核筛选出的 20 项方案已全部实施完毕。

2. 已实施方案成果汇总

（1）清洁生产目标完成状况见表 8-77。

（2）经济效益汇总见表 8-78。

（3）环境效益汇总见表 8-79。

表 8-77　购物中心清洁生产目标完成状况

序号	指标	审核前	审核后
1	购物中心总用电量/kWh	9 513 360	8 895 390
2	购物中心总用气量/m³	57 235	51 235
3	购物中心总用水量/m³	127 346	123 595
4	营业额/万元		
5	建筑面积/m²	24 830	24 830
6	营业面积/m²	19 620	19 620
7	万元营业额综合能耗/（kg 标煤/万元）	42.38	38.43
8	单位建筑面积年综合电耗/[kWh/（m²·a）]	399.63	373.02
9	万元营业额水耗/（m³/万元）	4.33	4.09
10	单位营业面积日水耗/[L/（m²·d）]	17.78	17.26

表 8-78　经济效益汇总

分类	无/低费方案		中/高费方案		合计		总计
	已实施	待实施	已实施	待实施	已实施	待实施	
方案数/项	17	0	3	0	20	0	20
所需投资/万元	5.09	0	8.48	0	13.57	0	13.57
经济效益/（万元/a）	28.442	0	38.732	0	67.174	0	67.174

表 8-79　环境效益汇总

指标名称	基准值（2012 年）	近期目标（2013 年）		审核后	
		目标值	相对值/%	数值	完成情况
单位营业面积日水耗/[L/（m²·d）]	17.78	17.4	2.13	17.26	完成
单位建筑面积年综合电耗/[kWh/（m²·a）]	399.63	375.0	6.16	373.02	完成

（七）持续清洁生产

1. 建立和完善清洁生产组织

为了使清洁生产能持续稳定地开展下去，购物中心成立了清洁生产组织机构——清洁生产办公室，将督导各部门推进清洁生产工作的职责赋予了清洁生产办公室。

审核小组将清洁生产纳入各部室日常职责范围，以巩固取得的清洁生产成果，使清洁生产工作持续开展下去。修订后各部室的清洁生产职责见表 8-80。

表 8-80　购物中心各部门持续清洁生产职责汇总（2013—2016 年）

序号	部门	清洁生产职责
1	总经理	工作总负责、组织协调、落实资金
2	经理办	督促与监督、制订清洁生产相关规定、协调各阶段工作
3	工程部	负责环保管理、员工培训、审定方案、新技术研发与实施等各种具体事项
4	市场部	对外宣传、收集诉求
5	财务部	资金控制、制订激励机制
6	食品部	负责餐饮原材料、餐厨垃圾的整理

2. 建立、完善清洁生产管理制度

建立和完善清洁生产管理制度是清洁生产可持续发展的保障。购物中心将此次审核的成果纳入企业的日常管理轨道，把清洁生产审核提出的加强管理的措施、方案文件化、制度化；把清洁生产审核提出的岗位操作改进措施，写入岗位操作规程；把清洁生产审核提出的清洁生产技术，写入购物中心的技术规范。

三、小结

购物中心依据清洁生产审核程序，从生产工艺装备要求，资源、能源利用指标、产品指标、污染物产生指标、废物回收利用指标与国内和国际先进指标对比，从能源的使用情况，设备管理状况、用水、环保、电耗、材耗等全方位查找对比，找出节能增效的整改环节，通过审核工艺源头控制、过程控制的原则，广泛发动全体员工提出合理化建议。

在本轮清洁生产审核中，本轮清洁生产审核工作节能减排、节水降耗的目的已经达到，经济环境效益显著。

今后的工作中，购物中心要把清洁生产审核作为一项长期的工作，有步骤、有计划地进行，为企业走可持续发展的道路作出更大的努力。

第七节　某酒店清洁生产审核案例

一、企业概况

某实业有限公司某酒店（以下简称"酒店"）位于某市某区某大厦酒店塔楼，经营服务范围有中餐、西餐、酒吧以及旅业、酒店商务办公室及会议等，总投资6亿元。酒店共有员工430人，年营业天数为365天，年销售额超过2.5亿元。酒店产权面积近5万 m^2，酒店客房建筑面积近3万 m^2。

二、清洁生产审核

（一）审核准备

1．取得领导支持

酒店高层非常重视和支持清洁生产审核工作，要求各部门单位密切配合，积极推行清洁生产，以提高企业的现代化管理水平，实现可持续发展。酒店总经理亲自担任审核小组组长，全面负责酒店的日常工作，对实施方案决策，检查掌握实施进度，对清洁生产审核工作进行决策和指导。

2．组建审核小组

为了使清洁生产审核工作顺利开展，切实解决问题，找出降低成本、减少污染的途径，按照环保部《企业清洁生产审核手册》的规定，酒店组建了由各部门主要负责人参与的清洁生产审核领导小组，以及由清洁生产主要负责人及各部门专门技术人员参与的清洁生产审核工作小组。

3．审核工作计划

为确保审核工作能按时保质顺利完成，根据清洁生产审核工作的要求，结合酒店的实际情况，经过清洁生产审核小组认真研究，制订了分阶段的清洁生产审核工作计划表，确定了每个阶段的工作内容、工作成果、完成时间和责任部门，见表8-81。

4．开展宣教培训

（1）企业开展宣传教育培训的情况

为了使审核小组和各相关部门负责人迅速掌握清洁生产审核的方法，了解清洁生产的意义，应鼓励员工积极参加清洁生产审核培训，培训主要内容应该包括清洁生产产生的社会背景、国内外清洁生产的现状、清洁生产的主要工具、企业开展清洁生产审核的好处、清洁生产审核的工作程序以及清洁生产案例，通过培训，能使审核小组对清洁生产有更深入的了解，深刻体会清洁生产审核对降低成本、系统性削减污染具有非常重要的现实意义。

表 8-81　酒店清洁生产审核工作计划

阶段	工作内容	完成时间	责任部门
1. 审核准备	制订清洁生产审核工作计划、设置清洁生产组织机构、开展清洁生产宣传培训	2013 年 7 月	工程部 咨询机构
2. 预审核	划定部室管理职责，收集企业基础数据及资料，确定能源消耗、物料消耗以及污染物产生量，走访现场，寻找清洁生产潜力及存在的问题	2013 年 7—8 月	审核小组 咨询机构
3. 审核	物料平衡测算及分析、水平衡测算及分析、污染物产生及资源能源过度消耗的原因分析	2013 年 8 月	审核小组 咨询机构
4. 方案的产生 与筛选	开展清洁生产方案征集活动、备选方案分类、汇总、初步筛选	2013 年 7—8 月	审核小组
5. 可行性分析	对筛选结果进行分析，确定实施方案	2013 年 8 月	审核小组
6. 方案实施	实施方案、核实已实施方案实际效果、拟实施方案实施计划	2013 年 7—9 月	审核小组
7. 持续清洁生产	编制持续清洁生产工作计划、建立和完善清洁生产管理制度与激励机制、编写清洁生产审核报告	2013 年 9—10 月	审核小组 咨询机构

（2）企业开展清洁生产会遇到的障碍和解决办法

本次审核借鉴其他清洁生产工作的经验，结合该酒店的实际情况，对在开展清洁生产工作中可能遇到的各类障碍问题进行了充分的预测，并提出了相应的对策和措施，见表 8-82。

表 8-82　障碍及其解决办法

障碍类型	具体问题及解决办法	解决办法
观念障碍	1. 对清洁生产认识不足 2. 审核工作太复杂，太严格	1. 大力宣传清洁生产的目的、意义 2. 用事实说明大部分企业清洁生产的巨大潜力
机构障碍	管理机构的官僚作风	1. 加强协调合作 2. 加强培训，建立清洁生产、污染预防的理念
技术障碍	1. 基础资料不足 2. 缺乏经验	1. 组织技术调研 2. 加强技术培训
经济障碍	资金不足	优先实施效益好、投入低的清洁生产方案，降低生产成本、提高员工的积极性
政策障碍	1. 企业对清洁生产的法律不了解 2. 现行的环境管理制度对于清洁生产的要求不够	充分总结清洁生产经验，用成功经验促进国家尽快制定相关的政策和法规

5. 建立激励机制

审核小组根据酒店管理现状，制定清洁生产激励机制，比如"节能奖励计划"。

初期的机制主要针对员工在本轮清洁生产审核中提出合理化建议进行奖励。以后将继续完善清洁生产激励机制，在奖金、工资、提升、表彰、批评等诸多方面，充分与清洁生产挂钩，以使清洁生产的思想更深入员工的观念，调动员工持久地参与清洁生产。

（二）预评估

1．企业概况

酒店位于某市某区某大厦酒店塔楼，经营服务范围有中餐、西餐、酒吧以及旅业、酒店商务办公室及会议等，总投资 6 亿元，酒店共有员工 430 人，年营业天数为 365 天，建筑面积为近 5 万 m^2。

（1）主要设备：锅炉、冷水机组、热泵、干洗机、冷却塔、各类水泵等。

（2）原辅材料调查结果见表 8-83。

表 8-83　企业原辅材料调查结果

分类	序号	原辅料	2010 年	2011 年	2012 年
食材	1	蔬菜/kg	244 125	247 236	257 338
	2	肉类/kg	36 809	36 251	35 792
	3	主食/kg	88 859	89 896	88 578
	4	食用油/L	8 682	8 572	8 746
	5	其他/瓶	996	943	840
客房用品	1	六小件/套	97 674	96 750	96 350
	2	卫生纸/卷	51 143	52 685	51 540
	3	拖鞋/双	54 895	57 553	56 860
	4	补充布草/件	455	485	551
清洗剂	1	洗碗机清洁剂/kg	4 864	4 586	4 428
	2	洗洁精、漂白水/kg	719	652	730
	3	洗涤剂/kg	7 436	7 674	7 443
	4	干洗剂四氯乙烯/kg	663	654	690
循环水药剂	1	缓蚀剂/kg	1 675	1 896	2 116
	2	阻垢剂/kg	1 185	125	1 322
	3	杀菌剂/kg	230	245	265
工程耗材	1	油漆/kg	89	91	93
	2	润滑油/kg	49	57	51

2．企业废弃物产生、处理现状及分析

酒店废水产生量约为总用水量的 80%，为 13 万～14 万 t/a，主要分为生活污水与循环水排污水两类。生活污水主要来源于客房、各类餐厅、水疗中心与健身房。循环水排污水来自 4 台中央空调冷水机组与冻库冷却塔。废水均经循环水排污水排入污水管道，汇入市政管网。

酒店废气主要为中餐厨房烹调过程中产生的油烟废气及锅炉废气。洗衣房干洗过程中采用四氯乙烯作为干洗剂，虽然采用全封闭干洗机，但仍存在极少量的四氯乙烯无组织排放。

酒店固体废物产生包括生活垃圾、餐厨垃圾与危险废物三类。餐厨垃圾、委托某市某公司处置；生活垃圾委托环卫部门处理；危险固体废物委托环卫部门处理。

3. 确定审核重点

审核小组通过对酒店各部门的水耗、能耗、物耗及排放情况等状况进行分析之后，确定酒店餐饮部各餐厅后厨与中央空调系统作为清洁生产审核重点。

4. 设置清洁生产目标

通过对酒店实际情况的全面分析，在确定厨房与中央空调系统作为本次清洁生产审核重点后，为减少污染物产生量，减少能耗、物耗并降低成本，审核小组考虑到各部门各种污染物的排放情况，确定了以下的清洁生产目标，见表8-84。

表8-84　清洁生产目标设置汇总一览

指标名称	基准值（2012 年）	近期目标（2013 年）		远期目标（2014 年）	
		目标值	相对值	目标值	相对值
单位建筑面积综合能耗/[kg 标煤/（m²·a）]	42.8	≤41	−10.3	≤39	−14.7
单位建筑面积水耗/[m³/（m²·a）]	3.39	≤2.9	−14.5	≤2.5	−26.3

5. 预审核阶段产生方案

审核小组针对使用的物料和能源，分析其物流和能流的运行方式及排放的污染物，采取清洁生产技术措施，保证达到节约能源和物料、降耗减污的目标。发现目前存在一些问题，并提出明显易见的清洁生产方案。

（三）评估

1. 审核重点——餐饮部

（1）基本概况

酒店餐饮部配套餐饮区域总面积约 6 000 m²，位于裙楼 1—4 层；各类餐厅共计 270 个餐位，其中大厅 150 个，包间餐位 120 个。各餐厅后厨面积约 2 000 m²。酒店餐饮部各类餐厅后厨共有炒灶 16 个，蒸柜 5 个，灶台常流水口 16 个。

厨房产品大多要经过多道工序才能生产出来，概括地说，厨房生产流程主要包括加工、配分、烹调三大阶段。餐饮部各操作单位功能说明见表 8-85。

表 8-85　餐饮部后厨单元操作功能说明

序号	工序	工序说明
1	化冻洗拣	洗涤食材表面的泥土、农药等,并按食谱要求切出形状
2	改刀配菜	部分切配好的食材加盐、料酒、生粉等进行腌制
3	烹调蒸煮	通过加热和调制,将加工、切配好的烹饪原料熟制成菜肴的操作过程
4	打荷出菜	经过烹调后的食物要先经过摆盘、点缀再上菜
5	清洗餐具	对使用过的餐具进行清洁,以达到卫生的要求
6	清洗炊具	清理使用后残留的油污和尘土

(2)餐饮部后厨物料平衡

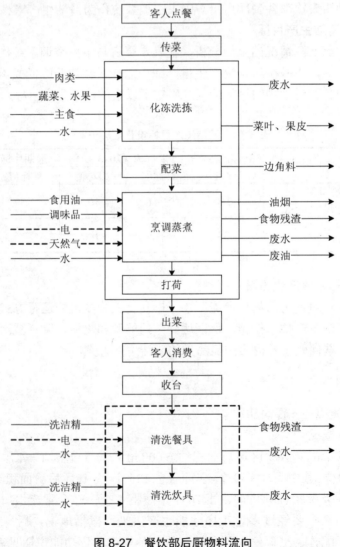

图 8-27　餐饮部后厨物料流向

（3）餐饮部后厨主要输入输出物料统计

表 8-86　餐饮部后厨主要输入输出物料统计

分类	输入		输出	
物流	蔬菜、水果/kg	4 952	食物/kg	5 260
	肉类/kg	688	厨余垃圾/kg	2 150
	主食/kg	1 703	油烟	不可测
	油/kg	178	—	—
	洗碗剂/kg	87	—	—
输入合计/kg		7 608	输出合计/kg	7 410
偏差量/kg		198	偏差率/%	2.6
水/m³		1 355	废水/m³	1 171
—		—	蒸发	不可测
偏差量/m³		198	偏差率/%	13.6

（4）酒店各类餐厅后厨耗水量估算

表 8-87　酒店各类餐厅后厨耗水量估算

项目	冷水/m³	比例/%	热水/m³	比例/%
化冻洗拣	13 575	27.4	1 280	8.2
烹调蒸煮	16 944	34.2	5 506	35.3
洗碗消毒	15 111	30.5	7 402	47.5
面点制作	595	1.2	0	—
后厨清洁	1 288	2.6	564	3.6
其他与差损	2 031	4.1	840	5.4
合计	49 545	100	15 592	100

2. 审核重点——中央空调系统

（1）基本概况

酒店目前共有 4 台冷水机组，其中 3 台麦克维尔离心机额定功率均为 315.3 kW，1 台热回收螺杆机额定功率为 199 kW，均采用汽化潜热 219.8 kJ/kg 的 R134a 环保冷媒作为制冷剂。酒店冷水机组装机与运行状况见表 8-88。

表 8-88　酒店冷水机组装机与运行状况

用电区域	机型	冷媒	制冷量/RT	额定功率/kW	日均运行时间/h	日均用电量/kWh
酒店 1#主机	离心机	R134a	500	315.3	24	7567.2
酒店 2#主机	离心机	R134a	500	315.3	10	3153
酒店 3#主机	离心机	R134a	500	315.3	5	1576.5
酒店 4#主机	螺杆热回收机	R134a	320	199.1	5	995.5

（2）冷水机组运行时间与电耗状况

表 8-89　酒店冷水机组装机与运行状况

月份	2011 年			2012 年		
	运行时间/h	耗电量/kWh	单位建筑面积制冷电耗/[W/（m²·d）]	运行时间/h	耗电量/kWh	单位建筑面积制冷电耗/[W/（m²·d）]
1	118	75 350	50	224	88 564	58
2	202	90 552	60	260	101 570	67
3	449	199 146	131	571	184 274	121
4	752	263 569	173	988	314 479	207
5	1 218	385 461	253	1 181	457 390	301
6	1 238	468 301	308	1 241	487 559	320
7	1 345	499 566	328	1 394	535 342	352
8	1 356	533 993	351	1 295	544 388	358
9	1 266	460 427	303	1 246	485 205	319
10	1 075	370 990	244	1 106	381 181	251
11	871	299 627	197	801	283 933	187
12	516	158 234	104	462	162 848	107
小计	10 406	3 805 220	206	10 769	4 026 733	218

（3）建立能量平衡

审核小组汇总了近年冷却塔补水数据，中央空调循环水系统水平衡见图 8-28。

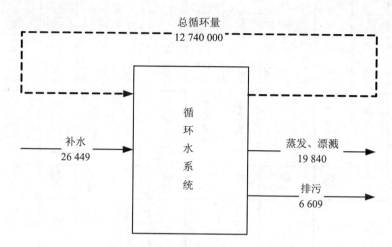

图 8-28 中央空调循环水系统水平衡（2012 年）（单位：m³）

（四）方案的产生和筛选

1. 方案产生

审核小组通过前期工作和宣传教育，使广大职工对清洁生产工作有了较为深入的理解。根据工艺物料平衡分析及资源消耗和产污分析，通过开展清洁生产合理化建议活动，发动全体员工从原辅材料和能源、技术工艺、设备、过程控制、产品、废弃物、管理和员工八个方面提出清洁生产方案。在审核小组及全酒店员工们的进一步努力下，随着清洁生产审核的逐步深入，全体人员在本轮清洁生产审核过程中共提出了数十项合理化建议。

2. 方案汇总

审核小组对征集上来的合理化建议进行整合，剔除重复建议，在对反映的问题进行了实地察看后，对建议的内容进行了充实完善，对投资进行了初步估算，初步研制出 31 项备选清洁生产方案，并根据投资额和酒店的资金状况，确定 2 万元以下为低费方案，2 万～5 万元为中费方案，5 万元以上为高费方案。备选方案具体情况汇总见表 8-90。

3. 方案筛选

为了保证所提出的方案的可行性，审核小组从技术可行性、环境可行性、经济可行性等方面对这些方案进行评估，筛选出可行的无/低费方案 21 项，初步可行的中/高费方案 4 项，两条方案经调查后技术不可行予以否定，考虑到酒店淡旺季、周转资金、对服务品质的影响待验证等诸多因素，审核小组将 5 条方案暂时搁置，待条件允许再予以实施，方案初步筛选结果见表 8-91。

表 8-90 清洁生产方案汇总

序号	方案名称	方案内容	估算投资/万元	方案分类	经济效益	环境效益
F1	洗浴出水点加装节水器	考虑在水龙头与淋浴喷头连接处加装人工调节压力与出水量的节水器	4.5	中费	节省水费	节水
F2	降低支管末端水压	考虑调节支管减压阀出水端压力至 0.15 MPa，单位时间水流量可降低约 16%	0	无费	节省水费	节水
F3	泡沫洗手液代替传统洗手液	建议在员工办公区域采用泡沫洗手液代替传统洗手液，节省用量的同时可大量减少废水中阴离子表面活性剂（LAS）的产生量	0	无费	—	减少废水中阴离子表面活性剂（LAS）的产生量
F4	锅炉板换定期酸洗清垢	对锅炉内部管与板式换热器传热片进行酸洗除垢，以增加传热热效率，降低排烟温度，减少天然气消耗	0.8	低费	节省燃料费	减少天然气消耗
F5	锅炉加装二级换热器	在原配省煤器后加装二级热交换器，将排烟温度降至 130℃以下，进水温度提升至 95℃以上，以减少天然气消耗	8	高费	节省燃料费	减少天然气消耗
F6	LED 射灯替换金卤射灯	目前 LED 技术已经成熟可靠，可以支持调光，建议将金卤灯尽早替换为 5 W、9 W 的 LED 射灯	15	高费	节省电费	降低电耗
F7	危险废物合规处置	酒店与具备相应危废处理资质的机构签订处理协议，定期委托其进行处理处置，并履行危废转移联单等手续	0.6	低费	—	避免环境污染
F8	餐厨垃圾消异味	采用微生物菌液对餐厨垃圾进行消异味处理，同时可关闭冷库	1.2	低费	节省电费	关闭 1 座冷库，降低电耗
F9	炒灶加装红外线防空烧装置	后厨 16 座炒灶耗气量较大，厨师在出菜时炉灶处于空烧状态，造成天然气的浪费，建议加装红外线防空烧火力自动调节装置	1.8	低费	节省燃料费	减少天然气消耗
F10	蒸箱热源改造	酒店可考虑采用现有蒸汽发生器代替蒸柜现有蒸汽发生系统以降低天然气消耗。高效蒸汽发生器热效率可达 80%以上，在与普通蒸柜同样产汽时间与效果的前提下，节气量可达 30%	4.0	中费	节省燃料费	减少天然气消耗

序号	方案名称	方案内容	估算投资/万元	方案分类	经济效益	环境效益
F11	炉灶预混炉头改造	建议酒店使用预混炉头燃烧器对现有炉头进行改造	1.8	低费	节省燃料费	减少天然气消耗
F12	洗衣房加装板式换热器	建议增加一座板式换热器，将高温冷凝热量预热热水炉板换热水	0.4	低费	节省燃料费	减少天然气消耗
F13	洗衣房布草洗涤预处理	建议将脏布草预先挑拣出来，人工采用洗涤液进行预处理，并根据不同材料，不同的污垢程度，确定合理的洗涤水温，缩短洗涤时间，减少清洗剂消耗量	0	无费	节省洗涤费用	降低能耗、水耗、清洗剂消耗
F14	洗衣机干洗机冷却水改造	建议将消防水池作为循环水池，增加管线与两台小功率循环泵，直流冷却水改造成为循环冷却水，以降低清水与废水排放量	0.3	低费	节省水费	节水的同时减少废水产生
F15	锅炉烟气指标在线监控系统	加装在线自动监控系统，将烟气中过氧含量作为在线监控指标，减少送风量，节约炉效，提升炉出热量，从而达到减少烟气带出热量少的目的	25	高费	节省燃料费	减少天然气消耗
F16	后厨洗碗台节水改造	建议酒店有条件可对洗碗台进行二级逆流清洗节水改造。采用两级洗碗池，上部洗碗池为清水池，下部洗碗池为初洗池	0.4	低费	节省水费	节水的同时减少废水产生
F17	节水快速解冻代替过水解冻	建议采用香港生产厂力促进局推荐的快速节水解冻法，在提高解冻速度的前提下，可将化冻水耗水量减少90%以上	0	无费	节省水费	节水的同时减少废水产生
F18	灶头使用节水浮球阀	建议酒店在灶台水口加装浮球水阀，依照水位设定自动需补水，节水率一般均可达50%以上	0.4	低费	节省水费	节水的同时减少废水产生
F19	洗菜池加强用水管理	洗菜池制订用水规程，严禁出现溢流洗菜的现象，减少洗菜用水	0	无费	节省水费	节水的同时减少废水产生
F20	提醒客人按需点餐	将环保低碳的理念传递给顾客，在点餐时，服务人员遇到客人点餐过剩的情况，要礼貌地提醒客人按需点餐，切勿浪费，以减少餐厨垃圾的产生和资源浪费	0	无费	—	避免食物浪费，源头减少餐厨垃圾与洗碗废水
F21	冷凝器加装在线清洗装置	采用胶球对冷凝器换热管束内表面进行循环在线清洗以去除污垢，始终保持在最佳换热状态	12	高费	节省水电费	节水、节电

序号	方案名称	方案内容	估算投资/万元	方案分类	经济效益	环境效益
F22	循环水系统加装高频电解除垢装置	考虑采用高频电解技术净化循环水系统水质的方法，将结垢物质析出，并定期清理，以减少排污量与药剂消耗量	12	高费	节省水费	节水、节电的同时减少废水的产生
F23	冷却塔加装收水器	建议酒店对冷却塔系统顶部加装收水器，但可能会造成风扇电耗上升	3.5	中费	节省水费	节水
F24	提倡电子文件办公（OA）	利用电子文件办公（OA）系统，减少纸张的使用，并提高办公效率	0	无费	节省采购费	减少纸张使用
F25	完善节水节电标识	完善酒店节水节电标识，提高员工和客人的节约水电意识，输出酒店的环保理念	0.1	低费	—	减少资源能源浪费
F26	废旧床单毛巾等回用	将客房内废旧的毛巾、床单等用作抹布、拖布等，提高资源利用率	0	无费	节省采购费	提升资源利用效率
F27	规范客房清洁服务	服务人员打扫客房卫生时，尽量不开或少开空调，并使用局部照明，禁止服务员清洁客房时使用热水，以减少客房热水消耗	0	无费	节省能源费	节电、减少天然气消耗
F28	酒店朝阳面玻璃涂覆隔热涂料	酒店大楼朝阳面玻璃涂覆隔热涂料以隔绝红外线进入，降低空调负荷	80	高费	节省电费	节电
F29	规范客房预定管理	闲置客房应关上窗帘，仅在客房被预订前0.5 h打开窗帘，避免阳光照射，减少冷量散失	0	无费	节省电费	节电
F30	一次性用品二次利用	建议客房部在清理退客房时，对客人未使用的一次性消耗品如洗浴六小件等，在外包装完好无损情况下可回收进行二次包装利用	0	无费	节省采购费	减少浪费，提高资源利用效率
F31	合理安排熨平批次和停机	合理安排熨平批次和停机时间，提高能源利用效率，减少蒸汽锅炉高规格蒸气的运行时间，以减少天然气消耗	0	无费	节省燃料费	减少天然气消耗
F32	游泳池夜间覆盖保温层	建议酒店在夜间23:00—次日07:00期间泳池无人使用时对水面覆盖保温层，以减少散热损失	1.5	低费	节省燃料费	减少天然气消耗

注：0＜低费＜2万元，2万元＜中费＜5万元，5万元＜高费。

表 8-91　方案初步筛选结果汇总

分类	序号	方案名称	方案分类	结论
可行的 无费方案	F2	降低支管末端水压	无费	立即实施
	F3	泡沫洗手液代替传统洗手液	无费	立即实施
	F13	洗衣房布草洗涤预处理	无费	立即实施
	F17	节水快速解冻代替过水解冻	无费	立即实施
	F19	洗菜池加强用水管理	无费	立即实施
	F20	提醒客人按需点餐	无费	立即实施
	F24	提倡电子文件办公（OA）	无费	立即实施
	F26	废旧床单毛巾等回用	无费	立即实施
	F27	规范客房清洁服务	无费	立即实施
	F29	规范客房预定管理	无费	立即实施
	F30	一次性用品二次利用	无费	立即实施
	F31	合理安排烫平批次和停机	无费	立即实施
可行的 低费方案	F4	锅炉板换定期酸洗清垢	低费	立即实施
	F7	危险废物合规处置	低费	立即实施
	F9	炒灶加装红外防空烧装置	低费	立即实施
	F11	炉灶预混炉头改造	低费	立即实施
	F12	洗衣房加装板式换热器	低费	立即实施
	F14	洗衣房干洗机冷却水改造	低费	立即实施
	F18	灶头使用节水球阀	低费	立即实施
	F25	完善节水节电标识	低费	立即实施
	F32	游泳池夜间覆盖保温层	低费	立即实施
初步可行的 中/高费方案	F1	洗浴出水点加装节水器	中费	进一步评估
	F6	LED 射灯替换金卤射灯	高费	进一步评估
	F10	蒸柜热源改造	中费	进一步评估
	F21	冷凝器加装在线清洗装置	高费	进一步评估
暂时搁置的 方案	F5	锅炉加装二级换热器	高费	暂时搁置
	F15	锅炉烟气指标在线监控系统	高费	暂时搁置
	F16	后厨洗碗台节水改造	低费	暂时搁置
	F22	循环水系统加装高频定向集垢装置	高费	暂时搁置
	F23	冷却塔加装收水器	中费	暂时搁置
否定的方案	F8	餐厨垃圾消异味	低费	否定
	F28	酒店朝阳面玻璃涂覆隔热涂料	高费	否定

（五）可行性分析

1. 技术评估

审核小组经过对初步筛选出的 4 项中/高费方案进行研制后，对确定的 4 项中/高费方案进行了可行性分析，具体如下。

（1）F21 冷凝器加装在线清洗装置：自动在线清洗提高冷水机组制冷效率，始终保持冷凝管内壁洁净，从而维持冷凝器的热交换效率在最佳状态。

（2）F1 洗浴出水点加装节水器：全铜材质、镀铬工艺，经久耐用，可稳定保持节水率；节水器进出水两端压差可以调节，分多种型号，可以根据各用水点实际需要人工调节出水量与节水率。

（3）F10 蒸柜热源改造：操作方便、上蒸汽快、高效节气、蒸汽胆水垢少、蒸汽直接加热、常压蒸汽。

（4）F6 LED 射灯替换金卤射灯：LED 射灯光电转化效率极高，寿命可达 30 000 h。

2. 环境评估

（1）F21 冷凝器加装在线清洗装置：安装冷凝器在线清洗装置后可以减少循环水化学添加药剂的使用，降低环境污染；在线清洗过程无废水排放，不会对环境造成污染。

（2）F1 洗浴出水点加装节水器：加装节水器后，水流通过节水器时经减压，并混入空气形成气泡水流，可在不降低出水冲击力与洗浴舒适度的前提下，降低冷热水消耗量 30%；2012 年酒店 7—28 层客房共消耗冷水 31 756 m^3，热水 9 287 m^3，节水率均按照 30%计算，可降低客房冷水消耗量 9 527 m^3，热水消耗量 2 786 m^3；2012 年酒店制备每吨热水，热水炉平均消耗天然气 1.5 m^3，热泵消耗电 13 kWh，间接节约天然气 4 179 m^3、电 3.6 万 kWh。

（3）F10 蒸柜热源改造：无鼓风机的火焰噪声；无炉火飘出，热量蒸汽水胆充分吸收，附近区域的温度可大幅降低，改良工作环境，降低空调电耗。

（4）F6 LED 射灯替换金卤射灯：金卤射灯耗电量大，光电转化效率较低，运行时散发大量热量，周边区域温度超过 60℃，间接增加空调系统耗电量。

3. 可行性分析

（1）F21 冷凝器加装在线清洗装置：目前的 4 台冷水机组配备冷凝器在线清洗装置，按照单价 3 万元/套计算，此方案预计投资 12 万元。按照最低节电率 5%计算，可降低电耗 20 万 kWh/a，循环水浓缩倍率由 4 提升至 10 后，可减少排污水量约 3 500 t/a，相应减少补充水量 3 500 t/a，合计节省费用 21.6 万元，见表 8-92。

表8-92 中央空调冷凝器的在线清洗装置方案经济效益评估

类别	项目	公式	数值
基本数据	总投资费用 I/万元	—	12
	年运行费总节省金额 P/万元	—	21.6
	贴现率/%	—	7
	折旧期 n/年	—	10
	各项应纳税总和/%	—	14
过程数据	年折旧费 D/万元	I/n	1.20
	应税利润 T/万元	$P-D$	20.40
	净利润 E/万元	—	17.54
	年增现金流量 F/万元	$P-0.015\times(P-D)$	18.74
评估数据	投资偿还期 N/年	I/F	0.64
	净现值 NPV/万元	$\sum_{j=1}^{n}\dfrac{F}{(1+i)^j}-I$	119.65
	内部收益率 IRR/%	$i_1+\dfrac{NPV_1(i_2-i_1)}{NPV_1+\left\vert NPV_2\right\vert}$	156.19

（2）F1 洗浴出水点加装节水器：酒店工程部计划购买节水器 1 005 支，按需装配，其余损坏时替换，按照单价 45 元/支计算，此方案预计投资 4.53 万元。酒店制备每吨热水，热水炉平均消耗天然气 1.5 m³，热泵消耗电 13 kWh，热水成本约为 20.5 元/m³，冷水成本为 4.5 元/m³，核算约可降低热水成本 57 115 元，冷水成本 42 871 元，合计节省费用 10 万元。见表 8-93。

表8-93 F1 洗浴出水点加装节水器方案经济评估

类别	项目	公式	数值
基本数据	总投资费用 I/万元	—	4.53
	年运行费总节省金额 P/万元	—	10
	贴现率/%	—	7
	折旧期 n/年	—	10
	各项应纳税总和/%	—	14
过程数据	年折旧费 D/万元	I/n	0.45
	应税利润 T/万元	$P-D$	9.55
	年增现金流量 F/万元	$P-0.015\times(P-D)$	8.21
评估数据	投资偿还期 N/年	I/F	8.66
	净现值 NPV/万元	$\sum_{j=1}^{n}\dfrac{F}{(1+i)^j}-I$	0.52
	内部收益率 IRR/%	$i_1+\dfrac{NPV_1(i_2-i_1)}{NPV_1+\left\vert NPV_2\right\vert}$	56.32

（3）F10 蒸柜热源改造：酒店工程部计划采用 5 台蒸汽发生器对蒸柜燃烧器进行替换，按照单价 0.8 万元/台计算，此方案预计投资 4 万元。方案实施后可节约天然气 13 140 m^3/a，核算节省燃料费 6.44 万元/a。见表 8-94。

表 8-94　使用高效蒸汽发生器方案经济效益评估

类别	项目	公式	数值
基本数据	总投资费用 I/万元	—	4
	年运行费总节省金额 P/万元	—	6.44
	贴现率/%	—	7
	折旧期 n/年	—	10
	各项应纳税总和/%	—	14
过程数据	年折旧费 D/万元	I/n	0.40
	应税利润 T/万元	$P-D$	6.04
	净利润 E/万元	—	5.19
	年增现金流量 F/万元	$P-0.015\times(P-D)$	5.59
评估数据	投资偿还期 N/年	I/F	0.72
	净现值 NPV/万元	$\sum_{j=1}^{n}\dfrac{F}{(1+i)^j}-I$	35.29
	内部收益率 IRR/%	$i_1+\dfrac{NPV_1(i_2-i_1)}{NPV_1+\left\|NPV_2\right\|}$	139.84

（4）F6 LED 射灯替换金卤射灯：酒店工程部计划采用 2 633 支 LED 射灯替换金卤射灯，按照单价 57 元/支计算，此方案预计投资 15 万元。方案实施后可削减电耗 180 208 kWh/a，核算节省电费 18 万元/a。见表 8-95。

表 8-95　LED 射灯替换金卤射灯方案经济评估

类别	项目	公式	数值
基本数据	总投资费用 I/万元	—	15.00
	年运行费总节省金额 P/万元	—	18.00
	贴现率/%	—	7
	折旧期 n/年	—	10.00
	各项应纳税总和/%	—	14
过程数据	年折旧费 D/万元	I/n	1.50
	应税利润 T/万元	$P-D$	16.50
	净利润 E/万元	—	14.19
	年增现金流量 F/万元	$P-0.015\times(P-D)$	15.69
评估数据	投资偿还期 N/年	I/F	0.96
	净现值 NPV/万元	$\sum_{j=1}^{n}\dfrac{F}{(1+i)^j}-I$	95.20
	内部收益率 IRR/%	$i_1+\dfrac{NPV_1(i_2-i_1)}{NPV_1+\left\|NPV_2\right\|}$	104.52

4．确定推荐实施方案

根据备选方案技术、环境、经济评估效果，审核小组确定了本轮审核期间拟实施的清洁生产方案，见表 8-96。

表 8-96 本轮审核期间拟实施方案汇总

分类	编号	方案名称	分类	编号	方案名称
可行的无费方案	F2	降低支管末端水压	可行的低费方案	F4	锅炉板换定期酸洗清垢
	F3	泡沫洗手液代替传统洗手液		F7	危险废物合规处置
	F13	洗衣房布草洗涤预处理		F9	炒灶加装红外防空烧装置
	F17	节水快速解冻代替过水解冻		F11	炉灶预混炉头改造
	F19	洗菜池加强用水管理		F12	洗衣房加装板式换热器
	F20	提醒客人按需点餐		F14	洗衣房干洗机冷却水改造
	F24	提倡电子文件办公（OA）		F18	灶头使用节水球阀
	F26	废旧床单毛巾等回用		F25	完善节水节电标识
	F27	规范客房清洁服务		F32	游泳池夜间覆盖保温层
	F29	规范客房预定管理	可行的中费方案	F1	洗浴出水点加装节水器
	F30	一次性用品二次利用		F10	蒸柜热源改造
	F31	合理安排烫平批次和停机	可行的高费方案	F6	LED 射灯替换金卤射灯
	—	—		F21	冷凝器加装在线清洗装置

（六）方案实施

1．方案实施情况简述

酒店在清洁生产审核过程中，比较注重方案的付诸实施，无/低费方案贯彻"边审核、边实施"的原则，及时将审核成果转化为经济与环境效益，滚动式地推动审核工作深入开展。截至 2013 年 10 月，本次审核筛选出的全部 25 项方案已全部实施完毕。

2．已实施方案成果汇总

（1）清洁生产目标完成状况见表 8-97。

（2）经济效益汇总见表 8-98。

（3）环境效益汇总见表 8-99。

表 8-97 酒店清洁生产目标完成状况

序号	指标	基准值（2012 年）	近期目标值（2013 年）	酒店状况	完成情况
1	单位建筑面积综合能耗/[kg 标煤/（m²·a）]	42.8	≤41	40.4	完成
2	单位建筑面积水耗/[m³/（m²·a）]	3.39	≤2.9	2.63	完成

表 8-98　经济效益汇总

分类	无/低费方案		中/高费方案		合计		总计
	已实施	待实施	已实施	待实施	已实施	待实施	
方案数/项	21	0	4	0	25	0	25
所需投资/万元	7.7	0	35.5	0	43.2	0	43.20
经济效益/（万元/a）	36.88	0	56.04	0	92.92	0	92.92

表 8-99　酒店水资源清洁生产指标核算（审核后）

基础数据	指标值	核算指标	核算值
酒店建筑面积/m^2	50 715.35	单位建筑面积水耗/[m^3/（$m^2 \cdot a$）]	2.63
酒店总取水量/m^3	133 334	间接冷却水循环系统补充水量/（m^3/h）	2.13
宾馆饭店取水量/m^3	83 703	单位床位取水量/[L/（床·d）]	546
餐饮取水量/m^3	49 631	单位床位废水产生量/[L/（床·d）]	491
酒店床位数/个	420	单位床位化学需氧量产生量/[g/（床·d）]	147
酒店平均出租率/%	70	间接冷却水循环率/%	99.98
间接冷却水循环量/（m^3/h）	1 274	—	—

（七）持续清洁生产

1. 建立和完善清洁生产组织

为了使清洁生产能持续稳定地开展下去，酒店成立了清洁生产组织机构——清洁生产办公室，将督导各部门推进清洁生产工作的职责赋予了清洁生产办公室。

审核小组将清洁生产纳入各部室日常职责范围，以巩固取得的清洁生产成果，使清洁生产工作持续开展下去。

2. 建立和完善清洁生产管理制度

建立和完善清洁生产管理制度是清洁生产可持续发展的保障。酒店将此次审核的成果纳入企业的日常管理轨道，把清洁生产审核提出的加强管理的措施、方案文件化、制度化；把清洁生产审核提出的岗位操作改进措施，写入岗位操作规程；把清洁生产审核提出的清洁生产技术，写入酒店的技术规范。

3. 持续清洁生产计划

在本轮清洁生产审核进入持续清洁生产阶段之际，审核小组决定以此审核的圆满结束为契机，将清洁生产工作在酒店内部持续开展下去。

三、小结

酒店通过清洁生产审核，提高了整个酒店的管理水平，同时也提升了酒店的形象。今后，更要加强对清洁生产的宣传工作，建立节能、降耗、减污、增效的意识，使酒店的经济效益、环境效益、社会效益协调发展，为酒店的持续发展作出更大的贡献。

第八节　某制衣有限公司清洁生产审核案例

一、企业概况

公司成立于 2002 年年初，是由香港某实业有限公司负责经营管理的独资企业，总投资 2.2 亿元，职工 1 200 人，三班制生产，全年工作日 330 天，公司从事生产牛仔纺织服装系列，从棉纱购进到生产服装出口，均属自营生产，2011 年产值达 1.3 亿元，实现税利 1 000 万元。

二、清洁生产审核

（一）审核准备

1. 取得领导支持

本次清洁生产审核工作在取得领导支持的工作中主要进行了以下两方面的工作：① 宣讲效益；② 阐明投入。通过本阶段的工作，使公司各级领导对清洁生产审核都具备了高度的认识，同时××市环保局及××市环保局也对审核工作给予了支持，为公司清洁生产工作的推进奠定了良好的基础。

2. 组建审核小组

本轮审核是公司首次开展清洁生产审核工作，公司管理层高对重视，为了确保清洁生产审核工作的顺利实施，成立了以总经理为组长，各职能部门技术骨干为组员的清洁生产工作小组，并明确了小组成员的职责，下发了《关于成立清洁生产审核工作小组的通知》。

3. 审核工作计划

公司清洁生产审核小组成立后，随即制订了详细的审核工作计划，使审核工作按既定程序和步骤进行，审核工作计划包括阶段工作进度、工作内容、时间安排等。见表 8-100。

表 8-100　制衣公司清洁生产审核工作计划

工作进度	工作内容	时间安排
1．审核准备	制订公司清洁生产审核工作计划、设置清洁生产组织机构、清洁生产启动会、宣传培训	2012 年 2 月中旬
2．预审核	划定部室清洁生产管理职责，收集公司基础数据及资料，确定公司生产过程能源消耗、物料消耗以及污染物产生量，走访车间生产现场	2012 年 2 月中旬—2012 年 2 月下旬
3．审核	对审核重点进行物料平衡测算及分析、水平衡测算及分析、污染物产生及资源能源过度消耗的原因分析	2012 年 2 月下旬—3 月下旬
4．实施方案的产生和筛选	征集清洁生产方案，对产生的清洁生产备选方案进行分类、汇总，对清洁生产无/低费方案进行筛选，对可行的无/低费、中/高费清洁生产方案进行整理汇总与初步筛选	2012 年 2 月中旬—4 月上旬
5．实施方案的确定	对初步可行的中/高费清洁生产方案进行技术、环境、经济可行性分析，确定实施的中/高费清洁生产方案	2012 年 4 月上旬
6．方案实施	实施无/低费清洁生产方案、核实已实施方案实际效果、制订拟实施方案实施计划、采集当前清洁生产指标数据，与目标表进行对比，分析存在差距的原因	2012 年 2 月下旬—2013 年 5 月
7．持续清洁生产	编制持续清洁生产工作计划、建立和完善清洁生产管理制度与激励机制、编写清洁生产审核报告	2012 年 4 月开始

4．开展宣教培训

（1）企业开展宣传教育培训的情况

为推动清洁生产审核工作的进展，于 2012 年 2 月召开了公司清洁生产审核启动会，公司领导就国内国际环境保护的现状和严峻形势进行了说明，强调了清洁生产的必要性和紧迫性，并就有关某省某市清洁生产政策文件进行传达。通过宣贯，使全体职工对清洁生产有了全面的认识，为清洁生产审核工作的开展奠定了坚实的基础。公司还邀请某有限公司清洁生产审核员进行现场授课。

（2）企业开展清洁生产会遇到的障碍和解决办法

公司在开展清洁生产宣传教育的过程中，发现了一些不利于清洁生产的思想观念、政策法规等各方面障碍，为了克服这些障碍，经过审核小组讨论、总结和归纳，提出了相应的解决办法，取得了较好成效。见表 8-101。

表 8-101　障碍及其解决办法

类型	障碍表现	解决办法
观念障碍	清洁生产只是生产一线的事，与其他人无关	讲清清洁生产是从原料到产品八大方面实行全过程、全方位的污染预防与控制，需要全员全过程的参与
	清洁生产无非是过去环保管理办法的"老调重谈"	讲透清洁生产审核与过去的污染预防政策、八项管理制度、污染物流失总量管理、三分治理七分管理之间的关系等
技术障碍	缺乏清洁生产审核技能	派骨干参加外训，培训企业内部专业人员，掌握清洁生产审核技能。由浅入深，由易到难，逐步开展工作
	不了解清洁生产工艺	聘请并充分向外部清洁生产工艺专家咨询
经济障碍	缺乏物料平衡计量设备	积极向公司领导汇报，争取购进设备
	缺乏资金来实施需较大投资的清洁生产工艺	由无/低费方案的效益中积累资金，企业财务要为清洁生产的投入专门建账
政策障碍	清洁生产工作涉及多部门协作，各部门协调会有较多困难	由公司领导直接参与协调，成立专门领导机构和常设机构开展工作，保证人力、物力资源集中使用，对车间制订相应的奖励制度，并及时向上级汇报工作情况

（二）预评估

1. 企业概况

公司位于某市某大道 8 号距离某市 5 km，邻接省道，交通便捷，区位优势显著，是长沙区的龙头企业。

公司总占地面积 12 万 m^2，厂区内设置有生产车间、锅炉房、废水处理站、物料仓、办公区、宿舍楼、食堂等，功能区划分明确。

（1）组织机构：公司拥有浆纱、织布、防缩、制衣、洗水、针织（绣花、提花车间）及制线厂等。

（2）原辅材料消耗状况见表 8-102。

2. 企业废弃物产生、处理现状及分析

废水主要是员工的生活用水和生产过程中的废水。生产过程中的污水均经废水处理站处理，只有少量蒸发损耗。公司生产废水排放监测状况见表 8-103。

公司染色生产的烘干过程中产生了极少量挥发性有机物，此类废气中污染物浓度极低，无需处理直接排放。公司发电机以 $0^\#$ 柴油为燃料，烟气产生的污染物浓度较低且年运行时间极少，未作处理直接排放。公司锅炉烟气排放状况见表 8-104。

固体废弃物主要为生产过程中产生的一般固废、危废、严控废物及员工的生活垃圾。生活垃圾定期外送环卫部门处理。主要固废产生及处置状况见表 8-105。

表 8-102　企业原辅材料调查结果　　　　　　　　　　　　单位：kg

序号	材料名称	2008 年	2009 年	2010 年	2011 年
1	棉纱	1 399 876	1 296 182	1 080 152	898 047
2	牛仔布/m	2 074 107.36	1 595 467	997 167	539 843
3	染料	357 025.34	332 308.20	302 098.37	274 634.88
4	化工料	1 835 874.77	1 708 775.75	1 553 432.49	1 412 211.36
5	黑砂	13 026.70	12 124.85	11 022.5	10 020.54
6	红光增白剂	1 220.01	1 135.55	1 032.31	938.47
7	蓝光增白剂	3 526.65	3 282.50	2 984.09	2 712.81
8	固色剂	5 942.22	5 530.84	5 028.03	4 570.94
9	浮石	54 409.39	50 642.59	46 038.71	41 853.38
10	工业盐	89 319.57	83 135.91	75 578.096	68 707.36
11	分散均染剂	39 084	29 616	25 944	23 664
12	硫酸	39 512	31 610	28 224	26 530
13	烧碱	46 539	40 407	33 380	32 051
14	冰醋酸	25 110	22 428	24 680	25 269
15	渗透剂	17 908	15 049	11 850	10 416
16	保险粉	46 300	37 401	31 256	28 368
17	退浆酶	1 350	1 134	1 020	816
18	双氧水	12 908	12 644	12 040	11 985

表 8-103　公司生产废水排放监测状况（2011 年）

监测日期	pH	色度	浓度/（mg/L）			
			COD	BOD	氨氮	SS
2011.11.17	6.7	16	52	16	2.027	48
2011.6.9	6.7	10	39	13	0.595	30
2011.1.26	6.6	10	21	7	1.838	20
2010.10.15	7.4	30	75	19	0.946	12
平均	6.85	17	47	14	1.352	28
标准	6～9	40	100	20	10	60

表 8-104　公司锅炉烟气排放状况（2011 年）

监测日期	项目	SO$_2$	NO$_x$	烟尘	黑度
2011.6.21	浓度/（mg/m^3）	160	168	50.6	1 级
	速率/（kg/h）	3.912	4.107	1.237	
2011.9.30	浓度/（mg/m^3）	71	201	17.5	1 级
	速率/（kg/h）	1.734	4.908	0.427	
均值	浓度/（mg/m^3）	116	185	34	1 级
	速率/（kg/h）	2.823	4.508	0.832	
标准限值	浓度/（mg/m^3）	450	300	75	1 级

表 8-105　公司主要固废产生及处置状况

序号	废物名称	废物种类	产生部门	产生量/（t/a）	处理方法/方向
1	废纸箱、废塑料薄膜	一般可回收	各部门	2.5	交废物回收商回收
2	废棉纱、废布碎、织布废料	一般可回收	生产车间	68	收集运送棉纺织厂综合利用
3	炉渣、煤灰、锅炉除尘沉灰	一般可回收	锅炉房	2 900	收集运送到砖厂综合利用
4	公共区域产生的垃圾	一般不可回收	各部门	72	收集运送到卫生站
5	染整废水处理污泥	严控废物	废水处理站	1 900	收集运送到砖厂综合利用

3. 确定审核重点

综合考虑与审核中发现的问题及清洁生产对标结果，审核小组决定将公司的洗水、制线、防缩、浆纱四厂车间及锅炉作为本轮审核重点。

4. 设置清洁生产目标

审核小组充分考虑了预审核中发现的提升潜力，制定了本轮的审核清洁生产目标，具体情况见表 8-106。

表 8-106　清洁生产目标一览

序号	指标	基准值（2011 年）	近期目标（2012 年）	远期目标（2013 年）
1	万元产值耗水量/（m^3/万元）	37.57	30	25
2	万元产值综合能耗/（t 标煤/万元）	0.491	0.470	0.450

5. 预审核阶段产生方案

针对上述预审核中发现的问题，审核小组发动各部门员工的力量，运用清洁生产思维，提出了一些解决方案，对花费不大的方案遵循"边审核、边实施"的原则予以解决，在审核中期即取得一定的成效。

（三）评估

1. 审核重点工艺流程

审核重点的单元操作说明见表 8-107。

表 8-107　审核重点单元操作功能说明

车间名称	序号	工序名称	主要功能说明
制线车间	1	前处理	去掉原材料的油污
	2	染色	染出订单所需染色
	3	洗水	清除染色残余
防缩车间	1	集尘机	刷毛集尘
	2	烧毛	烧去坯布表面的花毛
	3	料槽	灭火、添加助剂
	4	水洗槽	清洗布匹和残余的助剂
	5	烘干机	将布面烘干
	6	缩水机	将布匹缩水
	7	烘干定型	将布匹烘干定型
洗水车间	1	洗水	清洗绒毛和脱浆
	2	压皱	使产品定型
	3	手擦	使产品达到样板要求
	4	马骝	使产品达到样板要求
	5	烘干	把湿的产品烘干
浆纱车间	1	前处理	使用助剂对待浆染纱线进行前处理，使其更易上色固色
	2	染色	使用染料把纱线染上颜色
	3	水洗	将纱线上的浮色洗去
	4	烘干	将纱线烘干
	5	上浆	对纱线进行淀粉上浆，使棉纤维获得填充
	6	烘干	将纱线烘干

2. 主要输入输出物料平衡

（1）洗水车间输入输出物料衡算表见表 8-108，洗水车间物料平衡见图 8-29。

（2）防缩车间输入输出物料衡算表见表 8-109，防缩车间物料平衡见图 8-30。

（3）制线车间输入输出物料衡算表见表 8-110，制线车间物料平衡见图 8-31。

（4）浆纱车间输入输出物料衡算表见表 8-111，浆纱车间物料平衡见图 8-32。

表 8-108　洗水车间物料衡算　　　　　　　　单位：t

输入				输出		
名称		数量		名称		数量
		单机一次操作	全车间日度			单机一次操作	全车间日度
水洗	酵素	0.002	0.66	废水	0.494	163.02
	烧碱	0.001	0.33			
	漂水	0.001	0.33			
	水	0.7	231	蒸发水	0.21	69.3
漂洗 1	双氧水	0.003	0.99	废水	0.703	231.99
	水	0.7	231			
漂洗 2	水	0.7	231	废水	0.7	231
合计		2.107	695.31	合计	2.107	695.31

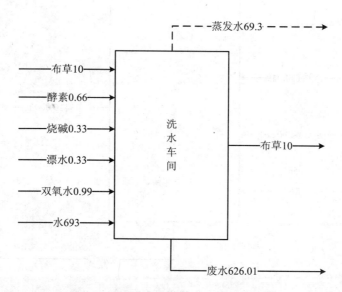

图 8-29　洗水车间物料平衡（单位：t）

表 8-109　防缩车间物料衡算　　　　　　　　　单位：t

名称		数量		名称		数量	
		10 000 m 布	全车间日度			10 000 m 布	全车间日度
烧毛	冷却水	9.613	64	废水		9.613	64
退浆	渗透剂	0.049	0.326	废水		9.684	64.47
	退浆酶	0.022	0.146				
	水	9.613	64				
水洗烘干	水	25.535	170	废水		20.428	136
				蒸发水		5.107	34
缩水烘干	冷却水	19.226	128	废水		17.274	115
				蒸发水		1.953	13
布料		10 000 m	66 575 m	布料		10 000 m	66 575 m
合计		64.059	426.473	合计		64.059	426.470

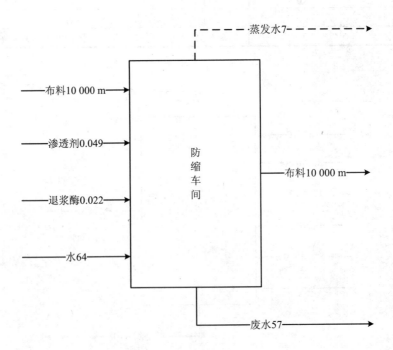

图 8-30　防缩车间物料平衡（单位：t）

表 8-110 制线车间物料衡算 单位：t

输入				输出			
名称		数量		名称		数量	
		单机一次操作	全车间日度			单机一次操作	全车间日度
前处理	烧碱	0.015	0.225	废水		2.53	37.95
	保险粉	0.015	0.225				
	水	5	75	蒸发水		2.5	37.5
水洗	水	5	75	废水		5	75
染色	染料	0.01	0.15	废水		2.53	37.95
	匀染剂	0.015	0.225				
	冰醋酸	0.005	0.075				
	水	5	75	蒸发水		2.5	37.5
水洗1	水	5	75	废水		5	75
水洗2	水	5	75	废水		5	75
纱线		1	15	色线		1	15
合计		25.06	390.9	合计		25.06	390.9

注："全车间日度"数据按 5 t 容量染色机操作 15 次/d 计算。

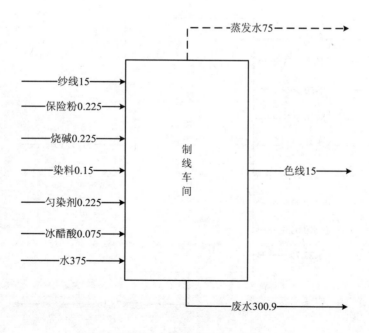

图 8-31 制线车间物料平衡（单位：t）

表 8-111   浆纱车间物料衡算   单位：t

输入			输出	
名称		数量	名称	数量
上浆	牛油	0.065	废水	10.804
	淀粉	0.716		
	胶水	0.033		
	水	11.1	蒸发水	1.11
染色	染料	0.592	废水	8.053
	烧碱	0.006		
	保险粉	0.74		
	渗透剂	0.055		
	水	7.4	蒸发水	0.74
前处理	渗透剂	0.056	废水	9.306
	水	9.25		
纱线		10	色纱	10
合计		40.013	合计	40.013

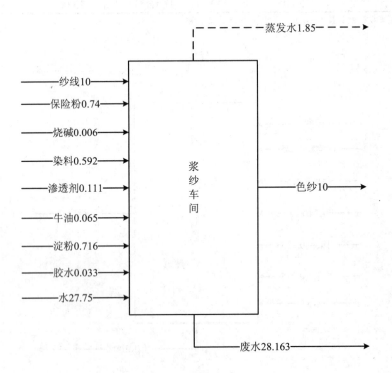

图 8-32   浆纱车间物料平衡（单位：t）

（四）方案的产生和筛选

1．方案产生

根据工艺物料平衡分析及资源、能源消耗和产污分析，通过开展清洁生产合理化建议活动，发动全体员工从原辅材料和能源、技术工艺、设备、过程控制、产品、废弃物、管理和员工八个方面提出清洁生产方案。

2．方案汇总

本轮审核共征集了数十项合理化建议，审核小组成员对征集上来的合理化建议进行整合，初步研制出 26 项备选清洁生产方案，并根据投资总额和公司的资金状况，确定 5 万元以下为低费方案，5 万～20 万元为中费方案，20 万元以上为高费方案。备选方案具体情况汇总见表 8-112。

3．方案筛选

审核小组筛选出可行的无/低费方案 15 项，初步可行的中/高费方案 5 项，考虑到公司人力、物力、生产计划、资金安排及风险承受能力等诸多因素，审核小组将其余 6 条中/高费方案暂时搁置，待条件允许再予以实施，方案初步筛选结果见表 8-113。

（五）可行性分析

公司备选中/高费方案中，方案 F10 织布车间加装水帘除纱尘，无直接经济效益且环境效益无法确切核算，不予分析，直接实施。审核小组组织有关技术人员对余下的 4 个中/高费方案进行了详细的论证分析，结果如下：

1．F4：照明节能

（1）技术评估：光效高、显色性能好、无频闪、光衰小、寿命长、成熟可靠。

（2）环境评估：T5 荧光灯管寿命相当于 T8 灯管的 2 倍以上，每支 T8 荧光灯注入汞为 9 mg，而 T5 荧光灯为 3 mg，方案实施后年减少淘汰的旧灯管 500 支，减少 9 852 mg 的汞污染；方案实施后灯管发光温度由 2 700℃降至约 1 000℃，可大大减少灯管散热量，进而节省空调电费。

（3）可行性分析

T8 荧光灯（40 W）每年耗电量 480 000 kWh，改造后 T5 荧光灯（28 W）每年耗电量预计为 336 000 kWh，相比节电 144 000 kWh/a，折标煤为 17.7 t/a，节省电费 144 000 元/a。此方案共需投资 154 387 元，年节省运行费用共计 147 000 元，财务分析情况见表 8-114。

表 8-112 清洁生产方案汇总

序号	方案名称	方案内容及技术性描述	投资额/万元	类型	分类	环境效益	经济效益/（万元/a）
F1	空调车间玻璃窗隔热处理	建议贴隔热纸，减少热量，减少空调用电	0.5	低费	设备	减少热量进入、降低能耗	2
F2	冷媒替换	采用压缩比小、重量轻，降低压缩机运行功率且汽化潜热大的高效碳氢制冷剂对空调 R22 制冷剂进行替代，可使空调系统节约电能 15%～30%，并避免的 R22 造成的臭氧层损耗	5	中费	原辅材料与能源	节约空调系统 15% 的电量	10
F3	中央空调冷却水循环系统除垢	建议公司定期对中央空调冷却水循环系统进行除垢	2.2	低费	管理	节约空调系统 10% 的用电量	4
F4	照明节能	全厂照明目前使用 200 支 T8 型照明灯，与 T5 型照明灯相比废电、照度低，建议更改节能灯管	15.4	中费	设备	节约电能，改善工作环境	14.7
F5	照明灯具间隔开启	走廊等照度要求不高的区域，照明灯具间隔开启，以减少用电量	0	无费	管理	节约电能，改善工作环境	
F6	完善蒸汽管线保温	分气缸阀门、裸露蒸汽管线阀门表面达 175℃，造成散热损失的同时也存在安全隐患，拟采用保温涂料进行保温	4.5	低费	设备	减少热量损失，降低能耗	
F7	烘缸侧壁保温	建议采用隔热保温涂料对其进行保温处理	15	中费	设备	减少热量损失，降低能耗	
F8	完善能耗管理体系	按照《用能单位能源计量器具配备和管理通则》要求，补装电表，并制订专人定期读表计量能源消耗情况	0.4	低费	管理	完善管理，节约资源	
F9	强制高噪声岗位员工佩戴耳塞	公司拟规定强制要求高噪声制运行岗位员工上岗佩戴耳塞	0	无费	管理	降低员工健康危害	
F10	织布车间加装水箱除尘	织布车间织布机运行时产生少量纱尘，建议在织布车间加装水箱除尘设备，以减少纱尘污染	6	中费	设备	减少纱尘污染	

序号	方案名称	方案内容及技术性描述	投资额/万元	类型	分类	环境效益	经济效益/(万元/a)
F11	制线车间脱水离心机加装变频器	制线车间脱水离心机功率15 kW，可考虑采用变频调速控制，以降低能耗消耗	0.5	低费	设备	降低能耗	
F12	制线车间染色机加装变频器	制线车间染色机电机功率达55 kW，染色操作时无需满负荷运行时间较长，可考虑采用变频调速控制，以降低电能消耗	1.8	低费	设备	降低能耗	
F13	加强设备维护保养	加强空压机、大功率机泵的维护保养，定期更换滤袋，进行叶轮维护，以保持设备能效，降低电能消耗	2	低费	管理	降低能耗	
F14	锅炉炉膛涂刷隔热涂层	对锅炉炉膛内壁涂刷隔热材料，能有效抑制并屏蔽红外线的辐射热和热量的传导，提高炉膛内火焰的中心温度，减少炉壁的吸热，降低炉体散热损失，具备一定的节能效果	8	中费	设备	减少热量损失，降低能耗	
F15	染色线水洗方式改造	在保证产品品质的前提下，建议采用多级逆流敞式洗涤工艺代替目前的多级单槽洗涤的工艺	10	中费	技术工艺	可大幅节约耗水量，减少排水量	
F16	空心浮球覆盖高温槽液	染色槽内槽液温度较高，建议采用空心浮球覆盖高温槽，减少热量散失及染料助剂挥发	0.3	低费	设备	减少热量散失及染料助剂挥发	
F17	锅炉炉体结构改造	拟对锅炉炉构造进行改造，加装折叠墙拱，以增加烟气在炉内停留时间	25	高费	技术工艺	提升锅炉效率，降低能耗	
F18	染料、助剂的合理管理贮存	确定各种染料、助剂的合理贮存量，助剂及时处理、长期不用、失效、过期的流失，控制和减少染料及助剂在储存处及其他在桶袋内残留，减少其运输、使用过程中的减落量	0	无费	管理	节约原辅料，减少地面冲洗废水量	
F19	确定生产水耗定额考核	对各染色生产水耗确定额进行考核，严格按单位产品耗用量指标确保使用染料与助剂，严控生产过程用水量或其他辅助用水量，减少地面冲洗清洁用水量	0	无费	管理	节约耗水量，减少排水量	

序号	方案名称	方案内容及技术性描述	投资额/万元	类型	分类	环境效益	经济效益/(万元/a)
F20	锅炉定期酸洗	公司目前的蒸汽锅炉烟气温度进行监控，达到210℃时应进行酸洗除垢，以增加炉内水管换热效率，降低排烟温度	0.5	低费	管理	减少热量损失，降低能耗	
F21	锅炉鼓风机、引风机安装变频调速装置	锅炉过量的助燃空气鼓入，使得烟气量偏大，拟对鼓风机、引风机安装变频调速装置，根据生产负荷精确控制风量，以提高炉效	4	低费	过程控制	降低能耗，减少SO_2产生量	
F22	待排废水代替新水配药	目前废水处理站配药采用新水，日消耗药量约为总处理水量的3%～5%，建议采用处理后的待排废水配药，以减少新水消耗量	0	无费	废弃物	减少废水排放	
F23	浆纱废水回用脱硫补水	目前公司锅炉的湿法除尘设施补水量为0.7～1.2 t/h，拟采用部分浆纱车间废水代替河水作为脱硫除尘设施补水	3.5	低费	废弃物	减少废水排放，节约碱液	
F24	废水回用	公司防缩、洗水、浆纱三车间大部分生产耗水点对用水水质要求都不高，建议公司建设废水回用处理设施，将废水处理站处理后的达标待排废水进一步处理至工艺要求，回用至上述三车间，约可消纳60%排水量	55	高费	废弃物	降低新水消耗，减少废水排放	
F25	制线车间染色机外壁保温	制线车间数十台高温染色机运行时外表面温度超过110℃，高温外表面造成大量热量损失，损失的热能约占染缸消耗热量的15%～25%，造成蒸汽浪费	15	中费	设备	减少蒸汽浪费，降低能耗	
F26	空压机变频改造	目前公司常年运行的空压机为1台55 kW、1台37 kW的螺杆空压机约有40%的时间处于空载状态，这样既能浪费能源又降低了系统的功率因数，建议进行变频改造	7	中费	设备	节约电能，降低能耗	

表 8-113 方案初步筛选结果汇总

分类	编号	方案名称	分类	编号	方案名称
可行的无/低费方案	F1	空调车间玻璃窗隔热处理	初步可行的中高费方案	F4	照明节能
	F5	照明灯具间隔开启		F10	织布车间加装水帘除纱尘
	F6	完善蒸汽管线保温		F17	锅炉炉体结构改造
	F8	完善能耗管理体系		F24	废水回用
	F9	强制高噪声岗位员工佩戴耳塞		F26	空压机变频改造
	F11	制线车间离心机加装变频器	暂时搁置的方案	F2	冷媒替换
	F12	制线车间染色机加装变频器		F3	中央空调冷却水循环系统除垢
	F13	加强设备维护保养		F7	烘缸侧壁保温
	F16	空心浮球覆盖高温槽液		F14	锅炉炉膛涂刷隔热涂层
	F18	染料、助剂的合理贮存		F15	染色线水洗方式改造
	F19	确定生产水耗定额考核		F25	制线车间染色机外壁保温
	F20	锅炉定期酸洗		—	—
	F21	锅炉鼓风机、引风机安装变频调速装置			
	F22	待排废水代替新水配药			
	F23	浆纱废水回用脱硫补水			

表 8-114 方案经济评估

类别	项目	公式	数值
基本数据	总投资费用 I/万元	—	15.44
	年运行费总节省金额 P/万元	—	14.7
	贴现率/%	—	5
	折旧期 n/年	—	10
	各项应纳税总和/%	—	7
过程数据	年折旧费 D/万元	I/n	1.54
	应税利润 T/万元	$P-D$	13.16
	净利润 E/万元	—	12.21
	年增现金流量 F/万元	$P-0.015\times(P-D)$	13.75
评估数据	投资偿还期 N/年	I/F	1.12
	净现值 NPV/万元	$\sum_{j=1}^{n}\dfrac{F}{(1+i)^{j}}-I$	90.76
	内部收益率 IRR/%	$i_1+\dfrac{\mathrm{NPV}_1(i_2-i_1)}{\mathrm{NPV}_1+\left|\mathrm{NPV}_2\right|}$	88.92

2．F17：锅炉炉体结构改造

（1）技术评估：锅炉烟气中造成污染的可燃物的再次燃烧有效降低了烟气中化学不完全燃烧热损失；灰渣含炭量的降低；排烟热损失的减少。保守估计改造后可提升炉效 5%；该锅炉改造只需要在炉内增加"组合折焰墙拱"即可，"组合折焰墙拱"用耐火材料砌筑，技术成熟可靠，已在锅炉设备上普遍应用。

（2）环境评估：炭黑、碳氢化合物、一氧化碳及硫化氢等都是可燃气体，从而产生了能源的浪费和环境的污染。黑烟即是可燃物，"组合折焰墙拱"可将黑烟产生后就把它收集起来，让它再次燃烧既实现了节能，又实现了环保。

（3）可行性分析：公司目前有 1 台 15 t/h 锅炉，每月消耗煤约 900 t，"组合折焰墙拱"改造方案实施后锅炉省煤器前出烟温度在 170～180℃，省煤器后出烟温度在 130℃，固体燃烧损失可控制在 5% 以下，气体燃烧损失可控制在 2% 以下，根据用汽情况可提高能效 5%，每月实现节煤 45 t，一年就可节煤约 500 t。此方案总投资约 25 万元，年节省运行费用约 40 万元，见表 8-115。

表 8-115　F17 锅炉炉体结构改造方案经济评估

类别	项目	公式	数值
基本数据	总投资费用 I/万元	—	25
	年运行费总节省金额 P/万元	—	40
	贴现率/%	—	5
	折旧期 n/年	—	10
	各项应纳税总和/%	—	7
过程数据	年折旧费 D/万元	I/n	2.50
	应税利润 T/万元	$P-D$	17.50
	年增现金流量 F/万元	$P-0.015\times（P-D）$	16.24
评估数据	投资偿还期 N/年	I/F	18.74
	净现值 NPV/万元	$\sum\limits_{j=1}^{n}\dfrac{F}{(1+i)^{j}}-I$	1.33
	内部收益率 IRR/%	$i_1+\dfrac{\mathrm{NPV}_1(i_2-i_1)}{\mathrm{NPV}_1+\left|\mathrm{NPV}_2\right|}$	119.71

3．F24：废水回用

（1）技术评估：砂滤技术成熟可靠，操作简单，运行成本低廉，出水水质基本可满足公司染整、洗水生产用水水质需求；此方案实施后，可达 60% 的回用率。

（2）环境评估：公司 2011 年排废水约为 442 245 万 m^3，此方案实施后以回用率 60%计算，可回用废水 26.5 万 m^3/a，同时减排废水 26.5 万 m^3/a，减排 COD 12.47 t/a、SS 7.43 t/a、氨氮 0.36 t/a，公司废水排放量降至 17.69 万 m^3/a。

（3）可行性分析：本项目总投资共计 55 万元，回用水处理成本约为 0.15 元/t，基本与河水制水费用持平，无经济效益。

4．F26：空压机变频改造

（1）技术评估：普通空压机存在卸载空负荷电耗、普通空压机压力差浪费。变频调速系统，可以实现自动调节方式及恒压供气，完全可避免以上浪费。

（2）环境评估：此方案实施后节能空间在 10%～50%，取 30%的平均值，年节电量约为 19.87 万 kWh。

（3）可行性分析：本项目总投资共计 7 万元，年节省运行费用 19.87 万元，财务分析情况见表 8-116。

表 8-116　使用高效蒸汽发生器方案经济效益评估

类别	项目	公式	数值
基本数据	总投资费用 I/万元	—	7
	年运行费总节省金额 P/万元	—	19.87
	贴现率/%	—	5
	折旧期 n/年	—	10.00
	各项应纳税总和/%	—	7
过程数据	年折旧费 D/万元	I/n	0.70
	应税利润 T/万元	$P-D$	19.17
	净利润 E/万元	—	17.79
	年增现金流量 F/万元	$P-0.015\times(P-D)$	18.49
评估数据	投资偿还期 N/年	I/F	0.38
	净现值 NPV/万元	$\sum_{j=1}^{n}\dfrac{F}{(1+i)^j}-I$	135.77
	内部收益率 IRR/%	$i_1+\dfrac{NPV_1(i_2-i_1)}{NPV_1+\left|NPV_2\right|}$	264.14

5．确定推荐实施方案

根据备选方案技术、环境、经济评估效果，审核小组确定了本轮审核期间拟实施的清洁生产方案，见表 8-117。

表 8-117　本轮审核期间拟实施方案汇总

分类	编号	方案名称	分类	编号	方案名称
拟实施的无/低费方案	F1	空调车间玻璃窗隔热处理	拟实施的无/低费方案	F19	确定生产水耗定额考核
	F5	照明灯具间隔开启		F20	锅炉定期酸洗
	F6	完善蒸汽管线保温		F21	锅炉鼓风机、引风机安装变频调速装置
	F8	完善能耗管理体系		F22	待排废水代替新水配药
	F9	强制高噪声岗位员工佩戴耳塞		F23	浆纱废水回用脱硫补水
	F11	制线车间离心机加装变频器	可行的中/高费方案	F4	照明节能
	F12	制线车间染色机加装变频器		F10	织布车间加装水帘除纱尘
	F13	加强设备维护保养		F17	锅炉炉体结构改造
	F16	空心浮球覆盖高温槽液		F24	废水回用
	F18	染料、助剂的合理贮存		F26	空压机变频改造

（六）方案实施

1. 方案实施情况

表 8-118　公司计划实施的清洁生产方案

编号	方案名称	简述	项目实施计划		
			阶段	实施时间	负责部门
F4	照明节能	全厂照明目前使用 200 支 T8 型照明灯，与 T5 型照明灯相比废电、照度低，建议更改节能灯管	可行性研究	2012.5	工业部
			基础设计	2012.5	
			详细设计	2012.5	
			建成投产	2012.5	
F17	锅炉炉体结构改造	锅炉炉膛内部构造不合理，使得高温烟气在炉膛内部停留时间较短，燃料燃烧不完全，飞灰带出较多热量，造成了锅炉炉效不高，拟对锅炉构造进行改造，加装折焰墙拱，以增加烟气在炉内停留时间	可行性研究	2012.6	工业部
			基础设计	2012.6	
			详细设计	2012.7	
			建成投产	2012.8	
F24	废水回用	公司防缩、洗水、浆纱三车间对大部分生产耗水点对用水水质要求都不高，建议公司建设废水回用设施，将废水处理站处理后的达标待排废水进一步处理至工艺要求，回用至上述三车间，约可消纳 60%排水量	可行性研究	2012.4	工业部
			基础设计	2012.6	
			详细设计	2012.8	
			建成投产	2013.3	
F26	空压机变频改造	目前公司常年运行的空压机为 1 台 55 kW，1 台 37 kW 的螺杆空压机约有 40%的时间处于空载状态，这样既浪费能源又降低了系统的功率因数，建议进行变频改造	可行性研究	2012.6	工业部
			基础设计	2012.6	
			详细设计	2012.6	
			建成投产	2012.6	

2．已实施方案成果汇总

（1）清洁生产目标完成状况见表 8-119。

（2）环境效益和经济效益汇总见表 8-120 至表 8-122。

（七）持续清洁生产

1．建立和完善清洁生产组织

公司将督导各部门推进清洁生产工作的职责赋予工业部，并将清洁生产纳入各部室日常职责范围，以巩固取得的清洁生产成果，使清洁生产工作持续开展。

2．建立和完善清洁生产制度

公司优化了制度、岗位操作规程和技术规范，把清洁生产的成果纳入公司的日常管理，是巩固清洁生产成效、防止"搞运动、走过场"的重要手段，特别是要将已产生的一些无/低费方案形成制度。

3．建立和完善清洁生产激励机制

公司将清洁生产作为岗位量化管理内容，要求员工在各自的岗位上不断地提出清洁生产方案，经评估可行后实施。无论是生产组织与管理，还是经营管理方面的清洁生产项目，按该项目所获经济、环境效益，由审核小组认定后对于方案提出人给予奖励，并作为员工的升职参考条件。

表 8-119 清洁生产目标完成状况

序号	指标	基准值（2011 年）	近期目标（2012 年）	远期目标（2013 年）
1	万元产值耗水量/（m³/万元）	37.57	30	25
2	万元产值综合能耗/（t 标煤/万元）	0.491	0.470	0.450

表 8-120 各类方案实施后污染物排放状况预测

类别	污染因子	浓度/（mg/L）		总量/（t/a）		
		允许排放	实际排放	审核前实排	审核后预测	削减量
废水（废水处理站排水）	COD	100	47	20.79	8.316	12.474
	氨氮	10	1.352	0.6	0.24	0.36
	SS	60	28	12.38	4.952	7.428

表 8-121 公司已实施无/低费方案效益汇总

编号	方案名称	投资/万元	类型	资源能源消耗削减			环境效益/(t/a)					经济效益/(万元/a)
				煤	水	电/(kWh/a)	废水	COD	氨氮	SS	SO₂	
F1	空调车间玻璃窗隔热处理	0.5	低费			20 000						2
F5	照明灯具间间开开启	0	无费									
F6	完善蒸汽管线保温	4.5	低费									
F8	完善能耗管理体系	0.4	低费									
F9	强制高噪声岗位员工偏戴耳塞	0	无费									
F11	制线车间离心机加装变频器	0.5	低费			9 400						0.94
F12	制线车间染色机加装变频器	1.8	低费			69 300						6.93
F13	加强设备维护保养	2	低费									
F16	空心浮球覆盖高温槽液	0.3	低费									
F18	染料、助剂的合理贮存	0	无费									
F19	确定生产水耗定额考核	0	无费									
F20	锅炉定期酸洗	0.5	低费	80								6.4
F21	锅炉鼓风机、引风机安装变频调速装置	4	低费	160		83 100						21.1
F22	待排废水代替新水配药	0	无费				12 000					
F23	浆纱废水回用脱硫补水	3.5	低费									
合计		18	—	240	0	181 800	12 000	0	0	0	0	37.37

表 8-122 公司中/高费方案实施后预计取得的经济与环境效益汇总

编号	方案名称	投资/万元	类型	资源能源消耗削减			环境效益/(t/a)					经济效益/(万元/a)
				煤	水	电/(kWh/a)	废水	COD	氨氮	SS	SO₂	
F4	照明节能	15.44	中费			14.4						14.4
F17	锅炉炉体结构改造	25	高费	500								40
F24	废水回用	55	高费			19.87	265 000	12.47	0.36	7.43		19.87
F26	空压机变频改造	7	中费									
合计		102.44	—	500	0	34.27	265 000	12.47	0.36	7.43	0	74.27

三、小结

本轮清洁生产审核工作取得了一定的成绩，也为今后搞好清洁生产工作摸索出一套方法。在取得成绩和经验的同时，公司也清醒地认识到自身还有许多工作做得不到位。在节约方面还有很多潜力可挖，清洁生产推行力度仍需加大。这项工作对公司来说，才刚刚开始，某纺织制衣有限公司要遵循清洁生产的理念，节约资源、减少浪费、减少污染、增加效益，促进公司持续清洁生产工作上一个新的台阶！

第九节　某制鞋企业清洁生产审核案例

一、企业概况

世界主要知名鞋类品牌年产量的 60% 由××地区制鞋企业生产，而××又占××鞋产量的 50% 以上，全世界 80% 的鞋业贸易公司在××地区设立了分支机构。××地区有制鞋企业 4 000 多家，鞋材鞋机配套企业 2 000 多家，鞋材、皮革、五金、化工等相关配套商铺 3 500 余家，年产鞋超过 15 亿双，故××是世界知名鞋类品牌最主要的制造基地，××地区制鞋在中国乃至世界制鞋中都占有举足轻重的地位。

二、清洁生产审核

（一）审核准备

1. 领导支持

公司领导同意各部门指定人员成立清洁生产工作小组，并指派稽核小组督导此项工作进展；承诺对审核中发现的问题投资整改，并建立合理化建议激励机制，调动员工参与清洁生产审核的积极性。

2. 审核小组及工作计划

公司审核小组的建立在人员上为审核提供了保障，而各小组成员职责的分解则保证了审核中各项任务的有序进行。公司审核小组成立后，随即制订了审核工作计划，使清洁生产审核工作按既定程序和步骤进行，审核工作计划包括阶段工作进度、工作内容、时间安排等。清洁生产审核小组人员名单见表 8-123。

表 8-123　清洁生产审核小组人员名单及职责

职务	分工	审核期间职责分解
负责人	组长	整体部署公司的清洁生产工作，负责全厂清洁生产审核的实施
环境管理代表/稽核小组主管	组员	负责将清洁生产审核中提出的管理方案纳入企业管理体系，组织制订有关的制度和规定，负责清洁生产的宣传和培训
总务科主管	组员	核算经费，评估方案可行性，兑现员工奖励，配合经费
咨询人员	组员	清洁生产审核小组人员职责分解，清洁生产审核方法指导
机电组主管资讯中心主管	组员	清洁生产培训及宣导，设备维修与保养，水、电、油等日常管理与分表数据记录
业务组主管	组员	收集市场信息和行业信息，向客户推行清洁生产理念
品保科主管	组员	本部门内清洁生产审核工作的推展、培训及宣导，清洁生产审核过程中方案实施的质量验证工作
生管科主管 厂务部主管 裁断科主管 印刷科主管 针车科主管 成型科主管	组员	负责对所辖生产单位人员清洁生产方面培训及宣传的实施，根据环保设施的配套能力安排生产计划，优化检验计划，制订本单位节能降耗方案，实施经工程部门评估后可行的各类合理性生产方案

3．开展宣教培训

通过宣传发动、技术培训，使公司的领导和职工对清洁生产有一个初步的、正确的认识，消除观念上、技术上的障碍，做好思想准备，组建公司清洁生产审核队伍，制订工作计划，为清洁生产审核顺利开展铺平道路，为清洁生产审核有序进行提供保障。

为推动清洁生产审核工作的进展，于 2010 年 12 月初召开了公司清洁生产审核启动会，公司领导就国内、国际环境保护的现状和严峻形势进行了说明。公司还邀请某市某清洁生产审核咨询人员进行现场授课，就清洁生产的意义、清洁生产和末端治理的区别、清洁生产审核思路、步骤、八个方面寻找方案方法、数据分析方法等进行讲解，并对公司现存的部分清洁生产潜力点提出了改善建议。

（二）预评估

1．企业概况

某有限公司是一家制鞋企业，位于某市某镇某村，以生产沙滩鞋为主，生产规模与产品品质为行业表率。

（1）产品状况：公司产品为各类沙滩鞋和毛绒便鞋。公司除毛绒便鞋外，其余鞋品均以 EVA 海绵板为主材。

（2）生产工艺：公司制鞋生产工艺见图 8-33。

图 8-33 生产工艺流程

（3）原辅材料消耗状况见表 8-124。

表 8-124 公司原辅材料消耗状况 单位：kg

序号	材料名称	性质	使用车间	消耗量			
				2007 年	2008 年	2009 年	2010 年
1	PU 合成皮	主料	裁断/针车	14 977	8 571	21 473	8 866
2	EVA 海绵板	主料	裁断/针车	3 182 741	2 779 221	2 656 387	2 054 309
3	海绵片	主料	裁断/针车/成型	34 370	42 233	29 659	36 009
4	PE 塑胶袋	主料	成型	134 113	81 997	44 068	56 013
6	塑胶扣	主料	成型	76 352	51 771	52 311	64 312
7	牛皮（牛一层）	主料	裁断/针车	11 698	19 671	10 273	4 813
8	牛二层皮（反毛皮）	主料	裁断/针车	9 406	3 043	0	0
9	化纤织带	主料	裁断/针车	30 011	16 086	10 832	12 655
10	针织毛绒布	主料	裁断/针车	26 420	17 556	21 858	601
11	化纤起绒针织布	主料	裁断/针车	28 954	40 459	25 287	27 866
12	化纤毛线针织布	主料	裁断/针车	15 926	1965	0	0
13	拖鞋橡胶耳	主料	成型	1 645	0	0	0
14	橡胶鞋底	主料	成型	302 466	175 463	121 606	127 752
15	TPR 鞋底	主料	成型	102 812	88 536	84 129	72 112
16	PVC 鞋耳	主料	成型	791 606	421 268	327 170	220 874
17	胶水	辅料	成型	173 831	271 639	216 406	186 654
18	瓦楞纸箱	辅料	成型	982 366	1 003 240	659 262	844 726
19	内盒	辅料	成型	413 216	594 873	298 499	337 997
20	标签纸	辅料	成型	7 260	19 943	5 997	6 702
21	纸卡（已印刷）	辅料	成型	0	0	0	25 000

2. 企业废弃物产生、处理现状及分析

公司生产过程中的产污环节见图 8-34 至图 8-37。

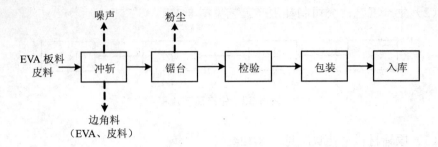

图 8-34 裁断工序产污环节

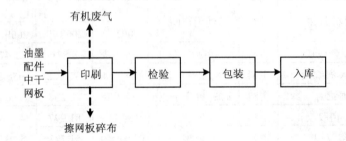

图 8-35 印刷工序产污环节

图 8-36 针车工序产污环节

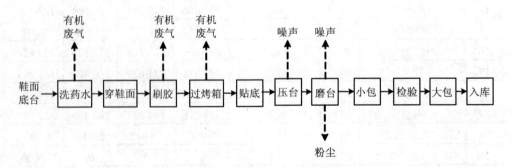

图 8-37 成型工序产污环节

　　制鞋行业污染以气相为主，公司生产工序中会产生边角料、打磨颗粒物、有机废气。公司主要废气排放点状况见表 8-125。审核小组以 2010 年 3 月环境监测报告数据为依据对公司总量排放状况进行了核算，见表 8-126。

表 8-125　公司主要废气排放点情况汇总

序号	排放点	污染物	排放速率/（kg/h）			排放浓度/（mg/m³）		
			标准	2010.3 实测	2011.3 实测	标准	2010.3 实测	2011.3 实测
1	食堂油烟排放口	油烟	—	—	—	2.0	0.1	0.7
2	食堂火烟排放口（20 m）	SO₂	2.1	—	0.024 2	500	—	21
		NOₓ	0.64	—	0.116	120	—	101
		烟尘	2.9	—	0.003 36	120	—	29.1
3	工业废气 1#排放口（15 m）	苯	0.42	0.043	0.002 4	12	7.42	0.20
		甲苯	2.5	0.026	0.173	40	4.57	14.4
		二甲苯	0.84	—	<0.01	70	<0.01	<0.01
4	工业废气 2#排放口（15 m）	苯	0.42	0.056	0.019 6	12	10.6	1.78
		甲苯	2.5	0.035	0.106	40	6.7	9.62
		二甲苯	0.84	—	<0.01	70	<0.01	<0.01
5	工业废气 3#排放口（15 m）	粉尘	2.9	0.027	0.277	120	2.78	4.5
6	工业废气 4#排放口（15 m）	粉尘	2.9	0.018	0.286	120	2.08	4.9

表 8-126　公司总量控制情况一览

序号	污染物	排放点	总量控制			浓度控制/（mg/m³）	
			实测排放速率/（kg/h）	总量指标/（t/a）		限值	2010.3 实测
				限值	核算		
1	苯	工业废气 1#排放口（15 m）	0.043	0.43	0.24	12	7.42
		工业废气 2#排放口（15 m）	0.056			12	10.6
2	甲苯	工业废气 1#排放口（15 m）	0.026	1.4	0.15	40	4.57
		工业废气 2#排放口（15 m）	0.035			40	6.7
3	二甲苯	工业废气 1#排放口（15 m）	—	2.5	—	70	<0.01
		工业废气 2#排放口（15 m）	—			70	<0.01
4	粉尘	工业废气 3#排放口（15 m）	0.027	4.3	0.11	120	2.78
		工业废气 4#排放口（15 m）	0.018			120	2.08

3．确定审核重点

参照公司清洁生产对标结果，并结合预审核中发现的问题，审核小组决定将公司本轮审核重点确定为：成型车间 VOCs 的削减、公司综合能耗的削减及人均生活耗水量的削减。

4．设置清洁生产目标

针对审核重点现状，审核小组以"SMART 原则"为基础，为公司制订出如下清洁生产目标。具体情况见表 8-127。

表 8-127　清洁生产目标一览

序号	指标	基准值（2010 年）	近期目标（2011 年）	远期目标（2013 年）
1	人均生活耗水量/ [L/（人·d）]	732	500	260
2	综合能耗/ （kg 标煤/万双鞋）	444	407	300

5．预审核阶段产生方案

审核小组对预审核阶段发现的清洁生产潜力进行了汇总与分析，发动各部门员工的力量，运用清洁生产思维，提出了一些解决方案，对花费不大的方案遵循"边审核、边实施"的原则予以解决，在审核中期即取得一定的成效。

（三）评估

1．审核重点工艺流程

审核小组在预审核阶段确定成型车间 VOCs、公司人均生活耗水量及综合能耗的削减作为本轮审核重点，审核阶段通过深入分析以探求节能减排、节水降耗的潜力。

公司共有两个成型车间，成型一车间有 4 条成型生产线。成型二车间有 2 条成型生产线，车间内布局与一车间类似。成型车间各单元操作功能见表 8-128，物料流程见图 8-38。

表 8-128　成型车间单元操作功能说明

序号	操作单元	功能说明
1	备料	成型备料班照样品鞋、订单明细表等要求准备好所需鞋面、底台等配件和包装材料等
2	洗药水	根据鞋材需要将在部分鞋面邦脚与底台表面涂刷药水，对表面进行处理，以增强各部件刷胶后的黏着力
3	穿鞋面	将鞋面邦脚穿过中底冲孔，将鞋面与中底组合在一起

序号	操作单元	功能说明
4	刷胶	根据鞋材需要将在部分鞋面邦脚与贴合底台表面涂刷胶黏剂
5	过烤箱	将涂刷胶黏剂的鞋面中底与大底经过烤箱，将胶黏剂烘干（根据材质需要，烘干温度在 40～80℃），以增强各部件间胶着力
6	贴底	将鞋面中底与大底组合在一起
7	压台	根据鞋型结构翘度及材质要求，调整压力时间及高垫度，对鞋子进行压合
8	磨台	将鞋子固定在磨板上，根据磨板沿着鞋头在磨台沙轮上转磨一圈，使鞋子底台边缘圆顺
9	小包	根据订单明细表要求，对成品鞋进行清洁、挂吊牌、贴标等，最后入 PP 袋或内盒包装
10	检验	品保人员对鞋子各工序要求进行检查把关
11	大包	照客人要求将 PP 袋或内盒包装的鞋子装入外箱内
12	入库	入库待发

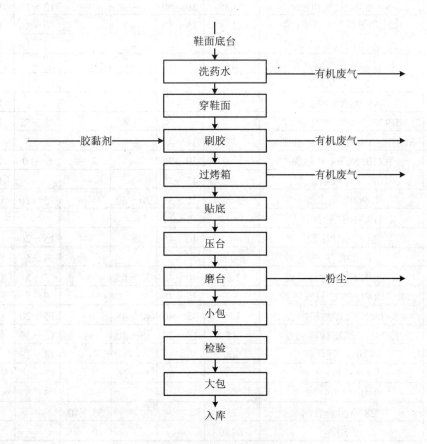

图 8-38　成型车间物料流程

2．原辅材料情况

明确各类胶药水中上述物质含量，审核小组利用《物质安全资料表》中的成分信息对各类胶药水成分的含量进行了汇总，结果见表 8-129。

表 8-129　公司生产用胶药水成分含量

序号	原辅材料名称	使用量/kg	组分/%				
			酮类	苯类	环己烷	树脂	其他
1	NUV-32N 无苯 EVA 补强胶	135	8～15	—	65～80	2～6	1～3
2	3016A 橡胶补强胶	1 530	32～40	—	—	—	1～3
3	820sn3 无苯 EVA 补强胶	13 425	4～12	—	60～80	2～10	1～3
4	B 粉橡胶补强 B 胶	3					
5	739NN 无苯药水胶	4 650	25～34	—	36～56	14～20	0～2
6	NP-80N 无苯 PU 胶	7 050	50～60	—		13～17	1～3
7	PU 印墨黑胶水添加剂	36	35～40	—		10～16	1～3
8	PU 印墨白胶水添加剂	18	35～40	—		10～16	1～3
9	HA100N 胶水添加剂	760					1～3
10	CR700 药水胶	45 450	60～65	8～12	—	25～30	—
11	HA800 胶水添加剂	—					1～3
12	NB975W 环保水性 PU 胶	—				48～52	1～3
13	SL912NBWPU、PVC 补强胶	45	34～44			1～5	
14	PR107NTPR 补强胶	120	20～79		3～7	6～10	1～3
15	1021N 橡胶清洗剂	—	45～55				1～3
16	L-960L 药水胶	83 250	25～35	20～30		15～20	0～2
17	K-11A+B 橡胶处理剂	1 962	15～17				
18	M-836APU 胶	—	40～45			15～20	
19	P-23R 生胶	6 900				3～5	
20	K-719N EVA 材料用胶	12 675	40～45	50～55		3～5	0～2
21	K-718 PU/PVC 材料用胶	30	35～40			0～5	
22	K-750K TPR 材料用胶	135	35～40	40～45		15～20	0～2
23	K-756N 油皮材料用胶	15	15～20	15～20		15～20	0～2
24	P-1048 硬化剂	900	—			14～18	—
25	426H PU 胶	—	35～36	25～26		15～16	
26	UV-17 照射剂	270	35～40	—		5～8	0～2
27	728 镜面清洁剂	15			35～40	—	—
28	去渍油	7 280			90～95	—	—

3. 建立能量平衡

公司新鲜水的消耗分为食堂、宿舍区、车间、办公区耗水四部分（厂区绿化采用沉淀池回水，在此不做分析），各部分所含耗水点折算用水情况见图8-39。

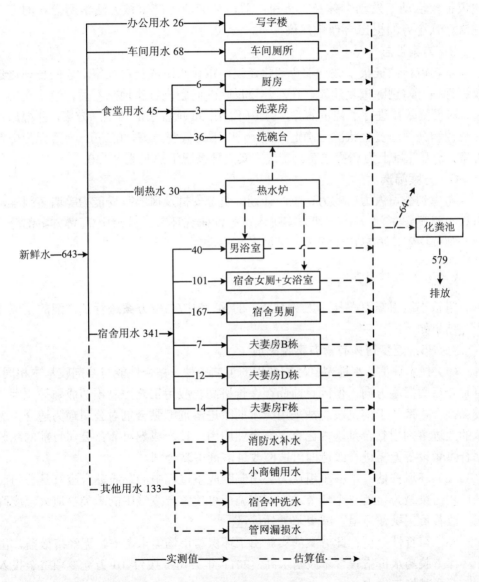

图 8-39 公司用水排水平衡（单位：t/d）

（四）方案的产生和筛选

1. 方案产生

审核小组结合审核阶段分析结果，在全公司范围内开展了清洁生产合理化建议征集活动，发动全体员工集思广益，从清洁生产审核方法学所倡导的三个层次、八个方面提出合理化建议。

2. 方案汇总

本轮审核共征集了数十项合理化建议，审核小组成员对征集上来的合理化建议进行整合，剔除重复建议，在对建议反映的问题进行实地察看后，给予充实完善，对投资效益进行了初步估算，初步研制出 38 项备选清洁生产方案，并根据投资总额和公司的资金状况，确定 0.5 万元以下为低费方案，0.5 万～5 万元为中费方案，5 万元以上为高费方案。备选方案具体情况汇总见表 8-130。

3. 方案筛选

考虑到公司人力、物力、生产计划、资金安排及风险承受能力等诸多因素，审核小组确定了部分中/高费方案进入可行性研究环节，其余中/高费方案部分否定、部分搁置，方案初步筛选结果见表 8-131。

（五）可行性分析

审核小组组织有关技术人员对余下的 4 个中/高费方案进行了详细的论证分析，结果如下：

1. F5：逐步替换有毒有害胶黏剂

（1）技术评估：水性聚氨酯胶使用的工艺条件、黏合性能与溶剂胶基本相同，将是今后的发展方向，但因目前尚存在价格高、应用工艺控制不够成熟等原因，胶黏剂合格率低于溶剂胶。故采用无苯的改进溶剂型黏合剂对公司最为适合；无苯的改进溶剂型黏合剂国内已有多家企业应用，技术成熟可靠；公司目前的黏胶贴合烘烤设备无需进行改造即可适应改进溶剂型黏合剂。

（2）环境评估：审核小组认为公司制鞋成型过程中的黏胶贴合废气是公司制鞋过程污染最为显著一个环节。方案实施后可使胶合废气中的苯类物质大幅度降低，改善员工操作环境，减少苯类外排量。

（3）可行性分析：此方案的实施出于环保与市场需求考虑，无经济效益，由于环保型胶药水价格较含苯胶药水高，2011 年公司拟拨付 10 万元专项资金投入到胶药水替换工作中。

表8-130　备选清洁生产方案汇总

序号	方案名称	方案内容描述	投资额/万元	类型	环境效益	经济效益/(万元/a)
F1	建立内部能源消耗统计制度	按照《用能单位能源计量器具配备和管理通则》要求，完善全公司水、电、油计量仪表，并指定专人定期读表统计能源消耗情况，汇总上报财务人员分析能源消耗合理性，对不正常的水、电、油的消耗及时查找原因并改进	0.2	低费	降低能耗	
F2	食堂设置隔油池	建设两座隔油池并定期清理，用来清理食堂含油污水	0.7	中费	减少外排废水中的污染物	
F3	修复有机废气收集管泄漏点	有机废气处理设备屋顶部位存在泄漏点，部分废气泄漏造成厂区异味，现将其修复完善，并对管线定期巡检，预防类似状况再次发生	0	无费	减少VOC排放	
F4	强化员工劳动保护意识	现要求员工上岗必须接受职业卫生培训，以强化其个人防护意识，将健康损害降至最低	0	无费	加强职业卫生	
F5	逐步替换有毒有害胶黏剂	现生产使用的胶黏剂中含有酮类、甲苯等有毒有害物质，对员工及使用者身体造成一定危害，不符合日益严峻的环保要求，拟按照淘汰计划，采用少毒、无毒胶黏剂逐步进行替代	10	高费	加强职业卫生、减少VOC排放	
F6	办公废纸送造纸厂打浆造纸	拟联系一家废纸造纸厂定期收购，可由公司人员监督其直接送打浆机打浆，确保公司机密资料不外泄，充分利用废纸资源的同时可关闭废纸焚烧炉，减少环境污染	0	无费	节约资源	1
F7	废弃原料颗粒妥善存放	磨台、集尘器收集的塑料颗粒装置中露天存放，编织袋破损造成废粉尘外溢，下雨天粉尘存在随雨水流入环境的可能，拟选取仓库定点存放，避免露天	0	无费	减少外排废水中的污染物	

序号	方案名称	方案内容描述	投资额/万元	类型	环境效益	经济效益/(万元/a)
F8	生活垃圾分类处理	食堂厨余和包装废纸箱混放，拟将两者分开存放，包装废纸箱可送造纸厂制浆，生活垃圾产生量也会减少	0	无费	节约资源	
F9	热水系统改造	建议采用空气源热泵型热水机组代替原有的柴油锅炉制备55℃热水，并采用聚氨酯材料对管线进行保温，降低热量损失，消除柴油热水炉烟气污染，并降低能耗	6.8	高费	节约燃油，降低能耗	16.98
F10	加装节水时间控制器	公司大部分分厕所水箱设备洛后，水龙头存在常流水现象，造成生活水消耗量超标，拟每间厕所加装一个时间控制器，定时冲水，减少耗水量	0.4	低费	节约水资源	
F11	刷卡式洗浴节水控制器	宿舍洗浴用水未管控，拟加装节水控制器，员工刷卡计时收费洗浴，公司每月向员工充一定量的洗浴费，超出定额员工自行充值，节约的金额公司年底兑现给员工	0.4	低费	节约水资源	
F12	加强厂区卫生	守卫应给员工导导将垃圾丢入垃圾桶成好习惯及张贴宣传画报提高员工素质，守卫应加强监管提高员工素质，清洁工应加强清理	0	无费	提高员工素质	
F13	对烤箱内部刷隔热涂层	对烤箱内部涂刷隔热涂层，减少热损失，增加烤箱烘干效率高	18.0	高费	节约用电	
F14	烤箱红外线发热管代替电阻丝加热管	建议采用红外线发热管代替电阻丝加热管的电阻原理的电阻丝加热管，热效率远高于基于对流传热原理的加热管，可节电能	26	高费	节约用电	
F15	烤箱热风循环改造	建议采用循环热风干燥设备对烤箱改造，可增加烤箱热效率，节省电能	50	高费	节约用电	
F16	修补烤箱缝隙	拟对所有烤箱对接处缝隙进行修补，并对烤箱底部采用隔热饭密封，减少热量外泄，节省电能	1	中费	节约用电	
F17	空压机多机连锁运行改造	建议采用多机连锁方式运行，由主机所接收的系统压力高低来控制所有副机的启停，减少开机与启动频率，达到节能的功效	0.4	低费	节约用电	4.8

序号	方案名称	方案内容描述	投资额/万元	类型	环境效益	经济效益/(万元/a)
F18	提高活性炭进货标准	建议按照标准重新选取供货商以保证活性炭吸附设施的净化效率	1	中费	减少外排废气中的污染物	
F19	食堂灶头及燃料节能改造	建议更换燃烧系统，采用醇基液体燃料代替柴油，故热值低于柴油，但热耗量较柴油高20%，目前市场价格为2 800～3 500元/t，可代替柴油作灶头燃料，节省成本40%以上	6	高费	减少SO_2排放，降低能耗	44.3
F20	整合空压机	可考虑采用一台75 kW的双螺杆空压机代替现有的众多小型空压机，以提高能效	18	高费	节约用电	
F21	安装节气喷嘴与风刀	吹灰工段采用节气喷嘴及风刀，可降低压缩空气消耗量，节约电能	4	中费	节约用电	
F22	人工吹灰代替管道吹灰	各生产线在生产负荷较低的时候关闭管道灰喷嘴（每条生产线4～5个），采用人工手持一个压缩空气喷嘴吹灰，可节约至少60%的耗气量	0.35	低费	节约用电	3.6
F23	压缩空气管线消漏	对压缩空气管线定期检查漏、已经发现泄漏点，立即修补，减少空压机耗电量	0	无费	节约用电	
F24	调低吹灰压缩空气压力	生产线用来吹灰的压缩空气压力偏高，约为0.6 MPa，可适当调低，以减少空压机加载时间，节省电能	0	无费	节约用电	4
F25	空压机房隔声处理	现两座空压机房均未隔声，噪声对员工产生不利影响，拟用木板对其进行隔声处理	0.1	低费	降低噪声	
F26	压缩空气系统加装自动排水阀	拟对储气罐安装自动排水阀，定时排出水分，可最大限度地减小压缩空气泄漏量，减少空压机启动次数	0.1	低费	节约用电	
F27	节约办公用纸	信息传递使用纸张复印文件、邮件传递，并根据需求减少复印份数，建议信息尽量以电脑传送	0	无费	节约资源	
F28	循环利用文件袋	文件袋常使用新的，没有回收利用，主管加强宣导回收再利用	0	无费	节约资源	
F29	下班关电源	电脑、打印机下班后没关掉，存在耗电，主管加强宣导，各部门主管加强宣导，严格要求下属下班关掉所有电源	0	无费	节约用电	

序号	方案名称	方案内容描述	投资额/万元	类型	环境效益	经济效益/（万元/a）
F30	宿舍区安装节能灯	宿舍楼道及过道灯通宵且灯管是普通的白炽灯，造成电源浪费，建议改为声控或其他感应节能灯	0.3	低费	节约用电	
F31	避免不必要的加班	建议干部制订目标与质量，合理安排工作，并达到产量就下班，提高员工积极性与工作绩效，减少电资源浪费	0	无费	节约用电	
F32	禁止热水洗衣	有部分员工在热水龙头下接水洗衣服，热水资源浪费，建议守卫加强监督与管理	0	无费	节约水资源	
F33	加强节水宣导	部分水龙头用后未关紧造成水资源浪费，建议守卫加强宣导与监管，提高员工素质	0	无费	节约水资源	
F34	定期保养换气设备	生产车间化学品气味大，车间所安装的抽风机没起到作用，建议公司每周设专人检修保养净化抽风设备，使其能正常运作	0	无费	设备维修	
F35	清理并减少原料库存	仓库存原材料清理与再利用，建议对库存材料料整理与再利用	0	无费	回收再利用	
F36	减少胶水浪费	过胶机内剩余胶水未倒干净，浪费大量成本，建议成型干部在使用胶水量上应用订单生产量来控制，减少死胶浪费	0	无费	节约成本	
F37	减少 PE 塑胶带的使用	成型科装非内盒装之成品鞋的铁架子浪费大量 PE 塑胶带将铁架围起来，建议用库存布料把铁架围起来，节约成本	0	无费	回收再利用 节约成本	
F38	食堂垃圾减量	员工至少有 1/4 的剩饭菜被倒掉，造成水、油、盐、菜、人工及燃料浪费，且污染环境，建议厨房提高饭菜质量，守卫严格要求，减少倒掉浪费	0	无费	节约成本 减少污染	

注：无/低费方案＜0.5 万元，0.5 万元＜中费方案＜5 万元，高费方案＞5 万元。

表 8-131　方案初步筛选结果汇总

分类	编号	方案名称	分类	编号	方案名称
	F3	修复有机废气收集管泄漏点	初步可行的中/高费方案	F5	逐步替换有毒有害胶黏剂
	F4	强化员工劳动保护意识		F9	热水系统改造
	F6	办公废纸送造纸厂打浆造纸		F14	烤箱红外线发热管代替电阻丝加热管
	F7	废弃原料颗粒妥善存放		F19	食堂灶头及燃料节能改造
	F8	生活垃圾分类处理	暂时搁置的方案	F11	刷卡式洗浴节水控制器
	F12	加强厂区卫生		F13	对烤箱内部刷隔热涂层
可行的无费方案	F23	压缩空气管线消漏		F20	整合空压机
	F27	节约办公用纸		F21	安装节气喷嘴与风刀
	F28	循环利用文件袋		F24	调低吹灰压缩空气压力
	F29	下班关闭电源		F1	建立内部能源消耗统计制度
	F31	避免不必要的加班		F2	食堂设置隔油池
	F32	禁止热水洗衣		F10	加装节水时间控制器
	F33	加强节水宣导		F16	修补烤箱缝隙
	F34	定期保养换气设备		F17	空压机多机连锁运行改造
	F35	清理并减少原料库存	可行的低费方案	F18	提高活性炭进货标准
	F36	减少胶水浪费		F22	人工吹灰代替管道吹灰
	F37	减少 PE 塑胶带的使用		F25	空压机房隔声处理
	F38	食堂垃圾减量		F26	压缩空气系统加装自动排水阀
不可行方案	F15	烤箱热风循环改造		F30	宿舍区安装节能灯

2. F9：热水系统改造

（1）技术评估：热泵机组能从周围空气获取大量的免费热量，一般情况下，每消耗 1 kWh 电能产生 3～4 kWh 电的热量。机组的能效比（COP）平均可达 3～4，相当于热效率超过 300%～400%，比用直接电加热方式节能 67%～75%；机组安装在室外，跟燃气燃油炉比较，无需相应的燃料供应系统，因此，无须燃料输送费用和管理费用，无须设立专门的设备房，不占用有效的建筑面积，节省土建投资，设备紧凑，操作、维护简单。

（2）环境评估：泵机组对大气及环境无任何污染，而且节能效果明显；与传统的热水锅炉相比，没有相应的燃料供应和烟气排放系统，系统安全、环保，没有燃料泄漏、火灾、爆炸等安全隐患。与传统的活塞压缩式热泵机组相比较，拟选用热泵机组采用涡旋式压缩机，其噪声小，对周围环境不会产生不利影响。

（3）可行性分析：审核小组将不同加热方式的制热水成本计算出来加以比较，结果见表 8-132。

表 8-132 清洁生产高费方案经济评估

类别	项目	公式	数值
基本数据	总投资费用 I/万元	—	6.8
	年运行费总节省金额 P/万元	—	17.0
	贴现率/%	—	5
	折旧期 n/年	—	10.00
	各项应纳税总和/%	—	7
过程数据	年折旧费 D/万元	I/n	0.68
	应税利润 T/万元	$P-D$	16.32
	年增现金流量 F/万元	$P-0.015\times(P-D)$	15.14
评估数据	投资偿还期 N/年	I/F	15.82
	净现值 NPV/万元	$\sum_{j=1}^{n}\dfrac{F}{(1+i)^j}-I$	0.43
	内部收益率 IRR/%	$i_1+\dfrac{\mathrm{NPV}_1(i_2-i_1)}{\mathrm{NPV}_1+\left\|\mathrm{NPV}_2\right\|}$	115.40

3．F14：烤箱红外线发热管代替电阻丝加热管

（1）技术评估：红外线石英管为对流+辐射传热，在相同功率时，红外线加热器加热鞋材至所需温度耗时更短，能效更高，目前公司烤箱电阻丝功率为 15 kW/台，替换后可降至 12 kW/台。

（2）环境评估：审核小组认为公司成型烘烤过程中电能的消耗是公司节电工作的重点，方案实施后无新增污染源，约可降低此工段电能消耗的 20%。

（3）可行性分析：审核小组将成型科烤箱按照 500 kW 的总电加热功率，节电量按照 20% 计算，对投资回报情况进行了测算，结果见表 8-133。

表 8-133 清洁生产高费方案经济评估

类别	项目	公式	数值
基本数据	总投资费用 I/万元	—	26
	年运行费总节省金额 P/万元	—	30
	贴现率/%	—	5
	折旧期 n/年	—	10
	各项应纳税总和/%	—	7
过程数据	年折旧费 D/万元	I/n	2.80
	应税利润 T/万元	$P-D$	27.20
	年增现金流量 F/万元	$P-0.015\times(P-D)$	25.24
评估数据	投资偿还期 N/年	I/F	28.04
	净现值 NPV/万元	$\sum_{j=1}^{n}\dfrac{F}{(1+i)^j}-I$	1.00
	内部收益率 IRR/%	$i_1+\dfrac{\mathrm{NPV}_1(i_2-i_1)}{\mathrm{NPV}_1+\left\|\mathrm{NPV}_2\right\|}$	188.53

4．F19：食堂灶头及燃料节能改造

（1）技术评估：使用含水量 8%～10%的甲醇，可节约燃料，降低成本，增加密度，并减少储运着火的风险；食堂灶头改造后可提高燃烧效率，并改善操作员工的工作环境；加入部分烃类增热剂，可保证燃料的热值；运输方便，可在常温下储存、运输、使用，无须高压钢瓶存储该燃料，可用普通金属或塑料容器存储。

（2）环境评估：醇基液体燃料经改造后的灶头燃烧后烟气无毒无味，对环境无污染，常温常压下燃烧安全可靠。

（3）可行性分析：财务分析情况见表 8-134。

表 8-134　清洁生产高费方案经济评估

类别	项目	公式	数值
基本数据	总投资费用 I/万元	—	6
	年运行费总节省金额 P/万元	—	44.3
	贴现率/%	—	5
	折旧期 n/年	—	10.00
	各项应纳税总和/%	—	7
过程数据	年折旧费 D/万元	I/n	0.60
	应税利润 T/万元	$P-D$	43.70
	净利润 E/万元		40.55
	年增现金流量 F/万元	$P-0.015\times(P-D)$	41.15
评估数据	投资偿还期 N/年	I/F	0.15
	净现值 NPV/万元	$\sum_{j=1}^{n}\dfrac{F}{(1+i)^j}-I$	311.78
	内部收益率 IRR/%	$i_1+\dfrac{\mathrm{NPV}_1(i_2-i_1)}{\mathrm{NPV}_1+\left\lvert\mathrm{NPV}_2\right\rvert}$	685.89

5．确定推荐实施方案

审核小组根据备选方案技术、环境、经济评估效果，确定出本轮审核期间拟实施的清洁生产方案。

（六）方案实施

1．方案实施情况

表 8-135　本轮审核方案状态汇总（截至 2011 年 8 月底）

序号	方案名称	类型	方案状态	实施时间
F1	建立内部能源消耗统计制度	低费	已实施	2011.1
F2	食堂设置隔油池	低费	已实施	2011.1
F3	修复有机废气收集管泄漏点	无费	已实施	2010.12
F4	强化员工劳动保护意识	无费	已实施	2010.12
F5	逐步替换有毒有害胶黏剂	高费	已实施	2011 年起
F6	办公废纸送造纸厂打浆造纸	无费	已实施	2011.5
F7	废弃原料颗粒妥善存放	无费	已实施	2011.1
F8	生活垃圾分类处理	无费	已实施	2010.12
F9	热水系统改造	高费	已实施	2011.5
F10	加装节水时间控制器	低费	已实施	2011.1
F12	加强厂区卫生	无费	已实施	2011.3
F14	烤箱红外线发热管代替电阻丝加热管	高费	已实施	2012.3
F16	修补烤箱缝隙	中费	已实施	2011.2
F17	空压机多机连锁运行改造	低费	已实施	2011.8
F18	提高活性炭进货标准	中费	已实施	2012.3
F19	食堂灶头及燃料节能改造	高费	已实施	2011.6
F22	人工吹灰代替管道吹灰	低费	已实施	2010.12
F23	压缩空气管线消漏	无费	已实施	2011.3
F25	空压机房隔声处理	低费	已实施	2010.12
F26	压缩空气系统加装自动排水阀	低费	已实施	2010.12
F27	节约办公用纸	无费	已实施	2011.3
F28	循环利用文件袋	无费	已实施	2011.3
F29	下班关闭电源	无费	已实施	2011.3
F30	宿舍区安装节能灯	低费	已实施	2011.4
F31	避免不必要的加班	无费	已实施	2011.4
F32	禁止热水洗衣	无费	已实施	2011.3
F33	加强节水宣导	无费	已实施	2011.3
F34	定期保养换气设备	无费	已实施	2011.4
F35	清理并减少原料库存	无费	已实施	2011.8
F36	减少胶水浪费	无费	已实施	2011.4
F37	减少 PE 塑胶带的使用	无费	已实施	2011.6
F38	食堂垃圾减量	无费	已实施	2011.4

2. 已实施方案成果汇总

（1）清洁生产目标完成状况见表 8-136。

（2）经济效益和环境效益汇总见表 8-137 至表 8-138。

表 8-136　清洁生产目标完成状况

序号	指标	基准值（2010 年）	近期目标（2011 年）	远期目标（2013 年）	完成情况（截至 2011 年 8 月底）	评价
1	人均生活耗水量/[L/（人·d）]	732	500	260	468	完成近期目标
2	综合能耗/（kg标煤/万双鞋）	444	407	300	305	完成近期目标

表 8-137　公司已实施无/低费方案效益汇总

编号	方案名称	投资金额/万元	环境效益/（t/a）							经济效益/（万元/a）
			资源能源消耗削减				污染物削减			
			原辅材料	水	电/（万 kWh/a）	柴油	固废	废水	COD	
F1	建立内部能源消耗统计制度	0.2								
F2	食堂设置隔油池	0.7								
F3	修复有机废气收集管泄漏点	0								
F4	强化员工劳动保护意识	0								
F6	办公废纸送造纸厂打浆造纸	0								
F7	废弃原料颗粒妥善存放	0								1
F8	生活垃圾分类处理	0								
F10	加装节水时间控制器	0.4								
F12	加强厂区卫生	0								
F17	空压机多机连锁改造	0.4			4.8					4.8
F22	人工吹灰代替管道吹灰	0.35			3.6					3.6
F23	压缩空气管线消漏	0								
F25	空压机房隔声处理	0.1								
F26	压缩空气系统加装自动排水阀	0.1								
F27	节约办公用纸	0								
F28	循环利用文件袋	0								

编号	方案名称	投资金额/万元	环境效益/(t/a)							经济效益/(万元/a)
			资源能源消耗削减				污染物削减			
			原辅材料	水	电/(万kWh/a)	柴油	固废	废水	COD	
F29	下班关闭电源	0								
F30	宿舍区安装节能灯	0.3								
F31	避免不必要的加班	0								
F32	禁止热水洗衣	0								
F33	加强节水宣导	0								
F34	定期保养换气设备	0								
F35	清理并减少原料库存	0								
F36	减少胶水浪费	0								
F37	减少 PE 带的使用	0								
F38	食堂垃圾减量	0								
	合计	2.55	0	0	8.4	0	0	0	0	9.4

表 8-138 公司中高费方案实施后预计取得的经济与环境效益汇总

编号	方案名称	投资金额/万元	环境效益/(t/a)								经济效益/(万元/a)
			资源能源消耗削减				污染物削减				
			原辅材料	水	电/(kWh/a)	柴油	苯	SO$_2$	废水	COD	
F5	逐步替换有毒有害胶黏剂	6.4					0.236				16.98
F9	热水系统改造	6.8			-77 112	11.64		0.116			29.8
F14	烤箱红外线发热管电阻丝替代热管	26			298 000						
F16	修补烤箱缝隙	1.0				120		0.036			44.3
F19	食堂灶头及燃料节能改造	6									
	合计	46.2			220 888	131.64	0.236	0.152			91.08

表 8-139　公司清洁生产审核实施后对标

分类	指标	标准			公司状况		评估
		一级	二级	三级	审核前	审核后	
污染物排放指标	苯排放浓度/（mg/m³）	1	1	12	7.42	0.05	一级
					10.6	0.08	
	苯排放速率/（kg/h）	0.36	0.36	0.42	0.043	0.000 262	一级
					0.056	0.000 434	
资源能源利用指标	人均生活耗水量/[L/（人·d）]	188	200	260	732	468	低于三级
	综合能耗/（kg 标煤/万双鞋）	135	330	407	444	305	二级

（七）持续清洁生产

1. 建立和完善清洁生产组织

公司将督导各部门推进清洁生产工作的职责赋予公司总负责人，将联络协调职责赋予稽核小组，并将清洁生产纳入各部室日常职责范围，以巩固取得的清洁生产成果，使清洁生产工作持续开展下去。

2. 建立和完善清洁生产制度

公司优化了制度、岗位操作规程和技术规范，把清洁生产的成果纳入公司的日常管理，是巩固清洁生产成效、防止"搞运动、走过场"的重要手段，特别是要将已产生的一些无/低费方案形成制度。

3. 建立和完善清洁生产激励机制

公司要求员工在各自的岗位上，不断地提出清洁生产方案。提出的方案经审核小组评估后进行实施。无论是生产组织与管理，还是经营管理方面的清洁生产项目，按该项目所获经济、环境效益，由清洁生产小组认定后对于方案提出人给予奖励，并作为员工的升职参考条件。

4. 建立和完善清洁生产激励机制

清洁生产作为一项环保管理手段，是实现可持续发展的需要，是公司实现增产、增效、减污最有效的途径和最佳选择。在本次清洁生产审核进入持续清洁生产阶段之际，审核小组决定以此审核的圆满结束为契机，将清洁生产工作在公司内部持续开展下去。

三、小结

本轮清洁生产审核工作取得了一定的成绩，也为今后搞好清洁生产工作摸索出一套方法。在取得成绩和经验的同时公司也清醒地认识到自身还有许多工作做得不到位。在节约方面还有很多潜力可挖，清洁生产工作推行力度仍需加大。对公司来说这项工作才刚刚开始，某有限公司要遵循清洁生产理念，节约资源、减少浪费、减少污染、增加效益，促进公司的持续清洁生产工作上一个新的台阶。

第十节　某胶黏剂企业清洁生产审核案例

一、企业概况

某化工有限公司是生产树脂、面漆、黏合剂的企业，生产能力为 26 000 t/a。

二、清洁生产审核

（一）审核准备

1. 领导支持

本次清洁生产审核工作在取得领导支持的工作中主要进行了以下两方面的工作：① 宣讲效益，② 阐明投入。通过本阶段的工作，使公司各级领导对清洁生产审核都有了高度的认识，同时，某市环保局及某分局也对审核工作给予了支持，为公司清洁生产工作的推进奠定了良好的基础。

2. 审核小组及工作计划

本轮审核是公司首次开展清洁生产审核工作，公司管理层高对重视，成立了以总经理为组长，厂长、经理为副组长，各职能部门技术骨干为组员的清洁生产审核小组，并确定了小组成员各自的职责。

3. 开展宣教培训

审核进行过程中，公司举行了各种清洁生产宣传活动，并且将清洁生产理念通过多种多样的形式对职工进行宣传、培训和推广。各基层人员通过相关培训，转变了观念、改变了思维方式，并积极为清洁生产工作出谋划策，做到人人了解清洁生产，人人参与清洁生产。

（二）预评估

1. 企业概况

某化工有限公司（以下简称"公司"）为一家从事涂料、胶黏剂、染料、溶剂生产的台资企业，位于某市某镇某工业区，1996 年 11 月建厂，一期工程于 1999 年 6 月投入使用，2000 年 10 月扩建二期工程，总生产能力达到 26 000 t/a。

（1）生产状况：公司现有员工 60 人，其中技术管理 15 人，安全管理人员 5 人，设有生产部、业务部、财务部、运输部、安全管理部、行政办公部、制 A 车间、制 B 车间。

（2）原辅材料消耗状况见表 8-140。

表 8-140　公司主要原辅材料消耗状况

序号	项目	分类	2009 年		2010 年	
			消耗量/t	比例/%	消耗量/t	比例/%
1	亚麻仁油	原料	800	19.37	930	19.52
2	醇酸树脂	原料	110	2.66	128	2.69
3	聚氨酯树脂	原料	400	9.69	465	9.76
4	聚合改性松香	原料	660	15.98	767	16.10
5	丙烯酸树脂	原料	50	1.21	58	1.22
6	二异丁基酮	原料	220	5.33	256	5.37
7	溶剂油	原料	930	22.52	1 046	21.95
8	乙酸乙酯	原料	210	5.08	244	5.12
9	甲苯	辅料	100	2.42	116	2.43
10	添加剂	辅料	30	0.73	35	0.73
11	甲基异丁酮	辅料	50	1.21	58	1.22
12	间苯二甲酸	辅料	80	1.94	93	1.95
13	乙酸丁酯	辅料	60	1.45	70	1.47
14	甲苯二异氰酸酯	辅料	230	5.57	267	5.60
15	精对苯二甲酸	辅料	200	4.84	232	4.87
	总计		4 130	100	4 765	100

（3）能源消耗状况见表 8-141。

表 8-141　公司能源消耗状况

分类	项目	2009 年			2010 年		
		消耗量	折标煤/t	比例/%	消耗量	折标煤/t	比例/%
电力	外购电力/（kWh/t 产品）	699 800	86.01	23.90	677 000	83.2	18.66
	电单耗/kWh	1 73	—	—	144	—	—
燃料	柴油/kg	67 790	98.78	27.45	72 540	105.7	23.71
	柴油单耗/（kg/t 产品）	17			15.4		
	重油/kg	110 130	157.33	43.72	168 640	240.9	54.03
	重油单耗/（kg/t 产品）	27.16	—	—	35.84	—	—
	液化石油气/kg	10 120	17.35	4.82	9 180	15.74	3.53
耗能工质	新鲜水/m³	4 780	0.41	0.11	4 100	0.35	0.08
统计	总能耗/t 标煤	359.88			445.89		
	产量/t	4 051			4 706		
	综合能耗/（kg 标煤/t 产品）	88.84			94.75		

2. 企业废弃物产生、处理现状及分析

（1）废水产排状况：生活污水为员工日常生活洗涤污水与厨房含油污水，排放量分别为 1 110 t/a 与 421 t/a，其主要污染物是 COD_{Cr}、SS、NH_3-N 等。全厂清净下水收集入地下水池后排放，此措施可避免在火灾事故状态下含物料的消防水外排造成的污染。

（2）废气产排状况：公司生产过程中，原材料在搅拌过程以及添加溶剂过程中产生有机废气，该类废气中的主要污染物为甲苯和二甲苯。

（3）固废处理状况：生产过程中产生的固体废弃物主要为含油棉纱、滤布等，生活垃圾按照指定地点堆放在生活垃圾堆放点，由环卫部门每日清理。

（4）噪声产生状况：噪声是对环境影响的因素之一，公司有部分生产设备和辅助设备运行时会产生不同程度的噪声，主要来源于空压机、风机、发电机。

（5）总量控制情况：公司始终积极配合省、市、镇环保执法工作，按时上缴排污费，严格按照总量控制指标限额排污，见表 8-142。

表 8-142　公司排污总量控制指标　　　　　　　　　　　单位：t/a

指标	苯	甲苯	SO₂	烟尘
控制总量额限额	≤0.006	≤0.02	≤4.53	≤0.68
2010 年实际排放量	≤0.003 5	≤0.009 3	≤4.53	≤0.68

3. 确定审核重点

审核小组认为公司在污染物产排方面以大气污染物和危险废物为主，而此两类污染物产生量与生产加工损失率密切相关，故审核小组将降低生产系统的加工

损失率定为本轮审核重点，后续工作中将针对审核重点进一步深入调查分析，力求提升公司清洁生产水平。

4．设置清洁生产目标

涂料胶黏剂行业的加工损失率随季节变化，为完整反映年度加工损失水平，审核小组选取 2009 年全年度的生产数据作为基准值，充分考虑了预审核中发现的提升潜力，制订出本轮的审核清洁生产目标，具体情况见表 8-143。

表 8-143　公司清洁生产审核目标

序号	指标	数值	基准值（2009 年）	近期目标（2011 年）	远期目标（2012 年）
1	加工损失率/%	1.91	1	0.5	—
2	综合能耗/（kg 标煤/t 产品）	94.75	75	60	—

5．预审核阶段产生方案

针对上述预审核中发现的问题，审核小组发动各部门员工的力量，运用清洁生产思维，提出了一些解决方案，对花费不大的方案遵循"边审核、边实施"的原则予以解决，在审核中期即取得一定的成效。

（三）评估

1．审核重点工艺流程

审核小组分析认为影响加工损失率的因素分为可控与不可控两类。其中可控因素可从清洁生产的八个方面、三个层次分析提升，不可控因素则与外部环境有关，如季节温差变化等，非人力所能控制。

2．建立物料平衡

由于涂料胶黏剂行业的加工损失率随季节而变化，为完整反映年度加工损失水平，审核小组选取 2009 年作为一个完整年度的生产数据进行了物料平衡汇总，见表 8-144。

（四）方案的产生和筛选

1．方案产生

根据物料平衡分析及资源、能源消耗和产污分析，通过开展清洁生产合理化建议活动，发动全体员工从原辅材料和能源、技术工艺、设备、过程控制、产品、废弃物、管理和员工八个方面提出清洁生产方案。

表 8-144　公司生产系统物料平衡测算（2009 年）

物料输入					物料输出				
序号	项目	类型	数量/t	比例/%	序号	项目	类型	数量/t	比例/%
1	亚麻仁油	原料	800	19.37	1	油漆产品	产品	3109.08	76.74
2	醇酸树脂	原料	110	2.66	2	染料产品	产品	3.70	0.09
3	聚氨酯树脂	原料	400	9.69	3	胶黏剂产品	产品	480.56	11.86
4	聚合改性松香	原料	660	15.98	4	溶剂产品	产品	457.87	11.30
5	丙烯酸树脂	原料	50	1.21	—	—	—	—	—
6	二异丁基酮	原料	220	5.33	—	—	—	—	—
7	溶剂油	辅料	930	22.52	—	—	—	—	—
8	乙酸乙酯	原料	210	5.08	—	—	—	—	—
9	甲苯	辅料	100	2.42	—	—	—	—	—
10	添加剂	辅料	30	0.73	—	—	—	—	—
11	甲基异丁酮	辅料	50	1.21	—	—	—	—	—
12	间苯二甲酸	辅料	80	1.94	—	—	—	—	—
13	乙酸丁酯	辅料	60	1.45	—	—	—	—	—
14	甲苯二异氰酸脂	辅料	230	5.57	—	—	—	—	—
15	精对苯二甲酸	辅料	200	4.84	—	—	—	—	—
输入总计			4 130	100	输出总计			4 051.21	100
损失量/t			78.79		损失率/%			1.91	

损失途径分布	序号	项目	损失量/t
	1	桶装原料挂壁残留	6.84
	2	过滤损失	1.38
	3	计量偏差	36.22
	4	原料中水分的蒸发	33.04
	5	化验采样损失	0.67
	6	跑、冒、滴、漏	0.17
	7	产品储存过程中的破损、漏失、挥发和变质	1.59
	8	系统存留	0.10
	9	原料分解气	1.72

2．方案汇总

轮审核共征集了数十项合理化建议，审核小组成员对征集来的合理化建议进行简单筛选、合并，并对建议的内容进行充实。综合企业规模、人员、效益等多方面考虑，确定 1 万元以下的投资为无/低费方案，1 万～2 万元的投资为中费方案，2 万元以上的投资为高费方案，方案汇总见表 8-145。

3．方案筛选

本次清洁生产审核共产生清洁生产方案 27 项，其中无费方案 12 项，低费方案 6 项，中费方案 6 项，高费方案 3 项。选定的初步可行方案情况见表 8-146。

表8-145　备选清洁生产方案汇总

编号	方案名称	内容简介	类型	预计投资/万元	预计效益	
					环境效益	经济效益
F1	做好残存物料的处理	设备检修及开停车过程中管道及设备内残存物料、油料退不尽的不能随意排放，用桶装处理	无费	—	减少VOC产生	—
F2	加强清洁生产宣传	加强开展环保宣传工作，提高职工的主人翁意识，使职工积极参与清洁生产工作	无费	—	—	—
F3	建立成本核算制度	通过进行成本核算，加强各种消耗的分析与成本控制，减少资源能源浪费	无费	—	—	降低成本
F4	开展节能降耗亏竞赛	在全车间开展节能降耗、减少排污的劳动竞赛，每月讲评、奖罚分明	无费	—	—	—
F5	蒸汽消漏	加强蒸汽管线消漏、减少蒸汽泄漏量	无费	—	减少SO₂、NOₓ排放	降低油耗
F6	完善蒸汽保温	完善反应釜及锅炉管线保温，减少热量跑损	中费	1	减少SO₂、NOₓ排放	降低油耗
F7	蒸汽冷凝液回收	收集反应釜蒸汽冷凝液，作为锅炉补水	中费	0.5	减少SO₂、NOₓ排放	减少水耗
F8	空压机房改善	拟将两台空压压缩机搬到最大耗气点——包装车间附近，并建设室外简易空压机室，尽量减少输送管线布设距离	低费	0.1	减少碳排放	降低电耗
F9	软水滤料更换	定期更换滤料，提升锅炉能效	低费	0.1	减少SO₂、NOₓ排放	降低油耗
F10	废油桶区隐患治理	建设围堰，防止废油随雨水外泄，并将初期雨水收集经过砂滤池过滤后再排放	高费	3	降低环境风险	—
F11	锅炉烟道余热利用	利用现有烟道换热锅炉预热锅炉给水或制洗浴热水	高费	15.5	减少碳排放	降低油耗、气耗
F12	生活用水量削减	拟制订生活用水消耗定额制度，并安装节水控制器，削减员工生活用水量	低费	0.5	减少废水排放	减少水耗
F13	冷却水系统机泵能效提升	采用高分子涂层对水泵叶轮进行修复，以提升能效	高费	2	减少碳排放	降低电耗
F14	减少采样物料损失	回收采样物料	无费	—	减少VOC产生	降低加工损失率

编号	方案名称	内容简介	类型	预计投资/万元	预计效益 环境效益	预计效益 经济效益
F15	减少桶装原料挂壁损失	集中时段将同种原料料桶倒置，以收集挂壁物料	中费	—	减少 VOC 产生	降低加工损失率
F16	减少计量误差损失	及时校准计量器具，挑战零偏差	无费	—	—	降低加工损失率
F17	减少现场跑、冒、滴、漏损失	加强巡检及设备检修频次，规范员工操作	无费	—	减少 VOC 产生	降低加工损失率
F18	减少物料空气挥发损失	减少物料及产品与空气接触机会，对设备与物料不生产时进行覆盖	低费	0.05	减少 VOC 产生	降低加工损失率
F19	减少产品储运过程中损失	限值叉车厂内行驶速度，搬运轻拿轻放，减少产品破损概率	无费	—	减少产品破损	降低加工损失率
F20	更换产品包装	更换产品包装，明确废包装的危害，并表明客户负有回收或改善处理产品容器的义务	低费	0.3	降低环境风险	—
F21	管道闭式过滤器替代压滤机	采用密闭管道过滤器代替板框压滤机对产品进行过滤，以减少 VOC 产生，并降低加工损失率	高费	2.5	减少 VOC 产生	降低加工损失率
F22	加装水电表	加装电表，做到生产用电独立计量；加装水表，对循环水水计量	低费	0.2	减少碳排放	降低电耗
F23	在离峰时间搅拌	将搅拌等耗电量较大的工作任务移至离峰时间进行	无费	—	减少碳排放	降低电耗
F24	更换节能灯具	在全公司范围内更换更加节能的灯具	中费	1.8	减少碳排放	降低电耗
F25	定期更换活性炭	有机废气吸附设施中的活性炭长时间使用吸收效率会下降，三个月更换一次	中费	1	减少 VOC 排放	—
F26	柴油替换重油	两炉目前使用重油作为燃料，建议采用柴油对其进行替换，可减少外排废气中的 SO$_2$ 含量，并可将重油电加热设备关闭，以节约电能	高费	33	减少 SO$_2$ 排放	降低电耗
F27	锅炉酸洗	蒸汽锅炉炉壁长时间未清洗，结垢影响传热效率，建议对其进行酸洗，以降低油耗	中费	1.5	减少 SO$_2$ 排放	降低油耗

表8-146 初步可行的清洁生产方案汇总

编号	方案名称	分类	编号	方案名称	分类
F1	做好残存物料的处理	无费	F15	减少桶装原料挂壁损失	无费
F2	加强清洁生产宣传	无费	F16	减少计量误差损失	无费
F3	建立成本核算制度	无费	F17	减少现场跑、冒、滴、漏损失	无费
F4	开展节能降耗减污竞赛	无费	F18	减少物料空气挥发损失	低费
F5	蒸汽消漏	无费	F19	减少产品储运过程中损失	无费
F6	完善蒸汽保温	中费	F20	更换产品包装	低费
F8	空压机房改善	低费	F21	管道过滤器替代压滤机	高费
F9	软水滤料更换	低费	F22	加装水电表	低费
F10	废油桶区隐患治理	中费	F24	更换节能灯具	中费
F11	锅炉烟道余热利用	高费	F25	定期更换活性炭	中费
F14	减少采样物料损失	无费	F26	柴油替换重油	高费

（五）可行性分析

方案 F26 属于环保方案，技术与环境可行后直接实施。审核小组组织有关技术人员对 2 个高费方案进行了详细的论证分析，结果如下：

1. F11：锅炉烟气余热回收制洗浴热水

（1）技术评估：烟气-水换热器曾在多种锅炉上广泛应用，方案成熟可靠，维护简便；本方案为成套设备安装，对锅炉烟道稍作改造既可，工程量小，工期短，可利用夜间休息时段进行施工，不影响正常生产。

（2）环境评估：此方案实施后可减少 CO_2 排放量 16 t，并增加脱硫效率，环境效益明显。

（3）可行性分析：本项目总投资共计 15.5 万元，年节省运行费用 2.33 万元，财务分析情况见表 8-147。

2. F21：管道过滤代替板框压滤机

（1）技术评估：安装工时短，维护简便，施工基本不影响生产；管道过滤器作为密闭过滤设备，成熟可靠，维护方便；安全性强于板框压滤机。

（2）环境评估：改造后采用氮气加压管道密闭过滤，不消耗电能；每年可节省电量 9 900 kWh，折合 CO_2 减排 9.3 t/a，减少约 850 kg 废滤布、80 kg 废硅藻土的产生，合计减少危险废物产生量 930 kg；管道压滤机压滤过程无有机废气产生，改善员工工作环境的同时也可降低火灾产生的风险。

（3）可行性分析：审核小组将不同加热方式的制热水成本计算出来加以比较，结果见表 8-148。

表 8-147　锅炉烟气余热回收制洗浴热水方案财务指标分析情况

类别	项目	数值
基本数据	总投资费用 I/万元	15.5
	年运行费总节省金额 P/万元	2.33
	贴现率/%	7
	折旧期 n/年	10
	各项应纳税总和/%	7
过程数据	年折旧费 D/万元	1.03
	应税利润 T/万元	1.72
	年增现金流量 F/万元	2.63
评估数据	投资偿还期 N/年	15.82
	净现值 NPV/万元	0.43
	内部收益率 IRR/%	115.40

表 8-148　清洁生产高费方案经济评估

类别	项目	数值
基本数据	总投资费用 I/万元	2.50
	年运行费总节省金额 P/万元	3.93
	贴现率/%	5
	折旧期 n/年	10.00
	各项应纳税总和/%	7
过程数据	年折旧费 D/万元	0.25
	应税利润 T/万元	3.68
	年增现金流量 F/万元	3.67
评估数据	投资偿还期 N/年	0.68
	净现值 NPV/万元	25.86
	内部收益率 IRR/%	146.88

3. 确定推荐实施方案

根据备选方案技术、环境、经济评估效果，确定本轮审核期间拟实施的清洁生产方案。见表 8-149。

表 8-149 本轮审核期间拟实施清洁生产方案一览

编号	方案名称	分类	编号	方案名称	分类
F1	做好残存物料的处理	无费	F15	减少桶装原料挂壁损失	无费
F2	加强清洁生产宣传	无费	F16	减少计量误差损失	无费
F3	建立成本核算制度	无费	F17	减少现场跑、冒、滴、漏损失	无费
F4	开展节能降耗减污竞赛	无费	F18	减少物料空气挥发损失	无费
F5	蒸汽消漏	无费	F19	减少产品储运过程中损失	无费
F6	完善蒸汽保温	中费	F20	更换产品包装	低费
F8	空压机房改善	低费	F21	管道过滤器替代压滤机	高费
F9	软水滤料更换	低费	F22	加装水电表	低费
F10	废油桶区隐患治理	中费	F24	更换节能灯具	中费
F11	锅炉烟道余热利用	高费	F25	定期更换活性炭	中费
F14	减少采样物料损失	无费	F26	柴油替换重油	高费

（六）方案实施

1. 方案实施情况

截至 2011 年 9 月，中/高费方案基本按照备选方案经济可行性综合分析结果的顺序实施，公司已实施方案情况见表 8-150。

表 8-150 本轮审核推荐方案实施情况

方案类型	方案数量	已实施数量	实施率
无/低费方案	15	15	100%
中/高费方案	7	7	100%

2. 已实施方案成果汇总

（1）清洁生产目标完成状况见表 8-151。
（2）经济效益汇总见表 8-152 和表 8-153。

表 8-151 清洁生产目标完成状况

序号	指标	2009 年（状况）	近期目标（2011 年）	远期目标（2012 年）	完成情况	评价
1	加工损失率/%	1.91	1	0.5	0.77	完成近期目标
2	综合能耗/（kg 标煤/t 产品）	94.75	75	60	67.66	完成近期目标

表8-152 公司已实施无/低费方案效益汇总

编号	方案名称	投资/万元	类型	环境效益/(t/a)										产品增加/(t/a)	经济效益/(万元/a)
				资源能源消耗削减					污染物削减						
				原辅材料	水	电/(kWh/a)	重油	废水	VOC	SO₂	NOₓ	CO₂	危废		
F1	做好残存物料的处理		无费												
F2	加强清洁生产宣传		无费												
F3	建立成本核算制度		无费												
F4	开展节能降耗减污竞赛		无费												
F5	蒸汽消漏		无费				0.5								0.29
F8	空压机房改善	0.2	低费												
F9	软水滤料更换	0.1	低费				1.5								0.85
F14	减少采样物料损失		无费	0.6										0.6	1.8
F15	减少桶装原料挂壁损失		无费	1.5										1.5	4.5
F16	减少计量误差损失		无费	5.0										5.0	15
F17	减少现场跑、冒、滴、漏损失		无费	0.1										0.1	0.3
F18	减少物料空气挥发损失	0.05	低费												
F19	减少产品储运过程中损失		无费	1										1	3
F20	更换产品包装	0.3	低费												
F22	加装水电表	0.2	低费												
	合计	0.85	—	8.2			2	0						8.2	24.6

表 8-153　公司中/高费方案实施后预计取得的经济与环境效益汇总

| 编号 | 方案名称 | 投资/万元 | 类型 | 资源能源消耗削减 | | | | 污染物削减/(kg/a) | | | | 产品增加/(t/a) | 经济效益/(万元/a) |
				原辅材料/(t/a)	电/(kWh/a)	重油/(t/a)	液化气/(kg/a)	VOC	CO₂	SO₂	危废		
F6	完善蒸汽保温	1	中费										
F10	废油桶区隐患治理	3	中费										
F11	锅炉烟道余热利用	15.5	高费		−1 500		5 400		16 190				2.75
F21	管道过滤器代替压滤机	2.5	高费	1.33				1 331			930	1.33	3.93
F24	更换节能灯具	1.8	中费		88 354				83 053				8.84
F25	定期更换活性炭	1	中费										—
F26	柴油代替重油	33	高费		7 200					1.65			0.72
	合计	57.8	—	1.33	94 054	0	5 400	1 331	110 583	1.65	930	1.33	16.24

环境效益

（七）持续清洁生产

1. 建立和完善清洁生产组织

公司增设了清洁生产专门机构负责协调推行清洁生产，将清洁生产纳入各部室日常职责范围，以巩固取得的清洁生产成果，并使清洁生产工作持续开展下去。

2. 建立和完善清洁生产制度

公司优化了制度、岗位操作规程和技术规范，把清洁生产的成果纳入公司的日常管理，是巩固清洁生产成效、防止"搞运动、走过场"的重要手段，特别是要将已产生的一些无/低费方案形成制度。

3. 建立和完善清洁生产激励机制

公司结合岗位量化管理，将清洁生产作为岗位量化的一项内容。要求员工在各自的岗位上，不断地提出清洁生产方案，提出的方案经审核小组评估后进行实施。无论是生产组织与管理，还是经营管理方面的清洁生产项目，按该项目所获经济、环境效益，由清洁生产办公室认定后对于方案提出人给予奖励，并作为员工的升职参考条件。

第十一节　某建材有限公司清洁生产审核案例

一、企业概况

某有限公司位于某市某镇某地区，占地 66 045 m^2，全场绿化面积 13 209 m^2，绿化率为 20%。年生产天数 300 d，四班三运转，全厂定员 270 人，其中生产人员 252 人，管理人员 16 人，服务人员 2 人。

公司产品为"××牌"硅酸盐水泥，第一期 2 000 t/d 新型干法水泥生产线于 2008 年 5 月正式投入生产，二期同等规模的一条生产线现正在建设中，预计 2010 年年初竣工投产，两期总投资 39 693 万元。

二、清洁生产审核

（一）审核准备

1. 获得高层领导的支持和参与

通过交流，公司领导层增强了对清洁生产的认识，深刻地认识到通过清洁生产审核可以促进公司技术革新、升级上档，产品质量提升，形成公司绿色生产的良好形象，提高公司核心竞争力，赢得未来的市场竞争优势，降低对人类健康和生态环境的风险，实现经济、生态环境及社会和谐发展。

2．组建清洁生产审核小组

为了确保清洁生产审核工作的顺利实施，成立了以生产副总为组长的清洁生产工作小组，并明确了小组成员的职责，下发了《关于成立清洁生产审核工作小组的通知》，并要求各生产车间选取一名清洁生产内部审核员，各管理部室选取一名清洁生产联络员，负责本部门的清洁生产审核具体工作，以加强清洁生产工作的组织建设。

3．审核工作计划

清洁生产审核工作小组成立后，立即开展了相应的工作，一方面积极宣传清洁生产审核的重要性，一方面制订出清洁生产审核工作计划，促使广大员工意识到时间的紧迫性和任务的艰巨性，积极投入到审核工作中。

4．开展宣教培训

为推动清洁生产审核工作的进展，于 2010 年 7 月初召开了公司清洁生产审核动员大会，委托邀请某市某环保技术咨询有限公司审核咨询工程师进行现场授课，就《中华人民共和国清洁生产促进法》和《清洁生产审计培训教材》，清洁生产和末端治理的区别，清洁生产审核思路、步骤、清洁生产审核八个方面，寻找无/低费方案，清洁生产的意义等进行讲解。公司领导就国内国际环境保护的现状和严峻形势进行了说明，强调了清洁生产的必要性和紧迫性，并就有关某省、某市清洁生产政策文件进行传达。通过宣贯，使全体职工对清洁生产有了全面的认识，为清洁生产审核工作的开展奠定了坚实的基础。与此同时，根据公司实际情况估计了可能遇到的障碍，审核小组制定出相应的解决办法。

（二）预评估

1．企业概况

（1）组织结构：公司分为质检、财务、生产、综合、装备、采购、营销 7 个管理部室，此外还有办公室负责行政工作，生产部设置生料、烧成、制成三个车间，财务部掌管库房，日常环境管理工作由生产部负责。

（2）生产状况：公司生产工艺包括两个主要的生产系统，即熟料烧成系统、水泥粉磨系统。企业生产工艺流程与排污节点见图 8-40。

（3）企业原辅材料调查结果见表 8-154。

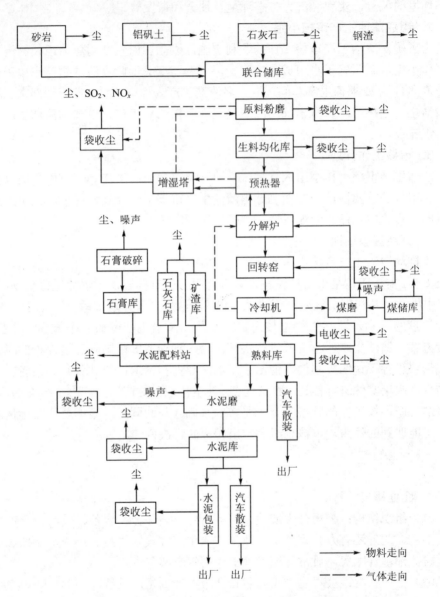

图 8-40 企业生产工艺流程及产排污节点示意

表 8-154 生产系统原辅材料消耗一览（2009 年）

车间	物料名称	配比/%	用量/t	消耗定额/（t/t 熟料）	
				干基	湿基
生料车间	石灰石	87.7	939 873	1.271	—
	砂岩	7.1	76 090	0.136	0.140
	钢渣	3.6	38 581	0.012	0.012
	尾矿	0.3	3 215	—	—
	脱硫石膏	0.8	8 574	—	—
	铝矾土	0.5	5 358	0.097	0.098
	总计	100	1 071 691	—	—
烧成车间	生料	料耗 1.55	1 051 795	1.52	—
	煤粉（灰）	3.15	21 248	—	—
	熟料	—	674 537	—	—
制成车间	熟料	59.08	533 587	—	—
	矿渣	25.22	227 777	—	—
	石膏	5.40	48 771	—	—
	炉渣	3.50	31 611	0.036	0.037
	石灰石	6.80	61 415	—	—
	总计	100	903 160	—	—

2. 企业废弃物产生、处理现状及分析

水泥行业生产过程中，对环境污染的贡献集中在 3 种污染物上，即粉尘、NO_x、SO_2。噪声是水泥厂中仅次于粉尘的污染源，但噪声的污染特点是物理性的，在环境中不积累，对人的干扰和对环境的影响是局部性的，当噪声源停止发声时，噪声影响即消失。厂区废水主要是生活污水，由化粪池处理后全部回用于厂区绿化，冷却水、排污水回用于道路喷洒抑尘及厂区绿化，均不外排。规划中的污水处理站与二期工程一并建设并投产。公司产生固体废弃物主要为各收尘器收集粉尘和生活垃圾。收尘器收集粉尘全部作为水泥原料回用于生产流程，不外排。全厂生活垃圾产生量约为 69 t/a，由市政处理。

审核小组汇总了公司 2009 年排污许可及主要污染物排放情况，见表 8-155。

表 8-155　企业排污许可与主要污染物排放情况一览　　　　　　　单位：t/a

分类	控制指标	许可排污量		实际排污量	
		总量	浓度	排放量	浓度
废气	烟粉尘	442.19	—	218.65	各点均达标
	SO$_2$	50.88	—	22.79	各点均达标

3. 确定审核重点

通过对企业主要指标在国内外同行业中的定位、比较，找出企业与先进水平存在的差距和自身的薄弱环节。同时审核小组通过对各个车间现场调查，结合权重总和计分排序法，确定了审核重点。

4. 设置清洁生产目标

公司根据自身的生产现状水平和技术能力，考虑公司长远发展所要达到的水平和能力，从先进性、可达性、国家产业政策和环保要求、经济效益明显等因素出发特制订了清洁生产目标，见表 8-156。

表 8-156　企业清洁生产目标一览

序号	指标	2009 年（状况）	二级标准值	近期目标（2010 年）			远期目标（2012 年）		
				目标值	削减量		目标值	削减量	
					绝对量	相对量/%		绝对量	相对量/%
1	可比熟料综合煤耗折标煤/（kg/t）	118	≤115	≤115	3	2.5	≤108	10	8.5
2	可比熟料综合能耗折标煤/（kg/t）	126	≤123	≤123	3	2.4	≤116	10	8
3	可比水泥综合能耗折标煤/（kg/t）	102	≤100	≤100	2	2	≤96	6	5.8
4	SO$_2$ 排放量/t	22.8	—	20.5	2.28	10	18.24	4.56	20
5	粉尘排放量/t	218.65	—	210	8.65	4	196.8	21.87	10
6	散装率/%	35.9	≥40	—	—	—	≥40	—	—

（三）评估

建立物料平衡

对输入输出物料进行实测核对，将实测数据经过整理换算汇总，根据物料汇总表并结合烧成车间工艺流程特点制订出烧成车间物料输入输出平衡图，物料平衡见表 8-157，物料平衡见图 8-41。

表 8-157　审核重点物料平衡

输入物料				输出物料				
序号	物料	输入量		比例	序号	物料	输出量		比例
		t/d	t/t 产品	%			t/d	t/t 产品	%
1	煤粉	304.69	0.149 8	3.09	1	出冷却机熟料	1 998.81	0.982 7	20.30
2	生料	3295.08	1.620 0	33.47	2	预热器出口废气	4 269.98	2.099 3	43.38
3	入窑回灰	0	0.000 0	0.00	3	预热器出口飞灰	160.89	0.079 1	1.64
4	一次空气	223.94	0.110 1	2.28	4	冷却机余风	3 037.58	1.493 4	30.86
5	入冷却机空气	5322.57	2.616 8	54.07	5	出冷却机飞灰	35.19	0.017 3	0.36
6	生料带入空气	0	0.000 0	0.00	6	煤磨抽热风	370.39	0.182 1	3.76
7	系统漏入空气	697.46	0.342 9	7.09	7	—	—	—	—
8	冷却水	1 684.70	—	—	8	冷却水	1 684.70	—	—
	输入合计	9 843.74	4.839 7	100		输出合计	9 872.84	4.825 4	100
						误差	−29.1	−0.014 3	−0.30

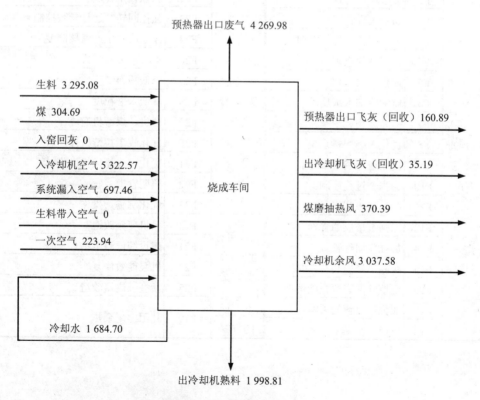

图 8-41　审核重点物料平衡（单位：t/d）

（四）方案的产生和筛选

1. 方案产生与汇总

本轮审核共征集了数十项合理化建议，审核小组成员对征集来的合理化建议进行简单筛选、合并，并对建议的内容进行充实，初步研制出33项备选清洁生产方案。经过评审，确定5万元以下为低费方案，5万～10万元为中费方案，10万元以上为高费方案，共筛选出可行性方案33个，其中28个无/低费方案，5个中/高费方案，无低费方案。

2. 方案筛选

方案可行性分类见表8-158。

表 8-158　方案可行性分类

分类	编号	方案名称	分类	编号	方案名称
可行的无/低费方案	F1	加强现场管理	可行的无/低费方案	F20	加强设备管理
	F2	加强过程管理		F23	强化回转窑运行参数控制
	F3	加强工艺过程的管理		F24	建立清洁生产考核制度
	F4	培训节约意识		F26	加大散装水泥推广力度
	F5	加强配料管理		F27	降低粉料细度
	F6	监测冷却水水质		F28	降低入磨粒度
	F7	提高废物利用率		F29	磨机、煤磨机避峰
	F8	优化入磨配料系统		F30	优化收尘拉链机操作
	F9	提高编织袋质量		F31	优化窑头排风机操作
	F10	加强全过程控制		F32	照明管理
	F11	废油降级利用		F33	优化沸腾炉操作
	F12	加强进厂煤的管理	初步可行的中/高费方案	F13	风机变频改造
	F14	加强废旧件管理		F21	建设纯低温电站
	F15	实施"修旧利废"制度		F22	机泵能效修复
	F16	定期开展岗位技能培训		F25	新型燃烧器改造
	F17	加强原材料的采购	不可行的方案	F19	利用窑尾余热
	F18	垃圾入窑燃烧			

表8-159 清洁生产方案汇总

序号	输入热量 项目	单位 kJ/kg	单位 kcal/kg	%	序号	输出热量 项目	单位 kJ/kg	单位 kcal/kg	%
1	煤粉燃烧热	3241.26	775.12	94.53	1	熟料形成热	1705.50	407.86	49.74
2	煤粉显热	9.46	2.26	0.28	2	蒸发料中水分耗热	3.83	0.92	0.11
3	生料显热	83.10	19.87	2.42	3	预热器出口废气显热	691.31	165.32	20.16
4	一次空气显热	5.55	1.33	0.16	4	预热器出口飞灰显热	22.21	5.31	0.65
5	入冷却机空气显热	78.96	18.88	2.30	5	冷却机排出空气显热	460.38	110.10	13.43
6	生料带入空气显热	0.00	0.00	0.00	6	冷却机飞灰显热	4.63	1.11	0.14
7	系统漏入空气显热	10.35	2.47	0.3	7	化学不完全燃烧损失	0.00	0.00	0.00
—	—	—	—	—	8	系统表面散热损失	365.72	87.46	10.67
—	—	—	—	—	9	出冷却机熟料显热	80.90	19.35	2.36
—	—	—	—	—	10	煤磨抽热风	59.88	14.32	1.75
—	系统总收入热	3428.68	819.94	100.00	—	系统总支出热	3394.37	811.73	99.00
					—	误差	34.31	8.21	1.00

（五）可行性分析

1. F13 风机变频改造

（1）技术评估：输入功率因数高，网侧不需要添加功率因数补偿装置；电流谐波少，满足国际、国家标准要求，对电网没有谐波污染；对电缆、电机绝缘无损害，电机谐波少，减少了轴承、叶片的机械振动，输出线可以长达 1 000 m；安装工时短，维护简便，施工基本不影响生产。

（2）环境评估：改造前风机运行电流 45～48 A，消耗功率 670～720 kW，风门开度 40%，平均每小时消耗电能 710.4 kWh，预计改造后风机运行电流 25～28 A，消耗功率 420～456 kW，风门开度 100%，平均每小时消耗电能 430.5 kWh，平均每小时可节省电量 229 kWh，每年可节省电量 1 648 800 kWh，相当于节约标煤706 t，折合成市购 5 000 kcal/kg 煤炭 2 850 t，减少 SO_2 排放量 17.67 t/a。

（3）可行性分析：项目总投资估算为 120 万元，方案实施后可节省电费824 400 元/a，本方案财务分析情况见表 8-160。

表 8-160　风机高压变频改造方案财务指标分析情况

类别	项目	公式	数值
基本数据	总投资费用 I/万元	—	120
	年运行费总节省金额 P/万元	—	82.4
	贴现率/%	—	5
	折旧期 n/年	—	10.00
	各项应纳税总和/%	—	33
过程数据	年折旧费 D/万元	I/n	12.00
	应税利润 T/万元	$P-D$	70.40
	年增现金流量 F/万元	$P-0.015\times(P-D)$	77.47
评估数据	投资偿还期 N/年	I/F	1.55
	净现值 NPV/万元	$\sum_{j=1}^{n}\dfrac{F}{(1+i)^{j}}-I$	478.22
	内部收益率 IRR/%	$i_1+\dfrac{\text{NPV}_1(i_2-i_1)}{\text{NPV}_1+\left\|\text{NPV}_2\right\|}$	64.10

2. F21 建设纯低温余热电站方案

（1）技术评估：窑头冷却机在运行过程中产生 85 000 m^3/h、380℃的余热废气，可设置余热锅炉将其回收以生产 1.0 MPa、360℃过热蒸汽 8.875 t/h，经过锅炉后的废气温度降低约 200℃，可以利用的废热资源约为 3.3×10^{7} kJ/h。

窑尾预热器在运行过程中产生 145 000 m³/h，340℃的余热废气，可设置 SP 余热锅炉回收以生产 1.0 MPa、320℃过热蒸汽 13.4 t/h，经过锅炉后的废气温度降低约 150℃，可以利用的废热资源约为 3.3×10^7 kJ/h。

（2）环境评估：本方案的实施，可降低进入水泥生产线窑尾、窑头原有收尘设备的烟气温度和烟气含尘浓度，从而提高原有收尘设施的收尘效果，并且减轻了热污染，且不消耗能源，是一个具有利废（充分利用废气余热）、环保（大量减排 CO_2）、节能（进一步降低水泥生产电耗）三重效果的项目。

（3）可行性分析：本方案投资合计为 3 449.985 万元，年发电量 $3\ 026.88 \times 10^4$ kWh，自用电为 6%，年供电量为 $2\ 845.27 \times 10^4$ kWh，供电单价按照 0.56 元/kWh（含税）计算，年可节省电费 1 593.35 万元。见表 8-161。

表 8-161　纯低温余热电站方案财务指标分析情况

类别	项目	公式	数值
基本数据	总投资费用 I/万元	—	3 450
	年运行费总节省金额 P/万元	—	1 593
	贴现率/%	—	5
	折旧期 n/年	—	10.00
	各项应纳税总和/%	—	33
过程数据	年折旧费 D/万元	I/n	345
	应税利润 T/万元	$P-D$	1 248
	年增现金流量 F/万元	$P-0.015\times(P-D)$	1 505.64
评估数据	投资偿还期 N/年	I/F	2.29
	净现值 NPV/万元	$\sum_{j=1}^{n}\dfrac{F}{(1+i)^j}-I$	8176
	内部收益率 IRR/%	$i_1+\dfrac{NPV_1(i_2-i_1)}{NPV_1+\left\|NPV_2\right\|}$	42.37

3. F25 新型燃烧器改造方案

（1）技术评估：一次风量比例低、燃烧推力大，其灵便快捷的火焰调节手段，可使火焰形状随时满足窑内工况的需要，有利于建立合理的煅烧环境，其高速的出口射流大大强化了煤粉气流和二次热风的混合，最大限度地消除了不完全燃烧，减少了不必要的热损失，有利于降低热耗和利用低劣质煤。

（2）环境评估：采用 TCNB 新型燃烧器后，熟料热耗约可降低 65 kJ/kg，按年生产 65 万 t 熟料计算，每年约可节约标准煤 1 457 t，减少废气 40.8 万 m³/a，削减 CO_2 排放量 3 497 t/a，此外，由于一次净风量低，相应可降低系统 NO_x 的生成量。

（3）可行性分析：整个投资预算包括购置 TCNB 新型燃烧大约为 35 万元，每年约可节约标准煤 1 457 t，按每吨标准煤 800 元计算，每年节约 116.5 万元左右。方案财务分析情况见表 8-162。

表 8-162　回转窑新型煤粉燃烧器方案财务指标分析情况

项目	公式	数值
总投资费用 I/万元	—	35
年运行费总节省金额 P/万元	—	849.6
贴现率/%	—	5
折旧期 n/年	—	10.00
各项应纳税总和/%	—	33
年折旧费 D/万元	I/n	3.5
应税利润 T/万元	$P-D$	846.1
净利润 E/万元	—	786.87
年增加现金流量 F/万元	$P-0.015\times（P-D）$	790.37
投资偿还期 N/年	I/F	0.04
净现值 NPV/万元	$\displaystyle\sum_{j=1}^{n}\frac{F}{(1+i)^{j}}-I$	6 068.05
内部收益率 IRR/%	$i_1+\dfrac{\text{NPV}_1(i_2-i_1)}{\text{NPV}_1+\left|\text{NPV}_2\right|}$	2 258.21

4．确定推荐实施方案

根据备选方案技术、环境、经济评估效果，审核小组确定了本轮审核期间拟实施的清洁生产方案，共有 31 种方案，其中无/低费方案 28 项，中/高费方案 3 项。

（六）方案实施

1．方案实施情况简述

本轮审核所有清洁生产方案实施后，公司各项清洁生产指标均完成了近期目标要求，也达到了清洁生产标准二级要求。

2．已实施方案成果汇总

清洁生产目标完成状况见表 8-163。

表 8-163　企业清洁生产目标完成状况

序号	指标	2009年（状况）	近期目标（2010年）				现状值（2010.8）	近期目标完成情况
			目标值	削减量				
				绝对量	相对量/%			
1	可比熟料综合煤耗折标煤/（kg/t）	118	≤115	3	2.5	113	完成
2	可比熟料综合能耗折标煤/（kg/t）	126	≤123	3	2.4	121	完成
3	可比水泥综合能耗折标煤/（kg/t）	102	≤100	2	2	97	完成
4	SO_2 排放量/t	22.8	20.5	2.28	10	20.45	完成
5	粉尘排放量/t	218.65	210	8.65	4	209.71	完成

（七）持续清洁生产

1. 建立和完善清洁生产组织

公司增设了清洁生产专门机构或者设专人负责协调推行清洁生产，将清洁生产纳入生产部日常职责范围，而其他部门则抽调人员进行专业支持，以巩固取得的清洁生产成果，并使清洁生产工作持续开展下去。

2. 建立、完善清洁生产管理制度

把清洁生产的成果纳入公司的日常管理，是巩固清洁生产成效、防止"搞运动、走过场"的重要手段，特别是要将已产生的一些无/低费方案形成制度。为此，公司优化了制度、岗位操作规程和技术规范。

三、小结

在本轮清洁生产审核中，本轮清洁生产审核工作节能减排、节水降耗的目的已经达到，经济环境效益显著。今后的工作中，水泥建材厂要把清洁生产审核作为一项长期的工作，有步骤、有计划地进行，为企业走可持续发展道路作出更大的努力。

第十二节　某五金电子有限公司清洁生产审核案例

一、企业概况

××五金电子（××）有限公司（以下简称"公司"）成立于 2007 年，前身为"××市××五金电子厂"。公司主要从事机壳、散热板、铝面板、金属制品、家庭电器配件、电脑配件、数字录放机、高档服务器装置、汽车关键零部件、组

合仪表等整机及零部件制造和精冲模、工模具制造的生产加工。

二、清洁生产审核

（一）审核准备

1. 领导与组织

清洁生产涉及企业生产的全过程，所以这项工作必须得到最高决策层的支持和参与。在聘请清洁生产技术服务单位后，公司成立了以总经理为组长的"清洁生产领导小组"和各部门骨干参与的"清洁生产审核工作小组"，领导全公司实施清洁生产审核。

2. 制定审核工作计划

为确保公司清洁生产审核工作能顺利完成，公司清洁生产审核工作小组成立后，随即制订了详细的审核计划，使审核工作按既定程序和步骤进行，审核计划包括阶段工作进度、工作内容、时间安排等。

3. 宣传和教育活动

公司于 2013 年 8 月中旬召开了清洁生产审核动员大会。会上由外聘咨询机构审核员系统地介绍了清洁生产概论和审核方法。公司自 2013 年 8 月开展清洁生产以来，为了让全体员工对清洁生产有更进一步的了解，充分体现全员参与的理念，通过多种形式全方位开展宣传、培训工作，使员工充分认识清洁生产的重要性。通过开展清洁生产审核的宣传教育，极大地提高了全公司员工的清洁生产意识，为开展审核工作营造良好的氛围。

4. 建立激励机制

为了动员公司广大员工参与清洁生产的积极性，鼓励大家更多更好地提出清洁生产合理化建议，有效推动审核的各项工作进展，公司修订了奖励机制，将清洁生产作为岗位量化管理内容，要求员工在各自的岗位上不断地提出清洁生产方案，经评估可行后实施。

（二）预评估

1. 企业概况

××五金电子（××）有限公司（以下简称"公司"）属于金属加工机械制造业，主要从事铁、铝、不锈钢等各种金属冲压件及钣金件，含阳极氧化及喷漆等表面处理金属零件制品加工。公司产品供应台、港、日及欧美著名的跨国电子和电器公司及品牌。拥有员工总数 450 人，其中技术管理人员 150 人。

（1）产品状况：公司主要产品包括铝制散热片及机壳、散热板、铝面板、家庭电器配件、电脑配件、数字录放机、高档服务器装置、汽车关键零部件、组合仪表等金属制品及零部件制造和精冲模、工模具制造的生产加工。

（2）生产状况：公司拥有机械加工行业较为全面的生产工艺，如模具设计、制作、激光、数控冲压、CNC加工、焊接，同时也能提供各种表面处理加工工艺，如阳极、抛光、拉丝、喷沙、丝印、粉体烤漆、液体烤漆等表面处理，电镀、热处理工艺目前全部委外。

（3）工艺流程：公司接到某型号产品生产指令后，进行原材料采购，经质检验收合格后入库，进入公司生产流程。公司生产工艺主要包括备料、裁断切割、冲压成型、精密加工、表面处理（磷化喷涂、除油清洗、阳极氧化）、丝印/移印等工序。

2. 企业废弃物产生、处理现状及分析

（1）废水。

废水可分为以下三类：① 氧化线、清洗线、磷化线工件清洗废水与抛光水喷淋除尘设备废水，总产生量约为 25.5 m³/d，上述废水含有大量污染物，排入废水处理站处理；② 喷漆房净化送风系统溢流水，产生量约为 38 m³/d。此部分排水因水质较好，目前直接排入市政管网中；③ 生活废水，来源于宿舍区、办公区洗手冲厕及各车间杂用水等生活排水，产生量约为 70 m³/d，经国标化粪池处理后排入市政管网，进入市政污水处理站进一步处理。

根据近年环境保护监测站对公司生产废水监测结果，公司生产废水排放水质均符合标准，见表 8-164。

表 8-164 公司生产废水排放监测状况（2012—2013 年） 单位：mg/L

序号	监测日期	pH	电导率/（μS/cm）	COD	氟化物	总锌	石油类	磷酸盐
1	2012-1-4	7.48	330	<16	0.17	0.005	0.2	0.046
2	2012-3-5	8.11	243	<16	0.22	0.013	0.28	0.06
3	2013-5-24	6.77	194	25	0.13	0.01	0.09	0.046
4	2013-7-12	8.13	212	26	0.14	0.006	0.16	0.039
5	2013-9-6	7.9	301	<16	0.15	0.009	0.16	0.031
6	2013-11-26	7.16	420	<16	0.19	0.02	0.04	0.038
7	2013-1-4	8	596	<16	0.12	0.011	0.2	0.034
8	2013-7-19	8.39	—	ND	0.46	0.057	—	0.101
9	2013-10-29	7.55	—	28.7	0.27	0.039	—	0.079
10	2013-11-28	7.62	—	38.1	0.48	ND	—	0.023
DB 44/26—2001 第二时段一级标准		6~9		≤90	10	≤2.0	≤5.0	0.5

（2）废气。

公司废气主要是表面处理车间阳极组产生的酸雾、碱雾，喷漆、烤漆过程中产生的有机废气，磨台、拉丝工序产生的含尘废气等。

（3）固体废弃物。

公司在生产过程中产生的固体废弃物种类较多，按性质分为危险废物和一般工业废物。

一般工业废物包括办公废物、废包装材料等，主要为未沾染化学品的废纸、废包装材料、金属边角料与切削渣等。

公司危险废物为压滤污泥、含油棉纱、废酸碱、废机油、漆渣等。

（4）噪声。

公司生产车间高于 85 dB（A）的设备噪声源强见表 8-165。

表 8-165　公司高噪声点源强

序号	噪声源	所在部门	声级/dB（A）	备注
1	活塞空压机	废水处理站	85.0	间断
2	冲床	冲床组	98.5	间断
3	排气扇风机	阳极组	90.5	连续
4	磨台	磨台组	92.1	连续

公司已对其进行基座减震，并要求高噪声岗位操作员工佩戴耳塞上岗。

3. 确定审核重点

经过预审核阶段的调查分析，审核小组将公司冲床组、阳极组、粗加工组、烤漆组、丝印组、阳极组固体烤漆、液体烤漆等部门作为备选审核重点，并根据废弃物产生量与危害性对其进行了排序。

4. 设置清洁生产目标

审核小组基于对审核重点的分析，结合公司实际情况，确立了本轮清洁生产审核的目标，见表 8-166。

表 8-166　企业清洁生产目标

序号	指标	基准值（2012 年）	中期目标值（2013 年）	远期目标值（2014 年年底）
1	公司万元产值水耗/（m³/万元）	7.10	<5.0	<4.5
2	工业废水排放量/（m³/d）	27	<18	<15
3	VOC 外排量/kg	867	<700	<600

（三）评估

1. 原辅材料情况

审核小组对公司生产中所用到的原辅材料的消耗情况与成分进行了调查与分析，结果见表 8-167。

表 8-167 公司主要原辅材料消耗状况（2012—2013 年） 单位：kg

分类	序号	材料名称	材料性质	车间	消耗量			
					2010 年	2011 年	2012 年	2013 年
基材/t	1	外壳	铁材		458	424	442	420
	2	散热片	铝材		92	86	90	54
	3	支架	铁材		308	285	300	300
	4	外壳	不锈钢		9	8	8.5	3.5
漆粉	5	油漆	液体	G3F	25 192	23 326	24 554	14 886
	6	粉末	粉体	G2F	4 441	4 112	4 328	3 218
	7	溶剂	液体	G3F	10 999	10 184	10 720	6 880
	8	天那水	液体	G3F	11 085	10 264	10 804	7 252
化学品	9	磷酸	无色液体	G1F	4 058	3 757	3 955	3 115
	10	铝酸脱	无色液体	G1F	2 565	2 375	2 500	1 350
	11	硝酸	黄色液体	G1F	3 478	3 221	3 390	1 680
	12	碳氢清洗剂	液体		17 211	15 936	16 775	16 015
	13	表调剂	液体	G3F	21	19	20	20
	14	强力脱脂粉	除油粉	G3F	3 027	2 803	2 950	3 300
	15	锌系皮膜剂	磷化剂	G3F	6 218	5 757	6 060	3 000
	16	色粉	粉体	G1F	43	40	42	53
	17	封孔处理剂	封口剂	G1F	226	209	220	160
	18	油墨	液体	G3F	6 476	5 996	6 312	42.5

2. 能耗状况

对输入输出物料进行实测核对，将实测数据经过整理换算汇总，根据物料汇总表并结合烧成车间工艺流程特点制订出烧成车间物料输入输出平衡图，物料平衡见表 8-168。

表 8-168　审核重点物料平衡

类别	项目	分类	消耗量			
			2010 年	2011 年	2012 年	2013 年
燃料	液化石油气	实物量/kg	92 418.5	88 863.9	91 896.5	60 488.0
		折标量/t 标煤	158.4	152.3	157.5	103.7
	柴油	实物量/kg	34 897.1	33 554.9	34 700.0	14 921.0
		折标量/t 标煤	50.9	48.9	50.6	21.7
水	新鲜水	实物量/m³	57 824.0	51 396.0	43 459.0	32 551.0
电	总电耗	实物量/kWh	2 305 592.0	2 325 283.0	2 306 612.0	1 940 883.0
		折标量/t 标煤	283.4	285.8	283.5	238.5
统计	综合能耗/t 标煤		492.7	487.1	491.6	364.0
	产值/万元		5 820.0	5 636.0	6 120.0	5 437.0
	万元产值综合能耗/（kg 标煤/万元）		84.7	86.4	80.3	66.9
	万元产值水耗/（m³/万元）		9.9	9.1	7.1	6.0

（四）方案的产生和筛选

1. 方案产生

审核小组通过前期的工作和宣传教育，使广大职工对清洁生产工作有了深入的理解，特别是对过去身边一些熟视无睹的浪费现象进行了重新认识。根据工艺物料平衡分析及资源消耗和产污分析，通过制订清洁生产合理化激励机制，发动员工从八个方面提出清洁生产方案。

2. 方案汇总

审核小组成员对征集来的合理化建议进行整合，剔除重复建议，在对反映的问题进行实地察看后，对建议的内容进行了充实完善，对投资效益进行了初步估算，初步研制出 34 项备选清洁生产方案，并根据投资额和公司的资金状况，确定 5 万元以下为低费方案，5 万～10 万元为中费方案，10 万元以上为高费方案。

3. 方案筛选

本轮清洁生产审核共产生备选清洁生产方案 30 项，针对产生的方案，审核小组召开了方案筛选会，利用简易筛选法从技术、环境、经济可行性以及可实施性等方面讨论其可行程度。审核小组筛选出可行的无/低费方案 23 项，初步可行的中/高费方案 2 项。方案初步筛选结果见表 8-169。

表 8-169 方案可行性分类

分类	编号	方案名称	分类	编号	方案名称
可行的无费方案	F5	压缩空气管网维护	可行的低费方案	F9	药剂槽上方加装吊架
	F7	阳极组建立水耗定额考核制度		F10	抑制酸碱雾产生
	F17	提高拉丝机粉尘收集效率		F14	喷漆末端处理设施维护
	F23	厂区划分环保责任区		F18	RRC201690 节约物料改善
	F24	加强员工环保意识教育		F28	水幕投加漆雾凝聚剂
	F25	建立合理化建议奖励制度		F3	待排废水代替新水配药
	F27	东英 4215-2805 节约物料改善		F4	磨台废气排气筒整合改造
	F29	冲压车间隔声作业		F2	照明节能改造
	F19	避免电机空转		F22	低尘低毒焊丝替代
	F20	减少非必要加班		F26	喷漆前处理工艺升级改造
	F21	办公室空调限时使用		—	—
初步可行的中费方案	F1	完善环保节能管理体系	不可行方案	F16	环保型喷枪代替传统喷枪
	F33	阳极氧化工艺委外加工		F8	水洗槽安装质控节水装置
	F15	静电喷漆代替传统喷漆		F11	除油槽加装油水分离装置
	F32	建设水帘柜循环水沉淀过滤系统		F12	清洗槽气泡冲击清洗
初步可行的高费方案	F31	建设等离子喷漆废气治理装置		F13	废溶剂提纯回用
	—	—		F30	阳极组采用三价铬代替六价铬
	—	—		F6	喷漆固化废气收集处理

（五）可行性分析

审核小组经过对初步筛选出的 4 项中/高费方案进行研制后，清洁生产审核小组对确定的 4 项中/高费方案进行可行性分析，具体如下。

1. F15 静电喷漆代替传统喷漆

（1）技术评估：手动液体静电喷枪喷涂，因其产生的喷涂粒子能够自行吸附于产品表面，电场力使其环绕着被涂物。喷涂产品的正面，其侧面也能吸附上油漆，再加上油漆极好的雾化效果，涂膜均匀，涂膜质量更好；喷漆工件厚度提高且均匀；良好的流平性，由于湿膜平整、均匀，在适当的黏度、温湿度等条件下，漆膜易于流平，桔皮明显减轻，漆膜更加平整。

（2）环境评估：改手动静电喷漆工艺相比传统压缩空气雾化喷漆工艺提高了油漆的利用率，油漆材料利用率可达 80%～90%，一般较手工喷漆节约油漆 30%～60%，可大幅减少漆雾飞散和污染。

（3）可行性分析：审核小组经过市场调查，了解到全套静电喷漆装置的市场价格一般在 1.5 万～4.0 万元，经济评估取中间值 3.0 万元/套计算，计划购置 2 套，共计花费 6.0 万元。

2．F31 建设等离子喷漆废气治理装置

（1）技术评估："水喷淋+UV+等离子"工艺处理喷漆有机废气，等离子体能量高，几乎可以和所有的气体分子瞬间反应，不受气流速度限制，适用于多种工况负荷，净化效率可连续稳定达到 85% 以上；处理装置结构紧凑，体积小，占地少，操作简单，保养维护方便，运行费用低，治理效率高，无须预热等过程；"水喷淋+UV+等离子"处理装置阻力远小于活性炭纤维填料塔，适用于高流速、大风量的废气处理，有利于风机节能与收集管道负压保持。

（2）环境评估："水喷淋+UV+等离子"处理工艺中水喷淋塔排出的废水属于危险废物，定期排入经废水处理站废液池收集，委托有资质的机构进行处理，此部分产生量约为 10 m³/a，增加处置费用约为 2 万元/a；可避免原有的活性炭吸附处理工艺中产生的饱和活性炭，减少活性炭购置量及危险废物产生量约 10 t/a，节约购置及处置费用约为 10 万元/a；提高废气的收集效率；可减排 VOC 约 365 kg/a。

（3）可行性分析：此方案总投资 70 万元，无经济效益，但为企业环保守法的前提，必须实施。

3．F32 建设水帘柜循环水沉淀过滤系统

（1）技术评估：喷漆循环水沉淀过滤系统体积小，占用空间小，设计合理，其吸水管和出水管都放在循环水池的特定位置，吸进的是污水，经压滤后返回的是清水，可以反复循环利用，漆渣从压滤机里分离出来，从而使喷漆房实现不间断运转，极大地节约保养维护的时间、人力、物力。

（2）环境评估：喷漆循环水在线过滤处理后循环水变得清澈，COD 值降低，无臭味，不断回流到喷漆车间循环使用，换水和排水时间大幅度延长，可将漆渣含水率由 90% 降至 60% 以下。经核算约可减少新水补水量 20 m³/a，减排危险废物喷漆废水约 20 m³/a，通过降低漆渣含水率减少危险废物漆渣产生量约 3 t/a。

（3）可行性分析：此方案实施后公司喷漆水帘柜的废水外排周期可大幅度延长，委外费用降为原来的 1/3，加上其他成本，约可降低成本 7 万元/a。此方案需投资 10 万元，综合考虑可节省年运行费用约 7 万元。

4．确定推荐实施方案

根据备选方案技术、环境、经济评估效果，审核小组确定了本轮审核期间拟实施的 26 项清洁生产方案，其中/无低费方案 22 项，中/高费方案 4 项，其他方案列入持续清洁生产计划。

（六）方案实施

1．方案实施

公司在清洁生产审核过程中，比较注重方案的付诸实施，无/低费方案贯彻"边审核、边实施"的原则，及时将审核成果转化为经济与环境效益，滚动式地推动审核工作深入开展。截至2014年5月，本次审核筛选出的26项方案已全部实施完毕。

2．已实施方案成果汇总

（1）清洁生产目标完成状况见表8-170。

（2）经济效益见表8-171。

表 8-170 清洁生产目标完成状况

序号	指标	基准值 （2012 年）	中期目标值 （2013 年）	公司状况 （2014 年 4 月）	完成情况
1	公司万元产值水耗/（m³/万）	7.10	<5.0	3.13	完成
2	工业废水外排量/（m³/d）	27	<18	11.8	完成
3	VOC 外排量/kg	867	<700	502	完成

表 8-171 公司本轮清洁生产审核经济效益汇总（截至评估前）

分类	无/低费方案		中/高费方案		合计		总计
	已实施	待实施	已实施	待实施	已实施	待实施	
方案数/项	22	0	4	0	26	0	25
所需投资/万元	12	0	156	0	168	0	168
经济效益/（万元/a）	17.2	0	30.75	0	47.95	0	47.95

（七）持续清洁生产

1．建立和完善清洁生产组织

公司增设了清洁生产专门机构或者设专人负责协调推行清洁生产，将清洁生产纳入生产部日常职责范围，而其他部门则抽调人员进行专业支持，以巩固取得的清洁生产成果，并使清洁生产工作持续开展下去。

2．建立、完善清洁生产管理制度

把清洁生产的成果纳入公司的日常管理，是巩固清洁生产成效、防止"搞运动、走过场"的重要手段，特别是要将已产生的一些无/低费方案形成制度。为此，公司优化了制度、岗位操作规程和技术规范。

三、小结

在本轮清洁生产审核中，本轮清洁生产审核工作节能减排、节水降耗的目的已经达到，经济环境效益显著。今后的工作中，水泥建材厂要把清洁生产审核作为一项长期的工作，有步骤、有计划地进行，为企业走可持续发展道路作出更大的努力。

第十三节 某电镀公司清洁生产审核案例

一、企业概况

某有限公司（以下简称"公司"）于 1994 年 4 月成立，位于某市某镇某工业区，是由某有限公司与某镇政府合作组建的合资企业，隶属辰达集团。公司为集团位于某镇的某所生产的开关零件提供电镀加工服务，为集团生产链中不可缺少的一环。

二、清洁生产审核

（一）审核准备

1. 领导支持

为了使企业领导切实重视其此项工作，避免走过场，充分发动全员参与，审核开展之前咨询公司与公司管理层进行了多次沟通，展示了大量同行业开展审核的成功案例。某有限公司领导认识到此项工作资金投入少，经济与环境回报高，同时还有助于提升企业社会形象与精细化管理水平。在清洁生产工作启动会上，面对全公司员工郑重承诺："认真、务实地将清洁生产审核工作开展下去，并将其融入到企业的日常管理制度中！"

公司管理层坚定了开展此项工作的决心，在咨询公司的指导下成立了清洁生产审核组织机构，并制订了审核工作计划，明确了各管理部门的清洁生产审核职责。

2. 组织建设

为了确保清洁生产审核工作的顺利实施，成立了以厂长为组长的清洁生产工作小组，并明确了小组成员的职责，下发了《关于成立清洁生产审核工作小组的通知》，并要求各生产车间选取一名清洁生产内部审核员，各管理部室选取一名清洁生产联络员，负责本部门的清洁生产审核具体工作，以加强清洁生产工作的组织建设。

3．审核计划

清洁生产审核工作小组成立后，立即开展了相应的工作，一方面积极宣传清洁生产审核的重要性，另一方面制订出清洁生产审核工作计划，促使广大员工意识到时间的紧迫性和任务的艰巨性，积极投入到审核工作中，见表 8-172。

表 8-172　公司清洁生产审核工作计划

工作进度	工作内容	时间安排
1．审核准备	制订公司清洁生产审核工作计划，设置公司及车间清洁生产组织机构，开展清洁生产启动会，进行清洁生产宣传培训	2010.9.1—2010.9.15
2．预审核	收集企业基础数据及资料，走访管理部门，确定公司生产过程能源消耗、物料消耗以及污染物产生量，走访车间生产现场，确认本轮清洁生产审核的范围，制订公司清洁生产目标	2010.9.16—2010.10.16
3．审核	物料平衡测算及分析、水平衡测算及分析、资源能源消耗测算及分析、主要污染因子平衡测算及分析、污染物产生原因的分析	2010.10.10—2010.11.10
4．实施方案的产生和筛选	开展清洁生产方案征集活动，公司对产生的清洁生产备选方案进行分类、汇总、筛选	2010.11.10—2010.11.30
5．实施方案的确定	对筛选出的初步可行的高费清洁生产方案进行技术、环境、经济可行性分析；讨论确定实施的中/高费清洁生产方案	2010.12.1—2010.12.30
6．方案实施	实施无/低费清洁生产方案、核实已实施方案实际效果并进行效果汇总、制订拟实施方案实施计划	2011.1.1—2011.9.30
7．持续清洁生产	编制持续清洁生产工作计划、建立和完善清洁生产管理制度、建立和完善清洁生产激励机制、编写清洁生产审核报告	2011.10.1 开始

4．宣传和教育活动

公司领导就国内国际环境保护的现状和严峻形势进行了说明，强调了清洁生产的必要性和紧迫性，并就有关广东省、某市清洁生产政策文件进行传达。

通过宣传发动、培训使公司领导和职工对清洁生产有一个正确的认识，消除观念上、技术上的障碍，做好思想准备，组建公司清洁生产审核队伍，制订工作计划，为清洁生产审核顺利开展铺平道路，为清洁生产审核有序进行提供保障。根据公司以往工作推行的经验，审核小组预计了清洁生产工作推进中可能遇到的障碍，并针对各类障碍制订出相应的预防解决办法。

（二）预评估

1．企业概况

某有限公司（以下简称"公司"）位于某市某镇某工业区，是由某有限公司与某镇政府合作组建的合资企业，隶属辰达集团。公司主要为集团位于某镇的××生产开关零件提供电镀加工服务，为集团生产链中不可缺少的一环。

（1）生产状况：公司生产加工来料均为开关零件，基材为铜件、铁件及不锈钢件，批次种类多且外形细碎，经公司除油或电镀处理，以增加工件抗氧化性及导电性，检验合格后发往集团后续生产链做人工装配。

（2）工艺流程：公司电镀生产镀种较多，13条生产线总体可分为镀前处理、电镀、清洗、镀后处理等工艺单元，审核小组对公司生产系统的污染物产排情况进行了调查。

（3）原辅材料状况见表8-173。

表8-173　公司近年主要原辅材料的消耗情况

序号	名称	应用工序	2007年	2008年	2009年	2010年
1	银条/kg	电银	5 518.35	6 592.64	5 016.40	6 407.82
2	氰化银钾/kg	电银	273.29	461.1	383.50	579.9
3	氰化钾/kg	电银、铜片拉、电金	10 053.62	10 005.4	8 076.30	11 841.6
4	氰化钠/kg	前处理除油、除油拉、电锌	3 075.6	2 279.9	3 104.50	3 793.2
5	保护剂/kg	电银	3 922.40	2 161.00	2 063.50	2 167.6
6	银光剂/L	电银	6 927.74	7 242.00	5 257.00	6 502.6
7	镍光剂/L	电镍	881.34	663.10	701.40	884
8	电解除油粉/kg	前处理电解除油	4 636.00	3 860.30	3 287.70	4 322.2
9	除油粉/kg	前处理洗油、综合拉	5 380.90	8 917.80	9 428.10	12 973.3
10	酸盐/kg	前处理除油	6 252.00	9 955.00	8 172.30	12 309.8
11	砚油/L	前处理除油、除披锋	6 278.90	3 706.50	5 383.00	4 476.5
12	盐酸/L	前处理除油	5 801.00	5 833.00	8 614.50	4 648
13	CP盐酸/L	电镍	7 558.00	6 359.50	9 689.50	8 295.7
14	镍角/kg	电镍	1 930.00	1 370.00	2 381.50	3 117.3
15	锌板/kg	电锌	2 743.55	3 360.40	5 093.00	5 870
16	锌光剂/L	电锌	240.00	267.00	2 420.00	4 020
17	CP烧碱/kg	电锌	1 716.50	1 561.80	2 419.00	3 255
18	CP硝酸/L	电锌钝化抛光	1 124.30	944.50	2 264.30	2 635.1
19	CP硫酸/L	保护拉、综合拉	3 947.20	2 678.40	3 990.90	3 724.2
20	烧碱/kg	水处理	18 800.00	16 850.00	20 401.00	19 248
21	漂水/kg	水处理	244 859.00	300 620.00	293 120.00	283 640
22	硫酸/L	水处理	11 765.00	11 400.00	11 580.00	8 224
23	聚合氯化铝/kg	水处理	32 350.00	21 350.00	16 800.00	20 501
24	亚硫酸钠/kg	水处理	6 825.00	4 440.00	5 075.00	6 850

2．企业废弃物产生、处理现状及分析

（1）废气。

公司废气主要为电镀过程中产生的酸性废气，采用酸雾净化塔进行处理。

根据验收环境监测结果，公司废气处理系统运行良好，大气污染物达标排放，具体情况见表 8-174。

表 8-174　公司废气处理设施运行情况

监测点名称	排气筒高度/m	监测项目及测试结果		结果评价
		氯化氢排放浓度/（mg/m³）	氯化氢排放速度/（kg/h）	
氯化氢排口 1#上午	15	15.41	0.20	达标
氯化氢排口 1#下午	15	13.27	0.17	达标
氯化氢排口 2#上午	15	14.86	0.19	达标
氯化氢排口 2#下午	15	14.00	0.18	达标
标准限值		≤100	≤0.21	—

（2）废水。

公司生产废水产生量约为 100 t/d，经污水处理站处理监测达标后外排，生活废水产生量约为 30 t/d，经化粪池处理后外排，具体情况见表 8-175。

表 8-175　公司废水排放情况

排放点	来源	排放量/（t/d）	排放时间	处理工艺	排放去向
1#	生产废水	100	12 h/d	化学沉淀+污泥压滤	某河
2#	生活废水	30	间歇	化粪池	某河

（3）固体废弃物。

一般固废包括办公废物以及废包装材料等，主要为未沾染化学品的废纸与废包装材料，目前废包装材料尽量重复利用，废纸外售。

公司危险固体废弃物为公司使用的危化品容器和水处理压滤污泥，均委托有资质的环保公司进行回收处置，回收次数一般为 1～2 次/月。

（4）噪声。

噪声是对环境影响的因素之一，公司有部分生产设备和辅助设备会产生各种不同程度的噪声，主要来源于空压机、风机。

3. 确定审核重点

清洁生产工作小组通过对公司生产状况的调查和生产数据的分析，已基本探明生产中存在的问题和薄弱环节，结合能耗、物耗损失，污染物产排量等因素综合考虑，确定将公司电镀生产系统氰化物的使用量与生产废水的削减作为本轮审核的重点。

4. 设置清洁生产目标

结合预审核阶段发现的问题与公司的实际情况，审核小组经过讨论制订出清洁生产目标，见表 8-176。

表 8-176　企业清洁生产目标

序号	目标内容	基准值（2010 年）	近期目标（2011 年）	远期目标（2012 年）
1	废水回用率/%	6	60	70
2	氰化钠使用量/kg	3 793.2	0	0

（三）评估

1. 基本概况

预审核阶段确定了将公司电镀生产废水的削减、氰化物的使用量作为本轮审核的重点。基于此工作方向，审核小组在审核阶段对各生产线各类生产用水的消耗情况建立了平衡，并对主要生产线氰化物消耗的合理性进行了分析，此外，还建立了主要镀种的镀种元素平衡，以寻找减少废水中污染物含量的清洁生产机会。

电镀银、电镀镍的生产流程见图 8-42 和图 8-43。

2. 建立能量平衡

审核小组在 2010 年 8 月各生产线用排水数据的基础上，绘制了公司生产水平衡图，电镀生产系统水平衡的建立采用以各生产线为基本用水单位，方便后续用水定额考核制度的建立，见图 8-44。

3. 建立元素平衡

（1）银平衡：审核小组以 2010 年 8 月的生产记录为依据，汇总各类含银物料投加的情况，并统计了各类型产品的生产安培分钟，根据公式推导出理论耗银量，根据镀前镀后工件重量之差得出实际工件上银量，见图 8-45。

（2）镍平衡：根据同样方法，审核小组汇总出镍元素平衡，见图 8-46。

（3）锌平衡：根据同样方法，审核小组汇总出锌元素平衡，见图 8-47。

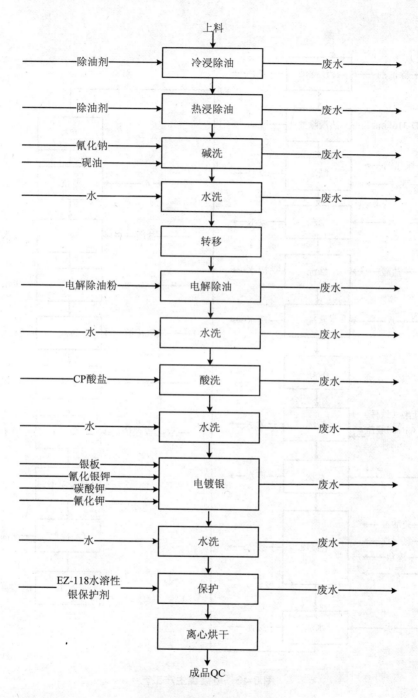

图 8-42 电镀银生产工艺

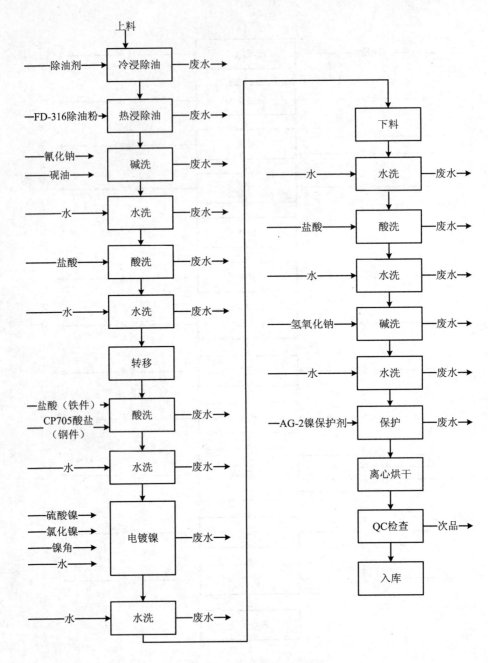

图 8-43　电镀镍生产工艺

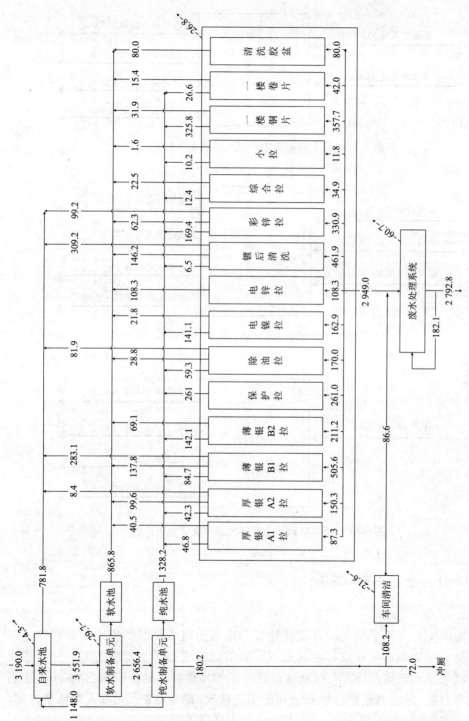

图 8-44 电镀生产水平衡（2010 年 8 月）

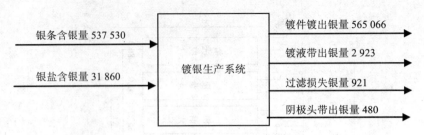

图 8-45　公司电镀银生产银元素平衡（单位：g）

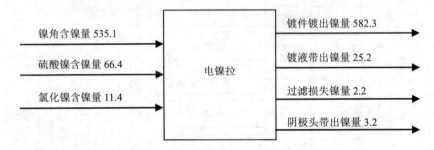

图 8-46　公司电镀镍生产镍元素平衡（单位：kg）

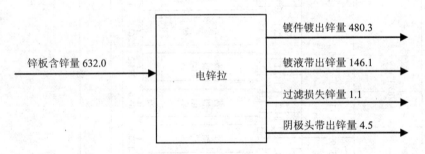

图 8-47　公司电镀锌生产锌元素平衡（单位：kg）

（四）方案的产生和筛选

1. 方案汇总

轮审核共征集了数十项合理化建议，审核小组成员对征集来的合理化建议进行整合，剔除重复建议，在对建议反映的问题进行了实地察看后，并对建议的内容进行了充实完善，对投资效益进行了初步估算，初步研制出 38 项备选清洁生产方案，并根据投资总额和公司的资金状况，确定 0.5 万元以下为低费方案，0.5 万～10 万元为中费方案，10 万元以上为高费方案。

2. 方案筛选

本轮清洁生产审核共产生清洁生产方案 37 项，其中无费方案 16 项，低费方案 10 项，中费方案 5 项，高费方案 6 项。

考虑到公司人力、物力、生产计划、资金安排及风险承受能力等诸多因素，其余中/高费方案部分否定、部分搁置，待条件允许再予以实施，方案初步筛选结果见表 8-177。

表 8-177　方案筛选结果汇总

分类	编号	方案名称	分类	编号	方案名称
可行的无/低费方案	F1	建立合理化建议制度	初步可行的中/高费方案	F7	照明节能
	F2	维修供水管线		F12	水洗缸安装节水装置
	F3	小车路轨更换		F14	离心烘干机改造
	F4	废水排放实行定点监测		F16	除油无氰改造
	F5	及时关闭化验室抽风机		F17	镀锌无氰改造
	F8	完善内部能源消耗统计制度		F19	废水回用工程
	F9	强化员工劳动保护意识		F20	废水排口加装在线监测仪
	F10	制水系统滤料更换		F26	更换新型压滤机
	F13	监控操作工减少镀液带出		F33	高频开关电源代替可控硅整流机
	F15	除油拉保护工序淘汰六价铬	不可行的方案	F6	空调节能
	F21	加强废水处理岗位培训		F11	风机节能改造
	F24	使用洁具洗缸		F18	冷热机代替冷水机与发热管
	F25	及时清理阴极头		F22	反渗透浓水清洗胶盆
	F28	合理控制镀层厚度		F23	调低部分生产线清洗水质
	F30	合理控制镀槽温度		F27	回收废水中的锌、镍元素
	F31	合理控制镀槽内氰化物浓度		F29	在有氰镀槽上方开设吸风口
	F32	小球覆盖镀槽		F34	冷热镀槽隔热保温
	F35	冷水塔填料更换		—	—
	F36	调整喷嘴至最佳角度		—	—
	F37	实行生产线水耗考核制度		—	—

（五）可行性分析

审核小组针对方案的产生与筛选阶段初步筛选出的 9 项中/高费清洁生产方案进行了分析，决定对方案 F7 照明节能、F19 废水回用工程及 F33 高频开关电源代替可控硅整流机进行可行性研究。

1. F7：照明节能

（1）技术评估：光效高；显色性能好；无频闪；光衰小，寿命长；成熟可靠；安装维护简单。

（2）环境评估：公司生产线、货仓区域照明使用 440 支（T8+电感式）荧光灯，如替换为 T5 高效节能灯后节电量可达 30%。

（3）可行性分析：此方案共需投资 22 880 元，年节省运行费用共计 19 768 元。

2．F19：废水回用工程

（1）技术评估：反渗透的脱盐率高，单只膜的脱盐率可达 99%，单级反渗透系统脱盐率一般可稳定在 90%以上，双级反渗透系统脱盐率一般可稳定在 98%以上；由于反渗透能有效去除细菌等微生物、有机物以及金属元素等无机物，出水水质极大地优于其他方法；反渗透制纯水运行成本及人工成本低廉，减少环境污染；减缓了由于源水水质波动造成的产水水质变化，从而有利于生产中水质的稳定，这对纯水产品质量的稳定有积极的作用；可大大减少后续处理设备的负担，从而延长后续处理设备的使用寿命。

（2）环境评估：此方案实施后正常运行可将 80 m^3/d 的外排生产废水处理成不低于新水水质的再生水，可对生产线清洗用新水和部分软水进行替换；反渗透系统产生的浓水进入废水处理站预处理段与车间废水混合后处理，不外排。

（3）可行性分析：

①计算依据：设计废水回用量 80 m^3/d，回用水按自来水单价 2.5 元/m^3 计算，即 80 m^3/d×2.5 元/m^3=200 元/d，年直接回用水产生效益 200 元/d×300 d=60 000 元。

②系统新增功率 10 kW，按 1 元/kWh 计，耗电费：10 kW×1 元/kWh×10 h/d=100 元/d，100 元/d×300d/a=30 000 元/a；膜材料费（设计膜为 3 年的寿命）：8 支×6 800 元/支÷3 a=18 200 元/a；其他费用，包括常耗品、投放药剂约为 50 000 元/a。人工成本约 4 万元/a。

③电镀废水回用工程实际创造效益=水回用直接效益−（电耗+膜材料费+其他），即 60 000 元−（30 000 元+18 200 元+50 000 元+40 000 元）= −7.82 万元/a，单位运行费用= −78 200 元/a÷（80 m^3/d×300）/a=3.26 元/m^3。

④此方案共需投资 55.76 万元，年节省运行费用约为 7.82 万元，故此方案经济上不可行。

虽然此方案经济上不可行，但考虑到环境效益及当地政策的强制要求，此方案必须实施。

3．F33：高频开关电源代替可控硅整流机

（1）技术评估：电源能耗相比，可控硅整流机的功率因数一般为 0.70～0.80。而高频开关电源的功率因数一般为 0.90～0.95；每台高频开关电源效率较可控硅整流机提高 31.8%；采用高频开关电源代替可控硅整流机还可降低谐波含量，提升电能质量。

（2）环境评估：此方案总投资 5.2 万元，用于购买 4 台高频开关电源、电源线以及程序软件等对电镍区 4 台 18V/600A、总功率为 43.2 kW 的可控硅整流机进

行替换，按每台高频开关电源效率提高 31.8%计算，共可节省用电：600A×18 V÷
1 000×4 台×31.8%×12 h×300 d = 49 455 kWh/a，该方案实施后，按消耗 1 kWh 电
排放 1.02 kg CO_2 计算，可间接减少 CO_2 排放约 50.44 t/a，环境上可行。

（3）可行性分析：此方案总投资 5.2 万元，此方案年节省运行费用共计 49 455
元。净现值 NPV≥0，投资偿还期 N<10 a，内部收益率 IRR≥各项应纳税总和 i0，
故此方案经济上可行。

4．确定推荐实施方案

根据备选方案技术、环境、经济评估效果，确定本轮审核期间拟实施的清洁
生产方案共 29 项，其中可行的无/低费方案 20 项，可行的中/高费方案 9 项。

（六）方案实施

1．方案实施

公司本轮审核拟实施无/低费方案 20 项，中/高费方案 9 项，截至 2011 年 10
月已实施无/低费方案 19 项，实施率 95%，中/高费方案 9 项，实施率 100%。其
中低费方案 F32 小球覆盖镀槽正在积极寻找供应商。

2．已实施方案成果汇总

（1）清洁生产目标完成状况见表 8-178。

（2）经济效益（略）。

（3）环境效益见表 8-179。

表 8-178　清洁生产目标完成状况

序号	目标内容	基准值 （2010 年）	近期目标 （2011 年）	远期目标 （2012 年）	实现情况 （2011 年 9 月）	完成情况
1	废水回用率/%	6	60	70	60	完成
2	氰化钠使用量/kg	3 793.2	0	0	0	完成

表 8-179　废水回用工程环境效益汇总　　　　　　　　单位：t/a

序号	项目	总量		方案实施后	
		许排量	实排量	排放量	削减量
1	废水	≤100 t/d	94 t/d	40 t/d	60 t/d
2	COD	2.376	2.49	0.996	1.494
3	总铜	0.013	0.004 3	0.001 72	0.002 58
4	总氰化物	0.008	0.000 2	0.000 08	0.000 12

（七）持续清洁生产（略）

第九章

快速清洁生产审核

　　快速清洁生产审核是相对于我们通常所进行的清洁生产审核所需时间而言的。通常一个审核需按照前面章节所述的 7 个阶段 35 个步骤严格实施，需要 7～8 个月甚至更长的时间才能完成。快速审核即在原来审核的基础上缩短审核时间，完成一轮快速审核一般需 1～3 个月的时间。

第一节　快速清洁生产审核的意义

　　在当今经济迅猛发展，时间就是金钱和财富的时代，为适应经济快速发展的需要，清洁生产审核也应跟上时代发展的步伐，提高效率，在更短的时间内、以更高的效率达到其设定的目标，初步掌握清洁生产审核的方法；目的是让企业节省出更多的时间，腾出更多的精力从事生产，使企业在较宽松的环境保护的要求下，达到既安全又高效地从事社会生产的目的。

　　快速审核可帮助企业在最短的时间内摸清自身的环境保护状况，找到企业的主要环境问题，从而调整企业环境保护工作的重点。

　　快速审核可引导企业投资的正确趋向，使企业以最小的投资，达到既改善环境又提高生态效率的"双赢"目标。

　　开发快速清洁生产审核工具的根本目的是为了以最少量的外部投入获得最大的清洁生产效益。它既可以在短期内通过实施相对明显的环境改善方案获得清洁生产效益，同时也可以为中长期的环境技术革新奠定基础。

第二节　快速清洁生产审核的内容与方法

一、内容

快速清洁生产审核通常是针对企业所进行的短期而有效的清洁生产审核。它区别于传统的清洁生产审核方法的最突出特点是其较强的时效性，即充分依靠企业内部技术力量，借助外部专家的成熟、快速审核方法和程序，在最短的时间周期内以尽可能少的投入对企业的生产现状和污染状况及原因进行诊断，从而产生最佳的解决方案，使企业快速取得较明显的清洁生产效益。

二、方法

随着清洁生产在国际和国内的不断发展和深入，清洁生产审核手段也在不断加强和改善，而快速清洁生产审核方法虽然在清洁生产领域属于新兴概念，但由于其较强的时效性也已经引起了世人的广泛关注。现就国际上常用的几种快速审核方法进行逐一介绍，其中包括扫描法（Scanning Method）、指标法（Indicators Method）、蓝图法（Blueprint Method）和改进研究法（Improvement Study Method），这些方法使用的审核手段、审核周期和侧重点各有差异。

（一）扫描法

1. 定义

扫描法是在外部专家的技术指导下，对全厂进行快速现场考察，从而产生清洁生产方案。其重点是针对现场管理、可行的原辅材料替换和简单的设备改造等。主要适用于发现最明显的清洁生产方案和环境方面的"瓶颈"问题，并形成方案清单以供评估和实施，同时为企业全面开展清洁生产工作奠定基础。该方法通常需要 1 个月左右的时间。外部专家一般需要 2～5 个工作日与企业人员一起进行工作和指导。它要求企业提供充分全面的生产工艺和环境方面的有关信息。

2. 程序

扫描法是最简单易行的快速清洁生产审核的方法之一。首先，企业有关人员同外部专家一起对全厂进行扫描式检查，对企业各个车间、工序的现场操作和废物流的情况进行初步考察；其次，审核小组对所掌握的情况即扫描结果进行原因分析和评估，并针对其原因提出初步的污染预防方案即清洁生产方案；最后通过制订企业清洁生产计划将明显可行的清洁生产方案付诸实施，进而在短期内取得较明显的清洁生产效益。其具体程序见图 9-1。

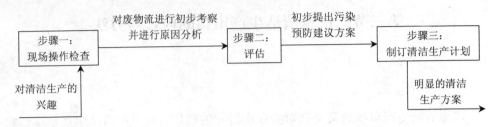

图 9-1　扫描法的程序

可知，扫描法的程序非常简单。专家和厂方快速审核小组主要是对扫描结果进行细致分析，在此基础上产生相应的清洁生产方案，并最终确定并评估企业自己产生的方案以及外部专家提出的清洁生产方案是否可行，然后加以实施。这里，外部专家的作用有限，主要是给企业提供技术上或程序上的指导。

（二）指标法

1．定义

指标是指本行业特有的生产效率基准值，用于判断企业清洁生产潜力的大小。指标包括企业实施清洁生产所能产生的最小或最大的污染预防效果、该企业所在行业生产效率的基准指标（行业平均水平）等。指标法则是指利用这些指标对企业清洁生产潜力进行评估，从而确定出该企业清洁生产潜力的大小，为企业下一步开展清洁生产提供借鉴。该方法通过定性和定量两种途径进行评估。首先要明确该企业所在行业的平均生产效率指标以及其进行清洁生产所能获得的最小和最大的污染预防效果，然后将该企业的日常工艺参数与这些指标进行对比、评估，从而确定出该企业提高其生产效率、改进生产的潜力，同时还要生产出实现这些潜力的方案，并列出相应的方案清单。

指标法所适用的评估工具是工艺参数和方案清单，通过与选用的指标进行对比，产生并确定出改进生产的清洁生产方案。其目的是为了评估并预测出各种清洁生产机会的重要程度，并对之进行重要性排序。指标法主要是在前一阶段清洁生产项目、技术评估和确定基准的基础上，对潜在的清洁生产机会进行评估和预测，并可以在企业潜在的效益预测图上进行比较。该方法程序简单，只是对清洁生产机会进行外部评估，从而能够提高生产过程中原辅材料和能源的使用效率。指标法效果见图 9-2。

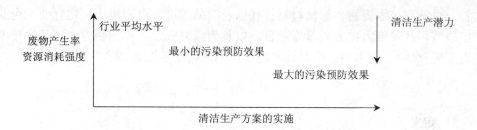

注：废物产生率越小，资源消耗强度越小，污染预防效果越好；清洁生产实施强度越大，污染预防效果越好；相应地，清洁生产潜力越大。

图 9-2　指标法的效果

由图 9-2 可知，行业平均水平与实施清洁生产（污染预防）所能达到的废物产生率和资源强度之间还存在差异，即存在着清洁生产潜力。企业现有的生产效率（表现为废物产生率和资源强度）越接近实施污染预防所能达到的最佳生产效率，则该企业存在的清洁生产潜力越小；反之，潜力越大。而企业则可以通过与本行业平均水平以及实施污染预防后所能达到的生产效率等这些指标进行对比，最终确定本企业在全行业所处的位置以及存在的清洁生产潜力。结合清洁生产潜力，产生并确定清洁生产方案，使其在实施后可以使其生产效率更加接近目标值（污染预防所能达到的最佳生产效率），从而为企业开展清洁生产工作提供量化的依据。

2．程序

指标法的程序见图 9-3。

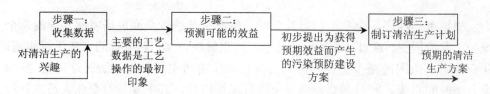

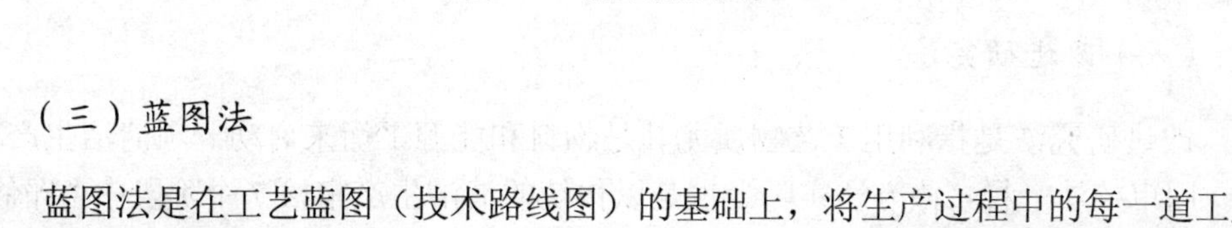

图 9-3　指标法的程序

（三）蓝图法

蓝图法是在工艺蓝图（技术路线图）的基础上，将生产过程中的每一道工序所能使用的清洁生产技术、清洁生产化学工艺和清洁生产管理及操作实践逐一列出，从而选择出最佳可行的清洁生产方案。

该方法是使用工艺流程图和输入/输出物流清单，采用推荐的清洁生产技术、工艺基准参数和技术评估来产生可行的清洁生产方案。该方法重点在于工艺/操作改善、设备和技术更新、原辅材料替代以及产品改进，可应用于制定行业或企业环境战略、开发能力扩大或革新项目，以及为研究开发工作指明方向（其中技术开发需要评估）。使用该方法对技术进行评估并确定基准参数。

（四）审核法

1. 定义

审核法实际上是以传统的清洁生产审核程序中的"预评估"部分作为重点，并加以细化后作为一种独立的快速审核手段。

2. 程序

审核法的程序见图 9-4。

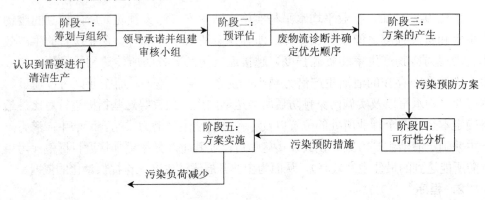

图 9-4　审核法的程序

根据上述程序，企业可以对其全场的生产工艺进行全面现场考察，并绘制全场的工艺流程图。通过对废物流的诊断，产生解决方案，对可行的方案予以实施，从而从全厂范围内减少企业的污染负荷，实现清洁生产。本方法通常需要 2～4 个月的时间完成。同时需要外部专家进行现场指导，其主要是对企业人员进行程序上的指导，而非技术上的指导。

（五）改进研究法

改进研究法是指利用工艺物质尤其是物料和能源平衡来启动一项清洁生产项目。同审核法一样，该方法实际上也是以传统的清洁生产审核 7 个阶段中"评估"部分作为重点，并加以细化而成，见图 9-5。该方法主要是通过完整的工艺流程图和物料平衡图，对企业的现状进行科学的量化评估。依靠企业上下广泛的"头脑风暴"，产生大量的清洁生产方案，同时对这些方案进行量化的技术评估。该方法的重点在于工艺改造、设备更新和维护、输入原辅材料的替代和产品改进，可以运用于对明显和潜在清洁生产方案的详细评估,以及开发扩大能力和(或)革新项目。通常该方法的实施周期为 20～50 个工作日,要求企业员工参与数据收集以及方案的产生、评估和实施等过程。

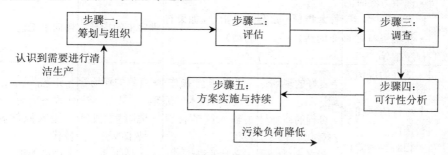

图 9-5　改进研究法的程序

三、快速清洁生产审核方法对比

表 9-1 针对上述 5 种快速清洁生产审核的方法进行了对比。从表 9-1 中可以看出,指标法所需时间最短,而且投入的外部资源最少,而改进研究法则需要较长的时间和较多的外部投入。各种快速审核的方法不管出发点如何,也不论采用何种手段,其最终的目的都是一致的,即协助企业找出最佳可行的清洁生产方案,从而在最短期的时间里使企业获得最大的效益。本章所介绍的 5 种方法只是在国际上通用的一些典型代表,仍有一些方法还有待在实践中加以补充和完善,从而使清洁生产以方法学的方式在中国广泛散播并应用,继而有助于中国的工业企业走出低谷,在经济和环境上获得"双赢"。

表 9-1　5 种快速清洁生产审核方法的对比

项目　　方法	扫描法	指标法	蓝图法	审核法	改进研究法
评估工具	方案清单	·工艺参数 ·方案清单	·工艺流程图 ·输入/输出清单	·工艺流程图 ·整体物料平衡	过程中涉及的物料和能量平衡
产生方案的方法	现场考察	与指标相结合	·应用清洁生产方案实例 ·基准划定 ·技术评估	·"头脑风暴"(以量化的关键物料数据为基础) ·应用清洁生产方案实例	·"头脑风暴"(量化的污染源和原因诊断) ·应用清洁生产方案实例 ·基准划定 ·技术评估

方法 项目	扫描法	指标法	蓝图法	审核法	改进研究法
外部专家的作用	• 产生方案时的技术指导 • 收集资料时的程序指导	技术指导（如果有的话）	技术指导（如果有的话）	程序上的指导	倾向于工艺
重点	• 良好的现场管理 • 可行的原辅材料替代 • 相对容易的设备改造	• 良好的现场管理 • 可行的原辅材料替代 • 设备改造	• 改革工艺/操作 • 设备和技术更新 • 输入原辅材料替代 • 产品改进	• 良好的现场管理 • 现场考察发现 • 技术改进 • 产品改进	• 工艺改造 • 设备更新 • 输入原辅材料替代 • 产品改进
可能的应用范围	• 确定最明显的清洁生产方案 • 确定环境"瓶颈"问题 • 为完整全面的清洁生产项目进行准备	• 量化清洁生产可能产生的经济效益和环境效益 • 确定最明显的清洁生产方案 • 为完整全面的清洁生产项目进行准备	• 制定行业或组织环境战略 • 开发扩大能力和（或）革新项目 • 为研究开发工作定向（技术开发需要进行评估）	制订清洁生产行动计划（要求附有投资建议书）	• 对明显和潜在清洁生产方案的详细评估 • 开发扩大能力和（或）革新项目
实施周期	1个月	1周	2~4个月	1~4个月	6~9个月
必要的外部指导时间	2~5个工作日	1~2个工作日	10个工作日左右	10~20个工作日	20~50个工作日
要求	组织提供已有的工艺和环境资料	定性和定量的关键工艺数据，适当的指标	技术评估和基准参数	组织员工参与数据的收集及方案的产生、评估和实施	组织员工参与数据的收集及方案的产生、评估和实施

第三节　快速清洁生产审核的适用范围

已从事过一轮清洁生产审核的企业，他们在企业清洁生产审核方面已打下了一定的基础，如已有一个现成的清洁生产审核小组，审核重点的选择也有一个排序，因此，当这些企业进行第二轮审核时，可以省去前期筹备性工作和与上一轮审核重复的工作，直接进入最关键性审核步骤，这样既能提高工作效率也能节省时间。

一些技术简单、工艺流程短的乡镇中小型企业，往往仅由3～5个车间组成，管理层组织结构简单，组织员工人数少，像这样的组织，人手紧张，工艺流程短而简单，因此，审核时可以简化繁杂的程序，如选择清洁生产的重点时，不必完全按照《企业清洁生产审核手册》先确定备选审核重点、再确定审核重点的程序，基本上可以省去确定备选审核重点等不必要的环节，使审核工作更简单实用，提高企业的工作效率。

具有良好清洁生产基础的企业，当一个企业具备充分的人力和财力资源，准备在短期内全力以赴投入清洁生产审核时，可选择快速审核。当一个企业已自行进行了一轮清洁生产审核，或已做过类似清洁生产审核工作，他们的审核工作相对简单和容易，故可选择快速审核。

目标单一的企业，当一个企业的主管部门要求他们在限定的时间内减少某种污染物的排放量，或降低排放浓度，或企业自觉向社会承诺减少某种污染物的排放时，这样的企业审核工作针对性强、目标明确、工作范围相对较窄，因此，审核工作相对较容易和快速。

第四节　完成快速清洁生产审核的基本要求

（1）经过一轮清洁生产快速审核，企业60%的职工能够了解清洁生产的概念和企业开展清洁生产的意义，并具备清洁生产的意识。

（2）经过一轮清洁生产快速审核，企业至少提出15项清洁生产方案，其中高费方案2项，无/低费方案13项，75%的无/低费方案得到实施，2项中/高费方案完成可行性分析，并为可行方案制订出中/高费方案实施时间计划表。

（3）经过一轮清洁生产快速审核，企业通过实施无/低费方案，企业获得明显的经济效益、环境效益和社会效益。

（4）经过一轮清洁生产快速审核，企业按照要求进行快速清洁生产审核，并完成一份快速清洁生产审核报告。

第五节　结　论

从表9-1中可以看出，这5种快速清洁生产审核方法所使用的手段和程序方法各不相同，但是都是依靠一种独立的思维方式，或对全厂进行扫描式检查或参照特定的行业技术指标或利用工艺流程图等从企业的各方各面入手，其最终目的都是类似的，即找出企业的清洁生产机会进行评估，形成方案，最终使企业获得环境和经济的双重效益。因此，从这种意义上讲，快速清洁生产审核的手段可以是多种多样，并且不必拘泥于一种特定的模式。

同时，在进行清洁生产快速审核时，如何找准企业的行业特点并以此为切入点开展清洁生产审核是至关重要的。只有充分了解企业的特点，选用适合的审核工具，才能用最少的投入和最有效的方法，给企业带来最可观的清洁生产效益。另外，给企业存在的清洁生产潜力定性也是非常重要的，要判断出企业存在的潜力是通过短期的环境改善就可以实现的，还是必须通过长期的技术革新才能得以实现，在这一基础上，企业需要针对不同的要求制订不同的清洁生产计划，进而取得较明显的环境效益和经济效益。

第六节　清洁生产快速审核报告要求

第一章　工厂情况（2～3 页）

企业名称和联系人

生产情况（实际的和设计的）

原辅材料、能源的年消耗数字

主要设备（只需介绍较大的设备）

职工人数，管理层

销售收入（人民币），利税，固定资产

目前总体环境状况（COD、BOD、固体废物、废气、废水等）

第二章　预评估（2～3 页）

对各个部门（车间）简短描述其具体数字（消耗、环境影响、成本等）分析选择审核重点。

第三章　评估（4～5 页）

审核重点的流程图（包括实测点、列出所有的排放物等）

审核重点实地考察（积极性、后勤等）

回顾流程

设备调查（维护、运行状况、停工等）

审核重点物料平衡（最好有实测）

分析（效率指标等）

第四章　方案产生（4～5 页或更多）

列出清洁生产方案，包括方案描述，预期效益（经济效益和环境效益）

技术可行性的筛选

行动计划和结论（1～2页）

以上要求只是一个基本框架，其中页数要求并不是绝对的，审核报告以有效总结审核工作为目的。

思考题

1．快速清洁生产审核的方法有哪些？各适用于哪些范围？
2．实施快速清洁生产审核有什么意义？
3．如何编写快速清洁生产审核报告书？
4．快速清洁生产审核与清洁生产审核如何进行比较？

参考文献

[1] 赵玉民. 清洁生产[M]. 北京：中国环境科学出版社，2005.

[2] 主沉浮. 清洁生产的理论与实践[M]. 济南：山东大学出版社，2003.

[3] 金适. 清洁生产与循环经济[M]. 北京：气象出版社，2007.

[4] 张天柱. 清洁生产导论[M]. 北京：高等教育出版社，2006.

[5] 赵鹏高. 清洁生产培训教程[M]. 北京：学苑出版社，2005.

[6] 广东省经济贸易委员会. 清洁生产案例分析[M]. 北京：中国环境科学出版社，2005.

[7] 魏立安. 清洁生产审核与评价[M]. 北京：中国环境科学出版社，2005.

[8] 田亚峥. 运用生命周期评价方法实现清洁生产[D]. 重庆：重庆大学，2003.

[9] 国家质量监督检验检疫总局. 环境管理——生命周期评价　生命周期影响评价. 北京：中国标准出版社，2002.

[10] Mark A J Huijbregts，Wim Gilijamws，Lucas Beijnders. Evaluating Uncertainty in Environmental Life Cycle Assessment：A Case Study Comparing Two Insulation Options for a Dutch One-Family Dwelling[J]. Environ. Sci. Technol，2003（37）：2600-2608.

[11] 刘顺妮，林宗寿，张小伟. 硅酸盐水泥的生命周期评价方法初探[J]. 中国环境科学，1998，18（4）.

[12] B L P Peuportier. Life Cycle Assessment Applied to the Comparative Evaluation of Single-family Houses in the French Context[J]. Energy and Buildings，2001（33）.

[13] Timotby J Skone. What is Life Cycle Interpretation？[J]. Environmental Progress，2000：19.

[14] 中华人民共和国清洁生产促进法. 北京：法律出版社，2002.

[15] 郭斌，庄源益. 清洁生产工艺[M]. 北京：化学工业出版社，2003.

[16] 奕旦立. 清洁生产与循环经济[M]. 北京：化学工业出版社，2005.

[17] 王守兰，等. 清洁生产理论与实务[M]. 北京：机械工业出版社，2002.

[18] 王家德. 环境管理体系认证教程[M]. 北京：中国环境科学出版社，2003：11.

[19] 朱慎林，赵毅红，周中平. 清洁生产导论[M]. 北京：化学工业出版社，2001.

[20] 施耀，张清宇，吴祖成. 21 世纪的环保理念——污染综合预防[M]. 北京：化学工业出版社，2003.

[21] 国家环保局. 企业清洁生产审计手册[M]. 北京：中国环境科学出版社，1996.

[22] 周律. 清洁生产[M]. 北京：中国环境科学出版社，2001.

[23] 王福安，任保增．绿色过程工程[M]．北京：化学工业出版社，2002．

[24] 孙启宏．清洁生产标准体系研究[M]．北京：新华出版社，2006．

[25] 段宁．循环经济与清洁生产研究[M]．北京：新华出版社，2006．

[26] 乔琦．生态工业评价指标体系[M]．北京：新华出版社，2006．

[27] 乔琦．生态工业园区规划理论与方法研究[M]．北京：新华出版社，2006．

[28] 万端极．轻工清洁生产[M]．北京：新华出版社，2006．

[29] 叶江祺，李雨田，王秋杰．清洁生产一二三[J]．中国 ISO 14000 认证，2007：12-16．

[30] 张天柱．中国清洁生产政策的研究与制定[J]．清洁生产，2000，20（4）：43-47．

[31] 黄震．浅谈清洁生产与《清洁生产促进法》[J]．今日印刷，2003（6）：9-10．

[32] 张传秀，陆春玲，严鹏程．我国钢铁行业清洁生产标准 HJ/T 189 存在的问题与修订建议[J]．冶金动力，2007（1）：85-90．

[33] 孙启宏，段宁，毛如玉，等．清洁生产标准体系研究[M]．北京：新华出版社，2006．

[34] 胥树凡．建立与完善清洁生产环境标准体系[J]．中国环保产业，2002：31-34．

[35] 国家环境保护总局．关于发布《清洁生产标准—啤酒制造业》等八项国家环境保护行业环境标的公告[DB/OL] http://www.zhb.gov.cn/eic/649086823917682688/20060706/19541.shtml．

[36] 上官铁梁，张小红，范可．太原市清洁生产评价指标体系之一——城市生态建设评价指标体系[J]．重庆环境科学，2003，25（12）：140-142．

[37] 胡小猛，钱智，郑中霖，等．城市清洁生产评价指标体系初探——以上海市为例[J]．华东师范大学学报：自然科学版，2005（3）：92-97．

[38] 孙大光，范伟民．区域清洁生产政策法规体系框架的构筑[J]．环境保护科学，2005，130（31）：54-60．

[39] 伍京华．清洁生产管理模式有效实施的经济学分析[D]．北京：北京工业大学，2003．

[40] 褚美霞，朱光祥．清洁生产与环境管理体系[J]．电力环境保护，2005（1）．

[41] 林朝平．清洁生产与环境管理体系（ISO 14000）关系的分析[J]．机械制造，2004，42（4）．

[42] 孙永波．清洁生产是工业企业实现可持续发展的必然选择[J]．今日印刷，2006（12）．

[43] 凌维靖．从合成橡胶树脂项目的环评中谈清洁生产[J]．广东化工，2008，35（7）．

[44] 孙彩霞．清洁生产审核评价方法研究与应用[D]．杭州：浙江大学，2004．

[45] 张平．清洁生产指标体系构建与案例数据库网站开发[D]．上海：东华大学，2004．

[46] 龙琳，魏立安．钨冶炼行业清洁生产评价方法探讨[J]．江西科学，2008（4）．

[47] 宋丹娜，白艳英，于秀玲．浅谈对新修订《清洁生产促进法》的几点认识[J]．环境与可持续发展，2012（6）．

[48] 中华人民共和国环境保护部网站 http://kjs.mep.gov.cn/hjbhbz/bzwb/other/．

[49] 中国清洁生产网 http://www.cncpn.org.cn/．

附录
清洁生产审核常用名词解释

1. 清洁生产（Cleaner Production）

清洁生产是一种新的、创造性的思想，该思想将整体预防的环境战略持续应用于生产过程、产品和服务中，以增加生态效率和减少人类及环境的风险。

——对生产过程，要求节约原材料和能源，淘汰有毒原材料，减降所有废弃物的数量和毒性；

——对产品要求减少从原材料提炼到产品最终处置的全生命周期的不利影响；

——对服务，要求将环境因素纳入设计和所提供的服务中。

2. 可持续发展（Sustainable Development）

可持续发展是既能满足当代人的需要，又不对后代人满足其需要的能力构成危害的发展。

3. 末端治理（End-of-Pipe Control）

末端治理也叫管末处理或末端处理，是指污染物产生以后，在其直接或间接排到环境之前，进行处理以减轻环境危害的治理方式。

4. 生命周期分析（Life Cycle Analysis）

生命周期分析主要是针对产品进行的，是对某种产品从原料采掘到生产、到产品直至其最终处置的过程；考察其对环境的影响。

5. 清洁生产审核（Cleaner Production Audit）

企业清洁生产审核是对企业现在的和计划进行的工业生产实行预防污染的分析和评估，是企业实行清洁生产的重要前提。在实行预防污染分析和评估的过程中，制定并实施减少能源、水和原材料使用，消除或减少产品和生产过程中有毒物质的使用，减少各种废弃物排放及其毒性的方案。

6. 污染预防（Pollution Prevention）

污染预防是在可能的最大限度内减少生产场地产生的全部废弃物量。它包括通过源削减，提高能源效率，在生产中重复使用投入的原料以及降低水消耗量来合理利用资源。

两种常用的源削减方式是改变产品和改进工艺。污染预防不包括废弃物的厂外再生利用、废弃物处理、废弃物的浓缩或稀释以减少其体积或有害性、毒性；将有害或有毒成分从一种环境介质中转移到另一种环境介质中。

7. 废物减量化（Waste Minimization）

废物减量化也称为废物最少化，指将产生的或随后处理、贮存或处置的有害废物量减少到可行的最小限度。它包括废物产生者进行的任何源削减或再生利用活动，其结果导致：减少了有害废物的总体积或数量，或者减少了有害废物的毒性或两者兼有之，只要这种减少与将有害废物对人体健康和环境目前及将来的威胁减少到最低限度的目标相一致。

废物减量化包括源削减和有效益的利用/重复利用以及再生回收。废物减量化不包括用来回收能源的废物处置和焚烧处理。

8．环境管理体系（Environmental Management System）

环境管理体系是全面管理体系的组成部分，包括一个组织（企业或其他单位）为制定、实施、实现、评审和维护其环境方针所需的组织结构、策划活动、职责、操作惯例、程序、过程和资源。

目前比较典型的环境管理体系标准有英国的 BS7750、欧盟的 E-MAS 以及国际标准化组织的 ISO 14000。

9．审核小组（Audit Team）

审核小组指由企业内部或（和）外部人员组成的，在企业内承担清洁生产审核工作的组织。

10．审核重点（Audit Focus）

即每轮清洁生产审核所针对的特定对象，它可以是某一个车间、某一条生产线、某个单元操作、某台设备，甚至可以是某种物质（污染物）。

11．权重总和计分排序法（Weighted Ranking Method）

权重总和计分排序法是一种将定量数据与定性判断相结合的加权评分方法。通过改变权重因素，该法既可用来排序以选择审核重点，又可用于中/高费清洁生产方案的筛选。

12．单元操作（Unit Operation）

生产过程中具有物料的输入、加工和输出功能完成某一特定工艺过程的一个或多个工序或设备。

13．主要消耗（Main Consumption）

原材料消耗、水耗和能耗等。

14．环保费用（Environment-related Cost）

现场、厂内及厂外处理处置废弃物的费用、排污费、罚款以及监测、许可、登记等费用。

15．无/低费清洁生产方案（Non/low Cost Cleaner Production Option）

可迅速采取措施进行解决、无须投资或投资很少、容易在短期（如审核期间）内见效的清洁生产措施和方案。

16．中/高费清洁生产方案（Medium/high Cost Cleaner Production Option）

需要较大投资、技术性较强的清洁生产措施和方案。

17．工艺流程图（Process Flow Chart）

以图解的方式整理、标示工艺过程，包括输入和输出系统的物流（含废弃物）和能量流。

18．工艺设备流程图（Technological Equipment Flow Chart）

以图解的方式标示出一个工艺过程的主要工艺设备，包括输入和输出这些工艺设备的物流

（含废弃物）和能量流。

19．物料平衡（Material Balance）

通过测定和计算，确定输出系统物流的量（或物流中某一组分的量）和输入系统物流的量（或物流中的某一组分的量）相符情况的过程。

20．方案初步筛选（Preliminary Option Screening）

对已产生的所有清洁生产方案进行的简单检查和评估，从而区分出可行的无/低费方案、初步可行的中/高费方案和不可行方案三大类。

21．方案研制（Option Design）

方案研制指对筛选得出的初步可行的中/高费方案进行细化，主要是进行一些工程化分析，包括编制工艺流程详图，列出主要设备清单以及估算费用和效益等。

22．最佳的可行方案（Best Available Option）

最佳的可行方案是指在技术上先进适用、在经济上合理有利、有利于保护环境的最优投资方案。

23．技术评估（Technical Evaluation）

技术评估是评估项目在预定条件下，为达到投资目的而采用的工程技术是否有其先进性、实用性和可实施性。

24．经济评估（Economical Evaluation）

经济评估是指从企业角度，按照国内现行市场价格，计算出方案实施后在财务上的获利能力和清偿能力。

25．环境评估（Environmental Evaluation）

环境评估是评估方案实施后对资源的利用和对环境的影响是否符合可持续发展需要。

26．现金流量分析（Cash Flow Analysis）

现金流量分析是工业企业的工程项目从筹备、基建、试车投产、正常运行直到经济寿命期结束，在整个有效寿命期内，对现金流出和现金流入的全部资金活动的分析。它反映了该项目的全部经济活动状况，也是计算该项目获利能力的基础。

27．动态获利性分析（Dynamic Profitability Analysis）

这种方法是考虑货币的时间价值，即根据资金占用时间的长短，按照利息率计算资金的价值。它是采用折现现金流量的方法，可简称为折现法或现值法。动态获利性分析评估指标有：净现值、净现值率和内部收益率。

28．年净现金流量（F，Net Annual Cash Flow）

年净现金流量是一年内一个企业或一个项目各项现金流入和现金流出的代数和。年净现金流量（F）等于净利润+年折旧费。

29．投资偿还期（N，Pay Back Period）

投资偿还是以项目获得的年收益（或年净现金流量）来偿还原始投资的年限。

30．净现值（NPV，Net Present Value）

净现值是指项目经济寿命期内现金流入总和与现金流出总和之差额，按一定的贴现率折算到项目实施开始的基准年的数值。

$$NPV = \sum_{j=1}^{n} \frac{F}{(1+i)^j} - I$$

式中：n —— 项目经济寿命期（或折旧年限）；

F —— 年净现金流量；

I —— 项目总投资；

i —— 规定的贴现率；

j —— 年份。

31．净现值率（NPVR，Net Present Value Rate）

净现值率指单位投资的净现值。

$$NPVR = \frac{NPV}{I}$$

32．内部收益率（IRR，Internal Rate of Return）

内部收益率是项目在整个经济寿命期内，项目逐年现金流入的现值总额等于现金流出的现值总额，即使净现值为零的贴现率。它是项目在整个经济寿命期内的实际收益率，它是内含的和潜在的，而不是假定或控制的，因此，称为内部收益率。

$$NPV = \sum_{j=1}^{n} \frac{F}{(1+IRR)^j} - I = 0$$

33．甘特图（Gantt Chart）

甘特图是一种项目管理的图示技术，它分为两部分，左边的任务表显示任务清单，包括每项任务的名字和起止日期；右边的条形图形象地显示了每个任务的期限，它与其任务的关系，以及它所分配的资源。

34．持续清洁生产（Sustained Cleaner Production）

指企业在已开展清洁生产活动的基础上，通过完善组织机构和规章制度等措施，促进企业自我、连续、长久地推行清洁生产。

35．对标（Benchmarking Management）

"对标"就是对比标杆找差距，是对标管理的简称。推行对标管理，就是要把企业的目光紧紧盯住业界最好水平，明确自身与业界最佳的差距，从而指明工作的总体方向。标杆除了是业界的最好水平以外，还可以将企业自身的最好水平也作为内部标杆，通过与自身相比较，可以增强自信，不断超越自我，从而能更有效地推动企业向业界最好水平靠齐。

以下清单为清洁生产工作的重要文献，在使用本书过程中可以自行下载或向作者索取：

一、《中华人民共和国清洁生产促进法》

二、中华人民共和国主席令　第五十四号

三、国家环境保护总局文件　环发[2003]60 号《关于贯彻落实〈清洁生产促进法〉的若干意见》

四、中华人民共和国国家发展和改革委员会　国家环境保护总局令　第 16 号《清洁生产审核暂行办法》

五、《关于进一步加强重点企业清洁生产审核工作的通知》（环发[2008]60 号）

六、《关于深入推进重点企业清洁生产的通知》（环发[2010]54 号）

七、《中华人民共和国循环经济促进法》

八、行业清洁生产方案

    1. 工业清洁生产通用方案

    2. 啤酒行业清洁生产方案

    3. 丝绸印染行业清洁方案

    4. 制药行业清洁生产方案

    5. 化学行业清洁生产方案

    6. 造纸行业清洁生产方案

    7. 酒店行业清洁生产方案

九、清洁生产审核工作表

十、国家重点行业清洁生产技术导向目录

    1.《国家重点行业清洁生产技术导向目录》（第一批）

    2.《国家重点行业清洁生产技术导向目录》（第二批）

    3.《国家重点行业清洁生产技术导向目录》（第三批）